走近航天科普丛书

导航中国

——北斗导航知识问答

刘天雄 主编

中国宇航出版社

·北京·

图书在版编目（CIP）数据

导航中国：北斗导航知识问答 / 刘天雄主编. --北京：中国宇航出版社，2022.6
（走近航天科普丛书）
ISBN 978-7-5159-1996-6

Ⅰ. ①导… Ⅱ. ①刘… Ⅲ. ①卫星导航—全球定位系统—普及读物 Ⅳ. ①P228.4-49

中国版本图书馆 CIP 数据核字(2022)第 219360 号

责任编辑　侯丽平　　　**装帧设计**　宇星文化

出　版
发　行　中国宇航出版社

社　址　北京市阜成路 8 号　**邮　编**　100830
(010)68768548
网　址　www.caphbook.com
经　销　新华书店
发行部　(010)68767386　(010)68371900
(010)68767382　(010)88100613（传真）
零售店　读者服务部
(010)68371105
承　印　北京中科印刷有限公司

版　次　2022 年 6 月第 1 版
2022 年 6 月第 1 次印刷
规　格　710×1000
开　本　1/16
印　张　31.25
字　数　578 千字
书　号　ISBN 978-7-5159-1996-6
定　价　128.00 元

本书如有印装质量问题，可与发行部联系调换

前言

夜空深邃，斗转星移。北斗七星自古就作为一个时空基准用来定方向、辨四季、定时辰。《晋书·天文志》说北斗七星在太微北，枢为天，璇为地，玑为人，权为时，衡为音，开阳为律，瑶光为星。我们的祖先利用北斗七星来确定北极星的方位，再通过观测北极星辨别方向，汉乐府有诗云："玉衡指孟冬，众星何历历。"所以我国卫星导航系统以"北斗"命名。昔有指南针，今有北斗卫星导航系统（以下简称北斗系统），这是中华民族创新智慧的跨时空接力。

北斗系统是中国着眼于国家安全和经济社会发展需要，自主建设运行的全球卫星导航系统，是为全球用户提供全天候、全天时、高精度的定位、导航和授时以及短报文通信服务的国家重要时空基础设施。北斗系统的功能说起来很复杂，但对我们普通人来说，其实就是指引我们到达想去的地方。唐代诗人杜甫在《秋兴八首》一诗中给出了最生动的描绘："夔府孤城落日斜，每依北斗望京华。"唐代诗人杜牧在《清明》一诗中给出了最形象的画面："借问酒家何处有，牧童遥指杏花村。"北斗系统就是那个可爱的充满活力的牧童。

北斗系统是党中央决策实施的国家重大科技工程，是我国迄今为止规模最大、覆盖范围最广、服务性能最高、与百姓生活关联最紧密的巨型复杂航天系统。作为我国自主创新的结晶，北斗系统的发展浓缩着我国科技创新的非凡之路。

从1994年北斗一号工程立项开始，到2020年6月23日北斗三号最后一颗全球组网卫星完成部署，26年，44次发射，中国先后将4颗北斗一号卫星，20颗北斗二号卫星，35颗北斗三号卫星送入太空，完成了全球组网。在北斗系统研制建设过程中，形成了符合国情的“三步走”发展战略。面对缺乏频率资源、没有自己的原子钟和芯片等难关，广大科技人员集智攻关，首获占“频”之胜、攻克无“钟”之困、消除缺“芯”之忧、破解布“站”之难，走出一条自主创新的发展道路。

2000年，我国建成北斗一号系统，向中国提供服务；2012年，建成北斗二号系统，向亚太地区提供服务；2020年，建成北斗三号系统，向全球提供服务。北斗系统具有以下特点：一是空间段采用三种轨道卫星组成的混合星座，与其他卫星导航系统相比，高轨卫星更多，抗遮挡能力强，尤其在低纬度地区其性能优势更为明显；二是提供多个频点的导航信号，能够通过多频信号组合使用等方式提高服务精度；三是创新融合了导航与通信功能，具备定位导航授时、星基增强、地基增强、精密单点定位、短报文通信和国际搜救等多种服务能力。

2020年7月31日，习近平总书记出席北斗三号全球卫星导航系统建成暨开通仪式，宣布北斗三号全球卫星导航系统正式开通。此后，北斗系统提升质量、拓展应用、面向全球、深化合作，不断推动系统健康、稳定、快速发展。经全球连续监测评估系统实时测试表明，北斗三号全球卫星导航系统连续稳定运行，服务性能稳中有升。北斗系统性能指标先进，全球范围实测定位精度水平方向优于2.5 m，垂直方向优于5.0 m，测速精度优于0.2 m/s，授时精度优于20 ns，系统连续性指标提升至99.998%。北斗三号全球卫星导航系统正在高可靠、高质量运行，在多个方面取得重要成绩。

仰望星空，北斗璀璨。脚踏实地，行稳致远。

北斗系统历经26载，北斗系统工程总师杨长风院士曾将北斗卫星导航系统比喻为“五千万工程”，即调动千军万马、历经千难万险、付出千辛万苦、走进千家万户、造福千秋万代。“中国北斗，服务全球”，这是北斗系统不变的初心，更是时代赋予北斗系统的历史使命。北斗系统秉承“中国的北斗、世界的北斗、一流的北斗”发展理念，践行“自主创新、团结协作、攻坚克难、追求卓越”的北斗精神，为经济社会发展提供重要时空信息保障，是中国实施改革开放40余年来取得的重要成就之一，是中华人民共和国成立70余年来重大科技成就之一，是中国贡献给世界的全球公共服务产品。中国愿与世界各国共享北斗系统建设发展成果，促进全球卫星导航事业蓬勃发展，为服务全球、造福人类贡献中国智慧和力量。

展望未来，征途漫漫。

计划到2035年，以北斗系统为核心，建设完善更加泛在、更加融合、更加智能的国家综合定位导航授时体系。

习近平总书记指出：“探索浩瀚宇宙，发展航天事业，建设航天强国，是我们不懈追求的航天梦。”今年是中国共产党成立100周年，恰逢中国航天事业创建65周年。在党中央的亲切关怀和坚强领导下，中国航天有力支撑了国防能力提升和国民经济建设。北斗系统的建设实践，走出了在区域快速形成服务能力、逐步扩展为全球服务的中国特色发展路径，丰富了世界卫星导航事业的发展模式。斗转星移，北斗前进的脚步没有停止，创新发展的精神也不会停歇。

北斗系统能否发展壮大并赢得国内外市场，取决于用户对北斗卫星导航系统的认识。为了让更多的用户、科研和管理人员能够快速、全面地了解卫星导航系统内涵，更好地认识和用好北斗卫星导航系统，我们组织编写了本书。全书分为知识篇、技术篇、应用篇、发展篇四个部分，从卫星导航系统是什么、怎么干、干什么到未来怎么发展，全面系统地讲述了卫星导航系统知识。

知识篇从五个维度讲述卫星导航系统的基本概念，包括导航技术的发展简史、全球卫星导航的标杆——美国的GPS、全球卫星导航系统(GNSS）、北斗系统的前世今生、北斗卫星导航工程。技术篇从五个维度讲述卫星导航系统的工作原理和性能，包括卫星导航系统工作原理、导航接收机工作原理、卫星导航系统性能指标、卫星导航系统对抗措施、卫星导航增强系统。应用篇从六个维度讲述北斗卫星导航系统的应用模式，包括北斗系统服务类型、定位服务、导航服务、授时服务、短报文通信与数据传输服务、北斗系统应用公众关注热点。发展篇给出卫星导航系统的四个发展方向，包括组合导航、低轨导航与低轨导航增强系统、综合PNT与微PNT、卫星导航系统与通信系统融合。各篇内容相对独立，相信可以让更多的用户、科研和管理人员系统地理解卫星导航系统内涵，推进北斗卫星导航及其增强系统的规模化、产业化和国际化应用。

在本书成稿过程中，得到了相关专家的指导和帮助。中国空间技术研究院总体部皇甫松涛高工，遥感部崔勇军高工，通导部董海青研究员、申杨赫高工编写了知识篇部分内容；中国空间技术研究院通导部聂欣研究员、总体部徐峰高工、航天工程研究所陈雷高工编写了技术篇部分内容；中国空间技术研究院通导部常希诺高工、康成斌研究员、刘庆军高工，总体部徐峰高工，遥感部刘彬高工编写了应用篇部分内容；中国空间技术研究院通导部张弓高工、张建军高工，中国空间技术研究院航天恒星科技有限公司云岗地面站刘天惠工程师编写了发展篇部分内容。在此，感谢大家对本书所作出的努力！

卫星导航系统涉及多个学科的专业知识，相关工作随着我国北斗卫星导航系统的建设而发展，限于作者专业水平，工作之余成稿时间仓促，难免存在不妥与疏漏之处，敬请读者批评指正。

刘天雄

二〇二一年国庆节于北京

目 录

第一篇 知识篇

第一章 导航技术的发展简史

第二章 全球卫星导航的标杆——美国的 GPS

第三章 全球卫星导航系统（GNSS）

第四章 北斗系统的前世今生

第五章 北斗卫星导航工程

第二篇 技术篇

第六章 卫星导航系统工作原理

第七章 导航接收机工作原理

第八章 卫星导航系统性能指标

第九章 卫星导航系统对抗措施

第十章 卫星导航增强系统

第三篇 应用篇

第十一章 北斗系统服务类型

第十二章 定位服务

第十三章 导航服务

第十四章 授时服务

第十五章 短报文通信与数据传输服务

第十六章 北斗系统应用公众关注热点

第四篇 发展篇

第十七章 组合导航

第十八章 低轨导航与低轨导航增强系统

第十九章 综合 PNT 与微 PNT

第二十章 卫星导航系统与通信系统融合

第二十一章 国外全球导航系统最新进展

第一篇

知 识 篇

第一章 导航技术的发展简史

在人类历史发展的长河中，探索和利用时间和空间信息的脚步从来没有停止过，已经从过去的“观星辨向”“司南导航”“牵星过洋术”“电子罗盘”，发展到今天的“陆基无线电系统”和“卫星导航”，人们可以随时方便地获取自己的位置信息和时间信息。此外，卫星导航系统还有一个重要的功能，即它可在世界范围内给出纳秒级精度的时间信号，这些信号可以为金融交易、通信时统、电力调度、大数据建设提供时间同步基准。卫星导航系统可以为全球用户提供全天候、全天时、高精度的定位、导航和授时服务，是重要的时空基础设施。

导航技术的关键是寻找、识别并记住参考点的标志。日常生活中，当我们穿街走巷去一座城市会亲访友时，通常会利用某个高楼大厦、街心公园、电视塔、立交桥等固定建筑物（地标或者参照物）作为视觉标志进行导航；当我们驾车行驶在高速公路上从一个城市去另一个城市时，通常利用道路标识或里程碑等视觉标志进行导航。然而，在一望无际的海上、广阔无垠的沙漠和虚无缥缈的高空，没有参照物，我们也就失去了视觉标志导航能力，我们如何从一个地点到达另一个地点呢？

获取导航参数的技术手段有很多，比如天文导航、惯性导航、无线电导航、卫星导航等。天文导航、惯性导航和无线电导航不同程度地存在使用区域受限、精度低、设备复杂、使用不方便等问题，不能全面满足用户对定位和导航的需求。例如，天文导航需要观测星相，需要具有一定的天文专业知识才能完成，而且观测星相受限于天气状况，精度较低。惯性导航的定位误差会累积，一般为航程的0.5%~1%，且高精度惯性导航设备成本较高。战术空中导航（TACAN）、远程无线电导航（Loran）和超远程连续波双曲线相位差无线电导航（OMEGA）等陆基无线电导航的精度与其工作频率成正比，高精度的导航系统一般在相对短的波长上发射导航信号，电波频率为100 kHz/10 kHz，用户必须保持在视线方向（LOS）之内；而在较低的频率上广播导航信号的系统则不受视线方向的限制，但精度较低，一般为200~2 000 m，服务范围一般为2 000 km。由此，人们需要一个更准确、更方便的定位、导航和授时手段。为解决这个问题，人们想到将导航台置于太空的一类特殊的无线电导航系统——卫星导航系统。卫星导航系统利用导航信号传播的到达时间（Time of Arrival，TOA）来测量距离，利用“三球交会原理”确定用户的位置。基本观测量是导航信号从位置已知的导航卫星发出时刻到达用户接收该信号时刻所经历的时间，将这个信号传播时延乘以信号的传播速度，就可以得到参考点和用户之间的距离。用户通过测量多个位置已知的导航卫星所播发的信号的传播时延，基于三球交会原理，就能够确定自己的位置。

1991年1月17日，以美国为首的多国部队对伊拉克发动了“海湾战争”，由GPS（Global Position System）引导下的B-52轰炸机在万米高空执行作战任务，可以将炸弹轰炸位置的圆概率误差（Circular Error Probable，CEP）缩小至10 m左右。美军AGM-84E斯拉姆远程对地攻击导弹在GPS的引导下，定点炸毁了伊拉克Mosul发电厂的主要控制设备，瘫痪了其发电系统，而附近水闸却完好无损，GPS在战争中初露锋芒。

1993年，美国国防部宣布GPS具备初始运行能力（Initial Operational Capability，IOC），同年美国国防部宣布GPS对全世界开放，用户可免费使用。1995年，美国国防部宣布GPS具备全面运行能力（Full Operational Capability，FOC），历时20年、耗资200亿美元的GPS系统全面建成，具备在海、陆、空、天提供全世界、全天候、全天时三维定位、导航和授时服务的能力。GPS成为美国继阿波罗登月、航天飞机之后的第三大航天工程。

GPS之所以能在现代航天工程技术成就中脱颖而出，是因为它是全球第一个能够为所有使用无线电接收机的用户提供基本并且实用的确切位置和时间信息的卫星导航系统。近30年来，鉴于卫星导航系统在政治、军事、经济、科技和社会等方面的重要性，卫星导航系统得到蓬勃发展。目前，世界上有美国GPS、俄罗斯GLONASS、中国BDS以及欧洲Galileo四大全球卫星导航系统，此外还有日本的准天顶（QZSS）及印度的IRNSS两个区域卫星导航系统。四大全球卫星导航系统可以为全球用户免费提供一般精度的定位、导航和授时服务，用户几乎可以在任意时间和任意地点得到10 m左右的定位精度、几十纳秒的时间精度。卫星导航系统的发展彻底改变了人们的生产、生活方式。

我国北斗卫星导航系统建设按照“先区域、后全球”的总体思路，采取“三步走”发展战略分步实施。2000年，建成北斗一号卫星导航系统，服务中国，解决卫星导航系统有无问题，成为世界上第三个拥有自主卫星导航系统的国家，完成了第一步发展战略。2012年，建成北斗二号卫星导航系统，服务亚太区域，完成了第二步发展战略。2020年，建成北斗三号全球卫星导航系统，服务全球，完成了第三步发展战略。

习近平总书记指出：“探索浩瀚宇宙，发展航天事业，建设航天强国，是我们不懈追求的航天梦。”在党中央的亲切关怀和坚强领导下，中国航天实现了从无到有、从小到大、从弱到强的跨越发展，有力支撑了国防能力提升和国民经济建设，为服务国家发展大局和增进人类福祉做出了重要贡献。北斗系统的建设实践，走出了在区域快速形成服务能力、逐步扩展为全球服务的中国特色发展路径，丰富了世界卫星导航事业的发展模式。

仰望星空，北斗璀璨。展望未来，征途漫漫。中国北斗卫星导航系统为全球服务，这是北斗系统的不变初心，更是时代赋予北斗系统的历史使命。

1 什么是定位？什么是导航？什么是授时？

（1）定位

要理解定位，首先要了解什么是位置。位置可由一组在一个给定参考系下的坐标来表示，每个参考系都需要有一个关于原点和坐标轴的约定。我们把利用某一种技术确定空间目标绝对或相对位置的过程，称为定位[1-2]。《北斗卫星导航术语》（BD 110001—2015）定义定位（positioning）为："利用测量信息确定用户位置的过程或技术。"

定位有很多种方法，比如特征匹配法，它是将当前位置的特征（如地标、路径点或地形高度）与地图进行比较，以确定当前位置。也可以通过测量待定点到已知点的距离或者方位来实现定位。对于二维情况，定位过程可通过图 1 来简要说明，图中 × 表示未知的用户位置，A、B 表示两个位置已知的参考点。

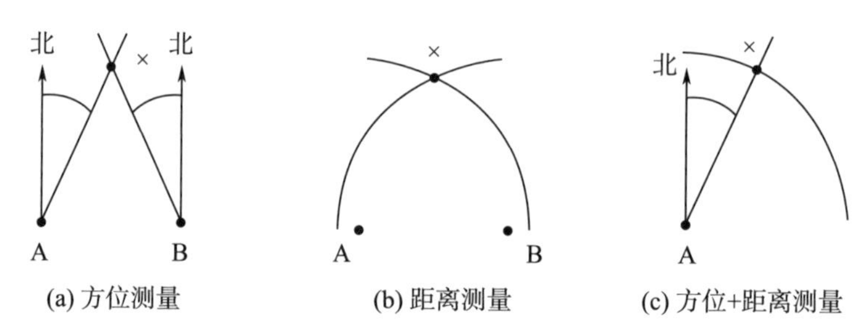

图 1　方位测量和距离测量定位方法

二维定位可以通过测量两个已知参考点的方向来获得，在这里方向是指待定点到已知点的视线方向和北向（真北方向或磁北方向）之间的夹角。两个方向测量线的交点即可确定用户的位置。通过测量用户到任一已知点的仰角，则可将定位扩展到三维情况，这里仰角是到参考点的视线方向与水平面之间的夹角。对于给定的角度测量精度，定位的精度会随着与参考点之间的距离增加而降低。

如果用户与两个参考点近似位于同一平面，并且到两个参考点的距离可测，则以两个参考点为圆心，并以这两个距离值为半径画圆，用户位于两个圆弧的交点上，定位过程如图 2 所示，但是，两个圆弧一般会有第二个交点。通常可以利用先验信息来确定正确的位置，否则，就需要借助到第三个参考点的距离测量值。

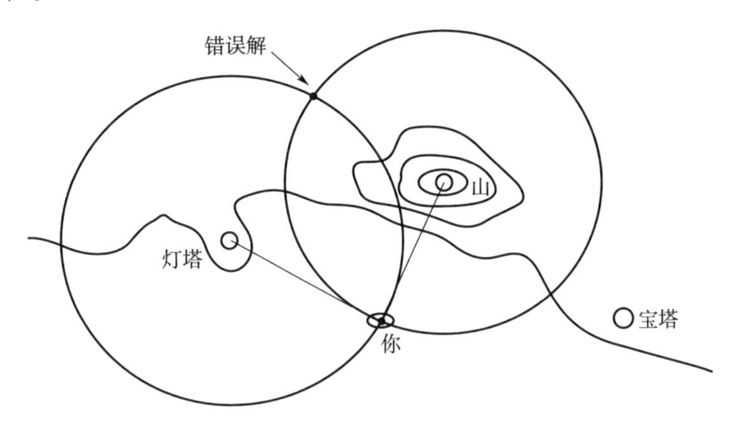

图 2　利用两个参考点确定位置

如果测距精度是一定的，则定位精度不随到参考点的距离改变而变化。对于三维定位的情形，通常需要三个测距值。此时两个圆弧变成三个球面，用户一定在三个球面交会的两个交点上，定位过程如图 3 所示，但其中一个交点通常在不符合逻辑的位置处，可以利用先验信息来确定正确的位置。但是，当参考点和用户在同一平面内时，只能获得二维定位结果。此时从地面测距系统获取垂直方向的位置将变得十分困难。如果方位和距离均为已知量，则利用一个参考点即可实现定位。

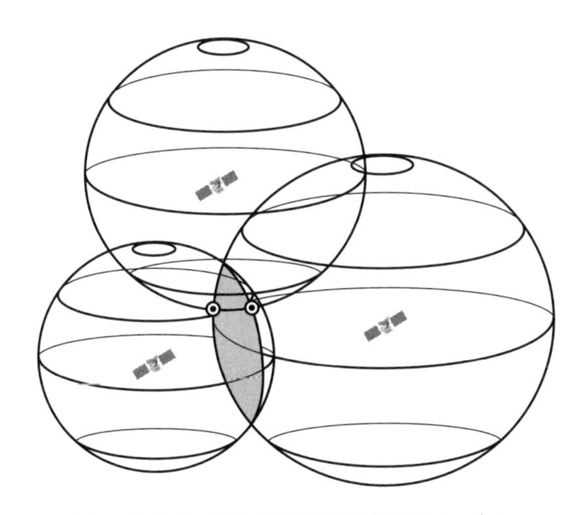

图 3　用户在三颗卫星确定的两个交点的一个上

（2）导航

导航包括两个概念：首先是相对于一个已知的参考系来确定一个运动物体的位置和速度，有时称为导航学；其次是规划与保持从一个地点到另一个地点的路线，规避障碍物并避免碰撞，针对不同的载体，它有时也被称为制导、引航或航迹规划[3]。《北斗卫星导航术语》定义导航（navigation）为："引导（规划、记录和控制）各种运动载体（飞机、船舶、车辆等）和人员从一个位置点到另一个位置点的过程，或指与该过程有关的科学与技术。"《简明牛津词典》将导航定义为："通过几何学、天文学、无线电信号等确定或规划船舶或飞机位置和航线的任何一种方法"[4]。

导航可视为一种广义上的动态定位过程，它的作用是引导车辆、飞机、船舶等运动载体以及个人，从当前位置出发，循着所确定的路线，准时安全地抵达目的地。定位仅需要回答一个问题："我在哪"，而导航需要回答三个问题："我现在在哪儿""我要去哪里""我该如何去"。引导运动载体如何到达目的地的过程即为导航，在此期间需要实时地确定用户的位置。

（3）授时

《北斗卫星导航术语》定义授时（timing）为："用广播的方式传递标准时间的过程或技术。"在解释授时之前，首先解释一下什么是时间。时间是一种表示物质运动的物理量，包含了时刻和时间间隔两个含义，分别记录事件发生的时刻以及持续时间。时间信号通常可用电磁波来传播，标准时间信号可作为上述定位导航信息的传递载体，从而直接向用户提供服务。为规范并制约各种社会活动，国际上制定了统一的标准时间——国际原子时（Temps Atomique International，TAI）和世界协调时（Coordinated Universal Time，UTC）。

授时是指将标准时间信号传递给用户的过程[5]。显然，通信技术是实现授时的基础。因此，不同的通信手段，对应着不同的授时技术。国际电信联盟（International Telecommunication Union，ITU）于1997年发布的Rec.ITU-R TF.1011-1建议书中给出了多种不同的授时技术，包括短波广播、低频广播、低频导航、电视广播地面链路、导航卫星广播、导航卫星共视、气象卫星广播、同步广播卫星、双向通信卫星、光纤、电话时间编码、微波链路、同轴电缆等多种授时手段，它们可用于满足不同的用户对时间和频率的不同业务需求[6]。

相关链接

六分仪与航海时代

1730 年美国人 Thomas Godfrey 和英国人 John Hadley 分别发明了八分仪，以其扇形框架为八分之一圆周而命名。八分仪准确、廉价、使用方便，极受航海人员欢迎。1757 年，John Campbell 在八分仪基础上制造出更加精确的六分仪，如图 1 所示。将六分仪与船用表配套使用，就可以确定船舶在海上的准确位置。

六分仪是用来测量远方两个目标之间夹角的光学仪器。通常用它测量某一时刻太阳或其他天体与海平线或地平线的夹角，以便迅速得知海船或飞机所在位置的经纬度。六分仪具有扇状外形，其组成部分包括一架小望远镜、一个半透明半反射的固定平面镜（即地平镜）、一个与指标相连的活动反射镜（即指标镜）。六分仪的刻度弧为圆周的 1/6。使用时，地面及海上的观测者手持六分仪，转动指标镜，使在视场里同时出现的天体与海平线重合。在航空六分仪的视场里，地平线由水准器来代替。根据指标镜的转角可以读出天体的高度角，其误差约为 ±（0.2′~1′）。六分仪的特点是轻便，可以在摆动着的物体如船舶上观测，缺点是阴雨天不能使用。

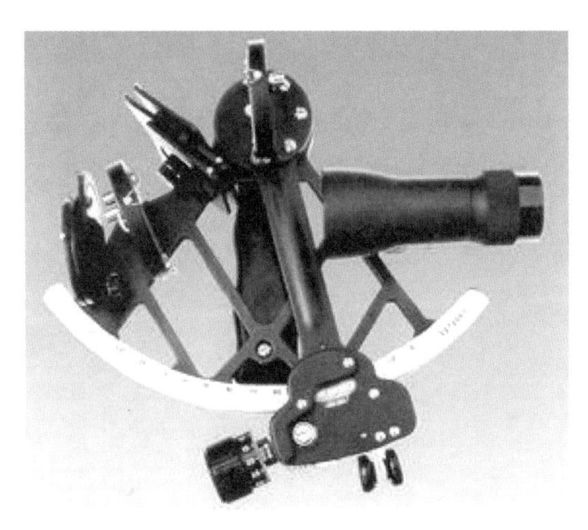

图 1　六分仪

六分仪，看似简单的机械和结构，却可以通过观测天体高度和目标的角度来测定纬度，并将人类带向更远的海洋。大洋航海都是以推算船位作参考，再使用六分仪测天定位，以确保大洋船位的可靠性。在晴朗天气条件下，利用六分仪观测技术，三星定位精度可达1~2海里，测量定位、计算和绘制船位需要15 min左右[7]。

参考文献

[1] HOFMAN-WELLENHOF B, LEGAT K, WIESER M. Navigation: Principles of positioning and guidance[M]. Berlin: Springer-Verlag, 2003.

[2] 张晓红. 导航学[M]. 武汉：武汉大学出版社，2017.

[3] GROVES P D. Principles of GNSS, inertial, and multisensor integrated navigation system [M]. London: Artech House, 2008.

[4] The Concise Oxford Dictionary [M]. 9th ed. Oxford, U.K.: Oxford University Press, 1995.

[5] 刘天雄. 卫星导航系统概论[M]. 北京：中国宇航出版社，2018.

[6] Systems, Techniques and Services for Time and Frequency Transfer, Rec. ITU-R TF.1011-1, 1997.

[7] 航海科普——船舶六分仪定位[EB/OL].(2020-10-1).http://www.glac.org.cn/index.php?m=content&c=index&a=show & catid=1&id=7962.

2 古代的人们靠什么导航?

人类自诞生之初就有了导航的概念。因为人需外出狩猎，还需认得回家的路，这就是早期导航的概念。

在古代，人们很早就学会了用天文星象辨别方向。我们的祖先在漫天璀璨的繁星中认识了著名的北斗七星，通过它们能找到北极星，确定方向，如图1所示，也就是常说的“观星辨向”。

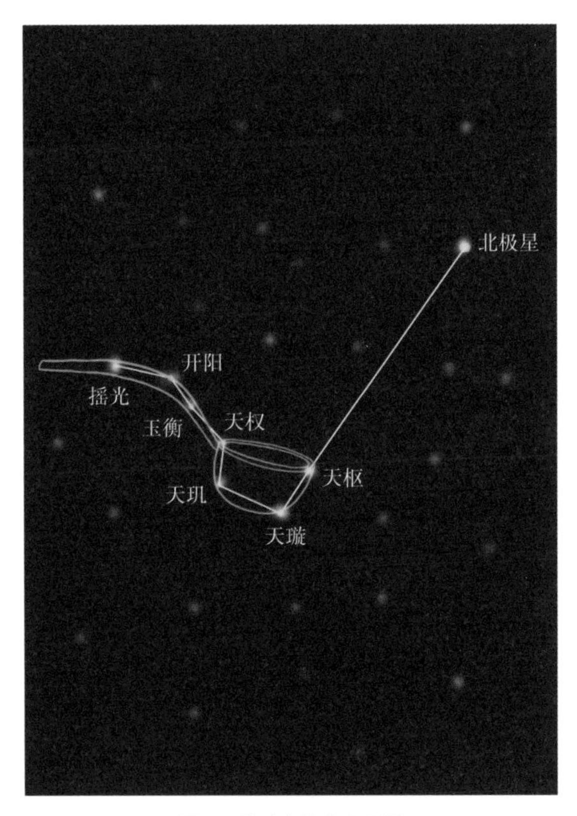

图1 北斗七星和北极星

北斗七星又叫北辰北斗七星，是大熊座中七颗明亮的星，形状有如勺子，如图1所示。北斗七星除了很容易辨认，聪明的“老祖宗”还发现了一个秘密，那就是北斗七星的“勺头”部位的天璇和天枢两颗星的连线永远指着北极星。因北极星长期固定位于天北极的位置，故用作辨认北方的标识。寻找北极星的方法是：先寻找北斗七星，从北斗七星的斗口（即天璇和天枢）方向，向上延长5倍就可以找到北极星[1]。

其实若在晚上每隔一个小时观察一下北斗七星，你会发现它们不断慢慢围绕北极星自东向西转。而北极星则一点也不动，永远处在北方，夜间行路、航海，只要能够辨识北极星，就能找到“北”的方向了。

北斗七星围绕北极星自东向西运动的规律，我国古代的星象学家把它形象地叫作“斗转星移”，而通过“斗转星移”的规律，人们能够判断季节和时辰。

我国民间流传的谚语：“斗柄指东，天下皆春；斗柄指北，天下皆夏；斗柄指西，天下皆秋；斗柄指南，天下皆冬。”意思就是说，春天的晚上，北斗星的斗柄朝东；夏天的晚上，北斗星的斗柄朝北；秋天的晚上，北斗星的斗柄朝西；冬天的晚上，北斗星的斗柄朝南。

北半球的人们，一年中绝大部分时间都能够用北斗七星来指示方向，但若在秋季的晚上行路，此时北斗七星已经转到地平线附近，在我国长江以南地区几乎看不见，所以这时要想找到北极星，就要用与北斗星相对的仙后星座。仙后星座由5颗与北斗星亮度差不多的星组成，整体形状为“W”形，在“W”字缺口中间的前方，约为整个缺口宽度的两倍处，就可找到北极星。

此外，我们还可以利用指南针指示方向。东汉时期我国成功地用磁石打磨出可以指引方向的工具，这便是最早的导航仪器——司南。两宋时期指南针已逐步应用于航海，指南针经阿拉伯传到了欧洲，开启了波澜壮阔的大航海时代。郑和利用罗盘针和“牵星过洋术”确定船队纬度，推算航行方向，完成了七下西洋的壮举。

那么古人怎么知道自己走了多远呢？人们在生活中慢慢想到，在路边做个标记，隔一定距离堆一堆石头或者垒砌一个土堆。古代官道标记里程的土堆称之为“堠”。通常每隔五里设置一个“堠”，还有专人管理维护，这样的人称之为“堠吏”。因此，古人走官道，每隔五里就能见人问路，自然就不怕迷路了。南代李嵩创作的骷髅幻影戏图就有“堠”的身影。这种方法可以说一直沿用至今，高速公路、国道上每隔一段均有里程标记牌。古代人也会使用地图，会以“计里画方”的方式在一些地图上标明里数，告诉人们到达下一个目的地还有多远。

相比陆地上山形地貌、树木花草各不相同，在茫茫大海上导航就变得十分困难。人们只能通过识别天体（恒星、行星）掌握大洋定位技术，即所谓的天文航海。《淮南子·齐俗训》中有这样一句话：夫乘舟而惑者，不知东西，见斗极则寤矣。讲的就是人们利用北斗星、北极星辨别方向。一直到北宋以前，航海中还是“夜间看星星，白天看太阳”。到了北宋才加了一条“在阴天看指南针”。大约到了元、明时期，我国天文航海技术有了很大的发展，已能通过观测星星的高度来定地理纬度，这种方法当时被称作“牵星过洋术”。

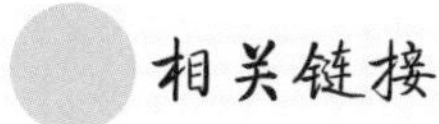

郑和下西洋靠什么导航？什么是“牵星过洋术”？

郑和七下西洋创造了世界航海史上的奇迹，完成了极其艰难复杂而又史无前例的航行。郑和的船队要在浩瀚无边的海洋中航行，仅靠观测天体和指南针是远远不够的。郑和航海图中记录了大量的牵星坐标，如北辰星三指、灯笼骨星七指等，这些类似恒星高度角的观测值记录了某个地点的地球的纬度值。郑和在七下西洋中形成了一套行之有效的“牵星过洋”的航海技术。

所谓“牵星过洋术”，是指用牵星板测量所在地的天体高度（如图 1 所示），然后计算出该处的地理纬度，以此测定船队的航向。这种航海技术是郑和在继承中国古代天体测量成就的基础上，创造性地应用于大洋航行，从而形成了一种自成体系的先进航海技术，使中国当时天文航海技术达到了相当高的水平，这个水平代表了 15 世纪初天文导航的世界水平。

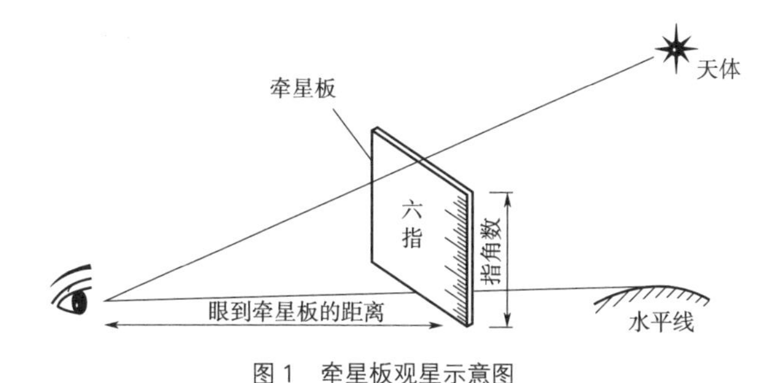

图 1　牵星板观星示意图

在“牵星过洋术”中一个重要的工具就是“牵星板”。牵星板是测量星体距水平线高度的仪器，其原理相当于当今的六分仪。通过牵星板测量星体高度，可以找到船舶在海上的位置。据考证，牵星板一套共有 12 块正方形的木板，大小各有差别。每一块板上都标有刻度，用“指”作单位，最大一块为“十二指”，最小的为“一指”，如此类推。除了12块木板外，还有一个用象牙制成的小方块，象牙块上标有刻度，单位为“角”。角与指之间的关系是“二角等于半指”“四角即为一指”。测量的星星高度不同，我们可以用12块牵星板或象牙板进行替换和调整。当知道了目的地的高度角，就可以在航海中牵着星星，调整航向，计算里程，将船队导引到目的地。

参考文献

[1] 怎样找到北极星（两种方法）[EB/OL].[2021-7-1]. https：//zhidao.baidu.com/question/1540052675957015107. html.

3 导航技术的发展历史是怎样的?

导航技术的发展大致可分为原始导航时期、指南针导航时期、无线电导航时期、卫星导航时期、组合导航时期5个阶段[1]。

(1)原始导航时期

在指南针发明以前，古人依靠山、树、太阳和天体等参照物确定前行的方向。早在石器时代，英国就有由立石、山顶炮台、石圈和山顶营地组成的导航网络。这种网格状“导航图”覆盖了英格兰南部和威尔士大部分地区。这种简单的导航网络建立在一个互相连接的等腰三角形网格基础之上，每一个等腰三角形指向下一个地点。通过这种简单的导航系统，当时的居民可以不借助其他事物，光凭肉眼就能从A地到B地。

(2)指南针导航时期

利用磁针在天然地磁场的作用下，可以自由转动并最终保持在地球磁场磁子午线的切线方向上，磁针的南极指向地理南极(磁场北极)，人们利用这一特性可以辨别方向并进行导航。早在战国时期，中国就发明了指南针，两宋时期指南针技术得到进一步发展，已逐步应用于航海、大地测量、旅行及军事等方面。指南针的外观和精度不断改进，至今仍在使用。

(3)无线电导航时期

19世纪至20世纪，随着无线电技术的发展，利用无线电信号在空间中光速直线传播的特性，安装在运动载体上的导航接收设备通过接收若干地面导航台播发的导航信号，测出其传播时间、相位、频率与幅度后，就可测出运动载体相对于导航台的角度、距离、距离差等几何参数，从而建立起运动载体与导航台的相对位置关系，进而获得运动载体当前的位置。无线电导航成为现代航海、航空的主要导航手段。

(4)卫星导航时期

自1957年苏联发射第一颗人造卫星后，无线电导航由陆基导航向星基导航发展，利用导航卫星播发导航信号，对地面、空中以及空间用户进行定位。1964年7月，美国海军建成人类历史上第一个卫星导航系统——子午仪卫星导航系统（TRANSIT），为美军核潜艇和各类水面舰船等提供全天候的二维高精度定位服务，开创了无线电导航系统的新时代！目前全球有美国的GPS、俄罗斯的GLONASS、中国的BDS、欧盟的Galileo四大全球卫星导航系统。

（5）组合导航时期

随着人们对导航性能要求的不断提高，单一的导航系统已无法满足各种复杂环境下的导航需求，组合导航应运而生。组合导航是利用计算机和数据处理技术把两种或两种以上具有不同工作原理的导航设备组合在一起使用，充分发挥各类导航设备的优势，以达到提高性能的目的。常用的组合导航形式有：惯性导航与卫星导航组合、惯性导航与地基无线电导航组合、卫星导航与地基无线电导航组合等。

参考文献

[1] HAKAMATA M.Development and history of Tamaya navigation calculator[EB/OL].(2019-08-28). https：//www.jstage.jst.go.jp/article/jinnavi/194/0/194_KJ00010076959/_pdf/-char/ja .

4 陆基无线电导航系统主要有哪些？

第一次世界大战期间诞生了无线电导航技术，在军事对抗需求的牵引下，这项技术在第二次世界大战得到了发展和广泛应用。从导航台所在的位置来区分，无线电导航主要包括陆基无线电导航和星基无线电导航。陆基无线电导航系统是以设置在陆地上（有时也设置在军舰上）的导航台为基础，通过无线电信号向飞机或船只（有时也向车辆或其他用户）提供导航信息的系统[1]。常用的陆基无线电导航系统包括无方向性信标、甚高频全向信标、测距仪、战术航空导航系统、远程导航系统、多普勒导航系统等。

定向机/无方向性信标（Direction Finder/NonDirectional Beacon，DF/NDB）由中波导航台、发射天线及一些辅助设备组成，安装在每个航站和航线中，不断向空间发射一个无方向性的无线电信号，工作频段是190~1 750 kHz。飞机上的NDB信号接收机叫作方位角指示器（Automatic Direction Finder，ADF）。当接收到NDB信号，ADF的指针就指向NDB台站所在的方向，飞机按照这个方向飞行就能准确地飞到台站所在位置。NDB准确性低且易受天气影响，但设备结实耐用，价格便宜，所以世界上很多中小型机场仍在使用。

甚高频全向信标（VHF Omnidirectional Range，VOR）工作频段为108~117.95 MHz的甚高频。VOR的天线在发射时不停地转动，发射出的信号按方向而改变。飞机收到VOR信号时，机上VOR接收机根据接收信号的变化，就能得到飞机相对发射台的方向。通常在航路上，每隔150 km左右建立一个VOR台，飞机根据航空地图上标出的VOR台的位置，可实时获得相对VOR台的方向。

测距仪（Distance Measuring Equipment，DME）通过无线电测量飞行器到导航台的距离。DME工作频率为962~1 213 MHz，由飞机上的询问机和地面台站上的应答机组成。飞机上的询问机向地面发出一对脉冲信号，地面应答机接收脉冲信号后发回一对应答脉冲信号，通过计算发射信号和收到应答信号的时间可获得飞机与地面站之间的距离。DME通常与VOR配套使用，称为VOR-DME，将DME的地面发射台和VOR台建在同一地点或者建在机场附近，这样飞机就可以同时获得相对台站的方向和距离，从而确定位置信息。

战术航空导航系统（Tactical Air Navigation，TACAN①）主要为舰载机提供

① 有的专业名词缩写与其英文首字母并非完全一致，采取行业内通用写法——作者注。

从几十千米到几百千米距离范围的导航服务。系统的有效作用距离在近程范围内只用于航空导航，所以又称为航空近程导航系统。TACAN是一种近程极坐标式无线电导航系统，由地面信标台和机载设备组成。其测向原理与VOR相似，通过基准脉冲信号和脉冲包络信号之间的相位关系实现测向；其测距原理与DME相同，采用询问应答方式实现，工作频段为960~1 215 MHz，能够同时提供方位和距离信息，地面台站天线体积较小，可以装在舰上、陆地车辆上。

远程导航系统（Long range navigation，Loran）的发展经历了Loran-A、Loran-C、Loran-D、Loran-F四个阶段，其中Loran-C由设在地面的发射台链（至少包含3个导航台，一般是4~5个，其中一个为主台，其余为副台）和飞机上的接收设备组成。测定主、副台发射的两个脉冲信号的时间差和两个脉冲信号的载频相位差即可获得飞机到主、副台的距离差。距离差保持不变的航迹是一条双曲线。再测定飞机到主台和另一副台的距离差可得另一条双曲线，根据两条双曲线的交点可以确定飞机的位置。20世纪80年代，航空上主要使用的就是Loran-C。

多普勒导航系统利用多普勒效应测定多普勒频移，从而计算出运动载体的速度和位置以实现导航。多普勒导航系统通常由多普勒导航雷达、航向姿态系统、导航计算机、控制显示器等组成。多普勒雷达测得的飞机速度信号与航向姿态系统测得的飞机航向、俯仰、滚动信号一起送入导航计算机，经计算获得飞机的位置及其他导航参数。

几种常用的陆基导航系统对比如表1所示[1]。

表1　陆基导航系统对比

系统名称	工作频率	作用距离	误差
NDB	0.19~1.75 MHz	约300 km	不稳定
VOR	108~118 MHz	约300 km	1.4°，90 m
DME	962~1 213 MHz	约300 km	3%*D*⋆
TACAN	960~1 215 MHz	约300 km	1°，185 m
Loran−C	0.1 MHz	2 000~3 000 km	150 m
多普勒导航	13~16 GHz	不限	（1%~2%）*D*⋆

注：⋆*D*为飞行距离。

参考文献

[1] 李跃，邱致和．导航与定位［M］.2版．北京：国防工业出版社，2008.

5 卫星导航系统的发展历史是怎样的?

1957年10月4日，苏联在拜科努尔发射场把人类历史上第一颗人造地球卫星斯普特尼克一号（Sputnik-1）送入太空，开创了太空时代，卫星如图1所示[1]。彼时，正值东西方冷战时期，Sputnik-1卫星毫无先兆地成功发射，震惊了整个西方，引起了美国的极大恐慌，在美国国内导致了一连串事件，如华尔街股灾、斯普特尼克危机，由此引发了美苏两国持续20多年的太空竞赛，成为冷战时期两大强国的一个主要竞争点。

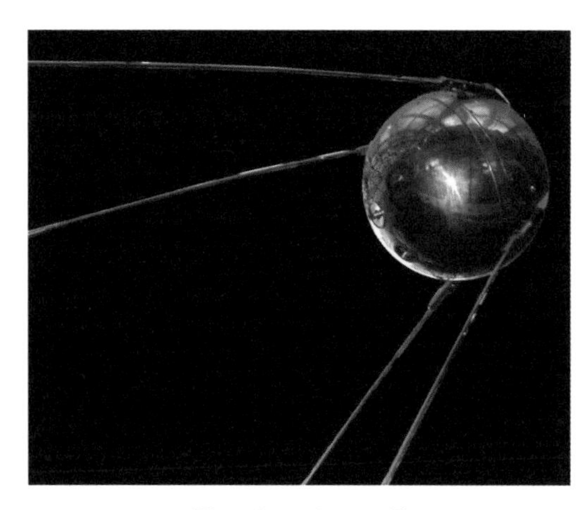

图1 Sputnik-1卫星

Sputnik在俄语中的意思是“旅行伙伴”。Sputnik-1卫星的结构为一个球体，直径为23 in（58 cm），重183 lb（83 kg），带有四个无线电天线，卫星每96.2 min绕地球一圈。虽然Sputnik-1环绕地球仅飞行了21天，但具有重大的意义和深远的影响，标志着人类探索太空的时代开始了。随后其他种类、功能的卫星也随之被研发出来，人造卫星开始广泛应用于通信、导航、遥感、气象、测绘、军事等领域。

如何准确测量Sputnik-1卫星的轨道，成为美国国家军事和国防的需要。美国约翰·霍普金斯大学应用物理实验室（Applied Physics Laboratory，APL）的两名科学家George Weiffenbach和William Guier在Sputnik-1卫星发射后的第三天，用一台无线电接收机跟踪并捕获到了Sputnik-1卫星播发的无线电信号，通过测量计算无线电信号的多普勒频移数据（从地平线一端到地平线另一端的一条轨迹），给出了 Sputnik-1 卫星的运行轨道参数，并达到了较高的精度。

约翰·霍普金斯大学应用物理实验室主任 Frank McClure 进一步研究后提出建议，如果知道卫星在轨道中的位置并且位置是可以预测的，那么通过测量分析卫星播发的无线电信号的多普勒频移，就可以计算出地面信号接收机的位置。这个“逆向问题”利用“反向观测”，基本原理是利用多普勒频移与信号源和接收机的相对位移关系，进而实现对地面接收机位置的确定。多普勒定位示意如图 2 所示。如果用户接收机也是运动的，那么在利用上述算法解算用户位置时，为了计算基于星地之间倾斜距离变化值的多普勒频移，我们需要给出用户机的运动规律以及在观测卫星期间用户机的位置变化量。

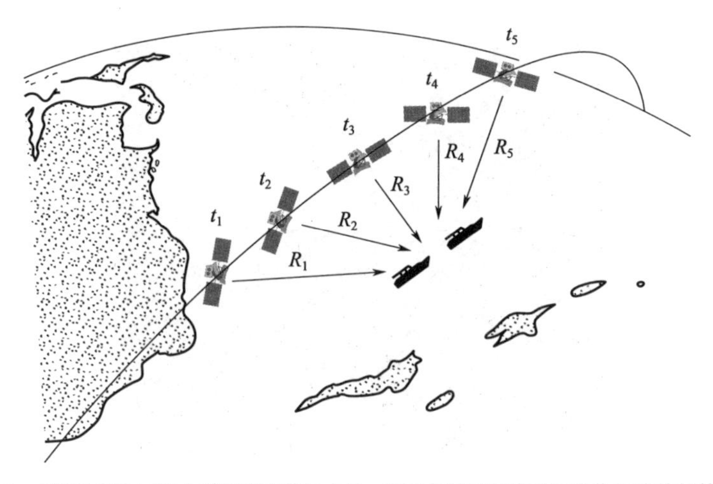

图 2　多普勒定位示意（利用视界范围内的一颗子午仪卫星实现用户位置连续解算）

由于美国海军对引导潜艇完成极区任务，特别是对携带洲际导弹的潜艇进行精确定位以及导弹初始位置装定有重大需求，1958 年 12 月，在美国海军先进研究项目署（ARPA）的基金资助下，美国约翰·霍普金斯大学应用物理实验室的 Richard Kershner 博士带领团队开展了美国海军卫星导航系统（Navy Navigation Satellite System，NNSS）的研发工作。

基于多普勒测量原理，1958 年 12 月，美国海军启动卫星导航系统研发计划，1964 年 7 月，美国海军建成人类历史上第一个卫星导航系统——美国海军卫星导航系统，系统由 6 颗极轨导航卫星组成，卫星如图 3 所示，空间星座图如图 4 所示。导航卫星运行在极地轨道，即沿着地球子午圈的轨道运行，卫星轨道绕过地球的南北两极上空，习惯上美国海军卫星导航系统又称为子午仪卫星导航系统（TRANSIT）。

图 3　子午仪导航卫星

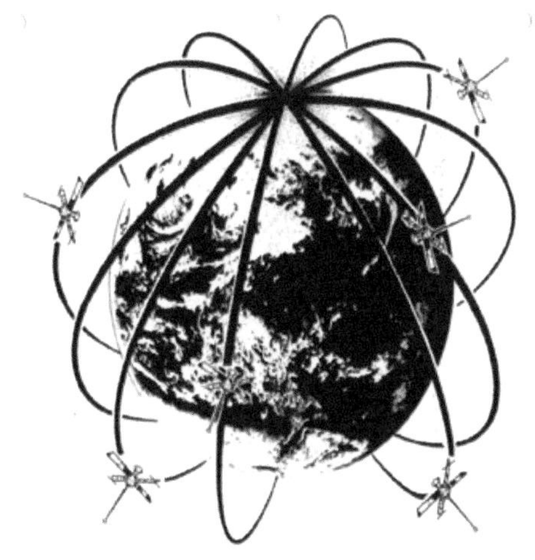

图 4　子午仪卫星导航系统空间星座图

子午仪卫星导航系统由卫星、地面站和用户设备三部分组成。空间段极轨卫星的轨道高度为 1 080 km。地面段包括四个跟踪站、两个注入站、一个计算中心。用户设备接收子午仪导航卫星信号，并对收到的信号进行连续的多普勒测量（多普勒积分），根据这些测量值和卫星广播的星历计算出用户的位置坐标。

子午仪卫星导航系统为美军核潜艇和各类水面舰船等提供全天候的二维定位服务，系统首次应用了先进的时间和频率标准、首台星载电子计算机。双频用户定位精度约为 0.025 海里（1 海里 =1.852 千米），单频（400 MHz）信号用户定位精度约为 0.05 海里。一般情况下，一节船速误差会引入 0.25 海里定位误差，授时精度约 50 μs。1967 年，子午仪卫星导航系统向民用用户开放。子午仪卫星导航系统开创了无线电导航系统的新时代[1]。

同期，苏联设计论证了蝉（Tsiklon）系统，通过卫星信号多普勒频率测量与卫星广播星历计算，确定用户平面位置。蝉系统的工作原理、轨道高度、工作频率，与子午仪卫星导航系统相似，服务对象都是核潜艇，用于核潜艇海上平面位置定位，为导弹发射提供初始位置装定参数。1979 年发射了 4 颗蝉系统卫星[2]。卫星轨道高度为 1 000 km，下行频率为 150 MHz 和 400 MHz，定位均方根误差为 250~300 m，响应时间为 5~6 min，经大地测量与地球物理学者的努力，精度可提升至 80~100 m。随后，蝉系统卫星补充了遇险接收设备，为用户配备了无线电浮标装置，发射 121 MHz 和 406 MHz 遇险信号，卫星将接收到的遇险信号中继至地面站，由地面站计算遇险用户位置，用于生命救援[3]。

子午仪卫星导航系统和蝉系统均在覆盖区域上存在着时间间隙，用户不能获得连续定位解算结果（平均每 1.5 h，最长 8~12 h 定位一次），而且用单行多点法测量多普勒频移，使每次定位时间较长（几分钟至十几分钟），不适用于高动态用户，且定位精度较低。1996 年年底，子午仪卫星导航系统退出历史舞台。子午仪卫星导航系统的贡献在于，它开创了世界卫星导航的先河，解答了远的作用距离和高的定位精度统一的可行性问题。

子午仪卫星导航系统和蝉系统均不能为用户提供精确的速度与定位时间信息，并且卫星轨道低、稳定性差，难以满足日益旺盛的全球导航需求，因此，两个超级大国很快开启了新的卫星导航系统论证研究。1973 年前后，美国和苏联分别提出了 GPS 和 GLONASS 全球卫星导航方案。基本定位原理是通过同时对 4 颗以上卫星的伪距测量，确定用户三维位置、速度与时间，形成了 PNT 服务完整概念[4]。

这种利用导航信号传播的到达时间（Time of Arrival，TOA）测距，通过同时对 4 颗以上导航卫星信号的伪距观测，基于三球交会确定用户位置的定位体制称为卫星无线电导航业务（Radio Navigation Satellite Service，RNSS），用户只需接收导航信号就可以解算出位置、速度和时间。卫星无线电导航业务工作原理如图 5 所示。

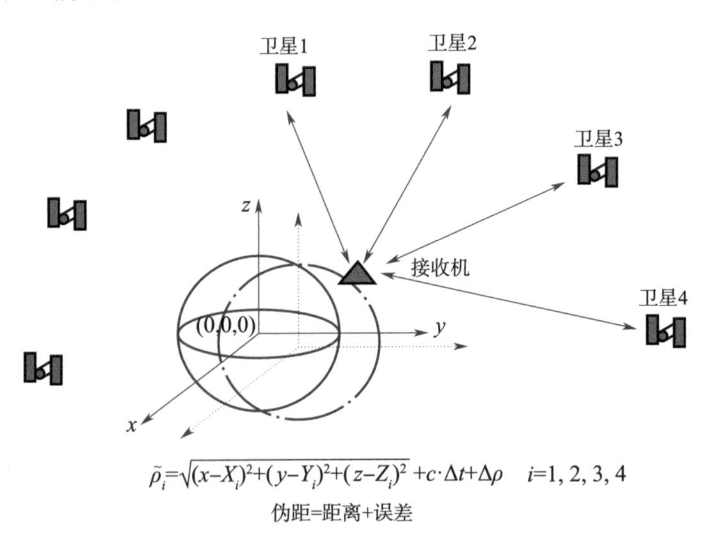

图 5　卫星无线电导航业务工作原理

1973 年，美国开始研制全球定位系统（GPS），1978 年发射第一颗 GPS 卫星，1994 年 3 月发射最后一颗 GPS Block- Ⅱ卫星并组网运行。Block- Ⅱ卫星如图 6 所示，GPS 空间段卫星组成 Walker 24/6/2 星座，如图 7 所示。GPS

卫星轨道倾角为55°，轨道高度为20 200 km，轨道周期为11 h 58 min，运行速度为3.87 km/s，在轨卫星数24颗，分布在6个近圆形轨道面上，6个轨道平面依次以A，B，C，D，E，F命名，各个轨道平面之间相距60°，每个轨道面上有4颗卫星，备份星分布在B，D，F轨道面上，每一个轨道平面内各颗卫星之间的升交点角相差90°，任一轨道平面上的卫星比西边相邻轨道平面上的相应卫星超前30°。

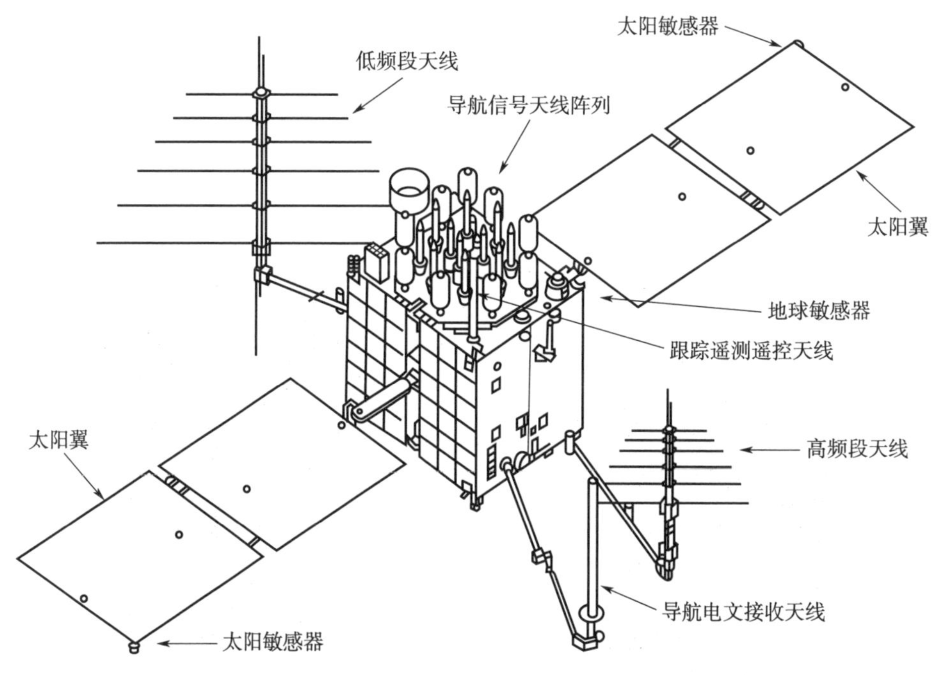

图6　GPS Block-Ⅱ卫星

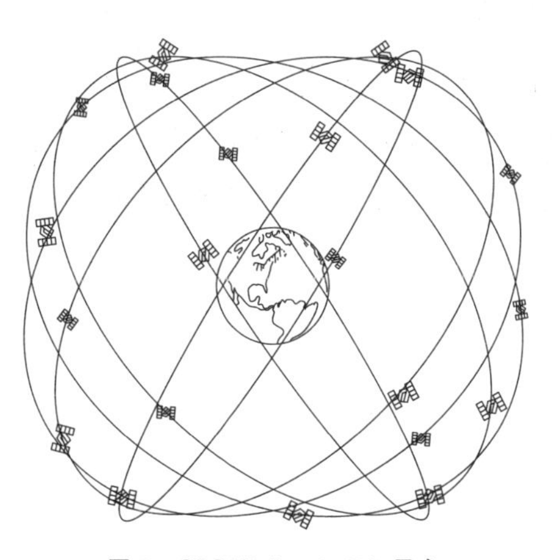

图7　GPS Walker 24/6/2 星座

1995年，GPS具备全面运行能力。GPS为一般民用用户提供标准定位服务（SPS），为军用和授权用户提供精密定位服务（PPS）。SPS的定位精度水平为100 m［打开选择可用性（SA）］；PPS的定位精度可在10 m以内。2000年，美国关闭选择可用性，将民用SPS的定位精度提高至15~20 m。

GLONASS系统于20世纪70年代开始研制，1982年首星发射入轨，1996年1月完成卫星组网并投入运行。GLONASS系统卫星轨道高度为19 100 km，轨道倾角为64.8°，周期约11 h15 min44 s。GLONASS星座由21颗工作星和3颗备份星组成Walker 24/3/1星座，如图8所示。GLONASS-K卫星展开图如图9所示，24颗卫星均匀分布在升交点赤经相隔120°的三个近圆形轨道面上，每个轨道8颗卫星，同平面内的卫星之间相隔45°。21颗卫星组成的星座可以实现97%的地球表面同时连续跟踪4颗卫星，而24颗卫星组成的星座可以实现99%的地球表面连续同时跟踪5颗卫星。

图8　GLONASS星座

GLONASS在定位、测速及授时精度上优于施加选择可用性之后的GPS。GLONASS打破了美国对卫星导航市场一家独大的局面，既可为一般民用用户提供独立的导航服务，又可以与GPS结合，为用户提供双模服务；同时也降低了美国政府关闭GPS服务或降低GPS服务精度的风险。

图 9　GLONASS-K 卫星展开图

鉴于卫星导航系统在政治、军事、经济、科技和社会等方面的重要性，且涉及主权问题，欧洲建设了独立自主的 Galileo 全球卫星导航系统，为欧洲公路、铁路、空中和海洋运输及欧洲共同防务提供 PNT 服务。2002 年 3 月，欧盟正式启动 Galileo 系统建设，2005 年和 2008 年发射了两颗试验星 GIOVE-A、GIOVE-B，2011—2012 年发射 4 颗在轨验证卫星进一步验证 Galileo 系统的可靠性。从 2014 年起，开始发射星座组网卫星。Galileo 系统空间段有 30 颗卫星（27 颗工作卫星，3 颗在轨备份星），分别位于 3 个轨道平面，每个轨道面的升交点相隔 120°，每个轨道面上 9 颗工作卫星均匀分布，即每个轨道平面内的工作卫星之间相隔 40°，形成 Walker 30/3/1 星座，如图 10 所示。卫星轨道高度为 23 616 km，轨道倾角为 56°，轨道周期为 14 h 4 min 45 s，地面轨迹重复周期为 10 天，Galileo 卫星在轨展开图如图 11 所示。

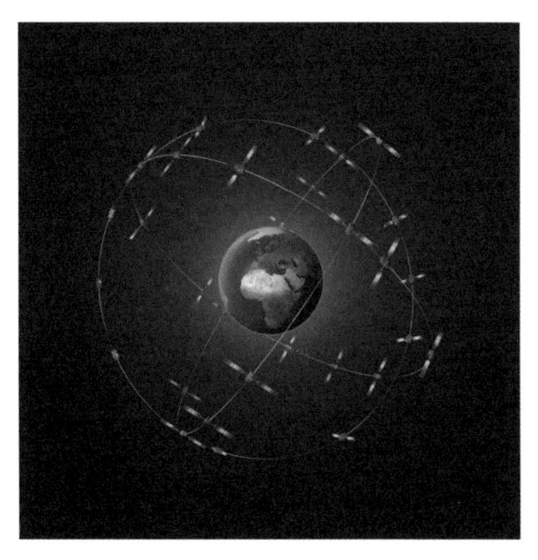

图 10　Galileo 全球卫星导航系统星座

2016 年 12 月 15 日，Galileo 系统提供初始服务。Galileo 系统提供

开放服务（Open Service，OS）、商业服务（Commercial Service，CS）、生命安全服务（Safety of Life Service，SoL）、公共安全管制服务（Public Regulated Service，PRS）、搜索救援服务（Search and Rescue Service，SAR）五种服务模式，每种服务模式的目标和性能指标不同，比如对于开放服务而言，系统不要求完好性服务，在系统服务可用性指标为99%情况下，双频接收机的水平定位精度为4 m（95%）、垂直定位精度为8 m（95%）；而对于公共安全管制服务而言，系统服务可用性指标则要求为99.5%。

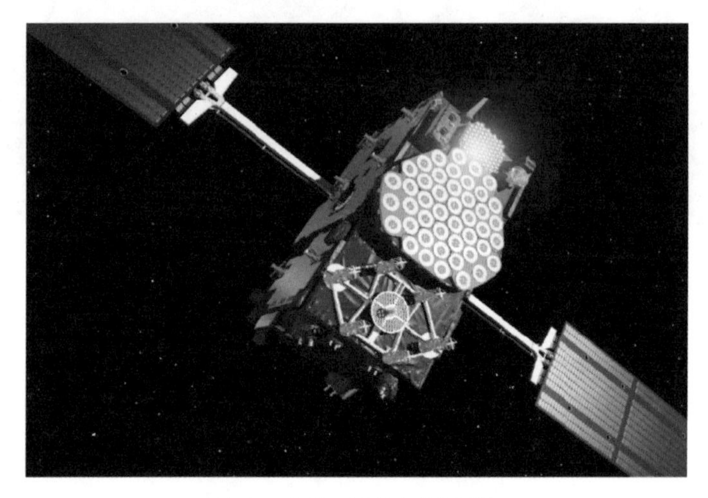

图11 Galileo卫星在轨展开图

中国自20世纪80年代开始探索适合国情的卫星导航系统发展道路，制定了“三步走”的发展策略，2000年建成北斗一号系统，2012年建成北斗二号系统，2020年7月31日，北斗三号全球卫星导航系统正式开通。北斗三号星座由3颗地球静止轨道（GEO）卫星、3颗倾斜地球同步轨道（IGSO）卫星和24颗中圆地球轨道（MEO）卫星组成。GEO卫星轨道高度为35 786 km，分别定点于东经80°、110.5°和140°；IGSO卫星轨道高度为35 786 km，轨道倾角为55°；MEO卫星轨道高度为21 528 km，轨道倾角为55°，分布为Walker 24/3/1星座[5-6]，星座如图12所示[7]。

北斗三号系统具备有源定位服务和无源定位服务两种技术体制，为全球用户提供基本导航（定位、测速、授时）、全球短报文通信、国际搜救服务，为中国及周边地区提供区域短报文、星基增强、精密单点定位、地基增强等服务[8]。相比其他卫星导航系统，北斗系统有如下特色：一是北斗系统空间段采用三种轨道卫星组成的混合星座，与其他卫星导航系统相比高轨卫星更多，抗遮挡能力强；二是北斗系统提供多个频点的导航信号，能够通过多频信号组合使用等方式提高服务精度；三是北斗系统创新融合了导航与通信能力，具有实时导航、快速定位、精确授时、位置报告和短报文通信功能[9]。

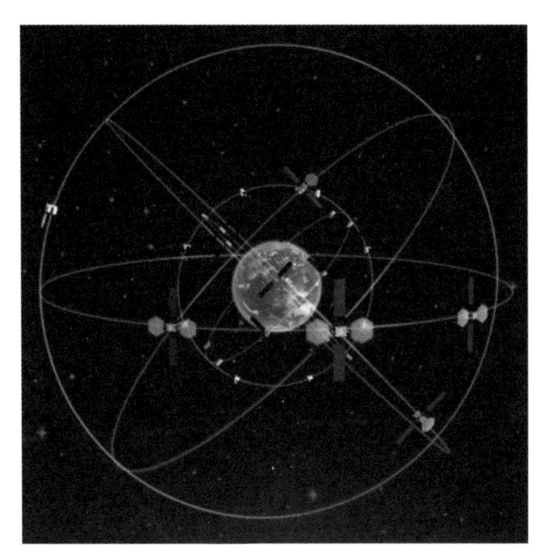

图 12　北斗三号系统 Walker 24/3/1 星座

经过 60 多年的发展，目前世界有美国的 GPS、俄罗斯的 GLONASS、中国的北斗（BDS）、欧洲的 Galileo 四大全球卫星导航系统，以及日本 QZSS、印度 IRNSS 两个区域卫星导航系统。卫星导航系统已广泛应用于大众消费、智慧城市、交通运输、公共安全、减灾救灾、农林牧渔、精准农业、气象探测、通信系统、电力系统和金融网络等众多领域，服务国家现代化建设和百姓日常生活。

相关链接 1

美国 GPS 系列导航卫星

GPS 卫星经历了 Block Ⅰ、Block Ⅱ、Block ⅡA、Block ⅡR、Block ⅡR-M、Block ⅡF、Block Ⅲ 多个型号多个发展阶段。

与 Block ⅡF 卫星相比，Block Ⅲ 卫星主要变化包括：增加 L1 频段互操作信号 L1C；增加搜索与救援功能；装备新型脉冲光抽运铯束钟，有效载荷数字化率达到 70%，有效提高了导航信号的精度。

GPS 各代卫星主要指标比较见表 1。

表 1　GPS 各代卫星主要指标比较

卫星	Block Ⅰ	Block Ⅱ	Block ⅡA	Block ⅡR	Block ⅡR-M	Block ⅡF	Block Ⅲ
质量	770 kg	1 665 kg	1 665 kg（初期） 1 816 kg（后期）	2 032 kg	2 063 kg	2 170 kg	3 883 kg
功率		1 100 W	1 100 W		1 959 W	2 440 W	4 480 W
信号增强	无	无	无	无	+7 dB	+7 dB	+(7 ~ 10) dB
星间链路	无	无	无	有（频段 UHF，精度 2 ns）	有（频段 UHF，精度 2 ns）	有（频段 UHF，精度 2 ns）	有（频段 UHF，精度 2 ns）
自主导航	无	无	无	180 天	180 天	180 天	180 天
军码加密		有	有	有	有	有	有
系统定位精度		军用：6 m；民用：25 m（无 SA）	军用：6 m；民用：25 m（无 SA）	军用：6 m；民用：25 m（无 SA）	军用：3 m；民用：25 m（无 SA）	军用：3 m；民用：25 m（无 SA）	1 m
星钟	2 铷 +2 铯	2 铷 +2 铯	2 铷 +2 铯	3 铷	3 铷	2 铷 +1 铯	1 铯 +3 铷
比上一产品新增功能		由 3 个轨道面变为 6 个轨道面，轨道倾角改为 55°，增加核爆炸探测装置，增加选择可用性	星钟稳定性有所提高	增加时间保持系统、星间链路与自主导航功能	增加 L1 和 L2 频段军用 M 码信号，增加 L2 频段民用信号，信号功率有所增加。L2 频段民用信号码长和数据结构可变	增加 L5 频段民用信号，信号功率进一步提高	点波束增强，增加了 L1C 信号
用户测距误差（1 天）/m		7.6	7.6	2.2	2.2	3.0	1.0
设计寿命 / 年	5	7.5	7.5	7.5	10	12	15

相关链接 2

俄罗斯 GLONASS 系列导航卫星

1982 年 10 月 12 日，GLONASS 全球卫星导航系统利用 Proton-K 运载火箭发射了第一组三颗 GLONASS 导航试验卫星，随后开展了系统体制验证和卫星的设计改进工作，1986 年年底完成了系统的在轨试验工作，确定了系统的技术状态基线。1987—1993 年，GLONASS 系统组网发射导航卫星，1993 年 9 月 24 日，俄罗斯联邦总统宣布 GLONASS 系统具备初始运行能力[10]。

2020 年，在第 11 届中国卫星导航年会上，俄罗斯航天局给出 GLONASS 系统的发展路线图，从精度、可用性、稳健性和创新发展四个维度建设下一代卫星导航系统。GLONASS 的创新发展包括发射 GLONASS-K2 系列导航卫星和研发多频接收机两个环节。稳健性包括建设导航信号干扰监测和控制系统以及研发弹性导航接收机两个环节。可用性包括为使用无人机立法和为多个通道用户播发导航信息两个环节[11]。GLONASS 系列导航卫星的发展历程如图 1 所示。

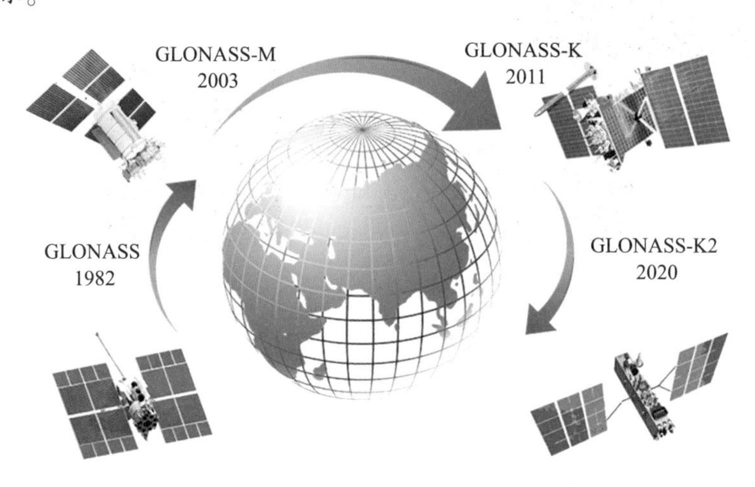

图 1　GLONASS 系列导航卫星的发展历程

2021 年 7 月 21 日，GLONASS 总设计师 Sergei Karutin 宣布 GLONASS-K2 卫星将为用户提供优于 30 cm 定位精度的服务[12]。

相关链接 3

欧盟 Galileo 系列导航卫星

2016 年 12 月 15 日，Galileo 系统提供初始服务，包括开放服务、商业服务、生命安全服务、公共安全管制服务、搜索救援服务等模式。卫星播发三个频率信号，包括 E1，E5 以及 E6。2020 年，Galileo 系统完成空间段 26 颗导航卫星的发射和组网工作[13]，系统具备全面运行能力，全面提供服务。Galileo 系统发展历程如图 1 所示。

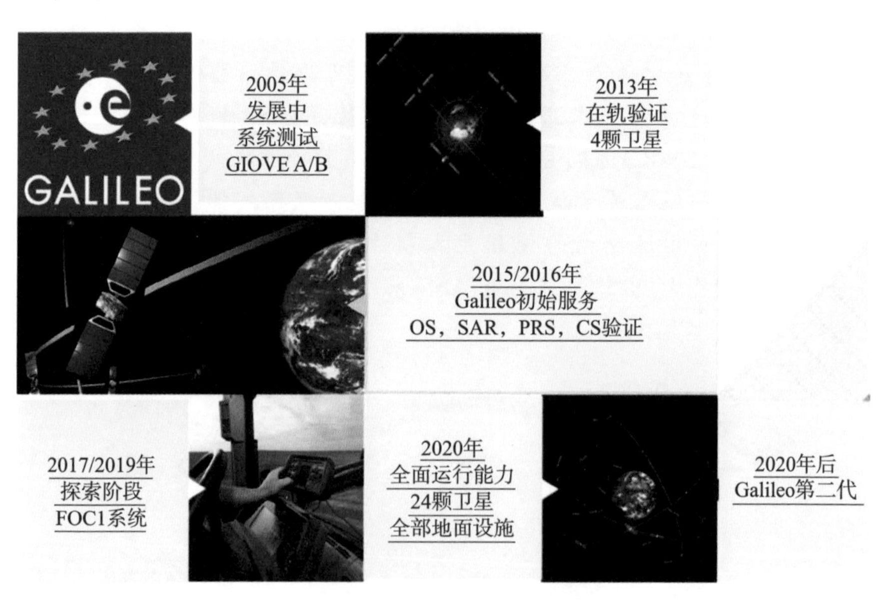

图 1　Galileo 系统发展历程

2020 年，在第 11 届中国卫星导航年会上，欧盟国防工业与空间署指出 Galileo 系统第二代（G2G）的属性是弹性，G2G 服务模式、任务目标已同相关投资方达成一致，服务模式演进包括先进授时服务、先进接收机自主完好性监测、紧急告警服务、搜索救援（具有反向链路的创新服务）、电离层延迟预测服务、导航信号演进（在用户终端层次提高性能，包括降低功耗、缩短首次定位时间、提高精度、服务鉴权认证等）、第二代搜索救援信标机、播发 L3 导航信号、公开新的 INAV 接口控制文件（主要用于生命安全服务）等[14]。

参考文献

[1] The story of sputnik 1，Earth's first artificial satellite [EB/OL]. [2021-10-01].https：//www，thoughtco. com/sputnik-1-first-artifical-satellite-3071226.

[2] 刘天雄．卫星导航系统概论[M]．北京：中国宇航出版社，2018.

[3] The history of GLONASS[EB/OL].（2017-05-20）.https：//www.glonass iac.ru/guide/index.php.

[4] A N·佩洛夫，B H·哈里索夫．格洛纳斯卫星导航系统原理[M]．4版．刘忆宁，焦文海，张晓磊，译．北京：国防工业出版社，2016.

[5] 谭述森．北斗系统创新发展与前景预测[J]．测绘学报，2017，46（10）：1284-1289.

[6] 中国卫星导航系统管理办公室．北斗卫星导航系统公开服务性能规范（3.0版）[EB/OL].（2021-07-01）. http：// www.beidou.gov.cn.

[7] 冉承其．中国北斗：服务全球 造福人类．学习时报[EB/OL].（2021-07-15）. http：//paper.cntheory. com/html/2021-07/14/nw.D110000xxsb_20210714_1-A6.htm.

[8] 中国卫星导航系统管理办公室．北斗卫星导航系统发展报告，2019年12月.

[9] 中国卫星导航系统管理办公室．《中国北斗卫星导航系统》白皮书，2016年6月.

[10] https：//www.spaceandtech.com/spacedata/constellations/glonass_consum.shtml.

[11] ROSCOSMOS STATE SPACE CORPORATION. GLONASS & SDCM status evolving capabilities towards smarter solutions [C] // Proceeding of 11th China Satellite Navigation Conference. Chengdu：CSNC，2020.

[12] Launch of first Glonass-K2 satellite postponed until 2022–source [EB/OL].（2021-07-15）. https：// tass.com/science/1316039.

[13] 卢鋆，张弓，陈谷仓，高为广，宿晨庚．卫星导航系统发展现状及前景展望[J]．航天器工程，2020，29（4）：1-10.

[14] DIRECTORATE-GENERAL DEFENCE，INDUSTRY AND SPACE. European commission Galileo update [C] // Proceeding of 11th China Satellite Navigation Conference. Chengdu：CSNC，2020.

6 卫星导航系统有哪些局限性?

卫星导航系统已成为重要的、不可或缺的时间和空间基础设施，其应用已渗透到工业、农业、商业和科研各个领域，在保障国家安全与促进经济发展中发挥着不可替代的作用。卫星导航系统已成为主导信息化战争成败的高技术系统之一，能够极大地提高军队的指挥控制、多军兵种协同作战和快速反应能力，大幅度提高了武器装备的打击精度和效能。通常情况下，卫星导航系统可以全天候、全天时提供定位、导航和授时服务。但是，卫星导航系统固有的脆弱特性，使得其在某些环境下不能提供服务或提供的服务无法满足要求。

卫星导航系统由于导航信号功率低、穿透能力差等固有弱点，极易受到信号遮挡、电磁干扰和电子欺骗威胁。试验表明，使用干扰功率为 1 W 的干扰机，在 1 600 MHz 频带上调频产生噪声干扰，就可以使 22 km 范围内的 GPS 接收机不能正常工作，而且发射功率每增加 6 dB，有效干扰距离就增加一倍[1]。一般而言，导致用户无法使用卫星导航服务的特性包括局限性和脆弱性[2]。

(1) 区域受限

局限性是指受物理遮蔽的影响，卫星导航用户无法获得卫星导航系统的服务。其原因为：微弱的卫星导航信号无法穿透各种物理遮蔽物，在室内、地下、隧道、水下、高山、城市、峡谷，甚至浓密的森林中，因接收不到导航信号，用户不能获得卫星导航系统的服务。

(2) 脆弱性

脆弱性是指卫星导航系统受各种因素影响，可能导致卫星导航系统性能下降或功能缺失。卫星导航系统的脆弱性主要包括系统相关的脆弱性、信号传播途径相关的脆弱性，以及干扰相关的脆弱性三个方面：

1）系统相关的脆弱性：可见卫星数量较少、卫星故障 / 失效、卫星时钟漂移、运控段上传的导航数据不健康、运控段异常 / 被毁无法及时上注更新导航数据、接收机设计缺陷或异常等。

2）传播途径相关的脆弱性：太阳风暴、磁暴、电离层闪烁以及多路径效应等。

3）干扰相关的脆弱性：有意、无意的电磁干扰。

以上因素均有可能导致卫星导航系统服务精度下降甚至无法提供服务。

卫星导航信号落地电平极低，以GPS信号为例，L1C/A民用信号到达地面时的功率为–160 dBW左右，其微弱程度相当于一只60 W家用灯泡的光从20 000 km的导航卫星轨道照射到地球表面，GPS卫星信号落地电平比较分析如图1所示。60 W家用灯泡的功率是GPS信号功率的1.2×10^{18}倍，这样使用功率较低的干扰信号就能干扰GPS导航信号，当干扰信号功率超过GPS信号功率时，就会造成GPS接收机信号失锁。

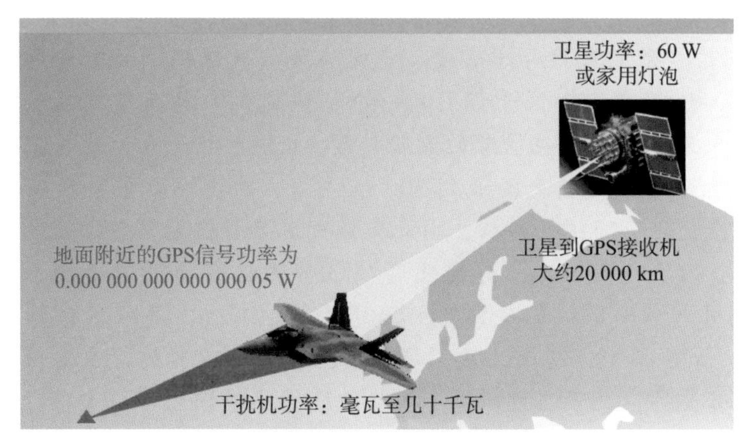

图1　GPS卫星信号落地电平比较分析

而我们日常使用的手机接收到的通信信号功率则一般为–134 dBW，也就是说GPS用户接收到的信号强度大约只有手机信号的1/400，GPS用户接收机的灵敏度比较高，较低的射频干扰信号就可以对GPS导航信号产生较大的干扰。

参考文献［3］的研究表明："GPS接收机处于接收模式时，即使受到距离很远的低功率干扰器的干扰，捕获信号的能力也是很脆弱的，而受到近距离的适度干扰时，便会丧失信号跟踪能力。"2013年10月28日，美国《防务新闻》周刊网站发表了《美国寻求全球定位系统的替代方案》一文，文章引用美国国防部防务研究和工程办公室主管谢弗的评论"利用现代电子技术做事变得越来越容易，例如干扰全球定位系统信号"。文章指出，目前人们生活中离不开全球定位系统，但又不能信赖它，在全球定位系统的弱点变得越来越明显之际，美国军方在试图提高用户接收机和军用定位数据的可靠性。

相关链接

GPS 选择可用性技术是什么?

GPS 选择可用性技术是针对未授权用户有意降低定位精度的技术，包括干扰 GPS 卫星基准频率信号的 δ 技术和在导航电文上引入误差的 ε 技术。δ 技术就是对 GPS 卫星的基准频率 10.23 MHz 人为地施加周期为几分钟的呈随机特征的高频抖动噪声信号，因为 10.23 MHz 信号是卫星信号（载波、伪噪声码、数据码）的时间和频率基准，故所有派生信号都引入一个“快变化”的高频抖动噪声信号，人为降低了导航信号的测距精度。ε 技术就是人为地将卫星星历中轨道参数的精度降低到 200 m 左右，轨道参数偏差具有长周期、慢变化、随机性特征，由此降低民用导航信号的定位精度[4]。

1991 年 7 月 1 日，美国政府对 GPS 实施选择可用性技术，使一般用户水平定位精度由 7~15 m 下降到 100 m，高程定位精度由 12~35 m 下降到 157 m 左右。这种影响是可以改变的，在美国政府认为必要的情况下，可以进一步降低民用导航信号的 C/A 码定位精度。选择可用性技术是针对非授权服务的民用用户，对于能够利用精密定位服务的授权用户，则可以利用密钥自动消除选择可用性技术的影响。2000 年 5 月 1 日选择可用性技术关闭前和 2000 年 5 月 3 日选择可用性技术关闭后，24 h 连续定位结果如图 1 所示，纵坐标为纬度，横坐标为经度，坐标单位为 m，选择可用性技术使得定位结果不但劣化而且离散[5]。

选择可用性技术人为增大了民用接收机的误差，引起全球民用用户强烈不满，为了摆脱或者减弱选择可用性技术的影响，研究发现利用差分技术可以大幅度消除选择可用性中 δ 技术引入的误差，显著地提高定位精度。差分技术是将一台 GPS 监测接收机安置在基准站上进行观测，根据基准站确定的位置，计算出基准站到卫星的距离改正数，并由基准站实时将这一改正数播发给用户，用户接收机在接收 GPS 导航信号的同时，也接收到基准站发出的改正数，并对其定位结果进行改正，从而提高定位精度。

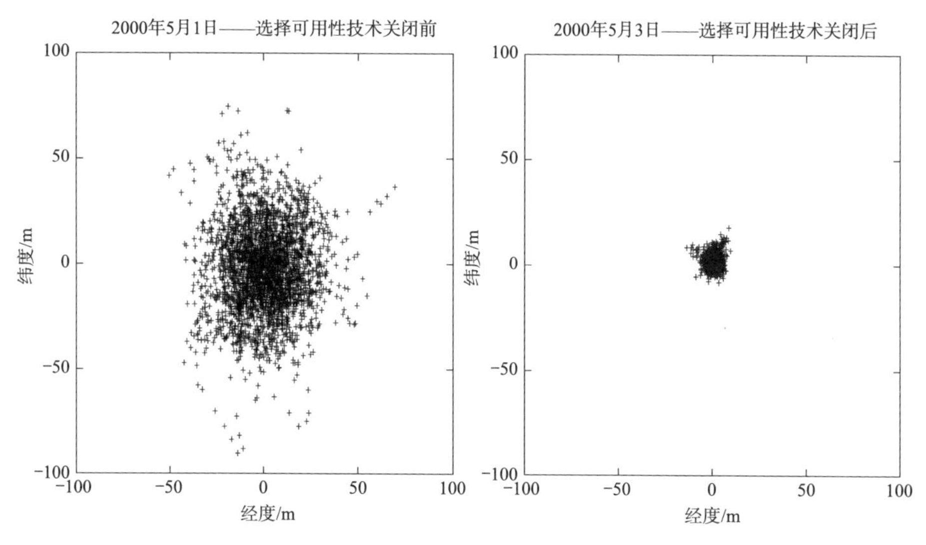

图 1　选择可用性技术对定位精度的影响

与此同时，俄罗斯GLONASS全球导航系统打破了美国卫星导航服务一家独大的局面，GLONASS系统既可为民间用户提供独立的导航服务，又可与GPS结合，提供更好的几何精度因子（GDOP）；同时也降低了用户完全依靠美国GPS给用户带来的风险，因此，引起了国际社会的广泛关注。此外，美国政府也有主导全球卫星导航系统应用市场的考量，GPS已在交通、紧急事件应急处理、资源环境、电力系统、通信时统、金融网络等领域得到广泛应用，未来全球卫星导航系统应用市场广阔。因此，1996年年初美国政府曾宣布将在十年内终止选择可用性技术。

美国国防部和交通部于1997年启动了“GPS现代化”计划，2000年1月，美国国防部“局部屏蔽GPS信号”技术试验获得成功，坚定了美国政府推进GPS现代化，提高民用GPS定位精度和可用性的决心。在上述各方面因素的综合作用下，2000年5月2日，美国总统比尔·克林顿宣布停止对GPS卫星实施选择可用性技术，一般民用用户能够获得±23 m（95%置信度）的平面位置定位精度，±33 m（95%置信度）的高程定位精度，200 ns（95%置信度）的定时精度，一夜之间一般民用用户的接收机定位精度提高了约10倍。关闭选择可用性技术后，标准定位服务定位精度变化如图2所示[5]，单点水平定位精度比较见表1[6]。

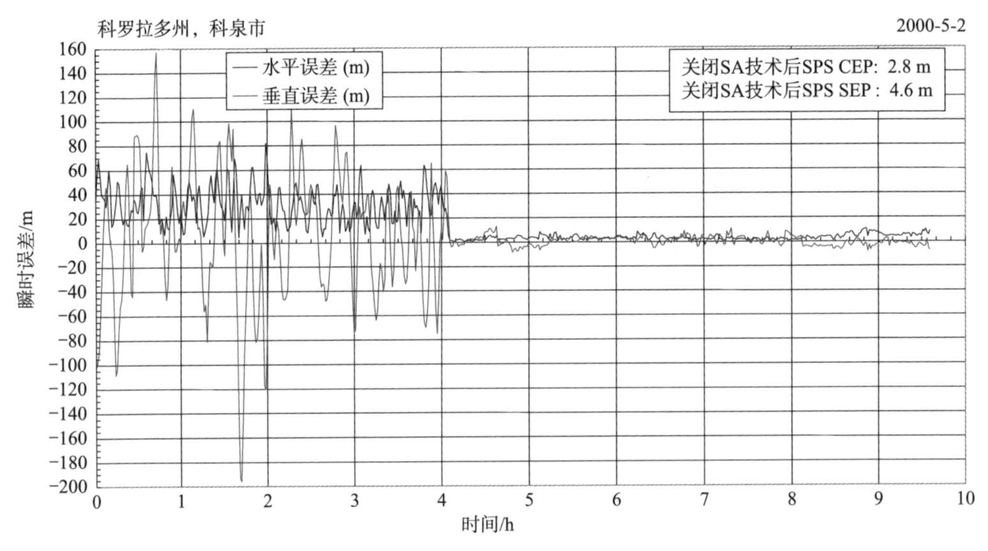

图 2　美国 GPS 关闭选择可用性技术后标准定位服务定位精度变化

表 1　选择可用性技术关闭前后的单点水平定位精度（m）

误差源	选择可用性误差	电离层延迟	对流层延迟	星历差	多路径效应	用户距离差	HDOP 距离差	总计
关闭前	24	7.0	2.0	2.3	2.1	25.0	1.5	75.0
关闭后	0	7.0	0.2	2.3	2.1	7.5	1.5	22.5

关闭选择可用性技术后，GPS 秒脉冲的标准偏差由 100.3 ns 减少到 51.8 ns，如图 3 所示，特别是 1 PPS 的峰峰漂移被显著减小，这对于基于高精度原子钟实现时间同步、满足精密定位需要的 GPS 来说至关重要。

2009 年 9 月 21 日，美国 GPS 用户协会 John Langer 主任在第 48 届 GPS 年会上报告，2000 年 5 月 2 日，GPS 系统关闭选择可用性后，标准定位服务的用户测距误差（URE）锐减，由关闭前的 6 m 降低到 2008 年的 1 m[7]。

虽然美国政府暂时终止了 GPS 选择可用性技术，但为保证美国国家安全，需要每年评估一次是否继续实施选择可用性技术，终止 GPS 选择可用性技术后，L1 信号广播星历的精度仍然在 10~30 m 之间，GPS 差分定位技术无法消除选择可用性措施中 ε 技术带来的轨道参数误差，目前美国军方致力于开发和使用区域导航信号的关闭能力。美国政府之所以早早终止了 GPS 选择可用性技术，不是迫于一般用户的压力，而是 GPS 差分定位技术、俄罗斯 GLONASS 卫星导航系统等带来的竞争压力，以及美国有了更高明的“区域性失效”技术来限制用户对民用导航信号的使用！

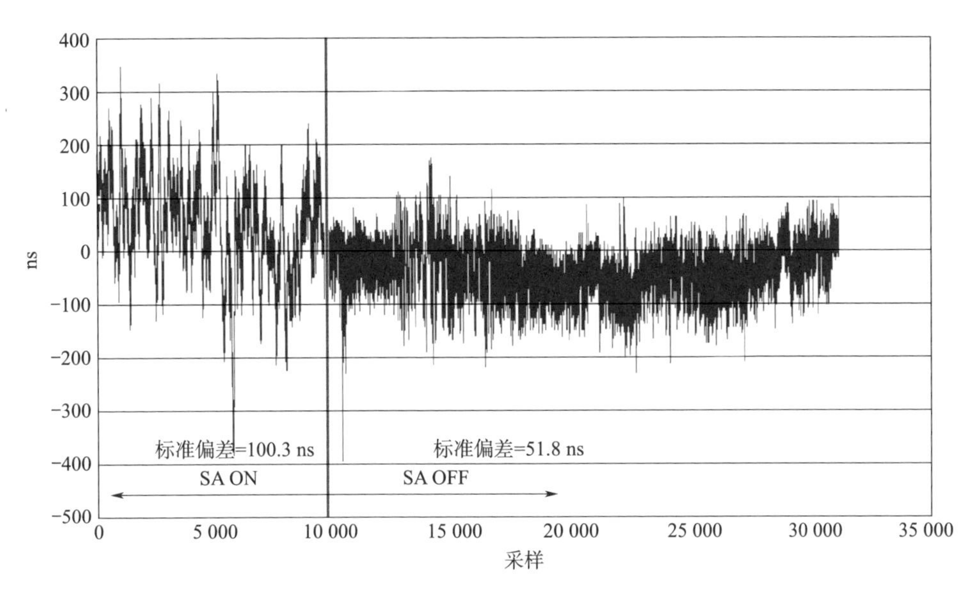

图 3 美国 GPS 关闭 SA 技术前后秒脉冲的精度变化

参考文献

［1］ 吴志金 . 导航战技术发展趋势［J］. 国防科技，2005（12）：24-26.

［2］ 刘春保 . 卫星导航系统脆弱性评估与对策［J］. 卫星应用，2015（4）：49-54.

［3］ 刘志春，苏震 .GPS 导航战策略分析［J］. 全球定位系统，2007（4）：9-13.

［4］ 刘天雄 . 卫星导航系统典型应用［M］. 北京：国防工业出版社，2021.

［5］ http：//www.gps.gov/systems/gps/modernization/sa/data/.

［6］ 张玉册，杨道军 . 现代化 GPS 系统的发展趋势与导航战［J］. 现代防御技术，2003，31（5）：33-42.

［7］ JOHN LANGER. GPS program update to 48th CGSIC meeting，48th CGSIC Meeting，2009-9-21.

第二章 全球卫星导航的标杆——美国的 GPS

1 世界第一个全球卫星导航系统是哪个?

卫星无线电导航创始于 20 世纪 60 年代。早期的卫星导航系统，主要以解决海洋用户平面位置为目标，典型应用是潜艇的定位。

由于美国海军对引导潜艇完成极区任务，特别是对携带洲际导弹的潜艇精确定位有重大需求，1958 年 12 月，在美国海军先进研究项目署（ARPA）的基金资助下，美国约翰·霍普金斯大学应用物理实验室（APL）的 Richard Kershner 博士带领团队开展了美国海军卫星导航系统（Navy Navigation Satellite System，NNSS）的研发工作。NNSS 为美军核潜艇海上平面位置定位，通过卫星信号多普勒频率测量与卫星广播星历计算，确定用户平面位置。1960 年，美国海军对 NNSS 进行了首次测试，测试结果表明，NNSS 每小时可提供一次近似航行方位[1]。

1964 年 7 月，美国海军建成人类历史上第一个卫星导航系统——美国海军卫星导航系统，系统由 6 颗极轨导航卫星组网运行，导航卫星在极地轨道，即沿着地球子午圈的轨道运行，卫星轨道绕过地球的南北两极上空，习惯上又将美国海军卫星导航系统称为子午仪卫星导航系统（TRANSIT）。1967 年，TRANSIT 对民用用户开放。1972 年开始执行 TRANSIT 改进计划（TIP），共发射 3 颗卫星，主要试验扰动补偿系统，大大提高了轨道预报精度。1981 年 5 月发射经过改进的实用型 TRANSIT 卫星（NOVA）；1996 年，TRANSIT 卫星导航系统退出历史舞台。

苏联 1960 年代开始论证蝉（Tsiklon）系统，到 1979 年发射了 4 颗蝉系统卫星。卫星轨道高度 1 000 km，下行频率 150 MHz 和 400 MHz，采用多普勒原理确定用户平面位置坐标，定位均方根误差为 250~300 m，响应时间 5~6 min。经大地测量与地球物理学者的努力，精度可提升至 80~100 m。随后，蝉系统卫星补充了遇险接收设备，为用户配备了无线电浮标装置，发射 121 MHz 和 406 MHz 遇险信号，卫星将接收到的遇险信号中继至地面站，由地面站计算遇险用户位置，用于生命救援。

TRANSIT 和蝉系统均不能为用户提供精确的速度与定位时间信息，并且卫星轨道低、稳定性差，难以满足日益旺盛的全球导航需求，因此，两个超级大国很快开启了新的卫星导航系统论证研究。1973 年前后，两国分别提出了基于 RNSS 定位体制的 GPS 和 GLONASS 方案。基本定位原理是通过同时对 4 颗以上卫星信号的伪距测量，确定用户三维位置、速度与时间，形成了定位、导航和授时（PNT）服务完整概念。

相关链接 1

美国海军 TIMATION 卫星系统

1964 年，美国海军研究实验室（NRL）构想了一个卫星系统，用于研究测距信号的精确时间基准。1967 年 5 月 31 日，第一颗 TIMATION 导航卫星（TIMATION-Ⅰ）发射，用于验证如何利用天基载体实现导航无线电信号连续覆盖。1969 年第二颗 TIMATION 导航卫星（TIMATION-Ⅱ）发射，用以研究无线电信号在通过电离层时的信号变化特征。在卫星的早期发展阶段，石英晶振被用作卫星的星载钟，但稳定度相对较低。NRL 的研究逐渐转向星载钟的研究。1972 年，NRL 成功研制了星载铷原子钟和星载铯原子钟，有效提高了星载钟的频率稳定度。这可以大幅度地延长卫星进行星历修正的时间间隔，同时提高测距精度。1974 年，TIMATION-Ⅲ卫星

（又称导航技术卫星Ⅰ号）发射，卫星首次搭载了一台铷原子钟和一台铯原子钟，之后发射的导航技术卫星Ⅱ号（NTS-Ⅱ）搭载了一台铷原子钟和两台铯原子钟。通过验证，原子钟的性能明显优于晶振，铯原子钟性能优于铷原子钟[2]。

相关链接2

美国空军621B计划

美国海军研究TIMATION卫星系统期间，美国空军为提高洲际弹道导弹的作战效能，知晓移动发射平台的确切发射位置，开始研制导航系统。1960年，空军导弹机构计划建立一个无线电导航系统，称为“MOSIC”[3]。在1963年进行的一个后续研究57号项目中，GPS的概念被提出。同年，这个概念扩充为621B号项目，项目中包含有许多GPS的属性，并计划提高精度以满足空军轰炸机和洲际弹道导弹的作战要求。

1964年，美军发射了第一颗区域连续校对（SECOR）卫星，用于大地测量。SECOR系统包括4个陆基站，其中3个已知方位、1个方位待定，已知位置的站点可以向在轨卫星发射信号，卫星向地面转发信号。方位待定的站点可以通过接收信号来计算确定其位置。GPS在发展中将信号发射器从陆基站迁移至卫星上，通过卫星发射信号，地面设备接收信号，从而实现无源定位。因此，GPS被认为是SECOR系统的进化。

1972年，美国空军进行了新型伪随机码（PRN）测距信号模拟试验。模拟卫星转发器广播PRN测距信号，通过计算接收信号的起始点相位，用户可以获取信号传输的时间，由此测算出与模拟卫星转发器的距离。试验表明，这种新型测距信号可以在功率小于噪声的1%的信号极低的情况下也能被检测到，适用于卫星的大范围广播。

子午仪系统的发明表明了卫星定位是可行的，并对建设卫星定位系统积累了初步经验。TIMATION卫星系统改进和验证了星载原子钟，确定了导航卫星的时间基础。621B计划验证了伪随机码测距信号用于定位信号的优势，确定了GPS的信号基础。因此，子午仪系统、621B计划和TIMATION卫星系统被认为是GPS的三大技术基础[4]。

相关链接 3

美国 GPS

美国国防部（DoD）于 1973 年决定成立 GPS 计划联合办公室，由军方联合开发全球测时与测距导航定位系统（navigation system with time and ranging，NAVSTAR/GPS）。整个系统的建设分 3 个阶段实施：第 1 阶段（1973—1979 年），系统原理方案可行性验证阶段（含设备研制）；第 2 阶段（1979—1983 年），系统试验研究（对系统设备进行试验）与系统设备研制阶段；第 3 阶段（1983—1988 年），工程发展和完成阶段。从 1978 年发射第 1 颗 GPS 卫星，到 1994 年 3 月 10 日完成 21 颗工作卫星加 3 颗备用卫星的卫星星座配置，1995 年 4 月，美国国防部正式宣布 GPS 具备完全工作能力。GPS 提供标准定位服务和精密定位业务，在包含选择可用性技术影响时，标准定位服务的定位精度水平为 100 m（95% 的概率），不含选择可用性技术影响时，为 20~30 m，定时精度为 340 ns；精密定位服务的定位精度可在 10 m 以内[5-7]。

1996 年提出 GPS 现代化计划，将军用和民用信号分离，在强化军用功性能的同时，将民用信号从 1 个增加到 4 个，除了保留 L1 频点上的 C/A 码民用信号外，在原先的 L1 和 L2 频点上又加上民用 L1C 和 L2C 码，还新增加 L5 频点民用信号，一方面增加了民用信号的数量，提高了民用市场竞争力，另一方面提高了系统的定位精度、信号的可用性和完好性、服务的连续性，以及抗干扰能力[8]。

参考文献

[1] 何若枫 . 中美卫星导航系统发展史比较研究［D］. 国防科学技术大学，2016.

[2] 翟造成 . 应用原子钟的空间系统与空间原子钟的新发展［J］. 空间电子技术，2007（3）：5-10，16.

[3] 刘进军 . 太空指南针——导航卫星（下）［J］. 卫星与网络，2001（1）：66-74.

[4] 刘天雄 . 第三讲 谁是 GPS 的主人？［J］. 卫星与网络，2011（12）：6-10.

[5] UNITED NATIONS. Current and planed global and regional navigation satellite system and satellite-based augmentation systems［EB/OL］.（2019-05-26）. http：//www. unoosa. org/pdf/publications/

icg_ebook. pdf.

[6] DEPARTMENT OF DEFENSE AND GPS NAVSTAR. Global positioning system standard positioning service performance standard [EB/OL] . (2019-05-26) . https：//www. gps. gov/technical/ps/2008-SPS-performance-standard. pdf.

[7] DEPARTMENT OF DEFENSE AND GPS NAVSTAR. Global positioning system precise positioning service performance standard [EB/OL] . (2019-05-26) . https：//www. gps. gov/technical/ps/2007-PPS-performance-standard. pdf.

[8] SAMPAYAN M D. GPS enterprise status and modernization [EB/OL] . (2019-05-26) . https：// www. gps.gov/governance/advisory/meetings/2019-06/sampayan. pdf.

2 为什么说 Bradford Parkinson 是卫星导航系统之父?

Bradford Parkinson 博士（1935.2—，见图 1）是 GPS 联合项目办公室（JPO）的第一位主任，是 GPS 首席设计师。1973 年，作为空军上校主导了 GPS 的项目建议。在获得批准后，负责 GPS 卫星及星座、主控站和 8 种用户设备的研发工作，并担任第一代 GPS Block Ⅰ卫星的发射指挥，验证了 PNT（定位、导航和授时）要求的满足程度[1]。

1978 年，Parkinson 从空军退役，1984 年，被聘任为斯坦福大学教授。在斯坦福大学，他将研究方向聚焦于 GPS 应用，其团队贡献包括：第一架商业飞机（波音 737）单独使用 GPS 盲降，第一次利用 GPS 在农田里对拖拉机进行全自动的导航，精确度达到了 5.08 cm，率先对 FAA 的 WAAS 技术进行研究，这种技术使服务区域内用户定位精度达到 0.61 m，同时能够保证高水平的完好性[1]。

Parkinson 博士同时是五个协会的会员，包括美国国家航空航天局（NASA）的荣誉会员和国际电气和电子工程师协会的终身会员[1]。他获得了 40 余项奖项[2]，包括美国国家工程院德雷珀奖（Draper Prize），伊丽莎白二世女王工程奖（Queen Elizabeth Ⅱ Prize for Engineering），IEEE 斯佩里奖（IEEE Sperry Award）、马可尼奖（Marconi Prize）、NASA 杰出公共服务奖章（NASA's Distinguished Public Service Medal）等，并入选 NASA 名人堂（NASA Hall of Fame）；2004 年入选国家发明家名人堂（National Inventors Hall of Fame）[3]；2012 年入选斯坦福大学工程英雄（Engineering Heroes of Stanford University），历史上仅 16 人获此殊荣[4]。

图 1 Bradford Parkinson 博士

相关链接1

James Julius Spilker

James Julius Spilker 博士（1933.8—2019.9，见图1）是GPS的主要设计师之一，是GPS技术的核心人物。20世纪60年代初，他在洛克希德研究实验室（Lockheed Research Labs）发表了以“延迟锁定环（delay-lock loop process）”为代表的一系列经典论文，使精确跟踪卫星导航信号成为可能。Spilker博士将CDMA（码分多址）信号结构应用于GPS，设计了GPS L1C/A码民用信号，并将延迟锁定环算法与之相结合，研发出第一代GPS卫星信号接收机。这套系统一直沿用至今，并成为之后数十年接收机定位解算的标准算法，为GPS架构做出了卓越贡献。在此之后，Spilker把他的工作重点放在提高GPS的精确度和经济性上，该团队经过努力将GPS芯片成本大幅度降低，使卫星导航系统为大众服务成为可能；为了进一步提高民用服务水平，Spilker博士作为主要设计师研发了L5民用信号，2011年免费提供给联邦航空管理局（FAA）使用。Spilker博士是二进制偏移载波（BOC）调制技术的主要发明者，使民用和军用导航信号工作在不同的频谱区域，提升了系统间的信号兼容性；Spilker博士开发了自适应矢量跟踪（Adaptive Vector Tracking）算法，用于同时跟踪来自多颗卫星的测距信号，从而保持系统服务精度，并具有更好的抗干扰性能。Spilker博士的工作培育形成数十亿GPS用户规模的全球市场，对社会产生了深远的影响[5-7]。

图1 James Julius Spilker博士

相关链接 2

Roger Lee Easton

Roger Lee Easton（1921.4—2014.5，见图 1）是 GPS 的主要发明者[8]。他在 20 世纪 50 年代末作为美国海军研究实验室（NRL）的物理学家，参与撰写了“先锋计划”（Project Vanguard）的提案，并在该卫星的设计团队中任职[2]。针对卫星与地面跟踪站之间的时间同步问题，Easton 开发了一个基于时间的导航系统，采用无源测距工作方式及圆形卫星轨道部署方案，并首次提出在卫星上配置高精度时钟。Easton 把这个系统称为“TIMATION”（Time-Navigation）[9]。1963 年，Easton 就该发明发表了专利 TIMATION Satellite Navigation System（美国专利号 No.3,789,409）[10]。为了验证 TIMATION 系统的导航和时间同步能力，NRL 分别于 1967 年和 1969 年发射了两颗卫星（TIMATION Ⅰ和Ⅱ）开展相关技术验证。1973 年，美国国防部决定采纳 NRL 的 TIMATION 技术方案。同年，GPS 联合项目办公室成立，Easton 的工作是 GPS 运行的基础，所有设计均围绕着 TIMATION 概念展开。在 1974 年和 1977 年，NRL 先后设计和建造了导航技术卫星 NTS-1 和 NTS-2，开展了铷原子钟和铯原子钟在轨试验鉴定工作，验证了时钟相对论效应，展示了世界范围内的精密时间传递能力。利用上述四颗卫星同步开展了无源测距试验，证明了 GPS 具备瞬时三维位置测定和速度的近实时测量能力。Easton 领导的 NRL 科学家团队为美国国防部革命性的新导航系统 GPS 奠定了基础[11]。

图 1　Roger Lee Easton

相关链接 3

Per Enge

Per Enge 教授（1953.10—2018.4，见图 1）是 GPS 在航空和航海导航领域应用的开创者[12]。他领导建立了广域增强系统（WAAS），提出了设计方案，作为联邦航空管理局（FAA）小组的主席将其付诸实施，监督使用性能。此外，他还领导部署了 FAA 的局域增强系统（LAAS）[13]。WAAS 于 1995 年开始运行，向全球约 150 万用户（海洋用户为主）广播差分 GPS 校正和完好性增强服务。LAAS 系统于 2003 年启动，向北美超过 10 万架飞机和超过 100 万陆地用户广播差分修正和实时误差参数[14]。之后，Enge 教授致力于导航增强系统研究，他在铱星移动通信系统卫星时间和位置（STL）服务的架构设计中发挥了重要作用[15]，STL 服务通过由 66 颗低地球轨道卫星组成的铱星（Iridium）星座提供独特的时间和定位解决方案，其信号具备能够到达室内的穿透力，大幅提升了导航服务对干扰和欺骗行为的容忍度[16]。Per Enge 教授和其团队的工作保证了导航系统的安全性，奠定了 GPS 在航空和航海领域的应用基础[17]。

图 1　Per Enge 教授

参考文献

[1] Bradford Parkinson [EB/OL]. (2019-5-10) [2021-7-20]. https://www.gps.gov/governance/advisory/members/parkinson/.

[2] Bradford Parkinson' s Profile. [EB/OL]. (2021-1-12) [2021-7-20]. https://profiles.stanford.edu/bradford-parkinson.

[3] Bradford Parkinson. [EB/OL]. (2004-11-15) [2021-7-20].https://www.invent.org/inductees/bradford-parkinson.

[4] Bradford Parkinson: Hero of GPS. [EB/OL]. (2012-12-20) [2021-7-20]. https://engineering.stanford.edu/news/bradford-parkinson-hero-gps.

[5] James Spilker，Jr.，a Father of GPS [EB/OL]. (2019-10-20) [2021-7-20]. https：//engineering.stanford.edu/news/james-spilker-jr-father-gps-has-died-86.
[6] Oral-History：James Spilker [EB/OL]. (2019-6-29) [2021-7-20].https：//ethw.org/Oral-History：James_Spilker.
[7] James Spilker，Co-Founder of SCPNT，[EB/OL]. (2019-10-19) [2021-7-20].https：//scpnt.stanford.edu/news/james-spilker-co-founder-scpnt-has-died-age-86.
[8] Roger L Easton [EB/OL]. (2015-5-25) [2021-7-20]. https：//nationalmedals.org/laureate/roger-l-easton/.
[9] Roger Easton，Father of GPS [EB/OL]. (2014-9-27) [2021-7-20].https：//www.nrl.navy.mil/Media/News/Article/2555927/roger-easton-father-of-gps-dies-at-93/.
[10] National inventors hall of fame inductee roger easton [EB/OL]. (2011-5-25) [2021-7-20].https：//www.invent.org/inductees/roger-easton.
[11] GPS inventor overview [EB/OL]. (2018-4-30) [2021-7-20].https：//gpsinventor.com/.
[12] Per Enge [EB/OL]. (2018-5-15) [2021-7-20]. https：//insidegnss.com/per-enge/.
[13] Per Enge [EB/OL]. (2018-6-7) [2021-7-20].https：//ieeexplore.ieee.org/author/37277148300.
[14] Stanford aero/astro professor Per Enge，expert in GPS，dies at 64 [EB/OL]. (2018-4-26) [2021-7-20].https：//news.stanford.edu/2018/04/26/aero-astro-professor-per-enge-expert-in-gps-dies-at-64/.
[15] Dr. Per Enge，satelles trusted advisor and stanford professor，passes away [EB/OL]. (2018-4-26) [2021-7-20].https：//satelles.com/dr-per-enge-satelles-advisor-and-stanford-professor-passes-away/.
[16] Dr. Per Enge appointed to satelles board of directors. [EB/OL]. (2017-8-31) [2021-7-20]. https：//www.prnewswire.com/news-releases/dr-per-enge-appointed-to-satelles-board-of-directors-300511980.html.
[17] Per Enge in memoriam [EB/OL]. (2018-4-26) [2021-7-20]. https：//engineering.stanford.edu/people/enge.

3 美国为什么要启动 GPS 现代化计划？

现代战争中，军队的指挥控制与多军兵种之间快速反应协同，武器装备精确打击和作战效能评估都需要精确的位置信息和时间信息。在海湾战争中，美军首次将 GPS 投入到现代战争中。尽管当时 GPS 星座并未部署完毕，但 GPS 导航接收机在战争中大放异彩。此后，科索沃战争、阿富汗战争以及伊拉克战争中都能看到 GPS 参战的身影。

GPS 对现代战争具有革命性影响，但系统自身需要接收上注信息和播发导航信号，存在导航频率公开、长距离传输信号弱、易受电磁和网络攻击等缺陷，且容易被拒止、削弱甚至欺骗。伊拉克战争期间，伊军曾使用干扰器对美军 GPS 制导武器实施干扰。俄罗斯针对北约的 GPS 制导导弹研制出信号干扰机，可在导弹飞行不同阶段对其导航信号实施干扰[1]。此外，还有其他种类繁多的干扰设备。

1996 年投入服务的 GPS，其脆弱性主要体现在以下方面。其一，GPS 导航信号功率微弱，容易受到干扰，安全性较差，使用不完全可控；其二，导航电文有效期短而且外推精度低，地面运控系统需要每天定时更新星历与星钟数据；其三，在载波相位测量中，L2 载波信号重建需要依赖 L1 信号；其四，单一采用 L1C/A 码导航信号进行伪距测量的单点定位精度较低，难以满足测绘等高精度用户的需求；其五，军用 P（Y）码信号的捕获需要利用 C/A 码信号引导，例如，L1C/A 码信号与 L1 P（Y）码信号中心频点（1 575.42 MHz）一致，只是带宽不同，如果 C/A 码信号受到干扰，那么一定也会影响 P（Y）码信号的捕获，P（Y）码信号捕获的非独立性影响了战时军用 P（Y）码信号的效能，为了保证战时美军在定位、导航和授时服务的绝对优势，美国国防部启动了“GPS 现代化”计划。

GPS 现代化的目标是保护和改善 GPS 性能，在技术上设防，阻止敌方使用 GPS。“GPS 现代化”的措施是通过增加 GPS 卫星发射的信号功率，以增强抗电子干扰能力；增加新的军用 M 码，同时与民码分开，实现军用导航现代化（六个军用信号），在冲突地区可以拒止敌方使用 GPS。通过增加民用导航信号频点（四个民用信号），实现民用导航现代化。

美国 GPS 现代化策略是军用和民用导航信号分离，强化军用信号使用优先权；为军用用户提供新的授权信号（L1M、L2M），提高拒止敌方使用 GPS

的能力，进一步提高军用信号抗干扰能力。研发新一代军用GPS接收机，提高接收机的抗干扰能力。同时为民用用户提供新的导航信号（L2C、L5），利用双频信号补偿电离层延迟误差以提高定位解算精度。

在美国2000年的财政年度预算支持下，美国开始实施“GPS现代化”计划，主要涉及四方面内容：一是为军用和民用用户提供新的导航信号（L1C、L1M 、L2C、L2M、L5），并使军民信号频谱分离；二是进一步升级二代导航卫星为Block ⅡF，同时研发新一代导航卫星Block Ⅲ，卫星发射信号功率在轨可调整，即增强或关闭GPS发射信号功率，以防止GPS信号战时受干扰或被敌方利用；三是为了适应新的导航信号以及对现代化Block ⅡF、Block Ⅲ导航卫星的运行控制，建设新一代地面运行控制系统（OCX），更新GPS地面测控设备，增加地面测控站的数量；采用新的数字接收机和计算机网络来更新GPS监测站和地面接收、上注天线；采用新的算法和软件，提高测控系统的数据处理与传输能力；四是研制新一代军用GPS接收机，提高GPS的抗干扰能力。

GPS现代化进程以发射Block ⅡR-M、Block ⅡF及Block Ⅲ导航卫星为标志，要求新一代导航卫星兼容上一代导航卫星，逐步提升导航卫星系统能力（播发M码信号、播发L2C信号、播发L5信号、提高信号功率等功能分步实施），保持GPS星座稳健性，为用户持续提供连续可靠的定位、导航和授时服务。GPS现代化计划三个阶段及主要内容见表1[2]。

表1　GPS现代化计划三个阶段及主要内容

三个阶段	主要内容
第一阶段 1996—2006	发射12颗Block ⅡR-M卫星 • 标准服务定位精度≤ 100 m、精密服务定位精度≤ 16 m； • 两个导航频率：L1C/A码、L1 P码，L2 P码； • L1频点、L2频点增加军用M码信号，保留P（Y）码信号； • 同时增加第二民用信号L2 C/A； • 终止选择可用性技术； • 提高C/A码、P（Y）码以及M码信号功率，其中M码信号比P（Y）码信号功率更高
第二阶段 2006—2016	发射6颗Block ⅡF卫星 • 精密服务定位精度≤ 1.0 m； • 保持Block ⅡR-M卫星能力，同时增加第三民用信号L5； • 卫星具备柔性信号发射功率能力； • 进一步提高卫星信号发射功率（不改变卫星蓄电池和太阳电池阵输出功率要求）
第三阶段 2016—2036	发射GPS Block Ⅲ卫星 • 精密服务定位精度≤ 0.5m； • 保持Block ⅡF卫星能力，同时增加第四民用信号L1C； • 军用M码点波束信号功率提高+20 dB，由目前的−158 dBW提高到−138 dBW； • 增强系统可用性、完好性、安全性以及生存能力； •“蓝军”追踪功能、响应可选功能、导航电文相关功能； •“柔性功率”技术，根据战场需求调整军用M码信号和P（Y）码信号的发射功率； • 建设新一代地面运行控制段（OCX）

通过分离军用和民用信号频带，增加军用信号发射功率等措施来实现 GPS 现代化，GPS 现代化主要内容包括保护、阻止和保持三方面，如图 1 所示。

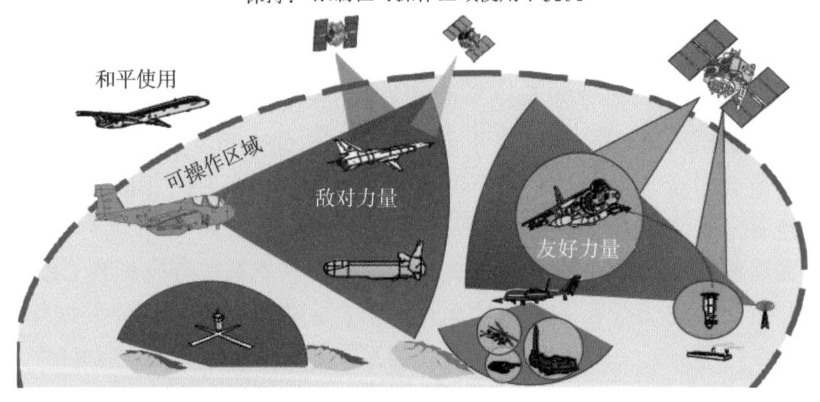

图 1　GPS 现代化中的保护、阻止和保持

保护（Protect）是为了便于美军更好地使用 GPS，研发军码导航信号并强化军码导航信号的保密性能，加强 GPS 军用导航信号的抗干扰能力。阻止（Prevent）敌方使用 GPS，施加干扰，强化选择可用性技术及防电子欺骗（AS）技术。设计新的 GPS 信号，增加频谱资源，将民用信号和军用信号分开是“阻止”的基本手段。保持（Preserve）在有威胁地区以外的民用用户能够正常使用 GPS。

GPS 现代化策略要求美军从系统的三个组成部分［空间段（space segment）、地面控制段（control segment）和用户段（user segment）］分别实施现代化，改善定位、导航和授时服务的精度，同时提高系统的连续性、完好性以及可用性水平，包括研制新的卫星、升级地面运行控制系统硬件和软件、研制新型接收机等内容，每个组成部分现代化策略推进的主要特点如图 2 所示。

2020 年，在第 11 届中国卫星导航年会上，美国国务院空间事务办公室指出，要从空间段、地面控制段、用户段全面实施 GPS 现代化，空间段导航卫星的重点是部署 10 颗 GPS Block Ⅲ和 22 颗 Block Ⅲ F 卫星，Block Ⅲ卫星在提高信号精度和信号功率、增加抗干扰功率、提升固有信号完好性、播发第四民用信号 L1C、延长工作寿命、配置性能更优的星载原子钟等 6 个方面实现导航卫星的能力升级和效能提升。Block Ⅲ F 卫星从统一 S 频段跟踪遥测和遥控、配置搜索救援载荷、安装激光发射器3个方面进一步提升卫星效能。控制段的主要任务是将运行控制系统（OCS）分阶段升级为新一代的运行控制段（OCX），支持空间段GPS Block Ⅲ和Block Ⅲ F卫星的运控。用户段的主要任务是配置接收现代化民用导航信号L1C（支持多GNSS之间的兼容互操作）、L2C（不同的商业应用）、L5（受保护的频带，应用于涉及生命安全的服务）[3]。

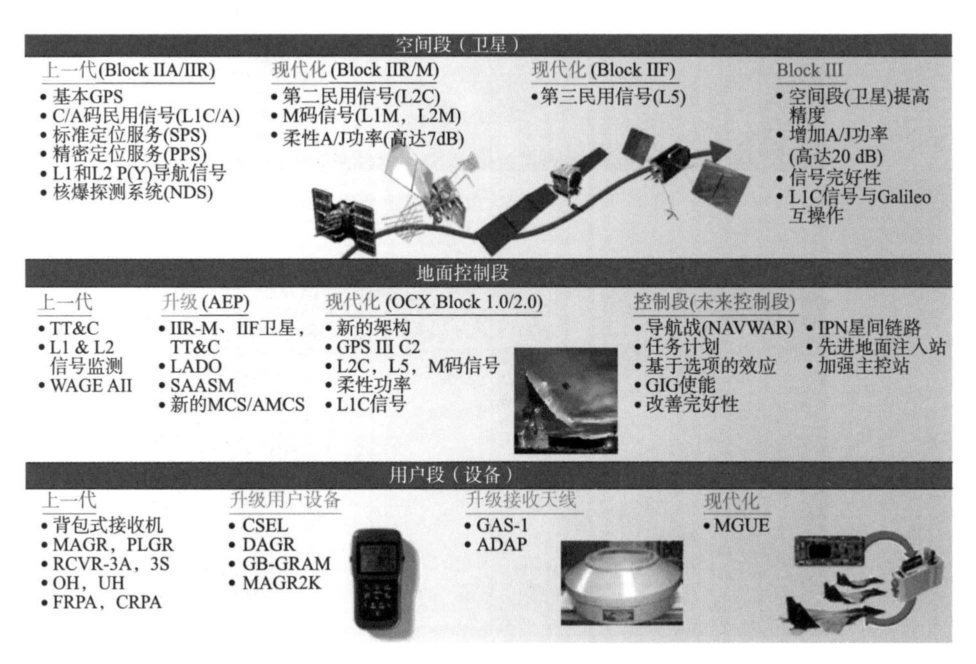

图2　GPS空间段、地面控制段和用户段现代化策略推进的主要特点

GPS Block Ⅲ卫星进一步强化GPS的军事装备属性，其特点是配置数字化载荷、大功率放大器、先进原子钟以及星间链路（Commanding/Crosslinks），相比于上一代GPS Block Ⅱ卫星，定位精度提高3倍，抗干扰能力改善8倍。与此同时，美国空军研究实验室（AFRL）制定了先锋计划（Vanguard Program），研制导航技术卫星3号（NTS-3），NTS-3卫星的敏捷波形平台（agile waveform platform）是一个信号数字生成器，在轨可编程（reprogramed onboard），由此可以实现软件更新（update）、修改（modification）及切换（switch）。NTS-3卫星的任务是测试新型导航信号体制，支撑快速多变的战时任务[4]。利用大型相控阵L频段天线，可以播发多个点波束（multiple spot beams）导航信号，如图3所示；同时保留当前赋球波束导航信号，导航信号播发示意图如图4所示，验证战时弹性可用的导航战能力。

图 3　NTS-3 卫星大型相控阵 L 频段天线

图 4　NTS-3 卫星导航信号播发示意图

相关链接

欺骗干扰技术

电磁环境存在多种干扰类型，包括自然干扰和人为干扰。人为干扰又分为压制式干扰和欺骗式干扰。压制式干扰的发射功率较大，非常容易被发现，一般不针对民用接收机。而欺骗式干扰是一种信号结构及其内容上的干扰，能在接收机毫无察觉的情况下，诱导接收机产生错误的定位或授时结果。因此，欺骗式干扰的威胁性更大[5]。

干扰信号功率越高，干扰范围越大，干扰机价格越贵，但也更容易被识别和被摧毁，干扰功率与干扰范围和成本的关系如

图 1 所示。试验表明，一台 1W 的跳频噪声 GPS 信号干扰机，可以使 22 km 范围内的民用 GPS 接收机不能正常工作。典型干扰信号包括连续波（CW）信号、连续波扫频信号、窄带扫频信号、窄带噪声（NB）信号、宽带噪声（WB）信号、频谱匹配信号（测距码干扰）以及欺骗信号，干扰信号的有效性和其复杂性成正比，如表 1 所示[6]。

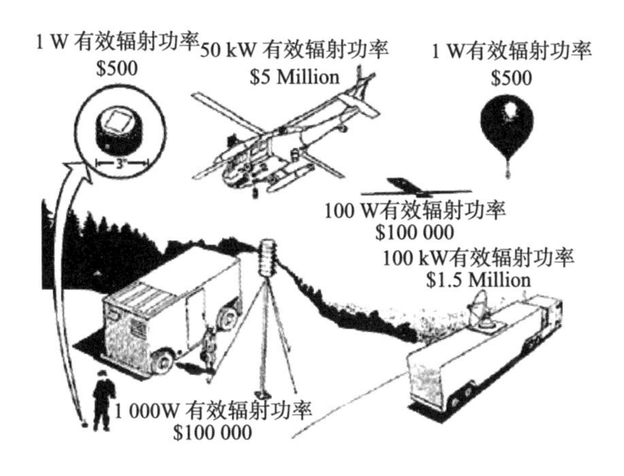

图 1　GPS 信号干扰机能力及成本

表 1　干扰信号的有效性和其复杂性关系

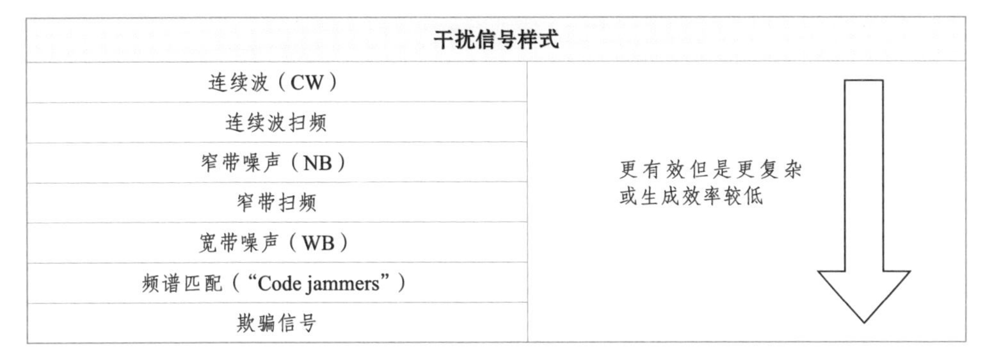

干扰信号样式	
连续波（CW）	更有效但是更复杂或生成效率较低
连续波扫频	
窄带噪声（NB）	
窄带扫频	
宽带噪声（WB）	
频谱匹配（“Code jammers”）	
欺骗信号	

欺骗式干扰是指发射与 GNSS 信号具有相同参数（只有信息码不同）的假信号，干扰 GNSS 接收机，使其产生错误的定位信息。2011 年 12 月 4 日，伊朗工程师通过重构 GPS 信号导航电文数据，诱使美国洛克希德•马丁 RQ-170 哨兵无人机（UAV）降落到伊朗东北部的喀什马尔市附近，这是经典的导航欺骗干扰案例[7]。

参考文献

［1］ 李文革，黄晓利，徐芸从．从伊拉克战争看导航战在信息化战争中的作用［C］．全国第二届导航战学术研讨会论文集，2004：12-16.

［2］ 刘天雄．GPS 现代化及其影响［J］．卫星与网络，2015（05）：60-66.

［3］ OFFICE OF SPACE AFFAIRS，DEPARTMENT OF STATE. Space-based positioning，navigation and timing（PNT）［C］// Proceeding of 11th China Satellite Navigation Conference. Chengdu：CSNC，2020.

［4］ COURTNEY ALBON. L3 Harris eyes pdr for NTS-3 program in November［EB/OL］．［2021-02-27］. https：//www.proquest.com/docview/2300557776?accountid=41288.

［5］ 王桥．GPS 接收机抗欺骗式干扰实验研究［D］．电子科技大学，2018.

［6］ 刘天雄．卫星导航系统典型应用［M］．北京：国防工业出版社，2021.

［7］ 刘天雄．卫星导航系统典型应用［M］．北京：国防工业出版社，2021.

第三章
全球卫星导航系统（GNSS）

1 什么是全球卫星导航系统？

卫星导航系统能够为地球表面和近地空间的广大用户提供全天时、全天候、高精度的定位、导航和授时服务，是拓展人类活动、促进社会发展的重要空间基础设施，它使世界政治、经济、军事、科技、文化发生了革命性的变化。卫星导航系统作为国家的时间和空间基准，是一种赋能系统，是一个国家信息产业的基础设施。定位对应位置信息服务，导航对应路径信息服务，授时对应时间信息服务，统一、精确、实时的时间和空间基准是信息化的基础与核心，对经济社会和国家安全至关重要。

卫星导航系统工程是现代复杂的航天工程，具有规模庞大、系统复杂、技术密集、综合性强，以及投资大、周期长、风险大、应用广泛和政治、经济、军事效益可观等特点，是国家重大航天工程，代表了一个国家的综合实力与技术水平。卫星导航系统是一个国家航天发展能力的最高成就之一。例如，美国政府从 1973 年批准发展全球定位系统（GPS），到 1995 年系统达成全面运行能力，历时22年，耗资200亿美元，是继阿波罗登月计划、航天飞机后的美国第三大航天工程。

在第三届联合国探索及和平利用外层空间会议上，联合国于1998年给出了全球卫星导航系统的定义："全球卫星导航系统是一个天基无线电定位系统，其可根据需求进行增强以支持预期的操作，并向装载有接收机的用户提供全天候的三维位置、速度和时间信息，无论用户位于地表、近地或太空中的任何地方"[1]。

2020年，全球有美国的全球定位系统（GPS）、俄罗斯的格洛纳斯（GLONASS）、中国的北斗卫星导航系统（BDS）、欧洲的伽利略（Galileo）共四个全球卫星导航系统，四大系统的LOGO如图1所示。从市场的发展来看，四大系统之间的兼容与互操作将是必然的发展方向，用户可以用一个多模接收机接收多个系统的信号或者组合各系统的信号来实现定位、导航和授时服务[2]。

图1　四大全球卫星导航系统的LOGO

这四大全球卫星导航系统可以为全球用户免费提供一般精度的民用服务，同时也为授权用户提供高精度服务。利用相应的导航接收机，用户可以接收四大系统播发的导航信号，获取不同级别的服务。众所周知，GNSS通过导航卫星播发的无线电信号来为公众提供服务。

相关链接

区域卫星导航系统[3-5]

目前世界上有日本的准天顶卫星系统（QZSS）、印度的区域导航卫星系统（IRNSS）两个区域卫星导航系统。

日本位于北半球的中纬度地区，是一个从东北向西南延伸的弧形岛国，山脉或高层建筑物遮挡导航卫星信号，仅仅靠GPS提供的定位、导航和授时服务已不能满足日本用户的需求，如果采用地球静止轨道卫星播发导航增强信号，则遮挡效应更为严重，如图1所示。高层建筑物不仅遮挡导航卫星信号，而且还会造成多路径误差，即建筑物和其他物体对直达导航信号的反射引起的接收误差，为了减缓地面多径误差，就需要提高用户接收信号的仰角。

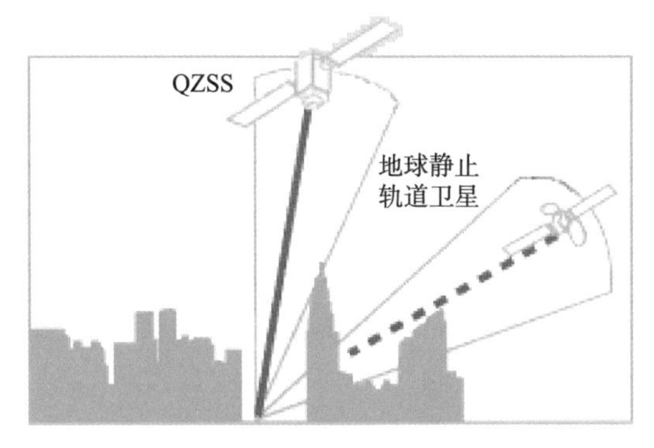

图1　建筑物遮挡导航卫星信号

由此，日本将传统WAAS和EGNOS等增强系统采用的地球静止轨道卫星播发GPS导航增强信号方案改为大倾角同步轨道设计方案，一方面可以保证卫星在日本上空运行较长的时间，另一方面可以保证用户在仰角60°情况下，能够接收导航信号，即卫星信号在地面几乎不受遮挡，因此可以有效减缓多路径干扰误差，如图2所示。

图2　QZSS信号避免多路径干扰误差

此外，在地理测绘等领域开展高精度测量过程中，仅靠GPS自身已很难满足用户对系统可用性和定位精度的需求。有时用户可视卫星数量不足引起的GDOP值不满足高精度定位要求，需要增加导航卫星的数量，因此，日本通过研发建设与GPS兼容互操作的导航卫星来提高日本地区用户的定位精度，于是产生了准天顶卫星系统（Quasi-Zenith Satellite System，QZSS）。

近年来，印度一直把发展空间技术看作是增强国力、追赶上世界发达国家的一条捷径[6]。印度原计划参与欧洲的伽利略卫星导航系统研制，但无法获取对其军事方面的支持而放弃。印度政府认为卫星导航系统可以使印度海军在印度洋乃至更大区域自由航行，扩大印度海军的国际影响力，战时依靠他国卫星导航系统为印度军方提供定位和授时服务是不现实的。其次印度对武器精确制导以及弹道导弹的全球打击能力需求十分迫切，因此，印度政府决定建设独立自主的卫星导航系统。

2006年5月，印度政府批准印度空间研究组织建设印度区域卫星导航系统（Indian Regional Navigational Satellite System，IRNSS），IRNSS又称为NAVIC，印度语的意思是水手（Sailor）或者领航员（Navigator）。IRNSS空间段由7颗设计状态一致的卫星组成，其中三颗运行在地球静止轨道，四颗运行在IGSO倾斜同步地球轨道，为印度及周边提供定位和授时服务。

印度区域卫星导航系统利用7颗IRNSS卫星就解决了为印度及周边军民用户提供定位、导航和授时服务的问题，是独立、自主、可控的区域卫星导航系统，印度空间研究组织主席K Radhakrishnan认为，如果有必要，可以通过再发射4颗IRNSS导航卫星以加大导航信号覆盖范围。印度区域卫星导航系统具有如下功能或服务：为授权用户提供较高精度的位置、速度和时间信息，定位精度优于10 m；利用电离层修正系数，可为单频接收机用户提供较高的定位精度；全天时、全天候为民用用户提供标准定位服务（SPS）；为授权用户提供加密的限定服务（RS）。

2013年7月1日，印度当地时间23时41分（北京时间7月2日凌晨2时11分），印度区域卫星导航系统首颗卫星IRNSS-1A利用印度“极轨卫星运载火箭”PSLV-C22XL在印度东南部Sriharikota的Satish Dhawan空间中心成功发射，IRNSS-1A卫星外形如图3所示。

印度空间研究组织主席K Radhakrishnan指出："IRNSS-1A卫星的成功发射，标志着印度进入了一个空间应用的新时代。"《印度时报》7月1日报道："通过发射7颗导航卫星，印度可以降低对美国、俄罗斯导航服务的依赖"。由于卫星导航系统兼具军用和民用职能，因此建成后将推动印度科技飞速发展，从而提高印度自身的竞争力。

图3　印度首颗区域导航卫星IRNSS-1A外形图

参考文献

[1] HOFMANN-WELLENHOF B，LICHTENEGGER H，WASLE E. GNSS—Global Navigation Satellite Systems. Springer，2008.

[2] 刘天雄.卫星导航系统概论［M］.北京：中国宇航出版社，2018.

[3] 刘天雄.日本的准天顶系统［J］.卫星与网络，2012（04）：48-53.

[4] 李晓梅.印度区域导航卫星系统（IRNSS）特点分析（上）［J］.卫星与网络，2013（07）：60-65.

[5] 李晓梅.印度区域导航卫星系统（IRNSS）特点分析（下）［J］.卫星与网络，2013（08）：52-58.

[6] 刘天雄.卫星导航系统概论［M］.北京：中国宇航出版社，2017.

2 全球卫星导航系统的工作原理是什么？

从数学角度来讲，用户只要同时知道地球表面上的一个点（用户接收机）到三颗导航卫星（动态已知点）的距离，即知道空间已知三个点的位置（第一个解题条件），以及你到这三点的相对距离（第二个解题条件），以导航卫星为中心，以用户接收机到导航卫星的距离为半径绘制球面，用户的位置必然位于由这三个球面相交所确定的两个交点中的一个，其中只有一个是用户的正确位置，对于地球表面的用户来说，我们可以剔除空间中明显不符合逻辑的另一点。因此，通过多个球面的相交可以实现用户三维定位[1]。

工程上可以这样理解，知道空间三个点的位置就是要确定天上的三颗卫星的轨道位置，要确定卫星所在的正确位置，首先要保证卫星在其预定的轨道上运行。这就需要设计卫星的运行轨道，并且要求监测站通过各种手段连续不断地监测卫星的运行轨道，当卫星运行轨道偏离预定轨道时，地面控制中心发送遥控指令给卫星予以调整偏差。这样，地面运行控制系统将卫星的运动轨迹编成星历（开普勒轨道参数集合），注入到卫星之后，再由卫星播发给用户。导航信号中调制有导航卫星的星历，只要用户机接收到导航信号，就能解调出导航卫星播发导航信号时刻的轨道位置坐标，因此，人们常常将空间中运动着的卫星称为“动态已知点”，这就满足了定位原理中的第一个解题条件。

第二个条件是需要知道你到这三颗卫星的相对距离，从物理概念上来说，测量信号传输的时间需要用两个不同的时钟，一个时钟安装在卫星上以记录无线电信号播发的时刻，另一个时钟则内置于用户接收机上，用以记录无线电信号接收的时刻，假设卫星时钟和接收机时钟完全同步，因为导航卫星的轨道高度大约为 20 000 km，导航信号传播到地面需要一定的时间，因此，通过准确测量信号传播的时间，再与信号传播的速度相乘，就能够测量得到用户到卫星的距离。

卫星导航系统的基本观测量是导航信号从卫星到接收机的传播时延。卫星配置星载原子钟，如果卫星在时刻 t_0 播发了调制有测距码的导航信号，用户接收机有本地时钟，用户接收机在本地时刻 t_1 接收到卫星信号，假设卫星时钟和接收机本地时钟时间完全同步，那么根据导航信号的播发时刻（卫星时钟标记）和接收时刻（接收机时钟标记），通过计算这个时间差“t_1-t_0”就能知道导航信号的传播时间 Δt，导航信号的传播时间乘以无线电信号的传播速度就可以得到的卫星与用户机之间的距离，星地之间的距离观测过程如图 1 所示。

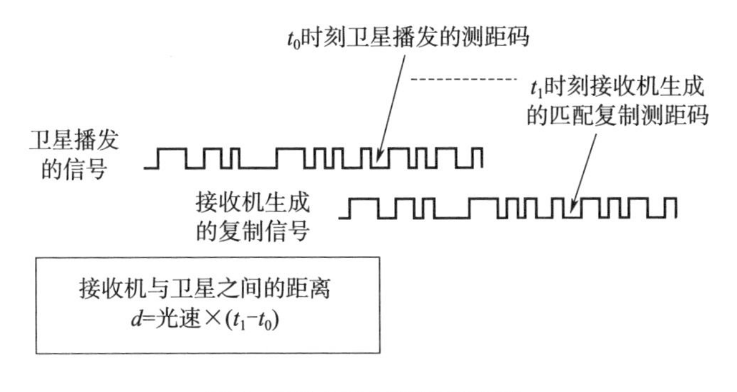

图 1　星地之间的距离观测过程

因此，星地之间距离的测量实质是测距码信号从卫星到接收机传播时间（时延）的测量。

但是，上述推演都基于卫星时钟和接收机时钟完全同步，这是准确测定卫星和接收机之间距离的物理前提，否则失之毫厘（测距误差），谬之千里（定位误差）。导航卫星上都安装有高稳定度、高准确度的原子钟，这些原子钟在 1 000 000 年内误差不到 1 s。地面运行控制系统每天定时对卫星原子钟进行同步处理，使得卫星原子钟时间与地面系统时钟保持同步。

为了实现卫星时钟和接收机时钟之间的时间同步，卫星时钟和地面运行控制系统时钟之间的时间同步，工程上需要定时对导航卫星的时间和地面运行控制系统的时间进行同步处理，而地面用户接收机接收到导航卫星播发的导航信号后，导航电文中包含有卫星钟的时间信息，接收机解算程序会自动完成与星载原子钟时间的同步处理。利用第四颗导航卫星来定量估计用户接收机时间和系统时间之间存在的偏差，即把用户接收机时间相对系统时间的偏差也作为未知量求解。

用户接收机需要解算的是空间位置坐标（x_u，y_u，z_u）和接收机时间偏差（t_u）四个未知量，四颗卫星的空间位置坐标为（x_i，y_i，z_i），i=1，2，3，4，c 为导航信号传播速度（光速），R_i 为接收机到四颗导航卫星的距离，根据导航信号中的电文数据可得到卫星的位置坐标，当接收机同时接收四颗导航卫星的信号，测量出与四颗导航卫星之间的距离时，以卫星为球心，导航信号传播的距离为半径画球面，用户接收机一定在四个球面相交于一个点的位置上，如图 2 所示。

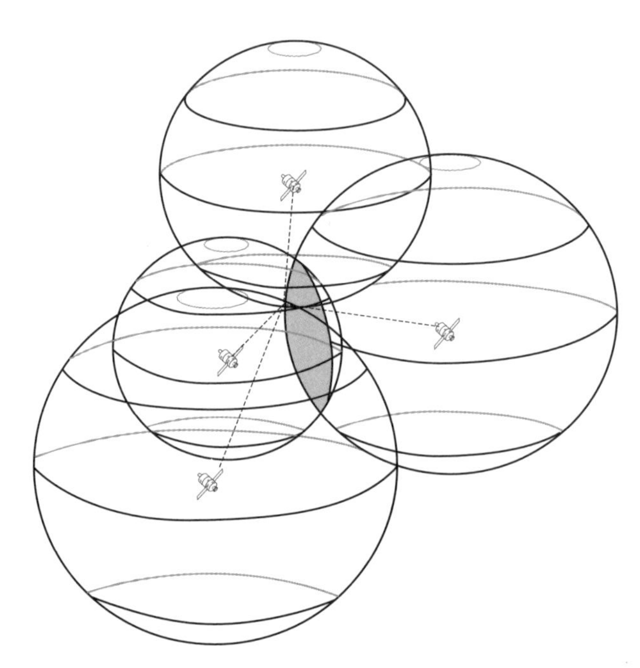

图 2　基于到达时间测距原理实现对用户位置的解算（四个球面相交确定用户位置）

四颗导航卫星按预定轨道运行，用户接收机接收到导航卫星播发的导航信号后，计算导航信号从卫星到接收机的传播时间，再乘以无线电信号传播速度，得到星地之间的距离，如下方程组为含有这四个未知量的定位方程组，待解算的未知量和四颗卫星的关系如图 3 所示。

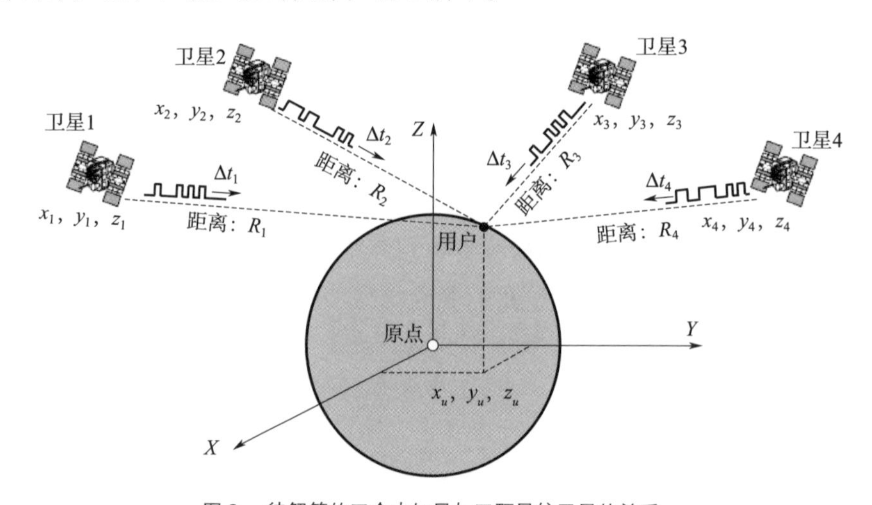

图 3　待解算的四个未知量与四颗导航卫星的关系

$$\begin{cases} R_1 = \sqrt{(x_1 - x_u)^2 + (y_1 - y_u)^2 + (z_1 - z_u)^2} + ct_u \\ R_2 = \sqrt{(x_2 - x_u)^2 + (y_2 - y_u)^2 + (z_2 - z_u)^2} + ct_u \\ R_3 = \sqrt{(x_3 - x_u)^2 + (y_3 - y_u)^2 + (z_3 - z_u)^2} + ct_u \\ R_4 = \sqrt{(x_4 - x_u)^2 + (y_4 - y_u)^2 + (z_4 - z_u)^2} + ct_u \end{cases} \quad (1)$$

联合求解上述定位方程组，就可以解算出用户的空间位置（经度、纬度和高程）和接收机时钟的钟差。借助已知的地理信息及电子地图，将用户当前所在位置与目标位置比较，就可以引导用户到达目的地，从而实现卫星导航。

卫星无线电导航业务需要导航卫星以电文形式给出导航信号播发时刻导航卫星的位置和系统时间信息，位置信息为历书和星历，同时包含了开普勒轨道参数和开普勒参数变化率，导航信号同时调制有伪随机噪声码（PRN码）。用户接收机通过跟踪、接收、解扩、解调和译码导航信号，可以获取导航信号播发时刻的卫星位置和系统时间，并根据导航信号接收时刻计算信号在空间传递的时间，信号在空间传递的时间乘以无线电传递的速度（光速），就可以得到卫星和用户机之间的距离。基于信号传播的到达时间原理，用户自主实现位置、速度和时间参数的计算[2]。

卫星导航系统中用户接收机时钟、卫星时钟不可能做到完美的时间同步，一定还会存在微小的时钟偏差，同时导航信号在空间传播过程中还会产生电离层和对流层延迟、信号多路径反射及接收机热噪声等误差，因而接收机观测到的卫星与用户机之间的距离较真实几何距离也存在一定的偏差，称为“伪距”。因此，由定位方程组解算的用户位置不是一个准确的点，而是散布在一个不确定的区域内，测距误差对位置解算的影响如图4所示。不确定区域的大小和形状取决于用户与卫星之间的几何关系[3]。

全球卫星导航系统（GNSS）由空间段、地面控制段和用户段三部分组成[4]。用户实现定位的参考点是导航卫星，导航卫星连续播发导航信号，信号包含伪随机测距码（PRN）信号以及卫星当前的空间轨道位置、时间校正、电离层修正等信息。地面控制系统跟踪每颗导航卫星，周期地向每颗导航卫星上行加载卫星未来的位置和星钟时间校正的预测值，这些预测信息再由导航卫星作为导航电文（Navigation message）连续播发给地面用户。用户只要接收导航信号，基于信号单向到达时间原理，接收机测量导航信号从卫星到接收机的传播时延，就能观测出星地之间的距离，根据三球交会原理，当接收机分别测量出与四颗以上导航卫星之间的距离时，就可以确定用户的位置、速度和时间。

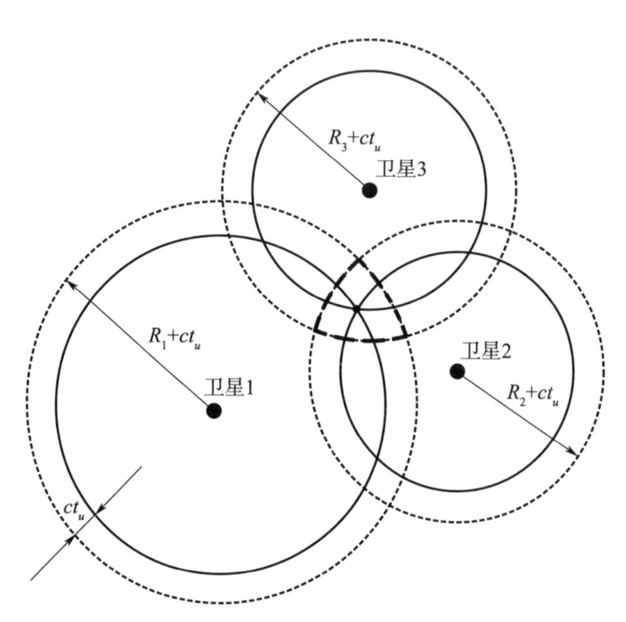

图 4　测距误差导致定位结果出现不确定区域

相关链接

四大全球系统提供哪些授权服务

下面分别介绍一下美国的全球定位系统（GPS）、俄罗斯的格洛纳斯（GLONASS）、欧洲的伽利略（Galileo）、中国的北斗卫星导航系统（BDS）这四大全球卫星导航系统提供的授权服务。

（1）GPS

GPS 可提供标准定位服务（SPS）和精密定位服务（PPS）两种不同精度的定位服务，其中 PPS 主要为美国军事部门或美国政府授权的用户提供服务。美国政府将 GPS 的精密定位服务定义如下：PPS 是一种授权访问的定位和授时服务，其信号提供在由高精度 P（Y）码调制的 L1 和 L2 两个载波频率上。在和平时期，任何中断 PPS 的计划都必须由国防部或联邦航空局至少提前 48 小时通知到海岸警卫队导航信息中心或飞行员系统（例如定期的卫星维护）。这里的中断被定义为卫星不能提供所承诺的 PPS 空间信号的一段时间。对于由卫星故障或非计划维护导致的非计划服务中断，将由海岸警卫队导航信息中心和联邦航空局来宣布。为了适应美军导航战的需求，GPS 进行了现代化改造，在 L1 和 L2 波段新增加了 M 码信号，其具有较强的保密和抗干扰性能[5]。

（2）GLONASS

GLONASS 工作原理和系统组成与 GPS 较为相似，提供的服务也类似，即为民用用户提供标准精度服务，为授权用户提供高精度服务，最大不同点在于导航信号体制不同，GLONASS 采用频分多址（Frequency Division Multiple Access，FDMA）信号体制（GPS 采用 CDMA 码分多址技术），在 G1、G2 和 G3 频点载波信号的带宽范围内，为每一颗导航卫星分配一个唯一的载波频点。GLONASS 卫星可以同时发送标准精度（SP）和高精度（HP）两类服务信号，其中 HP 信号由 P 码所调制，提供类似于 GPS 精密定位服务的军用授权服务[6]。

（3）Galileo

Galileo 针对专业应用市场提供比开放服务性能更高的商业服务（CS），其电文信息可进行加密，提供给一些商业性专业用户，并且 Galileo 可确保此商用服务的有效性，此项服务需要授权才能获取。商用服务由调制在 E6 波段的两个信号分量 E6B 和 E6C 提供，其数据流经加密后可提供精密授时、电离层延时校正和局域差分校正等附加价值的信息。此外，Galileo 可向经欧盟成员国政府授权的军队、消防、警察和海关等用户提供公共管制服务（PRS），通过 E1A 和 E6A 两个信号提供高强度加密信息，其具有高连续性，即在任何情况下均能正常运行，还可抵抗各种干扰信号[6]。

（4）BDS

北斗系统具备导航定位和通信数传两大功能，提供七种服务。面向全球范围，提供定位导航授时（RNSS）、全球短报文通信（GSMC）和国际搜救（SAR）三种服务；在中国及周边地区，提供星基增强（SBAS）、地基增强（GAS）、精密单点定位（PPP）和区域短报文通信（RSMC）四种服务。2018 年 12 月 RNSS 服务已向全球开通，2019 年 12 月 GSMC、SAR 和 GAS 服务已具备能力，2020 年 SBAS、PPP 和 RSMC 服务也已形成能力[7-8]。

北斗系统提供的授权服务如下：北斗系统利用 GEO 卫星，向中国及周边地区用户提供区域短报文通信服务；利用 MEO 卫星，向特许用户提供全球短报文通信服务。利用移动通信网络或互联网络，向北斗基准站网覆盖区内的用户提供米级、分米级、厘米级、毫米级高精度定位服务[9]。

参考文献

[1] ELLIOTT D. KAPLAN.GPS 原理与应用［M］.2 版 . 寇艳红，译，北京：电子工业出版社，2007.

[2] 许其凤 .GPS 技术及其军事应用［M］. 北京：解放军出版社，1997.

[3] 刘天雄 . 卫星导航系统概论［M］. 北京：中国宇航出版社，2018.

[4] PARKINSON B W.Global positioning system：theory and applications［M］.American Institute of Aeronautics and Astronautics.Inc. 370 L'Enfant Promenade，SW，Washington，DC 20024-2518.

[5] Global positioning system precise positioning service performance standard. DoD Positioning，Navigation，and Timing Executive Committee，2007，Washington DC.

[6] 谢钢 . 全球导航卫星系统原理［M］. 北京：电子工业出版社，2013.

[7] 北斗三号全球卫星导航系统开启建设发展新征程（中国北斗卫星导航系统官方公众号）[EB/OL］.［2021-3-4］. https：//mp.weixin.qq.com/s/1H8CGQhRN9grxZ2ve4Yu9A.

[8] 北斗卫星导航系统建设与发展 . 第十一届中国卫星导航年会，成都，2021 年 10 月 23-25 日 .

[9] 中国卫星导航系统管理办公室 . 北斗卫星导航系统应用服务体系（1.0 版）[S］. 北京，2019.

3 北斗系统和GPS播发的导航信号一样吗?

北斗卫星导航系统和GPS的导航信号是不一样的，但二者在导航信号设计上又有一些相同之处。相同之处主要体现在以下两点：1）均采用L波段播发导航信号；2）导航信号的组成类似，均是采用码分多址的方式，导航信号分量包含载波、扩频码、数据码。

北斗卫星导航系统和GPS导航信号的主要差异在于采用的信号体制不同，包括调制方式不同、各信号中心频点和带宽不同、信息速率不同、导航电文格式编排不同等方面。

（1）GPS导航信号

GPS早期发射的信号只有L1（1 575.42 MHz）和L2（1 227.60 MHz）两个频点，且仅在L1频段调制C/A码民用信号，供民用用户使用。

随着GPS的现代化发展，GPS导航信号不断演进：在Block ⅡR-M卫星上增加了L2频段的L2C民用信号；在Block ⅡF卫星上增加了L5C民用信号，用于生命安全服务；在Block Ⅲ卫星上增加了L1C民用信号，主要目的是使用户实现不同GNSS之间的互操作。现代化后的GPS卫星共发射4种民用信号：L1C/A、L2C、L5C、L1C。GPS民用服务信号及信号体制见表1。

表1　GPS民用服务信号及信号体制

信号类型	中心频率/MHz	调制方式	信息速率/(bit/s)	备注
L1C/A	1 575.42	BPSK	50	第1种民用信号
L1C_data	1 575.42	BOC（1，1）	50	第4种民用信号，GNSS互操作信号
L1C_pilot	1 575.42	MBOC（6，1）		
L2C_data	1 227.6	BPSK	25	第2种民用信号
L2C_pilot	1 227.6	BPSK		
L5C_data	1 176.45	BPSK	50	第3种民用信号，面向生命安全用户
L5C_pilot	1 176.45	BPSK		

（2）北斗卫星导航系统导航信号

北斗卫星导航系统播发B1、B2、B3三个频点导航信号，为全球和区域用户提供的民用服务包括RNSS服务、SBAS服务。北斗二号卫星播发的RNSS

公开服务信号为B1I、B2I、B3I。北斗三号共播发B1C、B2a、B2b、B1I、B3I共5路RNSS公开服务信号，保留了北斗二号的B1I、B3I信号，用于北斗二号向北斗三号的平稳过渡，将B2I信号升级为更为先进的B2a信号，并增加了B1C（与GPS的L1C兼容互操作）、B2b全球新体制信号。北斗系统SBAS服务由北斗三号GEO卫星播发SBAS-B1C、SBAS-B2a两路符合ICAO标准的SBAS信号，可提供单频以及双频多星座星基增强服务，满足国际SBAS兼容互操作要求。北斗系统公开服务类型及信号、电文对应关系表[1]见表2。

表2　北斗系统公开服务类型及信号、电文对应关系表

服务类型	信号类型	导航电文类型	卫星类型
RNSS公开服务	B1I、B3I	D1	BDS-2M、BDS-2I、BDS-3M、BDS-3I
		D2	BDS-2G、BDS-3G
	B1C	B-CNAV1	BDS-3M、BDS-3I
	B2a	B-CNAV2	
	B2b	B-CNAV3	
SBAS公开服务	B1C、B2a	SBAS电文	BDS-3G

北斗系统公开服务各导航信号体制[2]见表3。

表3　北斗系统公开服务各导航信号体制

服务类型	信号分量	中心频率/MHz	调制方式	信息速率/（bit/s）
RNSS公开服务	B1I	1 561.098	BPSK（2）	50（MEO、IGSO）/500（GEO）
	B1C_data	1 575.42	BOC（1，1）	50
	B1C_pilot	1 575.42	QMBOC（6，1，4/33）	0
	B2a_data	1 176.45	QPSK（10）	100
	B2a_pilot	1 176.45		0
	B2b_I	1 207.14	QPSK（10）	500
	B2b_Q	1 207.14		500
	B3I	1 268.52	BPSK（10）	50（MEO、IGSO）/500（GEO）
SBAS公开服务	SBAS-B1C	1 575.42	BPSK（1）	250
	SBAS-B2a_data	1 176.45	QPSK（10）	250
	SBAS-B2a_pilot	1 176.45		0

相关链接

码分多址（CDMA）、频分多址（FDMA）

多址技术（也称为多址连接技术）是指把处于不同地点的多个用户接入一个公共传输媒质，实现各用户之间通信的技术。多址技术多用于无线通信。主要包括：频分多址（FDMA）、时分多址（TDMA）、码分多址（CDMA）、空分多址（SDMA）。

码分多址（Code Division Multiple Access，CDMA）是利用码序列相关性实现的一种多址通信方式，是在扩频通信技术上发展起来的一种无线通信技术。码分多址的基本思想是利用不同的码来区分地址，每个用户分配不同的码，如图 1 所示。要求这些码的自相关特性尖锐，而互相关特性的相关峰值尽量小，以便准确识别和提取有用信息，同时各个用户间的干扰可以降低到最小程度。

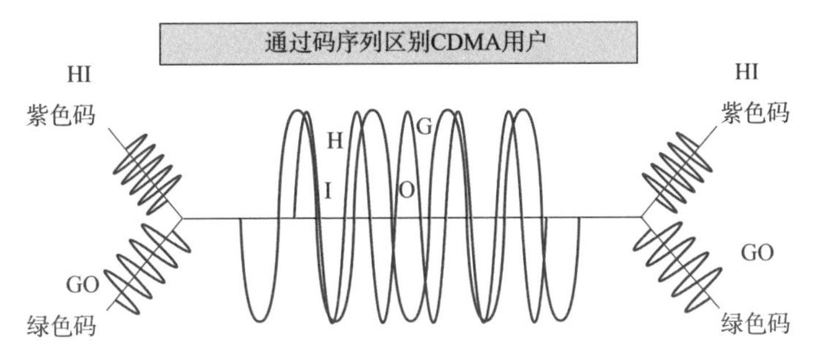

图 1　CDMA 利用不同的码来区分用户

CDMA 是对直接序列扩频（DSSS）技术的一种创新使用，用于为导航、移动通信和其他无线系统提供多址方案。基于扩频技术把需要传送的具有一定信号带宽的信息数据，用一个带宽远大于信号带宽的高速伪随机码序列进行调制，使原数据信号的带宽被扩展，再经载波调制后发送出去。接收端使用与发射端完全相同的伪随机码对接收的宽带信号进行相关处理，即可把宽带信号还原成原信息数据的窄带信号（即解扩），以实现信息通信。码分多址通信具有抗干扰性能好、频谱利用率高、通信容量大等特点。

CDMA 利用 DSSS 的特性，即除非发射器和接收器在过程的两端使用相同的扩频码，否则信号不能被解码，通过这种方式，它能够提供一种手段，使不同的用户使用同一信道接入基站，而不会相互干扰。这样，利用 CDMA 技术，不同的用户被分配不同的编码，而不是不同的时隙、信道等[3]。

频分多址（Frequency Division Multiple Access，FDMA）是使用较早也是使用较多的一种多址接入方式，把传输频带划分为若干个较窄的且互不重叠的子频带，每个用户分配一个固定的子频带，按频带区分用户，如图 2 所示。信号调制到该子频带内，各用户信号同时传送，接收时分别按频带提取，从而实现多址通信。为了避免相邻频带间的干扰，各载波频段间要留有一定的保护频带[4]。

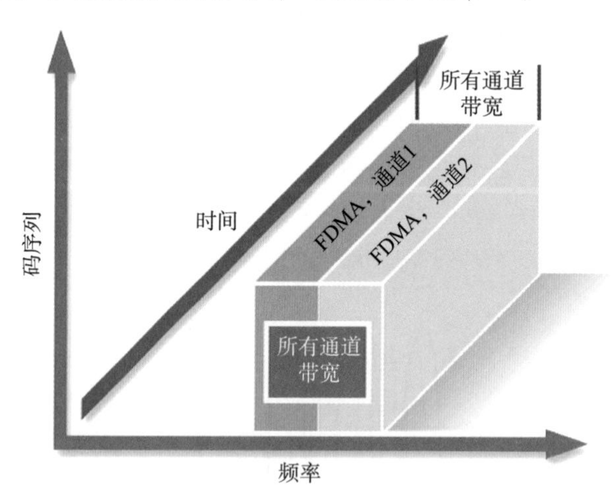

图 2　FDMA 频带区分用户

FDMA 广泛应用在卫星通信、移动通信、一点多址微波通信系统中，减少了比特率信息，降低了符号间干扰（ISI），无须进行均衡处理，但也限制了每个通道的最大信息传输速率，浪费了带宽与通信容量[4]。

参考文献

［1］ 中国卫星导航系统管理办公室 . 北斗卫星导航系统发展报告 4.0 版［S］. 北京，2019.

［2］ YANG Y X，GAO W G，GUO S R，et al.Introduction to BeiDou-3 navigation satellite system［J］. Navigation.2019，66（1）：7-18.

［3］ https：//www.electronics-notes.com/articles/radio/dsss/cdma-what-is-code-division-multiple-access-tutorial.php.

［4］ https：//www.tutorialspoint.com/cdma/fdma_technology.htm.

4 什么是 GNSS 兼容互操作技术?

GNSS 兼容性是指分别或综合使用多个 GNSS 及增强系统，不会引起不可接受的干扰，也不会伤害其他单一卫星导航系统的操作与服务；互操作是指综合利用多个 GNSS 及其增强系统，在用户层面比单独使用一个系统可以获得更好的服务，并且不会给接收机生产厂商和用户带来额外的负担和成本[1]。需要注意的是，GNSS 兼容与互操作都是以单一系统提供高性能服务为前提，因此，实现兼容与互操作必须以系统独立性为基础。

目前，GPS、GLONASS、BDS 及 Galileo 四大全球卫星导航系统以及 QZSS 和 IRNSS 两个区域卫星导航系统同时为用户提供服务，四大全球卫星导航系统 L1 频点导航信号的中心频率均为 1.5 GHz，因此，用户利用一部接收机接收多个导航系统的信号成为可能，通过选择接收多个系统的导航信号，可以保证接收机在位置解算过程中获得最优的 GDOP 值以保证接收信号的连续性和完好性，从而提高 PNT 服务的质量，这在理论上是可行的。

因此，开展卫星导航接收机设计时，要考虑如何解决多系统间的兼容（compatibility）和互操作（interoperability）问题，对于用户来说，多星座接收机（multi-constellation receivers）技术能够给用户带来更高的可用性（availability），降低导航卫星的几何精度因子（DOP）值。设计多模兼容互操作卫星导航系统接收机可以同时接收和处理多个系统的导航信号，这必然成为卫星导航接收机的发展方向，用户由此能够消除高楼林立的城市与地形复杂的山区造成的遮挡效应，如图 1 所示。

各大卫星导航系统在设计导航信号时，需要采取措施以避免信号之间的相互干扰。ITU 将频率范围 1 559~ 1 610 MHz 的 L 频段分配给 RNSS/ARNS 导航服务，全球卫星导航系统享受一级服务，未来还可能有其他系统在该 L 频段播发导航信号。例如，GPS 和 Galileo 系统在中心频点 1.5 GHz 处的导航信号有 L1C/A、L1C、L1P（Y）、L1M、E1-OS 和 E1-PRS。如果再加上 BDS 的 B1 频点信号、GLONASS 的 L1 频点信号以及 QZSS 系统利用 L1C/A 和 L1C 的导航增强信号，在 1.5 GHz 处的导航信号频谱则十分拥挤，不同系统之间的导航信号必然存在干扰问题。

因此，如何更好地应用 ITU 分配给 RNSS/ARNS 导航服务的 L 频段无线电频谱资源，如何避免和减轻不同卫星导航系统之间导航信号的干扰问题，业

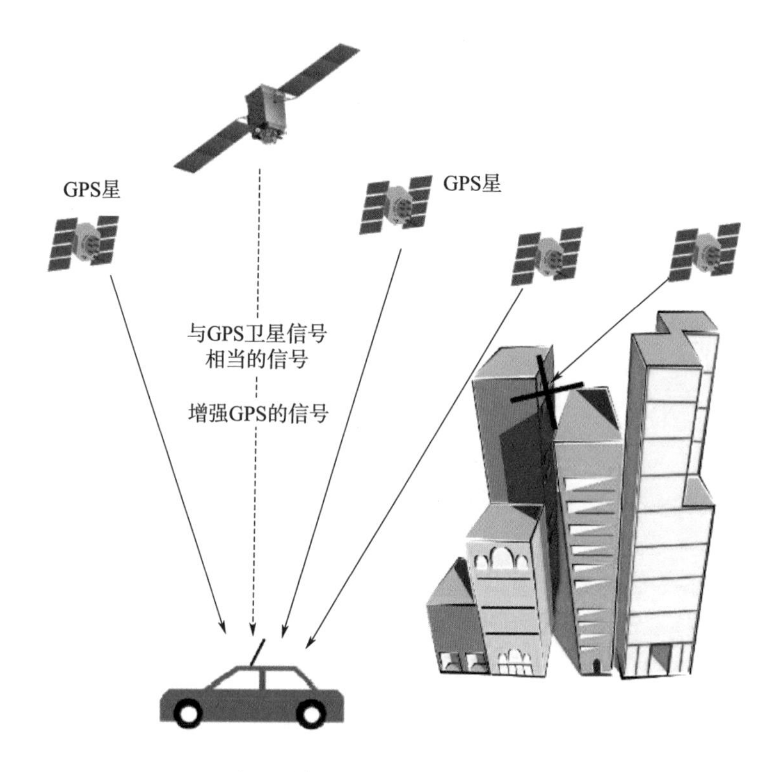

图 1　用户同时接收多个系统的导航信号提升 PNT 效能

内提出了卫星导航系统之间的兼容和互操作要求。兼容与互操作是卫星导航系统资源利用与共享的重要内容，是近十几年来全球卫星导航系统领域的一个研究热点，对卫星导航的理论研究、系统建设和应用推广都具有重要意义，受到了国内外学术界、工业界、政府主管部门乃至相关国际组织的高度重视。兼容与互操作的概念最早是 2004 年 12 月美国发布 PNT 国家政策时提出来的，兼容定义为单独或联合使用美国空基定位、导航以及授时系统和国外相应系统提供的服务时不互相干扰各自的服务或信号，并且没有恶意形成导航冲突。互操作定义为联合使用美国民用空基定位、导航和授时系统以及国外相应系统提供的服务，从而在用户层面提供较好的性能服务，而不是依靠单一系统的服务或信号来获得服务。

2004 年 6 月，美国和欧盟发布 GPS 和 Galileo 联合发展和应用的合作协议 US-EU Agreement（2004），对兼容与互操作的相关概念进行了明确的定义。兼容主要体现于 GPS 与 Galileo 射频信号兼容，包括与两个系统相关的所有星基导航授时服务；另外，两个系统之间要尽可能地实现非军用服务用户层面的互操作性。该协议还对 GPS 和 Galileo 系统兼容与互操作合作及应用的相关问题进行了框架式协定，其中包括构建与国际地球参考框架（ITRF）尽量接近的大地参考框架以及在各自系统导航电文中发播两个时间系统之间的偏差信息等方面的条款。目前，兼容与互操作已经成为国际卫星导航系统委员会（International Committee on Global Navigation Satellite Systems，ICG）的核心议题，并专门成立了相应的工作组，兼容与互操作也是全球 GNSS 核心供应商双边谈判与多边协调的重要内容，国内外学术刊物和学术会议已发表了大量有关兼容与互操作的理论分析文章。

卫星导航信号的中心频率、信号功率、信号业务分配、码片速率和脉冲赋形、调制方式和编码长度以及电文数据率是影响多卫星导航系统兼容性和互操作性的关键要素。互操作性要求相同业务信号的中心频率和带宽重叠，从而简化接收机体系结构；兼容性又要求信号互干扰在可容忍范围内，甚至频谱分离。信号业务分配对信号频率、带宽、编码方式和长度、码片赋形、是否加密等提出了各种不同的需求。码片速率和脉冲赋形直接影响信号的带宽，导致卫星载荷的群时延变化，也影响系统内信号和系统间信号相互干扰的程度，从而最终影响接收机捕获和跟踪能力、抗多径能力和对伪距测量的精确度。调制方式和编码长度以及电文数据率等将影响接收机捕获跟踪性能。信号载波功率的变化会导致不同信号间的干扰级别发生变化。

导航信号设计关键要素也影响了新信号与老信号的兼容性和互操作性，当然也就影响了新建卫星导航系统与原有卫星导航系统的兼容性和互操作性。开展导航信号体制设计时，需要权衡这些要素，满足兼容性与互操作性要求的导航信号体制设计是一项具有挑战性的任务，其要素包括如何规划信号频谱以提高频谱利用率、减小系统内干扰和系统间干扰、允许互操作所要求的一体化接收处理方式，如何设计抗干扰能力强、捕获跟踪门限低且复杂度低的伪随机码，如何根据信道特性设计高性能、高效率、低复杂度的信道编解码算法和调制方式，如何设计灵活可扩展的电文帧结构以容纳互操作信息交换等。因此，开展卫星导航系统设计时，要考虑如何解决多个卫星导航系统间的兼容和互操作问题，互操作性的关键因素包括空间信号、大地坐标参考框架以及时间参考系统，互操作是在卫星导航系统兼容基础上的另一种更高层面的系统优化与合作，由此提高用户位置解算的可用性（solution availability）。

新的卫星导航系统在保持独立性的同时，需要注重与其他卫星导航系统在时空基准方面的兼容与互操作，特别是在民用方面，这种互操作性主要有两种表现方式。一种是采用兼容的时空系统。Galileo 地球参考框架 GTRF 和 GPS 使用的 WGS-84 实际上都是国际地球参考框架（ITRF）的一种实现。WGS-84 和 GTRF 的误差在几厘米的量级。对于导航和大多数其他用户需求来说，这种精度就足够了。GPS使用的GPST和Galileo系统使用的GST都是连续的时间系统，都与国际原子时（TAI）保持较小的固定偏差。GPST和GST都与UTC之间有明确的时间换算关系，用户可以方便地通过Galileo广播信息获得GST与UTC以及GPST之间的偏差。另一种是在信号中广播与其他时空系统之间的转换参数。在欧洲和美国关于Galileo/GPS互操作性的协议中采纳了通过传统时间传递技术测量，或者利用组合GPS/Galileo接收机在两个系统的监测站进行精确估计的方法来确定时间偏差。另外，GLONASS卫星导航系统计划发播GPS与GLONASS时标之差。我国BDS也将计划广播与GPS，GLONASS，Galileo系统时间转换参数以及GPS卫星钟差、星历改正参数等信息。这些方法都很好地体现了GNSS之间的互操作性，将为用户利用多系统观测量进行导航定位提供最直接的便利。

全球卫星导航系统之间的兼容与互操作要求体现了系统之间的合作和协同，对系统的服务性能产生一定的影响。在保持系统独立运行的前提下，通过国际合作积极实现GNSS资源优化整合，最大限度地选择利用国际导航免费资源，同时充分发挥自主资源作用，并在接收机终端提出最佳化融合方案，为研究出高性能、低成本的接收机奠定总体设计基础，从根本上增强BDS在应用服务产业化领域的竞争力。

兼容与互操作是未来全球卫星导航系统发展的主要方向，在北斗全球卫星导航系统的设计和建设中，应进一步重视信号的兼容和互操作设计，尽可能采用与GPS和Gaileo相同的频点、类似的调制方式、相近的带宽等频域参数，达到与GPS和Galileo系统的高度互操作。目前的卫星导航系统在导航信号设计时采用了较为灵活的BOC族扩频调制方式，同时要求输入信号应尽可能地为包络恒定的导航信号。随着同一系统在同一频段内播发的导航信号数量的增加，在保证信号质量的前提下，导航卫星有效载荷实现的复杂性问题也随之而来。此外，坐标系统应尽可能一致，尤其是地面跟踪站尽量保持一致，否则应采用多模接收机监测其坐标系统偏差，并播发给用户进行改正，或作为用户导航定位参数估计的先验信息；时间系统的不一致，可采用多系统跟踪站进行监测和播发，也可通过增加模型参数进行实时估计。

目前，兼容性技术主要集中在不同系统的信号相互干扰评估方面。L频段作为GNSS的主要频段，集中了BDS、GPS、GLONASS、Galileo等导航卫星系统和WAAS、EGNOS等星基增强系统播发的无线电信号，这些信号的中心频率完全相同或特别接近，使得各个系统的导航信号间的射频干扰不可避免，引起GNSS兼容性的问题[2]。在GNSS信号兼容性评估理论的建立上，美国

MITRE 公司的 J.Betz 等人剔除了 SSC 来评估信号频谱的分离程度[3]；在此基础上，F.Soualle 推导出码跟踪灵敏度系数（CT_SSC）来评估射频干扰对码跟踪的影响情况[4]；S.Wallner 从功率谱密度相互影响层面开展信号兼容性分析[5]；国内针对上述国际通用的兼容性评估方法，评估了北斗系统在 L1 频段与 GPS、Galileo、WAAS、EGNOS 等系统的兼容性，结果显示处于可接受程度[6-7]。

互操作技术则集中在 GNSS 信号、坐标系统、时间系统的不一致对用户的影响方面。不同的 GNSS 信号特征（频点、带宽等）会对天线、射频、ADC 等接收机前端和基带信号处理产生影响[8]，因此，北斗全球卫星导航系统在信号设计方面重视互操作的设计要求，在保持信号自身特色和独立性的同时，采用与 GPS 和 Galileo 相同的频点、类似的调制、相似的带宽，在频域特性上尽可能与 GPS 和 Galileo 一致[9-10]；不同 GNSS 坐标基准定义相近，但选用的参考椭球常数不同，坐标基准的实现途径和更新周期存在较大差异，为此，北斗采用多模 GNSS 接收机监测各 GNSS 的坐标互操作参数，并以每年一次的周期更新北斗跟踪站的坐标；不同 GNSS 时间系统不一致，该不一致性由整数时差和时间系统运行误差构成，对于整数时差可以按照系统时间的基本定义直接改正；对时间系统运行误差，则可以通过北斗地面监测站进行实时监测、评估，并以导航电文的形式向用户播发改正信息[1]。

相关链接

导航信号组成

目前美国 GPS、俄罗斯 GLONASS、欧洲 Galileo 以及中国 BDS 四大全球卫星导航系统均是被动式单向下行测距系统，其中 BDS 系统还具有主动式定位模式。被动式定位服务模式中，导航卫星连续播发无线电导航信号，如图 1 所示，其载波信号中调制有伪随机噪声码和导航电文，伪随机噪声码用于推算导航信号的传输时间，进而实现星地之间的距离观测；导航电文是包含有导航卫星的星历、时间系统、轨道摄动改正、大气电离层延迟改正、卫星原子钟工作状态、卫星工作状态等导航信息的二进制数据码，用于用户机获取卫星轨道位置、星载原子钟与系统时钟的偏差以及电离层延迟修正等信息，正是导航信号这种特殊的结构使得用户接收机可以解算出用户位置。

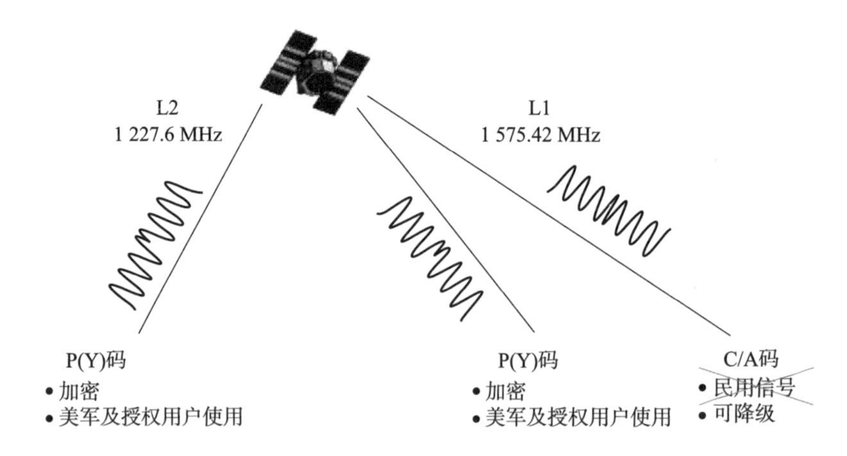

图 1 导航卫星播发调制有测距码和导航电文的导航信号（以 GPS 为例）

导航信号也称为空间信号（Signals In Space，SIS），要求为用户提供 PNT 服务的同时不干扰其他通信系统的服务。导航信号的特性主要包括载波频率、调制方式、导航电文格式，以及伪随机噪声码的自相关特性和互相关特性、信号功率。导航信号要具备实时距离测量和数据传输的能力，就需要将伪随机噪声测距码和导航电文数据码等低频信号上变频到高频信号，然后将功率放大后的高频导航信号发射到地面。伪随机噪声测距码的设计需要考虑用户接收机的捕获和跟踪特点、相关性属性、实现的复杂性以及与其他系统的兼容互操作性。导航电文数据码的设计需要考虑避免对用户接收机的跟踪性能造成不利影响，同时确保较低的误比特率。

GPS 在三个不同的载波频率上发射若干导航信号，如图 2 所示[11]，L1 频点所有卫星以 1 575.42 MHz 为中心播发 RHCP 导航信号，L2 频点所有卫星以 1 227.60 MHz 的频率播发 RHCP 导航信号，L5 频点一些卫星以 1 176.45 MHz 的频率播发 RHCP 导航信号。

为满足不同的服务需求，Galileo 全球卫星导航系统导航信号体制设计考虑了多种因素，除了传统的无线电导航信号的捕获与跟踪要求外，还考虑了与 GPS、BDS、GLONASS 等卫星导航系统的兼容互操作、信号抗干扰以及多径效应消除等要求。Galileo 导航卫星在 E5a、E5b、E6 和 E1 四个频段内播发 10 种导航信号，分别支持开放服务（OS）、商业服务（CS）、生命安全服务（SOL）、公共安全管制服务（PRS）以及搜索救援服务（SAR），信号配置如图 3 所示。

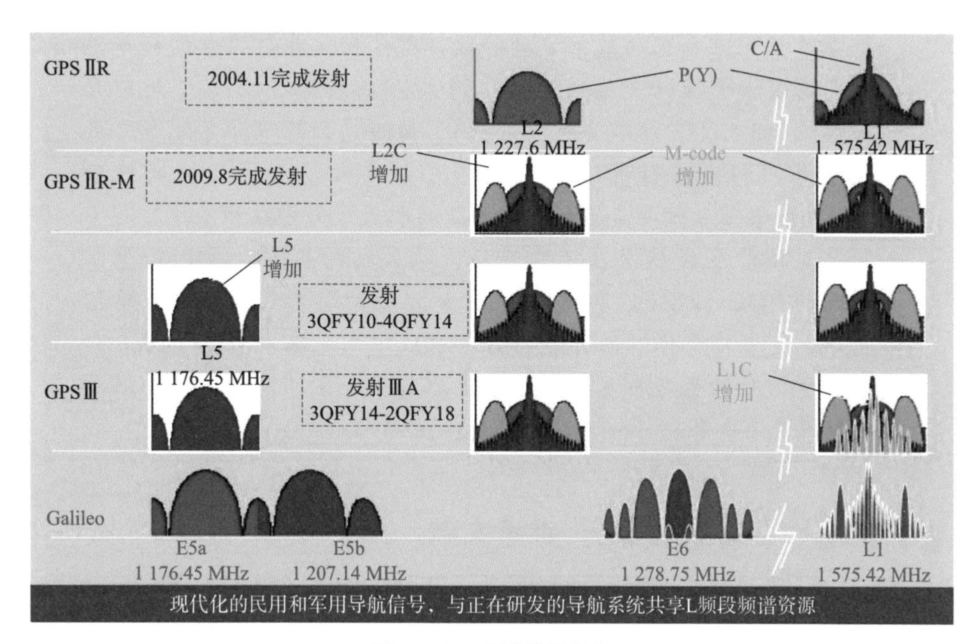

图 2　GPS 导航信号频点

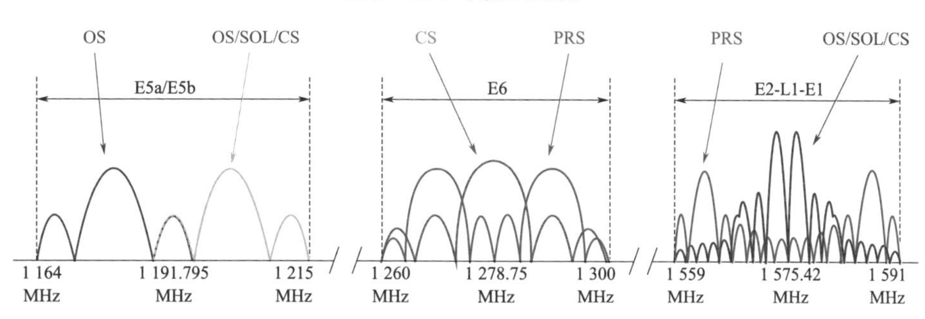

图 3　Galileo 全球卫星导航系统信号配置

北斗在 B1、B2 和 B3 三个频段提供 B1I、B1C、B2a、B2b 和 B3I 公开服务信号。B1I 的中心频率为 1 561.098 MHz，B1C 为 1 575.420 MHz，B2a 为 1 176.450 MHz，B2b 为 1 207.14 MHz，B3I 为 1 268.520 MHz，信号配置如图 4 所示。

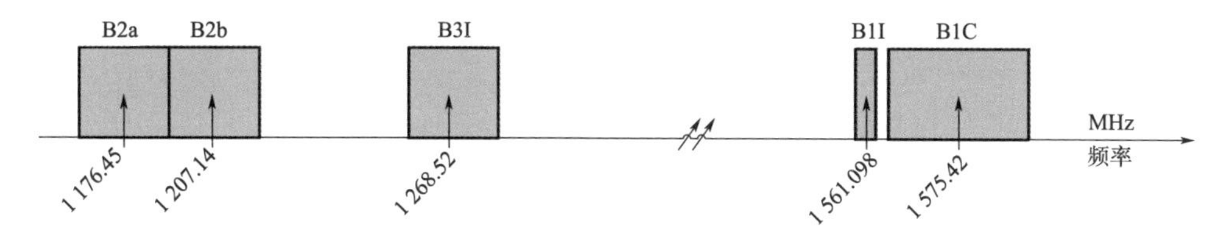

图 4　北斗卫星导航系统信号频点

在卫星导航系统的最初设计阶段，就要确定导航信号的频率范围，考虑因素包括以下几个方面：1）电磁波传播特性；2）地球大气层影响；3）ITU 频率要有规划；4）伪随机测距码和导航电文数据码要调制到载波信号上，载波信号频率必须高于数据码的频宽；5）载波信号频率直接影响用户机接收天线的增益和尺寸。

导航信号生成技术在不断发展，从最初的 BPSK、QPSK 调制到今天的 BOC、MBOC 和 AltBOC，从以往两路复用到当前多路信号复用。随着信号体制的发展，信号生成方式也在发展。Galileo 和 GPS 关于信号的生成技术研究较多，取得了一系列影响深远的卫星导航领域发展成果。

参考文献

[1] 杨元喜，陆明泉，韩春好 . GNSS 互操作若干问题［J］. 测绘学报，2016（3）：253-259.

[2] HEIN G W，IRSIGLER M，AVILARODRIGUEZ J A，et al. Envisioning a future GNSS system of systems part 3. 2007.

[3] BETZ J W，KOLODZIEJSKI K R . Generalized theory of code tracking with an early-late discriminator Part Ⅱ：noncoherent processing and numerical results［J］. IEEE Transactions on Aerospace & Electronic Systems，2009，45（4）：1538-1556.

[4] SOUALLE F，BURGER T . Radio frequency compatibility criterion for code tracking performance［J］. Proceedings of International Technical Meeting of the Satellite Division of the Institute of Navigation，2007：1201-1210.

[5] WALLNER S，HEIN G W，PANY T，et al. Interference computations between GPS and Galileo［J］. Proceedings of International Technical Meeting of the Satellite Division of the Institute of Navigation. 2005.

[6] LIU L，ZHAN X，LIU W，et al. Assessment of radio frequency compatibility between Compass and GPS［J］. Acta Geodaetica et Cartographica Sinica，2011，64（S1）：11-18.

[7] WEI L，GANG D，ZHAN X，et al. Assessment of radio frequency compatibility relevant to the Galileo E1/E6 and Compass B1/B3 bands［J］. Journal of Navigation，2010，63（3）：419-434.

[8] HUANG B，ZHENG Y，FU G，et al. Reaching for the STARx：a software-defined All-GNSS solution［J］. Inside GNSS，2014，9（1）：50-60.

[9] YAO Z，LU M，FENG Z M. Quadrature multiplexed BOC modulation for interoperable GNSS signals［J］. Electronics Letters，2010，46（17）：1234-1236.

[10] YAO Z，LU M. ACED Multiplexing and its application on BeiDou B2 band［C］. CSNC 2013.

[11] ANGRISANO A，GAGLIONE S，GIOIA C，et al. The satellite positioning evolution in coastal processes［C］// 2011：177-188.

5 什么是卫星导航系统的增强系统?

卫星导航系统是一个以导航卫星为核心的开环系统，导航卫星播发调制有测距码和导航数据的无线电导航信号，用户接收导航信号就能解算自身的位置并获取系统完好性信息。卫星导航增强系统的任务是建立天地一体闭环控制系统，将导航系统的伪距、钟差、轨道、电离层和对流层延迟差分改正数以及系统完好性信息同步播发给用户，由此实现提高系统的定位精度和增强系统的完好性的目标。实时动态载波相位差分（RTK）技术、连续运行参考站（CORS）技术、精密单点定位（PPP）技术以及 GNSS 差分（DGNSS）等卫星导航差分改正技术，美国国家差分 GPS（NDGPS）、美国广域增强系统（WAAS）、星基增强系统（SBAS）、地基增强系统（GBAS）以及机载增强系统（ABAS）等差分改正系统和完好性增强系统应运而生。

利用差分改正技术，对伪距、载波相位等测量值误差，卫星轨道、钟差等系统误差以及电离层、对流层等大气延迟误差进行修正，可提高用户的定位精度和性能。然而，涉及生命安全的民用航空等领域，更加关注的是卫星导航系统 PNT 服务的完好性，并提出了严格的指标要求。例如，民航一类精密进近（CAT-Ⅰ）利用卫星导航系统提供民航飞机导航服务时，要求水平定位精度为 16 m（95%），高程定位精度为 4 m（95%）；完好性告警门限水平定位精度为 40 m，高程为 10 m；告警时间 6 s，危险误导信息概率 2×10^{-7}/进近，连续性风险概率 8×10^{-6}/15 s，可用性 0.99~0.999 99[1]。正如斯坦福大学教授 Sheman Lo 在第 10 届中国卫星导航年会 S07 分会报告指出的，“GPS 在生命安全方面的主要挑战是完整性”[2]。

不同用户对卫星导航系统的定位精度（accuracy）、完好性（integrity）以及可用性（availability）要求是不同的，航空、航海和大地测量等典型用户的需求如图 1 所示[3]，以大地测量为代表的高精度定位需求用户对定位精度的要求是分米、厘米甚至毫米级，完好性告警时间是小时级；航海用户对定位精度的要求从米级到百米以内不等，船舶进港时定位精度则要求到米级，完好性告警时间是 6~10 s；船舶航路导航和编队管理时，完好性告警时间是 1~15 s。

综上所述，卫星导航增强系统是对基本导航系统的性能增强，包括信号增强和信息增强两种类型，其中信号增强主要是对导航信号功率、信号数量进行增强。例如，GPS 在 L1 和 L2 载波信号上采用频谱分裂调制技术生成军用 M

码信号（L1M、L2M 信号），实现了军民导航信号频谱分离，一方面为导航战提供了技术保障，另一方面军用 M 码信号可以实现全球和重点区域工作方式的切换，在重点区域可以将导航信号功率较目前功率提高 100 倍，这将大幅度提高系统在战时的抗干扰能力[4]。

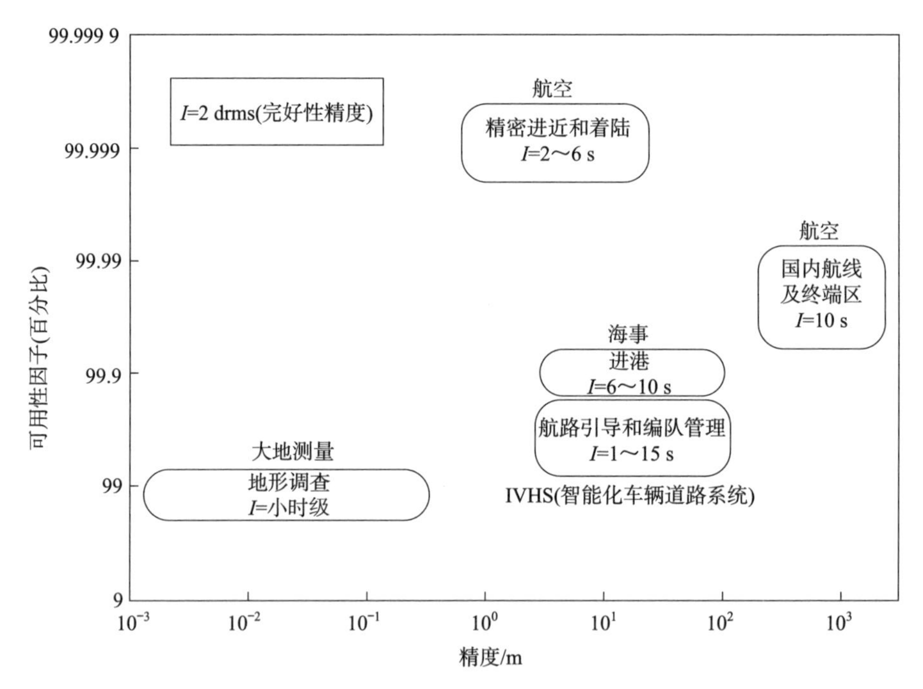

图 1　航空、航海和大地测量等典型用户对定位精度、完好性以及可用性的需求

信息增强包括提高精度和增强完好性两个方面，增强系统利用一定数量的地面参考基准站对导航信号进行连续跟踪观测，生成差分改正数和完好性信息，通过通信链路将增强信号播发给用户，增强信号有时也具备测距能力，由此进一步提高系统可用性。广域差分改正技术结合伪距观测量的状态域改正数或者观测值域改正数生成相应的完好性信息，及时有效地识别、剔出导致卫星导航 PNT 服务不可信的各类因素，在系统出现故障或者异常情况下及时告知用户。

卫星导航增强系统一般由基准监测站网络、数据处理中心、数据通信链路三大部分组成。基准监测站网络分为精度监测站和完好性监测站两类，精度监测站一般配置高性能的原子钟及高性能监测接收机，接收导航信号获得原始观测数据；完好性监测站获得的伪距观测量不用来计算精度修正值，而是用于完好性检验，当系统出现异常时，生成“系统不可用”电文信息向用户终端告警。两类基准监测站可以联合运行，这时监测站数据除了产生修正数据外，还要给出完好性信息，系统不可用时，发布告警信息。通过获取不同空间和不同地域分布的测量数据，有利于分析和处理误差数据，提高监测精度和完好性检验置信度。

数据处理中心有时也称为主控站，主要任务是接收基准监测站原始观测数据，生成卫星轨道、钟差、电离层、对流层等大气延迟差分改正数，电离层时延栅格分布参数，完好性等级及告警时间等系统完好性数据，利用通信链路将导航增强数据广播给用户。数据处理中心的能力决定着增强系统性能的优劣，为了保证增强系统的可靠性，导航增强系统一般设置2~3个主控站，例如美国的WAAS在美国大陆两端设置了3个主控站。

典型的通信链路包括：WAAS利用Intelsat公司的Galaxy 15卫星（CRW）、Telesat公司的Anik F1R卫星（CRE）、Inmarsat公司的Inmarsat-4 F3卫星（AMR）3颗商业地球静止轨道卫星播发增强信息，接收地面上行注入站上注的C1up和C5up两路上行C波段导航增强数据，然后作为透明转发器将WAAS增强数据广播给用户。WAAS增强信号调制有GPS L1C/A测距码信号，因此，WAAS的GEO卫星也可以作为GPS的导航卫星使用[5]。

相关链接

卫星导航增强系统有几种?

全球卫星导航系统（GNSS）在不同区域提供的PNT服务的性能是不同的，并且随时间变化，而一旦出现系统服务性能指标下降、系统工作异常时，仅依靠GNSS本身无法在精度、完好性、连续性以及可用性四个方面都满足民用航空等用户对导航服务的性能指标要求，特别是不具备在系统出现问题时实时给用户告警的能力。

例如，从精度方面看，GPS标准定位服务（SPS）单点定位精度在10 m左右，这个精度可以满足民航非精密进近前的导航服务精度要求（220 m），但不能满足民航精密进近导航服务（民航CAT-Ⅰ精密进近在垂直方向的定位精度要求是6.0~4.0 m）。从完好性方面看，GPS自身能进行一定程度的完好性监测，但告警时间太长，通常需一个小时，延迟告警的最坏情况为6 h，不能满足民航CAT-Ⅰ精密进近完好性告警时间6 s的要求，而CAT-Ⅱ和CAT-Ⅲ精密进近完好性告警时间指标要求则为1 s。从连续性和可用性方面看，GPS 虽然能保证所有用户视场范围内有 4 颗以上卫星，但导航卫星几何精度因子（GDOP）仍然存在较差情况，加上完好性要求，这时系统可用性会变差。民用航空等领域对卫星导航系统的首要诉求是导航服务安全性。通过完好性增强，能够在卫星导航和系统异常或故障时及时检测并向用户告警，保障航空等生命安全领域用户的安全性。

因此，建立卫星导航系统的星基增强系统（SBAS）、地基增强系统（GBAS）以及机载增强系统（ABAS）无疑是解决航空等涉及生命安全服务导航安全性问题的有效措施，通过给卫星导航系统打“补丁”的方式来提升系统导航服务的完好性和可用性。卫星导航系统完好性增强的服务范围与伪距观测量差分改正数生成方式相关，完好性体现了误差超出限值的检测概率，即故障报警能力。卫星导航增强系统可以在精度、完好性、连续性和可用性四个方面对卫星导航系统进行增强。出于这样的应用背景以及航空接收机在高动态特性情况下的可靠性考虑，SBAS 一直以伪码为主用测距模式。

北斗星基增强系统（BDSBAS）是北斗全球卫星导航系统重要组成部分。在 2015 年第 29 次星基增强互操作工作组（SBAS IWG）会议上，我国代表首次参加 SBAS 兼容互操作讨论，开启了 BDSBAS 国际化的大门[9]。

BDSBAS 是北斗全球系统六大规划服务之一，按照国际民航组织（ICAO）标准规范开展设计与建设，采用 B1C、B2a 两个频点播发符合 ICAO 标准的 SBAS 信号，满足国际 SBAS 兼容互操作要求，为中国及周边地区民航、海事、铁路等领域用户提供高完好性增强服务，兼具米级精度增强功能[10]。BDSBAS 主要由空间段、地面段和用户段三大部分构成。

· 空间段包括 3 颗播发 SBAS 增强信号的 GEO 卫星，三颗卫星的轨道、频率、SBAS 信号对应的 PRN 号以及发射时间如表 1 所示。

· 地面段由主控站、数据处理中心、注入站及监测站组成。

· 用户段包括面向民航、海事及铁路等行业应用的星基增强用户设备。

表 1 BDSBAS 卫星轨道、频率、PRN 号等信息

轨位	下行 SBAS 信号频率		SBAS PRN 号	发射时间
	L1/B1C	L5/B2a		
80°E	1 575.42 MHz	1 176.45 MHz	144	2020 年 3 月 9 日
110.5°E	1 575.42 MHz	1 176.45 MHz	143	2020 年 6 月 23 日
140°E	1 575.42 MHz	1 176.45 MHz	130	2018 年 11 月 1 日

BDSBAS B1C 频点增强信号采用 ICAO 所确定的 SBAS L1 标准信号体制，BDSBAS B2a 频点增强信号采用目前正在设计的 DFMC SBAS L5 标准信号体制。在服务模式方面，BDSBAS 将支持单频（SF）及双频多星座（DFMC）两种增强模式。单频服务模式基于 BDSBAS B1C 频点提供，双频多星座服务基于 BDSBAS B2a 频点提供[2]。DFMC SBAS 服务将利用双频测距值消除电离层延迟误差，相比单频服务可有效提高系统可用性、连续性与精度，并实现全球范围的垂直引导。在性能等级方面，BDSBAS 将先期实现 APV-Ⅰ（Ⅰ类垂直引导进近），后续逐步满足 CAT-Ⅰ服务等级要求。

参考文献

[1] RTCA.Minimum operational performance standards for global positioning system/wide area augmentation systems airborne equipment. Radio Technical Commission for Aeronautics（RTCA）Inc.，Washington DC（USA），2006. Special Committee No. 159，Document RTCA DO-229D.

[2] SHEMAN LO.Using GNSS for Autominous Applications：from Planes to Trains & Automobiles，第 10 届中国卫星导航年会，北京，2019.

[3] The global positioning system：assessing national policies，MR-614-OSTP，1995，Rand Corporation Monograph Reports［EB/OL］.（2019-10-27）.https：//www.rand.org/pubs/monograph_reports/MR614.html.

[4] 刘天雄 . 卫星导航增强系统原理与应用［M］. 北京：中国国防工业出版社，2021.

[5] 邵搏，耿永超，丁群，吴显兵 . 国际星基增强系统综述［J］. 现代导航，2017（3）：157-161.

[6] 郭树人，刘成，高为广，卢鋆 . 卫星导航增强系统建设与发展［J］. 全球定位系统，2019，44（2）.

第四章 北斗系统的前世今生

1 北斗系统的“三步走”战略是什么?

北斗卫星导航系统是中国着眼于国家安全和经济社会发展需要，自主建设运行的全球卫星导航系统，是为全球用户提供全天候、全天时、高精度定位、导航和授时服务的国家重要时空基础设施。中国高度重视北斗系统建设发展，20世纪80年代开始探索适合国情的卫星导航系统发展道路，形成了“三步走”发展战略，如图1所示，2000年，建成北斗一号系统，向中国提供服务；2012年，建成北斗二号系统，向亚太地区提供服务；2020年，建成北斗三号系统，向全球提供服务。计划到2035年，以北斗系统为核心，建设更加泛在、更加融合、更加智能的国家综合定位导航授时体系[1-2]。

北斗卫星导航系统“三步走”发展战略历经26年，从学习追赶到比肩超越，坚持“自主、开放、兼容、渐进”的原则，着眼于国家安全和经济社会发展需要，建成了自主发展、独立运行的卫星导航系统。北斗一号又称为双星定位系统，最早是陈芳允先生在20世纪80年代提出的，解决了0到1、从无到有的问题；北斗二号是面向亚太地区的一个区域系统，解决了我们国家亚太地区的定位导航与授时服务问题；北斗三号开启了服务全球的卫星导航新时代。

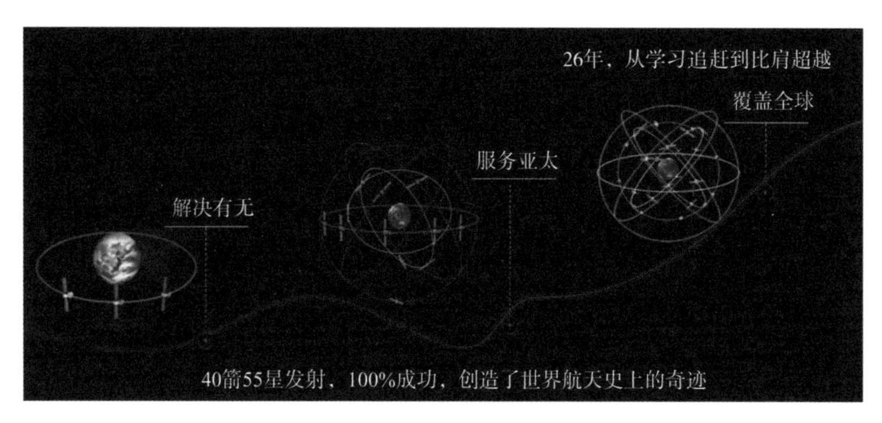

图 1　北斗卫星导航系统“三步走”发展战略

第一步，建设北斗一号系统。1994 年 1 月，国家批准了“双星导航定位系统”立项报告，命名为“北斗一号”。以 2 颗卫星为基础，建成一个实用化卫星定位系统，拉开了以精确测量时间与空间为目标的卫星无线电测定与导航系统建设序幕。工程目标清楚地表明，定位报告与短报文通信是北斗一号的主要业务，面临的理论挑战、技术难题也十分突出[3]。2000 年，发射 2 颗地球静止轨道卫星，如图 2 所示，系统建成并投入使用，采用无线电测定业务（RDSS）有源定位体制，为中国用户提供定位、授时、广域差分和短报文通信服务；2003 年，发射第 3 颗地球静止轨道卫星，进一步增强系统性能。

北斗一号卫星导航系统取得了世界级成就，具有鲜明特色：1）两颗卫星实现大范围高精度定位和授时服务，满足了中国及周边用户的定位需求；2）双向授时精度为 10 ns；3）实现了大容量用户 1 s 快速定位报告，响应速度居国际领先水平；4）定位和报告业务在同一信道完成，用户知道“我在哪里”，还知道“你在哪里”；5）实现了用户双向报文通信。北斗一号快速定位报告功能，完整地诠释了 RDSS 业务的丰富内涵和先进特色[4]。

图 2　北斗一号系统

北斗一号的卫星无线电测定业务具有全天候快速定位和短报

文通信服务功能，可以为用户提供快速定位报告和搜索救援服务。北斗一号的短报文通信业务为用户提供每次 120 个汉字的服务，通信时延约 0.5 s，通信的最高频度为 1 次 / 秒。系统下行为 S 频段 2 483.5~2 500 MHz，上行为 L 频段 1 610 ~ 1 626.5 MHz[5-6]。当发生自然灾害时，地面的通信网络往往会受到影响甚至被完全切断，从而给减灾救灾工作带来极大的困难，因此，通过北斗系统短报文通信服务，可以保障通信畅通，对于减灾救灾而言格外重要。自 2000 年北斗一号双星定位系统提供服务以来，北斗系统已在减灾救灾、搜索救援、状态监控、态势感知、环境监测、森林防火、应急抢险、指挥调度等诸多领域得到广泛应用，例如在 2008 年南方冰冻灾害、四川汶川抗震救灾中，北斗卫星导航系统的 RDSS 业务就发挥了重要作用[7]。

图 3　北斗二号系统星座构型

第二步，建设北斗二号系统。2004 年，启动北斗二号系统工程建设；2012 年，完成 14 颗卫星（5 颗地球静止轨道卫星、5 颗倾斜地球同步轨道卫星和 4 颗中圆地球轨道卫星）发射和组网，北斗二号系统星座构型如图 3 所示。在兼容北斗一号系统技术体制基础上，北斗二号系统增加卫星无线电导航业务（RNSS）无源定位体制，为亚太地区用户提供定位、导航、授时和短报文通信服务。

北斗二号系统用 8 年时间构建成了以 RNSS 实时连续导航与 RDSS 实时定位报告相融合的北斗卫星导航技术，实现了覆盖亚太区域的卫星导航服务，从根本上摆脱了对国外卫星导航系统的依赖。通过有效的卫星无线电频率兼容设计与国际协调，北斗卫星导航系统成为世界上第一个被国际电信联盟（ITU）规则认可的 RNSS、RDSS 业务相结合的卫星无线电系统。中国成为全球卫星导航核心供应商之一，为世界卫星导航发展做出了重要贡献。

北斗二号弥补了北斗一号在定位连续性、速度测量、服务完好性等方面的不足，总结起来，有如下主要特点[3]：

1）全球第一个连续导航与定位报告相融合的技术体制。卫星系统、运控系统、应用终端全面实现了两种体制融合。攻克了多信号兼容、邻频及收发隔离、用户终端小型化难题。解决了导航业务、卫星固定业务、卫星移动业务众多网络频率兼容与业务协调问题。北斗系统双模用户机受到广大用户青睐，成为卫星导航与通信综合应用的热门装备。

2）全球第一个三个轨道混合运行的导航星座，实现区域综合 PNT 服务[11]。按照先服务亚太、再扩至全球的思路，以及边建边用、突出重点的原则，构建了以 5 颗 GEO 卫星、5 颗 IGSO 卫星（目前已达 6 颗）、4 颗 MEO 卫星的混合星座。这种星座，在低纬度地区及林区、城市交接区、山川峡谷区性能突出，“一带一路”沿线大部分国家的用户可见卫星数维持在 7~9 颗。表 1 是以泰国地区 CORS 站性能为例，与 GPS 单一星座比较，北斗星座效率明显较高。北斗二号区域系统在世界上率先采用以 GEO 卫星、IGSO 卫星为主体的星座设计方案，后来的日本 QZSS、印度 NAVIC 也基本遵循了类似思路。

表 1　泰国地区北斗 CORS 站精度性能[3]

服务性能	系统星座		
	北斗区域星座	GPS 全球星座	北斗区域星座 +GPS 全球星座
可见卫星数 / 颗	12~14	6~8	18~22
可用卫星数 / 颗	12~14	6~8	18~22
平均 PDOP	1.58	2.77	1.27
水平精度 /m	1.65	3.55	1.60
三维精度 /m	3.44	7.84	3.03

3）全球第一个具备三频完整服务能力的导航系统。北斗系统于 2012 年具备 B1、B2、B3 完整三频服务能力，与 GPS 计划 2021 年实现 L1、L2、L5 三频服务计划相比，提前了近 10 年。北斗系统三频导航信号为实现厘米级精度实时定位奠定了基础，计算收敛速度更快、作用范围更广。载波相位模糊度解算时间由 GPS 双频 40 s 降为 10 s，测量作业距离由双频 20 km 扩大至三频 100 km[1]。

4）国际上首次设计星地双向时间同步技术。通过地面对卫星信号的测量和卫星对地面上行信号的测量，卫星钟差测量精度优于 1 ns，解决了卫星钟差测量、评估和恢复的难题，提高了定位精度及稳定性。

5）精密快速定位报告系统。在北斗二号系统支持下，采用地面中心站处理三频观测数据，在 2 min 的定位报告响应时间内定位精度优于 1.0 m，与现有 SBAS 广域差分服务相比，作用范围更广，操作简单，不需设基准站，也无需用户端后处理。

6）实现了用户快速跟踪与遇险救援报警。系统采用广义 RDSS 定位报告原理，通过用户及中心系统的观测与处理，用户定位报告精度为米级，报告响应时间为 10 s，为用户跟踪、生命救援等应用提供了性能优异的手段。

第三步，建设北斗三号系统。2009年，启动北斗三号系统建设；2020年完成30颗卫星发射组网，全面建成北斗三号系统。北斗三号系统继承有源服务和无源服务两种技术体制，为全球用户提供定位导航授时、全球短报文通信和国际搜救服务，同时可为中国及周边地区用户提供星基增强、地基增强、精密单点定位和区域短报文通信等服务。

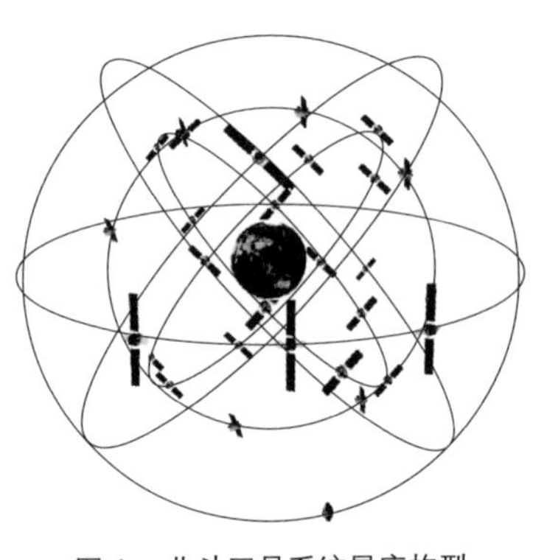
图4　北斗三号系统星座构型

北斗三号星座设计由30颗卫星构成，包括24颗MEO卫星、3颗地球同步静止轨道（GEO）卫星和3颗倾斜地球同步轨道（IGSO）卫星。其中，MEO构型设计为Walker星座，参数为24/3/1，轨道高度为21 528 km，轨道倾角为55°；GEO卫星轨道高度为35 786 km，3颗卫星分别定点在东经80°、110.5°和140°；IGSO卫星轨道高度为35 786 km，轨道倾角为55°，星下点轨迹与赤道交点地理经度为东经118°，3颗卫星相位差120°，北斗三号系统星座构型如图4所示[8]。

北斗三号系统是中国自主建设的全球卫星导航系统，在北斗一号和北斗二号卫星导航系统的基础上，北斗三号目标是实现全球覆盖、达到更优的性能。北斗三号实现了导航定位与通信和增强服务的融合设计，除了基本的导航服务之外，还提供了星基增强、精密定位、区域短报文通信、全球短报文通信、地基增强和国际搜救共6类服务[9]。其中，星基增强服务将遵循国际民航组织标准，为中国及周边地区用户提供CAT-Ⅰ类精密进近完好性及精度增强服务。国际搜救服务将遵循国际海事组织相关标准，为全球用户提供免费遇险报警服务。

北斗三号试验卫星发射后，杨元喜院士对试验卫星的卫星钟、星间链路、时间同步和定轨性能及部分服务性能进行了评估，并预测了北斗三号系统的定位、导航与授时表现[10]。北斗三号工程大总体系统地组织开展了测试评估工作，北斗三号工程副总师郭树人撰写了《北斗三号导航定位技术体制与服务性能》论文，系统介绍了北斗三号系统的星座设计、服务类型、导航信号体制、时空基准以及轨道确定与时间同步机制等技术体制，提出了评估北斗三号导航定位服务性能的指标体系，指标涵盖时空基准、空间信号质量、空间信号精度和服务性能4个方面，综合利用全球数据资源对北斗三号基本系统的导航定位服务性能进行了评估[8]。在北斗三号基本系统开通运行的同时发布了北斗三号与北斗二号联合服务的服务性能规范[11]。

总体看来，北斗三号卫星导航系统定位导航授时、星基增强、精密单点定位、区域短报文通信、全球短报文通信及国际搜救服务各项指标均满足北斗系统服务性能要求。星基增强定位精度等还有提升空间，后续系统需重点关注星基增强服务性能，从改进格网电离层延迟精度，拓展地面跟踪站覆盖范围等方面入手，进一步提升星基增强服务的性能。

北斗系统提供服务以来，已在交通运输、农林渔业、水文监测、气象测报、通信授时、电力调度、救灾减灾、公共安全等领域得到广泛应用，服务国家重要基础设施，产生了显著的经济效益和社会效益。基于北斗系统的导航服务已被电子商务、移动智能终端制造、位置服务等厂商采用，广泛进入中国大众消费、共享经济和民生领域，应用的新模式、新业态、新经济不断涌现，深刻改变着人们的生产生活方式。中国将持续推进北斗应用与产业化发展，服务国家现代化建设和百姓日常生活，为全球科技、经济和社会发展做出贡献。

卫星导航系统是全球性公共资源，多系统兼容与互操作已成为发展趋势。中国始终秉持和践行“中国的北斗，世界的北斗，一流的北斗”的发展理念，服务“一带一路”建设发展，积极推进北斗系统国际合作。与其他卫星导航系统携手，与各个国家、地区和国际组织一起，共同推动全球卫星导航事业发展，让北斗系统更好地服务全球、造福人类。

相关链接

北斗系统为什么要分三步走，一步搞不定全球卫星导航系统吗?

卫星导航系统的建设往往取决于一个国家的战略定位、经济实力和科技水平，我国的北斗卫星导航系统自20世纪80年代开始路线规划，90年代进行立项方案论证，其发展途径取决于当时我国的经济与科技背景，事实上北斗的建设之路是一步跨到全球组网，还是分阶段走，在当时就引发了不小的争议。

当时参与技术路线论证的北斗一号卫星总设计师范本尧院士说：“系统一下建那么大（全球组网），需要大量的时间和资金。”当时改革开放不久，用户还是集中在国内及周边地区，因此“先区域、再全球”的技术途径很正确，符合中国国情，具有中国特色。建设卫星导航系统一是要有技术，二是具有一定经济基础。

国内生产总值（Gross Domestic Product，GDP）指一个国家或地区在一定时期内生产活动（最终产品和服务）的总量，是衡量经济规模和发展水平最重要的指标之一。从1954—2019年我国和另外两个全球卫星导航系统建设国家——美国（GPS）和俄罗斯（GLONASS），以及当前两个区域卫星导航系统建设国家——日本（QZSS）和印度（NAVIC）的GDP走势如图1所示[12]，从图中我们可以清晰地看到，我国自20世纪90年代开始经济发展提速到步入21世纪的经济腾飞，正是支撑我国北斗系统“三步走”战略实践成功的基石。

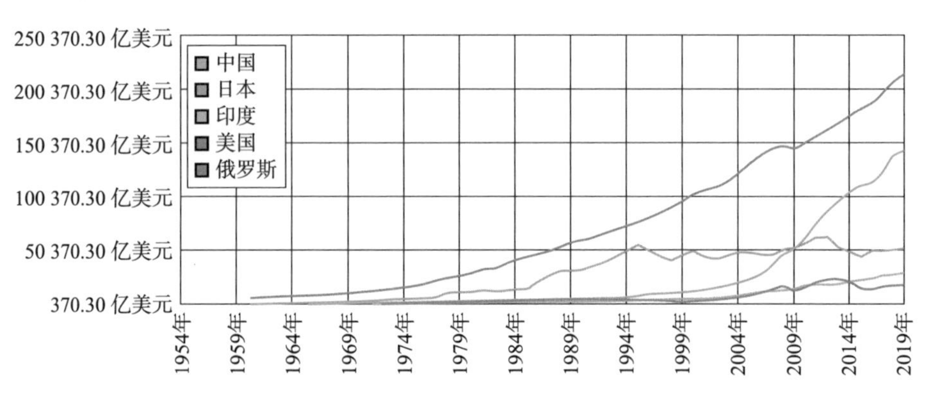

图1　近60年中国、美国和俄罗斯以及日本和印度的GDP走势

看了上图，或许我们会有疑问，俄罗斯的GDP似乎并不强劲，为何却可以一步走向全球系统的建设呢？根据SIPRI的数据，中俄军费GDP占比如图2所示[13]，我们可以看到，2000—2020年，俄罗斯的军费开支常年占GDP的10%以上，事实上这也是由俄罗斯的自身国家战略决定的。

图2　2000—2020年中俄军费GDP占比比较

北斗卫星导航系统从区域到全球的建设之路在空间段组成上看，第一步是由3颗GEO卫星组成覆盖中国及周边的双星定位系统；第二步是由十余颗GEO卫星、IGSO卫星为主体组成的覆盖亚太地区的区域系统；第三步是由24颗MEO卫星完成覆盖全球的使命，并由GEO卫星和IGSO卫星实现区域的增强。过去20年间，四大全球卫星导航系统在完成覆盖全球使命的MEO卫星的组成数量比较如图3所示[14]。由图可以清楚地看到在21世纪的第一个10年，美国GPS一枝独秀，俄罗斯GLONASS逐渐恢复生机，欧洲Galileo系统逐步建设，我国北斗系统奋起直追，迅速形成了从区域覆盖到全球覆盖+区域增强独树一帜的导航系统。

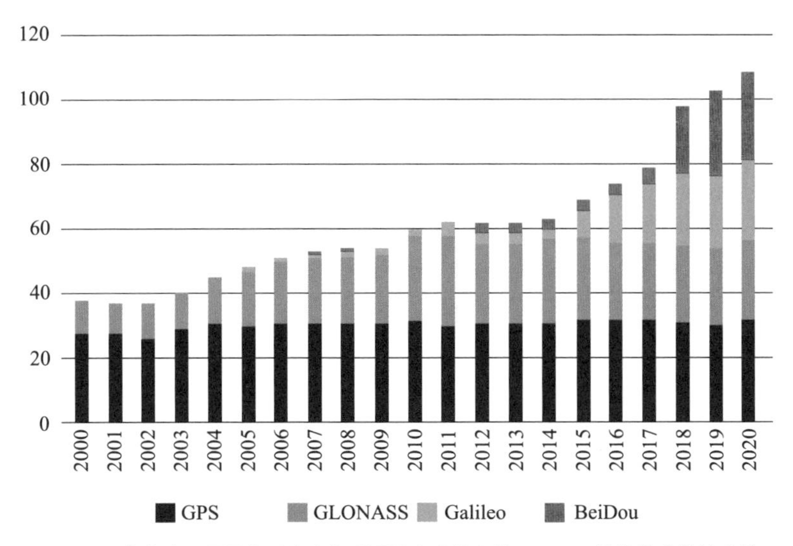

图3　四大全球卫星导航系统在完成覆盖全球使命的MEO卫星的组成数量比较

北斗卫星导航系统作为联合国外空司全球卫星导航系统委员会认可的核心供应商，其自建设之初就坚持“开放、兼容”的发展原则，分别同美国、俄罗斯就北斗系统与GPS、GLONASS系统间兼容与互操作签署双边协议，与欧盟持续推动北斗系统与伽利略系统（Galileo）的兼容与互操作协调。

自2014年以来，中美建立了卫星导航合作对话机制，签署了《中美卫星导航系统（民用）合作声明》《北斗与GPS信号兼容与互操作联合声明》，北斗信号与GPS信号实现了互操作。2015年年初，在中俄总理定期会晤委员会框架下，正式成立中俄卫星导航重大战略合作项目委员会，为两系统深化合作奠定了坚实基础；签署了《关于和平使用北斗和格洛纳斯全球卫星导航系统的合作协定》等文件，为两系统优势互补、融合发展提供了组织保障。与欧盟开展多轮会谈，持续推进北斗与伽利略系统间的频率协调，共同推动为全球用户提供更优质的卫星导航服务。今天，镶嵌在联合国全球卫星导航系统国际委员会LOGO上的四颗卫星中，有一颗就代表着中国北斗。联合国外空司前任司长马兹兰·奥斯曼博士称“中国在卫星导航领域发挥出了领袖和榜样作用”[15]。

参考文献

[1] 中国卫星导航系统管理办公室．北斗卫星导航系统发展报告（4.0版）[S]．北京，2019.

[2] 中国卫星导航系统管理办公室．《中国北斗卫星导航系统》白皮书[S]．北京，2016.

[3] 谭述森．北斗系统创新发展与前景预测[J]．测绘学报，2017，46（10）：1284-1289.

[4] 谭述森．北斗卫星导航系统的发展与思考[J]．宇航绘学报，2008，129（2）：391-396.

[5] 谭述森．卫星导航定位工程[M]．北京：国防工业出版社，2010.

[6] 谭述森．广义卫星无线电定位报告原理及其应用价值[J]．测绘学报，2009（1）：1-5.

[7] 范本尧，李祖洪，刘天雄．北斗卫星导航系统在汶川地震中的应用及建议[J]．航天器工程，2008，17（04）：6-13.

[8] 郭树人，蔡洪亮，孟轶男，等．北斗三号导航定位技术体制与服务性能[J]．测绘学报，2019，48（7）：810-821.

[9] YANG Y X，GAO W G，GUO S R，et al. Introduction to BeiDou-3 navigation satellite system [J]. Navigation，2019，66（1）：7-18.

[10] 杨元喜，许扬胤，李金龙，等．北斗三号系统进展及性能预测——试验验证数据分析[J]．中国科学：地球科学，2018，48（5）：584-594.

[11] 中国卫星导航系统管理办公室．北斗卫星导航系统公开服务性能规范（2.0版）[EB/OL]．（2018-12-28）. http：// www.beidou.gov.cn.

[12] https：//www.kylc.com/stats/global/yearly_per_country/g_gdp/chn-jpn-ind-usa-rus.htm.

[13] https：//www.sipri.org/databases/milex.

[14] GNSS User Technology Report—European global navigation satellite system agency（GSA）.

[15] 冉承其，中国北斗：服务全球 造福人类．学习时报[EB/OL]．（2021-07-15）. http：//paper.cntheory. com/html/2021-07/14/nw.D110000xxsb_20210714_1-A6.htm.

2 北斗系统共发射了多少颗卫星？

中国高度重视北斗系统建设发展，20 世纪 80 年代开始探索适合国情的卫星导航系统发展道路，形成了“三步走”发展战略：2000 年，建成北斗一号系统，向中国提供服务；2012 年，建成北斗二号系统，向亚太地区提供服务；2020 年，建成北斗三号系统，向全球提供服务。

目前北斗一号系统已光荣退役，完成了历史使命。北斗二号系统还在工作，但卫星已超过设计运行寿命。2020 年 7 月 31 日，习近平总书记向世界宣布北斗三号全球卫星导航系统正式建成开通，中国北斗迈入服务全球、造福人类的新时代。北斗卫星导航系统一共发射了 59 颗卫星，共中 55 颗卫星是指当前北斗二号系统和北斗三号全球卫星导航系统还在轨工作的所有北斗导航卫星，在北斗卫星导航系统的官方网站（www.beidou.gov.cn）上，中国卫星导航系统办公室对外发布的统计数据如表 1 所示[1]。

表 1　北斗导航卫星发射时间表及卫星状态（截至 2021 年 6 月）

序号	卫星	发射日期	轨道	卫星状态
1	第 1 颗北斗导航卫星	2007.04.14	MEO	退役
2	第 2 颗北斗导航卫星	2009.04.15	GEO	退役
3	第 3 颗北斗导航卫星	2010.01.17	GEO	正常，在轨备份
4	第 4 颗北斗导航卫星	2010.06.02	GEO	正常，在轨备份
5	第 5 颗北斗导航卫星	2010.08.01	IGSO	正常，提供服务
6	第 6 颗北斗导航卫星	2010.11.01	GEO	正常，提供服务
7	第 7 颗北斗导航卫星	2010.12.18	IGSO	正常，提供服务
8	第 8 颗北斗导航卫星	2011.04.10	IGSO	正常，提供服务
9	第 9 颗北斗导航卫星	2011.07.27	IGSO	正常，提供服务
10	第 10 颗北斗导航卫星	2011.12.02	IGSO	正常，提供服务
11	第 11 颗北斗导航卫星	2012.02.25	GEO	正常，提供服务
12	第 12、13 颗北斗导航卫星	2012.04.30	MEO	正常，提供服务
13	第 14、15 颗北斗导航卫星	2012.09.19	MEO	退役 / 正常，提供服务
14	第 16 颗北斗导航卫星	2012.10.25	GEO	正常，提供服务
15	第 17 颗北斗导航卫星	2015.03.30	IGSO	正常，试验任务

续表

序号	卫星	发射日期	轨道	卫星状态
16	第18、19颗北斗导航卫星	2015.07.25	MEO	正常，试验任务
17	第20颗北斗导航卫星	2015.09.30	IGSO	正常，试验任务
18	第21颗北斗导航卫星	2016.02.01	MEO	退役
19	第22颗北斗导航卫星	2016.03.30	IGSO	正常，提供服务
20	第23颗北斗导航卫星	2016.06.12	GEO	正常，提供服务
21	第24、25颗北斗导航卫星	2017.11.05	MEO	正常，提供服务
22	第26、27颗北斗导航卫星	2018.01.12	MEO	正常，提供服务
23	第28、29颗北斗导航卫星	2018.02.12	MEO	正常，提供服务
24	第30、31颗北斗导航卫星	2018.03.30	MEO	正常，提供服务
25	第32颗北斗导航卫星	2018.07.10	IGSO	正常，提供服务
26	第33、34颗北斗导航卫星	2018.07.29	MEO	正常，提供服务
27	第35、36颗北斗导航卫星	2018.08.25	MEO	正常，提供服务
28	第37、38颗北斗导航卫星	2018.09.19	MEO	正常，提供服务
29	第39、40颗北斗导航卫星	2018.10.15	MEO	正常，提供服务
30	第41颗北斗导航卫星	2018.11.01	GEO	正常，提供服务
31	第42、43颗北斗导航卫星	2018.11.19	MEO	正常，提供服务
32	第44颗北斗导航卫星	2019.04.20	IGSO	正常，提供服务
33	第45颗北斗导航卫星	2019.05.17	GEO	正常，提供服务
34	第46颗北斗导航卫星	2019.06.25	IGSO	正常，提供服务
35	第47、48颗北斗导航卫星	2019.09.23	MEO	正常，提供服务
36	第49颗北斗导航卫星	2019.11.05	IGSO	正常，提供服务
37	第50、51颗北斗导航卫星	2019.11.23	MEO	正常，提供服务
38	第52、53颗北斗导航卫星	2019.12.16	MEO	正常，提供服务
39	第54颗北斗导航卫星	2020.03.09	GEO	正常，提供服务
40	第55颗北斗导航卫星	2020.06.23	GEO	正常，提供服务

北斗卫星导航系统当前在轨工作的55颗卫星是从2007年4月14日，我国在西昌利用长征三号甲运载火箭发射第一颗北斗二号MEO试验卫星开始，到2020年6月23日，我国在西昌利用长征三号乙运载火箭发射第三十颗北斗三号组网GEO卫星结束。

1994年中国正式启动北斗一号双星定位系统建设，2000年10月31日、2000年12月21日相继发射两颗北斗一号卫星，基于无线电测定业务

（RDSS）技术体制，利用两颗定点于东经 80°、140° 赤道上空的地球静止轨道卫星，为中国及周边地区提供定位、授时和短报文通信服务[2]。建成了北斗一号双星定位系统，完成了北斗卫星导航系统“三步走”发展战略的第一步，成为世界上第三个拥有自主卫星导航系统的国家。为了保证北斗一号双星定位系统服务的可靠性，2003 年 5 月 25 日、2007 年 2 月 3 日，先后又发射了 2 颗北斗一号卫星。因此，如果算上已光荣退役的北斗一号系统的 4 颗卫星，北斗卫星导航系统一共发射了 59 颗北斗卫星（截至 2021 年 12 月 31 日）。

北斗一号卫星导航系统具有三大功能：1）快速定位：北斗系统可为服务区域内用户提供全天候、高精度、快速实时定位服务，定位精度为 20~100 m；2）短报文通信：北斗系统用户终端具有双向报文通信功能，用户可以一次传送 120 个汉字的短报文信息；3）精密授时：北斗系统具有精密授时功能，可向用户提供 20~100 ns 时间同步精度。综上所述，即可以快速确定用户所在的地理位置，向用户及主管部门提供导航信息；为用户与用户、用户与地面指挥中心之间提供双向简短报文通信服务；定时播发授时信息，为用户提供时差修正值，实现高精度时间同步[3]。

参考文献

[1] 中国卫星导航系统管理办公室．北斗卫星导航系统介绍［EB/OL］.（2021-07-11）.http：//www.beidou.gov.cn/xt/xtjs/.

[2] 中国卫星导航系统管理办公室．北斗卫星导航系统发展报告（1.0 版）［S］．北京，2012.

[3] 范本尧，李祖洪，刘天雄．北斗卫星导航系统在汶川地震中的应用及建议［J］．航天器工程，2008，17（04）：6-13.

3 如果一颗北斗卫星失效，会影响系统运行吗？

卫星星座一般由该星座中各卫星轨道参数的集合来表征。卫星星座的设计就是要选择那些使得星座的某些目标功能最优化（典型的情况是以最少的卫星数，获得最佳的性能）的轨道参数。卫星星座的设计已经成为一门专业研究的技术。

卫星导航系统与卫星通信系统相比，对星座有着不同的限制，其中最明显的就是需要多重覆盖，用户进行导航解算最少需要同时观测4颗卫星，以获得用户三维位置和时间所必需的观测量。因此，卫星导航系统星座设计的一个主要限制是为用户提供至少4重覆盖。实际的卫星导航星座可提供4重以上的覆盖，这样即使有一颗导航卫星出现故障，也能够维持至少4颗卫星可视。在5°的最小仰角情况下，全球卫星导航星座设计问题主要考虑以下7方面因素[1]：

1）覆盖应是全球的，轨道越高，卫星信号对地球表面的覆盖能力越强。例如，一个高度为1 000 km的卫星，能见到的地面面积为地球总面积的6.7%。当卫星升高到20 200 km时，可见到的地面面积为地球总面积的38%。

2）地面覆盖区域的均匀性，当用圆形轨道时，卫星运行在轨道的任何位置，对地面的距离和波束覆盖面积基本不变。在卫星波束覆盖区域内，用户所接收的卫星信号落地电平强度相似，接收到导航信号的时延也大致相等，简化了接收机捕获信号和实现位置解算的难度。

3）为了提供最好的导航精度，星座需要有很好的几何特性，这些特性限定了从用户来看卫星在方位角和仰角上的分布。

4）星座必须是可维护的，也就是说，在星座内调整卫星相位或者布置一颗新卫星的代价必须很低。

5）位置保持要求应是可以管理的。

6）对于所有时段任一用户位置上至少需要4颗卫星可视。

7）在任何一颗卫星失效时星座应是稳健的。

卫星导航系统空间段卫星星座设计因素包括单颗导航卫星轨道设计的综合权衡（轨道高度、轨道倾角、轨道周期等因素）、性能台阶的目标及与纬度的关系、4重以上覆盖、覆盖几何对幅宽的限制、星座覆盖的综合权衡（卫星数量、轨道平面数量、性能台阶、平均响应时间）等内容，基于以上因素综合考虑，全球四大卫星导航系统均采用MEO轨道卫星组成特定的Walker卫星星座。例如，美国GPS选择了24颗MEO卫星，卫星轨道高度为20 200 km，形成Walker 24/6/2星座；俄罗斯GLONASS系统星座也是24颗MEO卫星，卫星轨道高度为19 140 km，形成Walker 24/3/2星座；欧洲Galileo系统空间段由30颗MEO卫星组成，卫星轨道高度为23 616 km，形成Walker 30/3/1星座，其中27颗工作卫星，3颗在轨备份星。美国GPS系统Walker 24/6/2星座、俄罗斯GLONASS系统Walker 24/3/2星座以及欧洲Galileo系统Walker 30/3/1导航星座主要特征总结如表1所示[2]。

表1 GPS、GLONASS及Galileo卫星导航系统星座主要特征

	GLONASS	GPS	Galileo
标称卫星数量	24	24	30
轨道平面数量	3	6	3
轨道倾角	64° 8′	55°	56°
轨道高度	19 140 km	20 180 km	23 222 km
轨道周期	11 h 15 m	11 h 58 m	14 h 22 m
发射地点	拜科努尔/普列谢茨克	卡纳维拉尔角	库鲁（法属圭亚那）
首次发射时间	1982-02-10	1978-02-22	2011-10-21
空间参考坐标	PZ-90.11	WGS-84	GTRF

导航星座鲁棒性要求促使我们希望在每个轨道面安排多颗卫星，而不是采用一般化的Walker型星座，后者能用更少的卫星提供同样的覆盖水平，但这些卫星位于不同的轨道面上。例如，GPS最终选择的是一种6个轨道面Walker 24/6/2星座配置，每个平面上有4颗卫星，轨道面倾角为55°，这6个轨道面在赤道面等间距分布，升交点赤经相距60°。卫星在轨道面内不是均匀间隔的，而且轨道面间有相位偏差，以改善星座的几何精度因子特性。因此，GPS星座可以认为是一个定制的Walker星座。

同其他星座相比，Walker星座设计能用更少的卫星提供相同的覆盖水平。在星座设计中，另一个重要的问题是要求将轨道参数维持在一个特定范围内，称为“相位保持”，这就要求在一颗卫星工作寿命期间所需机动的频度和幅度最小。

卫星导航系统星座的设计以及在轨备份策略比较复杂，将备份卫星发射到哪个轨道面和哪个位置，需要综合考虑如下五个因素：

1）系统定位精度、授时精度、完好性、连续性、可用性等关键指标要求；

2）星座中卫星的健康状态，包括预计失效时间等，不同卫星失效对星座性能的影响；

3）用户对于导航卫星的可见性；

4）卫星更新换代；

5）考虑上行注入站的数量和卫星发射费用等各种因素进行多目标优化求解的结果。

1995年GPS建成并全面运行后，美国空军承诺维护24颗卫星的稳定运行，根据预计的可靠性和寿命而不是需要或固定周期来发射备份卫星，这样新的备份卫星将在实际需要之前进入轨道，以免因卫星故障而出现可见卫星数目的减少和覆盖漏洞，同时采取在轨备份的长期策略，这样不但实现了用户视界范围内必须要有4颗以上导航卫星的要求，而且大幅度提高了系统的连续性和可用性，系统能够容许任何暂时的卫星故障，在这个意义上讲，系统是稳健的。

2020年11月23日，第11届中国卫星导航年会上，美国国务院空间事务办公室给出GPS在轨卫星数量为36颗，30颗在轨工作（Ops capable），6颗设置为“不健康”（not set healthy），这30颗工作卫星分别为8颗BLOCK-ⅡR卫星、7颗BLOCK-ⅡR-M卫星、12颗BLOCK-ⅡF卫星、3颗BLOCK-Ⅲ卫星。俄罗斯航天局给出GLONASS在轨卫星数量为28颗，其中24颗在轨工作，2颗在轨测试，1颗在轨备份，1颗在轨维护。欧空局给出Galileo系统空间段由30颗卫星组成，星座设计方案是Walker 24/3/1，每个轨道面有2颗备份卫星。2019年，在第10届中国卫星导航年会上，欧洲GNSS办公室给出Galileo在轨卫星数量为26颗，其中22颗在轨工作，2颗在轨测试，1颗在轨备份，1颗不可用，Galileo星座导航卫星配置如图1所示。由此可知，为了确保系统稳定运行，国外卫星导航系统空间段导航卫星的数量比标称数量多，实际在轨卫星数量如表2所示。

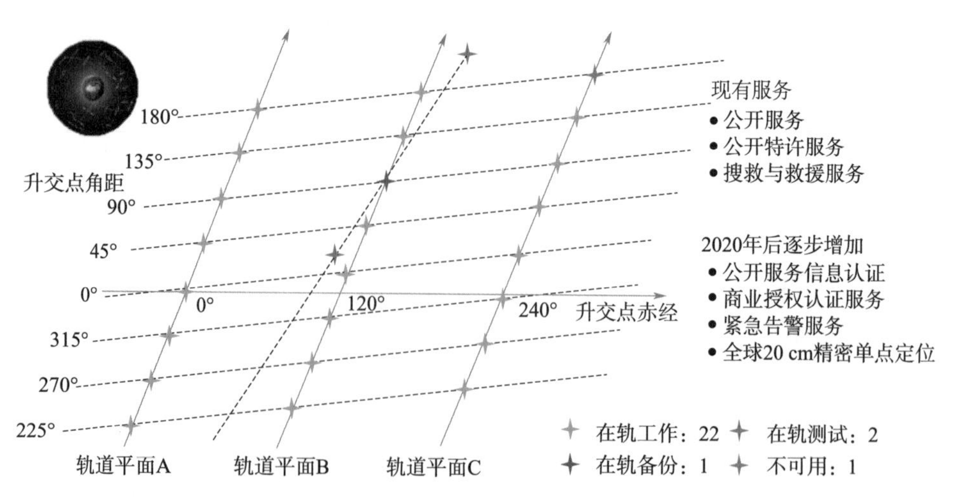

图1　Galileo星座导航卫星配置

表 2　GPS、Galileo 和 GLONASS 卫星导航系统在轨卫星数量

参数	GPS	Galileo	GLONASS
标称卫星数量	24	24	24
轨道平面数量	6	3	3
卫星轨道类型	MEO	MEO	MEO
实际在轨卫星数量	36	26	28
在轨工作卫星数量	30	22	24

相关链接

卫星几何精度因子

用户同时至少要收到 4 颗以上导航卫星播发信号才能定位，这是卫星导航星座设计的基本约束条件，卫星在轨道上运动，其空间几何关系也是变化的，在某些时间段的几何关系会影响定位方程的解算精度。用户关心的是位置的解算精度（定位精度），定位精度反映用户接收机解算结果与真实值之间的差异。当系统的测距精度一定时，位置解算过程中所选定的导航卫星在空间的几何关系（构型）就成为影响系统定位精度的主要因素。卫星的几何分布与定位精度的关系如图 1 所示，卫星的几何分布不仅影响定位精度，甚至会造成解算的模糊性问题。

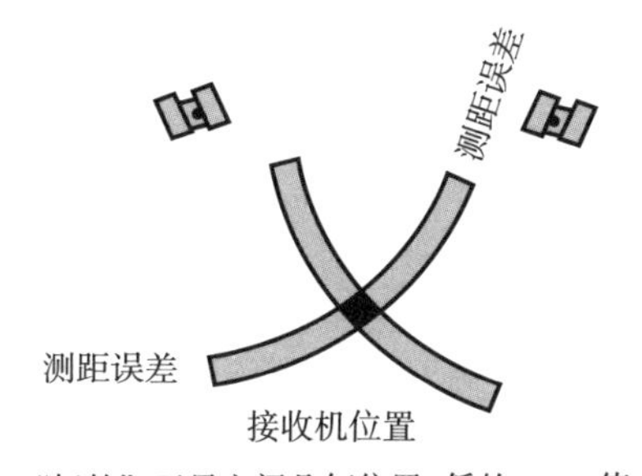

“好的”卫星空间几何位置=低的PDOP值

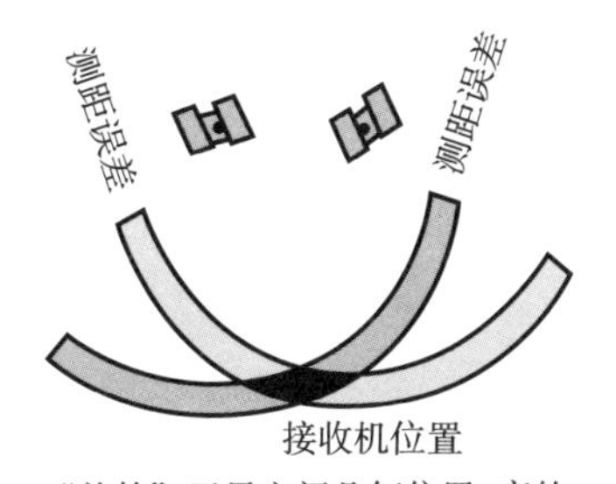

“差的”卫星空间几何位置=高的PDOP值

图 1　卫星空间几何分布与定位精度的关系

当系统的测距精度一定时，为了提高定位精度，显然定位方程中的导航卫星的空间几何分布存在最佳组合，最理想的卫星空间几何分布是什么样子的呢？以 4 颗卫星为例，理论上可以证明，一颗卫星在用户天顶，其他三颗卫星等间隔地分布在与用户和天顶卫星连线相互垂直的平面上，且以 120° 等间隔地在一个方位平面上是最

优分布。卫星空间几何分布的影响被称为几何精度因子（Geometry dilution of precision，GDOP），这意味着包括卫星钟时钟误差在内等诸多因素造成的用户测距误差（URE）将会被导航卫星的空间几何分布关系放大。用户的定位精度（σ_A）由观测量的精度（σ_{UERE}）和所观测导航卫星的空间几何分布（GDOP）共同决定，用公式表示为

$$\sigma_A=\sigma_{UERE}\times GDOP$$

式中，σ_{UERE} 为用户等效测距误差；GDOP 是几何精度因子，它是由于卫星空间几何关系的影响造成的伪距测量与定位精度之间的比例因子，反映了对用户等效测距误差的放大程度。

参考文献

［1］ 刘天雄 . 卫星导航系统概论［M］. 北京：中国宇航出版社，2018.

［2］ GLONASS space segment.［EB/OL］.（2017-6-25）.http：//www.navipedia.net/index.php/glonass_space_sgement#cite_note-GLONASS.it-4.

既然有GPS，且对全球民用服务免费使用，为什么我国还要建设自己的北斗系统?

美国GPS的运营主管部门是美国国防部，虽然GPS播发军用和民用两种信号且民用信号免费对全球用户开放，但是GPS的主要任务是为美军提供高精度的PNT服务，以军事应用为主，同时兼顾民用，为全球用户提供两种类型的服务，一种是为授权用户提供高精度的精密定位服务（Precise Positioning Service，PPS），另一种是为全球用户免费提供标准定位服务（Standard Positioning Service，SPS）。

此外，美国军方采取两种措施限制用户的服务，一是选择可用性（Selective Availability，SA）技术，给每颗卫星的信号引入时钟误差，同时给导航电文中的卫星星历引入坐标误差，将一般用户的定位误差放大约10倍以上，关闭SA技术后，标准定位服务定位精度变化如图1所示[1]。虽然，2000年5月，克林顿政府宣布关闭SA，但美国国防部可以以“国家安全”为借口，随时开启SA，甚至中断GPS民用服务。二是对精密测距码P码的加密措施，称为反电子欺骗（anti-spoofing，AS）措施，引入机密码W码，并将P码与W码进行模2相加，将P码转换成Y码。由于W码是严格保密的，所以非特许用户无法利用P码做精密定位，也没有办法发射适当的干扰频率来实现电子欺骗。因此，GPS本质是一个军用卫星导航系统。

1991年海湾战争中，AGM-84E斯拉姆远程对地攻击导弹在GPS辅助制导下，定点炸毁伊拉克Mosul发电厂的主要控制设备，瘫痪了其发电能力，而附近水闸却完好无损。1999年科索沃战争中，B-2隐身轰炸机通过GPS辅助瞄准系统投放了130万磅弹药，对目标的摧毁率达到87%，有90%的弹药落入距离目标瞄准点40英尺的范围内[2]。自海湾战争以来，美国海外战斗能力一直处于压倒性优势地位，由GPS引导下的B-52轰炸机在万米高空遂行作战任务时，可以将炸弹的圆概率误差（CEP）缩小至10 m左右。

2001年阿富汗战争中，美军共投放7 000多枚JDAM卫星制导炸弹，占精确制导武器总数的60%，摧毁了大量地面目标[2]，如图2所示。2003年伊拉克战争中，JDAM是第一波饱和攻击的主要武器，战前预计的使用总量高达50 000枚[4]。从海湾战争到科索沃战争，再到阿富汗战争和伊拉克战争，GPS在精确打击目标过程中发挥了无法替代的作用，同时GPS的授时功能保证了对目标打击的协调一致性和有序性。

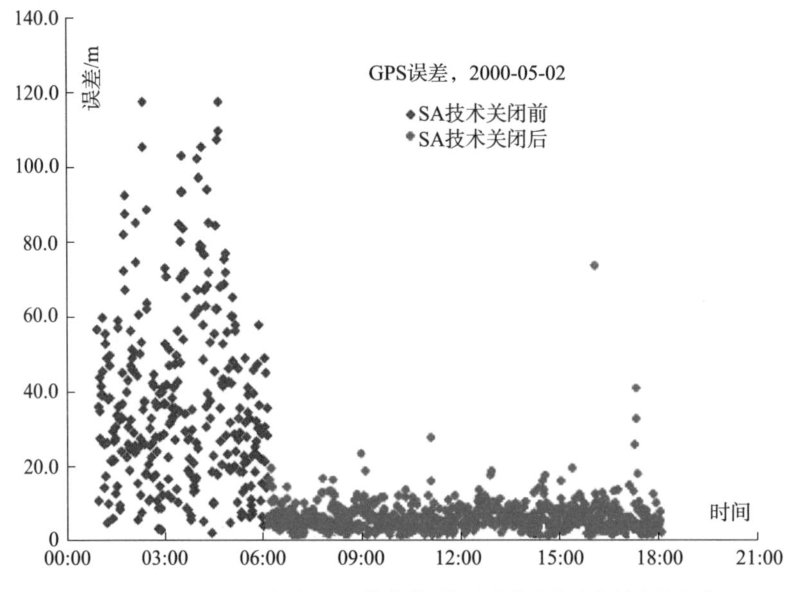

图 1　GPS 系统关闭 SA 技术前后标准定位服务定位精度的变化

图 2　阿富汗 SHINDAND 机场飞机跑道被炸前后的卫星图片

GPS Block-ⅡF 卫星信号功率可调整，信号功率可调整技术是一种导航服务拒止技术，在地面运行控制系统指令的控制下，卫星可降低规定区域内 GPS 民用信号的播发功率，实现拒绝与阻止敌方使用 GPS 服务的目的；为获得更有效的 GPS 军用服务，在降低民用信号功率的同时，将 M 码军用信号的功率增加加 7 dB，在实现拒绝、阻止敌方使用 GPS 民用信号的同时，实现了 GPS 军用信号功率的增加，提升了对抗环境下 GPS 军用服务的能力。截至 2017 年

10 月，美国已经发射、部署 12 颗具有星上信号功率可调功能的 GPS 卫星。

显然，我国的经济建设与社会发展是绝对不能依靠美国国防部主导建设和运维的 GPS 所提供的 PNT 服务。

鉴于卫星导航系统在军事、经济、科技和社会等方面的重要性，且涉及主权问题，欧洲建设了独立自主的 Galileo 卫星导航系统，为欧洲公路、铁路、空中和海洋运输及欧洲共同防务提供 PNT 服务。印度原计划参与欧洲 Galileo 系统研制，但无法获取对其军事方面的支持而放弃。2006 年 5 月，印度政府批准印度空间研究组织建设印度区域卫星导航系统（IRNSS），后更名为 NAVIC。

北斗卫星导航系统跟我们日常生活非常紧密，就像水、电、气一样——我们感觉不到它的存在，但已经实实在在地享受着它的服务。我们的生产生活、经济活动、科学试验、国防军事等领域都需要在统一的时间基准上开展。因此，需要建立标准时间产生、保持、传递和使用的完整体系，而对于时间精度的要求则从秒级到纳秒级，甚至皮秒级。我国电力企业从电力传输网到电力计算机网络的时间统一系统，都曾经依靠 GPS 授时服务作为电力系统主时钟源，电网每年都曾因 GPS 授时服务问题而发生事故，给国家带来巨大的经济损失，国家电力安全存在隐患[5-6]。

中国电信运营的 CDMA 通信网络包含了超过 10 万个基站收发信机，这些收发信机需要统一到一个时间基准，否则会导致通话切换失败，甚至无法建立正常通话功能。CDMA 通信网络对时间同步的要求为同一信道码序列时间误差小于 50 μs，同一基站内不同信道发射时间小于 1 μs，不同基站导频发射时间小于 10 μs。为了保证切换成功，基站之间时间同步误差要求在 1 μs 以内，否则就会导致切换成功率下降[7]。

北斗卫星系统授时服务具有安全、准确、全天候和通用性的特点。根据不同的精度要求，选择不同精度的授时型接收机，完成与北斗导航系统之间的时间和频率同步，北斗系统提供 100 ns（单向授时）和 20 ns（双向授时）的时间同步精度，完全可以满足电力和通信系统对时间同步的精度要求。

卫星导航系统已在金融网络、通信时统、电力调度、交通运输、救灾减灾、搜索救援、地理测绘、水文监测、气象预报、农林渔业、精准农业、应急通信、公共安全等领域得到广泛而且深入的应用，服务国家重要基础设施，产生了显著的经济效益和社会效益。

GPS 能干的事情，我们的北斗系统也能干，而且还有自己的特色服务。

中国人的时间和空间基准必须由我们中国人自己做主。

参考文献

［1］ http：//www.schlaggo.de.

［2］ 王满玉，张坤，刘剑，王惠林，张卫国．机载卫星制导武器直接瞄准攻击研究［J］．应用光学，2011，32（4）：598-601.

［3］ 刘天雄．卫星导航系统概论［M］．北京：中国宇航出版社，2018.

［4］ Joint direct attack munition GBU-30，GBU-31，GBU-32［OL］.http：//www.fas.org/man/dod-101/sys/smart/jadm.htm.

［5］ 郭斌，单庆晓，肖昌炎，杨俊，刘国华．电网时钟系统的北斗/GPS双模同步技术研究［J］．计算机测量与控制，2011，19（1）：139-141.

［6］ 于跃海，张道农，胡永辉．电力系统时间同步方案［J］．电力系统自动化，2008，32（7）：82-86.

［7］ 杨俊，单庆晓．卫星授时原理与应用［M］．北京：国防工业出版社，2013.

5 北斗一号卫星导航系统的特点是什么？

1983 年，“863 计划”发起人之一、“两弹一星”功勋科学家陈芳允院士提出了“双星定位通信”的设想，这一设想符合当时国内科技水平，能以最小星座、最少投入、最短周期解决我国军民用户对高精度定位和授时服务的需求问题，北斗的梦想从这里起航。

双星定位设想利用两颗地球静止轨道（GEO）卫星来实现定位，首先用户响应控制中心的问询信号，发送定位申请信号或者报文通信信号，然后两颗卫星将定位申请信号或者报文通信信号转发给地面任务控制中心，最后地面任务控制中心利用用户定位申请信号的时延就可以解算用户的位置，并将用户的位置信息以及中心对用户的控制指令一并通过卫星转发给用户。双星定位系统定位业务和报文通信业务流程如图 1 所示[1]。

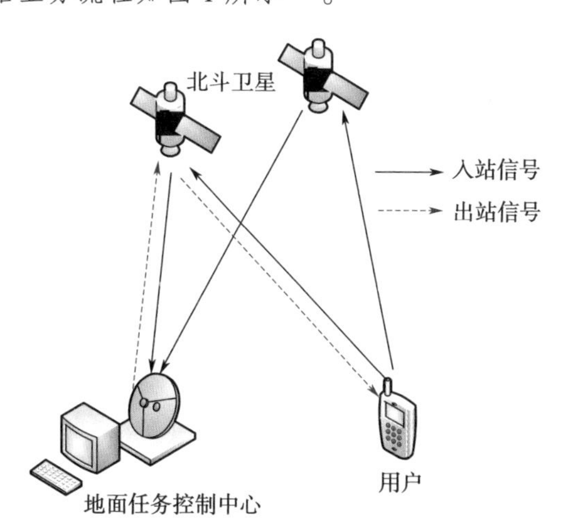

图 1　双星定位系统定位业务和报文通信业务流程

北斗一号双星定位系统为用户提供有源定位服务，双星定位系统在完成位置确定业务的同时，还可以实现短报文通信和授时服务。北斗一号双星定位系统有效地同时解决了“我在哪里”、“什么时间”的问题，还解决了 GPS 不能解决的“你在哪里”的难题，导航通信一体化的设计方案彰显了北斗人开天辟地敢为人先的创新精神。

1989 年，双星定位系统的设想完成了演示验证工作，成功实现了地面目标利用两颗卫星快速定位、通信和定时一体化服务。1994年1月，国家正式批准了“双星导航定位系统”立项报告，命名为“北斗一号卫星导航系统”。利用两颗地球静止轨道卫星，建成一个实用化卫星无线定位系统，拉开了以精确测量时间与空间为目标的卫星无线电系统建设序幕。工程目标清楚表明，定位报告与短报文通信是北斗一号的主要业务，所面临的理论挑战、技术难题十分突出[2]。

北斗一号卫星导航系统由空间段、地面运控段、用户终端段三部分组成。空间段由3颗GEO卫星组成星座，分别定点在东经80°、110.5°及140°的赤道上空，两颗为工作卫星，一颗为备份卫星，确保系统的可靠性。地面控制部分由地面控制中心以及若干个地面标较站构成，地面控制中心用来完成卫星定轨、电离层等大气时延校正、用户位置确定和用户短报文信息交换等任务；地面标较站用来向地面控制中心提供距离观测量和校正参数。用户终端包括手持型、车载型和指挥型等不同类型的终端，具备发射定位申请和接收位置坐标等功能[3]。

北斗一号卫星导航系统具备定位、授时、短报文通信三大功能。北斗一号卫星导航系统采用有源定位技术，其特点是间隔定位、快速定位、授时精度高。由于地面控制中心负责完成地面用户终端的位置解算，包括距离测量、位置解算、结果传送，不能提供连续定位的服务，并且不同类别的用户采用不同的服务时间间隔。地面控制中心是RDSS业务的控制中心，GEO卫星构成地面控制中心与用户之间的无线电链路，共同完成RDSS无线电测定业务，可提供秒级定位报告、短报文通信和高精度授时服务。由于利用有源定位技术，能够克服用户钟差的影响，且采用地面控制中心进行定位解算，并通过标较站修正信号，其定位精度可达到20 m左右。

北斗一号卫星导航系统可为用户提供授时服务，系统提供两种工作方式：一种是单向授时模式，可提供100 ns的时间传递精度；另外一种为双向授时模式，可提供20 ns的时间传递精度。无论是否为授时终端，每台用户机在交付前均会在地面控制中心完成设备零值的标定测试，主要对单向设备时延和双向设备时延进行测量，若用户机没有进行标定，则授时会存在系统误差，并会引入附加的定位误差。

北斗一号卫星导航系统具有区域短报文通信功能，其在设计上允许用户每次最多进行120个“14 bit”编码汉字的通信。系统对用户机的服务每次仅允许其完成1项，即在一个服务频度内用户机仅能获得一次服务（定位申请、定时申请、通信申请中的一个）[3]。

2000年10月31日和12月21日，相继发射两颗北斗一号卫星，建成了北斗一号卫星导航系统，为我国及周边地区提供定位、授时和短报文通信服务，我国成为世界上第三个具备自主卫星导航系统的国家。北斗短报文通信业务已在搜索救援、灾害监测和应急通信等领域发挥巨大作用。特别是在海洋、沙漠和野外这些没有地面通信和网络的地方，配置了北斗系统终端的用户，可以通过RDSS确定自己的位置，同时还能够向外界发布文字信息并接收外部指令。短报文不仅可点对点双向通信，而且其提供的指挥端机可进行一点对多点的广播传输，为各种平台应用提供了可能。

相关链接1

北斗一号双星定位系统定位原理

以用户到两颗地球静止轨道卫星的距离为半径，以两颗地球静止卫星为球心构造两个球面，同时以地球的半径加上用户的高程为半径构造出第三个球面，这三个球面的交汇点（排除其镜像点）即为用户的位置。用户的高程一般由高程数据库提供，其存储在以经度和纬度指定的网格中，分辨率为1角秒或2角秒。非网格高度可利用二次插值来计算，此外用户还可使用气压计等测量设备来提供高度信息。北斗一号双星定位系统为用户提供有源定位服务，信号信息流如图1所示。

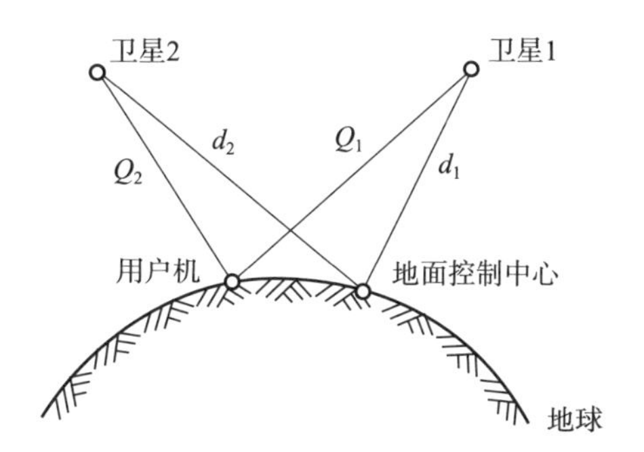

图1　北斗一号双星定位系统定位原理

北斗一号双星定位系统定位报告主要分以下五个步骤：

1）地面控制中心向北斗一号卫星发送C频段用户询问信号，卫星立即将该询问信号变频到S频段并转发至位于服务区域的用户机。

2）用户机接收到某一颗卫星转发的 S 频段询问信号后，若此时用户有定位需求，则其立即向两颗地球同步卫星发送 L 频段应答信号，此信号中包含本机的识别 ID。

3）两颗卫星收到用户机发送的 L 频段应答信号后（单发双收模式），将其变频到 C 频段并转发至地面控制中心。地面控制中心接收到此应答信号后，测量整个询问应答过程中的往返总时延。由于地面控制中心至两颗卫星的距离是已知的，结合保存在地面控制中心的用户机周边的数字高程信息以及修正数据信息，求解出该用户机到卫星之间的距离，并通过三球交汇原理解算出用户的位置。

4）地面控制中心通过 S 频段短报文通信可将解算出的位置信息发送给用户机。

5）用户机显示出该解算位置。

若不考虑对流层干扰、卫星星历等误差，可以建立北斗一号双星定位系统用户位置解算数学模型，观测方程可写为下式[4]

$$l_1 = 2\rho_1 + 2d_1 , \quad l_2 = \rho_2 + d_2 + \rho_1 + d_1 \tag{1}$$

式中，l_1 和 l_2 表示根据信号往返时延获得的测量值；ρ_1 和 ρ_2 分别对应用户接收机到卫星的距离；d_1 和 d_2 分别对应地面控制中心到卫星的距离。

第三个观测量可由下式给出

$$l_3 = N + h = \sqrt{X_r^2 + Y_r^2 + \left(Z_r + Ne^2 \sin\varphi_r\right)^2} \tag{2}$$

式中，N 为素垂线曲率半径；h 为椭球高度；X_r，Y_r，Z_r 为用户位置的笛卡儿坐标；φ_r 为用户位置对应的纬度；e 为自然常数，e≈2.718。为了计算 N，必须事先知道纬度的 φ_r。因此，利用三个方程，通过迭代计算即可计算出该用户机的位置。

相关链接 2

北斗一号卫星和北斗一号卫星系统简介

北斗一号卫星是三轴稳定的静止轨道卫星，采用东方红三号卫星平台设计，卫星本体包括通信舱、服务舱和推进舱三大部分。卫星系统由转发器、天线、测控、供配电、控制、推进、热控、结构 8 个分系统组成。其中转发器和天线分系统属于卫星有效载荷部分，其余 6 个分系统属于卫星平台部分。北斗一号导航卫星主要技术指标为：S 频段有效载荷 EIRP ≥ 46 dBW，定位响应时间为 1~5 s，设计工作寿命为 8 年。

我国北斗一号卫星分别于 2000 年 10 月 31 日、12 月 21 日发射入轨，BD-1（01）、（02）卫星分别定点于 140°E 和 80°E 赤道上空，形成双星定位系统。BD-1（03）卫星作为双星定位导航系统的在轨备份星，于 2003 年 5 月 25 日发射入轨，可以随时漂移到 140°E 或 80°E 的位置替代故障星，或在原位提高系统性能，保障双星导航定位系统正常运行。

北斗一号卫星导航系统是由空间系统、工程测控系统、地面应用系统和用户系统四部分组成，如图 1 所示。空间系统由 3 颗地球静止轨道卫星（2 颗工作星、1 颗在轨备份星）组成。工程测控系统由地面卫星测控中心及所属测控站组成，负责卫星长期运行管理、卫星遥测参数监控、卫星位置保持和轨道修正等工作。地面应用系统由地面控制中心和各类标校站组成，负责全系统信息的生成和收发，卫星有效载荷的监控管理，卫星轨道位置的精确测定等工作。用户系统由用户管理中心和北斗一号卫星用户终端组成。

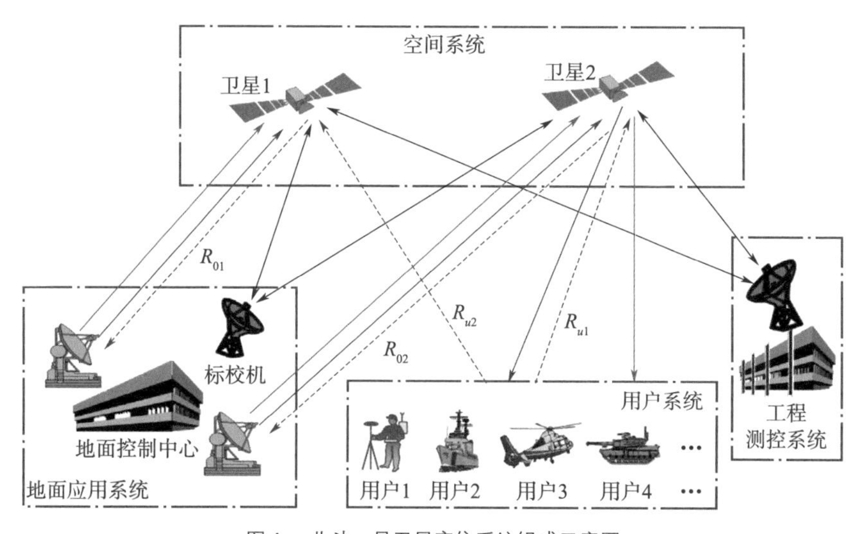

图 1　北斗一号卫星定位系统组成示意图

北斗一号卫星导航系统是我国的重大空间基础设施，是我国自主研制的全天候、全天时、高精度的区域性卫星导航定位系统，是我国第一代卫星导航系统。BD-1（01）和（02）两颗地球静止轨道导航卫星的相继成功发射，标志着具有中国自主知识产权的卫星导航系统进入应用阶段，也是世界上继美国和俄罗斯之后建成的第三个实用的卫星导航定位系统，打破了外国在卫星导航领域的技术垄断。

参考文献

[1] 刘天雄．卫星导航系统典型应用［M］．北京：国防工业出版社，2021.
[2] 谭述森．北斗系统创新发展与前景预测［J］．测绘学报，2017，46（10）：1284-1289.
[3] 曹冲．北斗与GNSS系统概论［M］．北京：电子工业出版社，2016.
[4] HOFMANN-WELLENHOF B，LICHTENEGGER H，WASLE E．GNSS—Global Navigation Satellite Systems. Springer，2008.

6 北斗二号卫星导航系统的特点是什么?

北斗卫星导航系统建设按照“先区域、后全球”的总体思路，采取“三步走”发展战略分步实施。第一步，1994 年启动北斗一号卫星导航系统建设，2000 年发射两颗北斗一号卫星，建成了北斗一号卫星导航系统，成为世界上第三个拥有自主卫星导航系统的国家。第二步，2004 年启动北斗二号卫星系统建设，2007 年 4 月 14 日发射第一颗中圆地球轨道试验卫星（BEIDOU-M1），2012 年 10 月 25 日，成功发射了北斗二号卫星导航系统收官卫星（BEIDOU-G5），完成区域系统卫星发射和组网任务[1-2]。

北斗二号卫星导航系统空间段由 5 颗地球静止轨道（GEO）卫星、5 颗倾斜地球同步轨道（IGSO）卫星和 4 颗中圆地球轨道（MEO）卫星组成混合星座，星座组成如图 1 所示。GEO 卫星的轨道高度为 35 786 km，分别定点于东经 58.75°、80°、110.5°、140° 和 160°。IGSO 卫星的轨道高度为 35 786 km，轨道倾角为 55°，分布在似应为二个轨道面内，升交点赤经分别相差 120°，其中三颗卫星的星下点轨迹重合，交叉点经度为东经 118°，其余两颗卫星星下点轨迹重合，交叉点经度为东经 95°。MEO 卫星轨道高度为 21 528 km，轨道倾角为 55°，回归周期为 7 天 13 圈，相位从 Walker 24/3/1 星座中选择，第一轨道面升交点赤经为 0°。四颗 MEO 卫星位于第一轨道面 7、8 相位，第二轨道面 3、4 相位[3]。

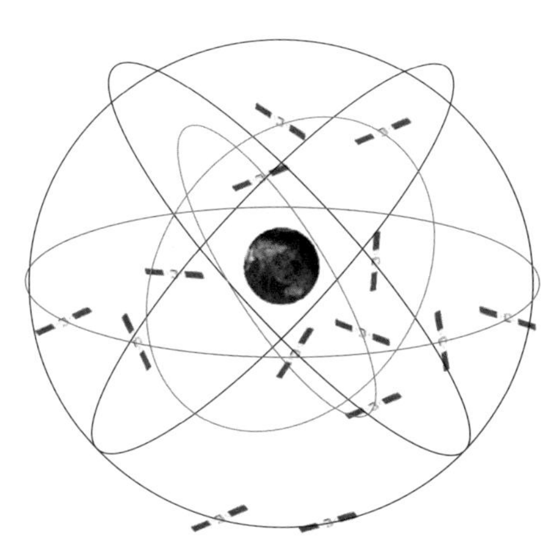

图 1　北斗二号卫星导航系统星座示意图

北斗二号卫星导航系统基于无线电导航业务（RNSS）和无线电测定业务（RDSS），为中国及亚太部分地区提供定位、导航、授时和短报文通信等服务。中国空间技术研究院按照组批生产、密集发射、快速组网的要求进行系统总体统一设计，其中IGSO和MEO卫星采用DFH-3卫星平台设计，GEO卫星采用全新的DFH-3A卫星平台设计。

北斗二号卫星平台包括结构分系统、热控分系统、测控分系统、供配电分系统及控制分系统与推进分系统，其中IGSO和MEO卫星设计有数管分系统。有效载荷包括导航分系统和天线分系统，其中GEO卫星导航分系统包括RDSS、站间时间同步与数据转发、上行注入与精密测距及RNSS等载荷；IGSO和MEO卫星导航分系统包括上行注入与精密测距及RNSS等载荷。

按照工程总体要求，北斗二号卫星导航系统于2007年4月14日发射了飞行试验星，验证了RNSS载荷、星地双向时间比对、三轴轮控和偏航控制、星载原子钟等重大攻关技术成果，标志着我国自行研制北斗导航卫星系统进入了全新的发展阶段。同时，针对上行注入抗干扰及抗复杂空间环境影响问题，卫星系统进一步采取了改进措施，完成正样设计后，确定了卫星系统、各分系统和单机产品的技术状态，确保了技术水平的提升和工程建设的质量[1-2]。

2013年12月，中国卫星导航系统管理办公室发布《北斗卫星导航系统公开服务性能规范》(1.0版)，北斗二号卫星导航系统公开服务区是指满足水平和垂直定位精度优于10m（置信度95%）的服务范围。北斗二号系统公开的服务区域，包括70°E~150°E，55°S~55°N的大部分区域。

北斗二号卫星导航系统导航卫星采用右旋圆极化（RHCP）方式播发标称频率为1 561.098 MHz的公开服务B1I信号，卫星发射信号采用正交相移键控（QPSK）调制，其他信息详见BDS-SIS-ICD-2.0的规定。根据信息速率和电文结构，导航电文分为D1导航电文和D2导航电文。D1导航电文速率为50 bit/s，D2导航电文速率为500 bit/s。MEO/IGSO卫星播发D1导航电文，GEO卫星播发D2导航电文。导航电文的正常更新周期为1 h。导航信息帧格式详见BDS-SIS-ICD-2.0的规定。

北斗二号卫星导航系统除了在公开服务区提供水平和垂直定位精度优于10 m（置信度95%）的服务，还可在55°S~55°N，55°E~160°E的大部分区域提供不低于水平和垂直定位精度为20 m的服务，以及在55°S~55°N，40°E~180°E的大部分区域内提供不低于水平和垂直定位精度为30 m的服务。离开服务区越远的用户，精度越低，可用性也随之下降[3]。

北斗二号卫星导航系统功能包括定位、测速、单向和双向授时、短报文通信；服务区域是中国及周边地区；定位精度优于平面 10 m，高程 10 m；测速精度优于 0.2 m/s；授时精度优于单向 50 ns；报文通信 120 个汉字 / 次[3-4]。为我国及周边地区用户提供定位精度优于 1 m 的广域差分服务[4]，报文通信服务的系统容量是（54 万次 ~72 万次）/h[5]。北斗二号卫星导航系统的特点[6]：

1）创新性地融合导航定位、短报文通信、差分增强三种服务为一体，为世界卫星导航技术发展提供了新的思路。

2）国际上首次采用 GEO/IGSO/MEO 混合星座体制，突破了卫星导航星座构建的多项技术难题，并用最少的卫星数量来实现区域导航服务，工程建设速度快，效益高。

3）创建了“集中设计，流水作业，滚动备份”的宇航产品批量生产模式，突破了数字化过程管理等先进技术，在国内首次实现了星箭产品批量生产、高密度组网发射，顺利推动了我国科研生产模式转型。

4）在保持系统自主运行的基础上，具备多系统兼容与互操作能力。

2012 年 12 月 27 日，北斗二号卫星导航系统正式提供服务，已经在国家安全、交通运输、通信时统、海洋渔业、救灾减灾等领域得到了广泛的应用，产生了显著的社会效益和经济效益。北斗二号系统已经逐步实现了大众应用，并和互联网、物联网深度融合，催生出了战略新兴产业，有力支撑了我国经济建设的持续增长。与此同时，北斗二号系统与国际民航、国际海事、国际移动通信组织保持合作关系，开展北斗服务“一带一路”国家战略，推动北斗系统大规模国际应用。

参考文献

[1] 谢军，刘天雄 . 北斗导航卫星的发展研究及建议［J］. 数字通信世界，2013（6）：32-36.

[2] XIE J，LIU T X. Research on development and proposition of BeiDou navigation satellite system. Proceeding of The 4th China Satellite Navigation Conference，May13-May17，2013. WuHan.

[3] 中国卫星导航系统管理办公室 . 北斗卫星导航系统公开服务性能规范（1.0 版）［EB/OL］.（2021-07-01）. http：// www.beidou.gov.cn.

[4] 中国卫星导航系统管理办公室 . 北斗卫星导航系统发展报告（2.1 版）［EB/OL］.（2021-07-01）. http：// www.beidou.gov.cn.

[5] 范本尧，李祖洪，刘天雄 . 北斗卫星导航系统在汶川地震中的应用及建议［J］. 航天器工程，2008，17（04）：6-13.

[6] 谢军，常进 . 北斗二号卫星系统创新成果及展望［J］. 航天器工程，2017，26（3）：1-8.

7 北斗三号卫星导航系统的特点是什么?

北斗卫星导航系统建设按照“先区域、后全球”的总体思路，采取“三步走”发展战略分步实施。2000年，建成了北斗一号卫星导航系统，服务中国，解决有无，成为世界上第三个拥有自主卫星导航系统的国家。2012年，建成了北斗二号卫星导航系统，服务亚太，追赶国外，为用户提供定位、导航、授时和短报文通信等服务。2020年，建成北斗三号系统，服务全球，比肩超越，为全球用户提供定位导航和授时、全球短报文通信、国际搜救服务，同时为中国及周边地区用户提供区域短报文通信、星基增强、精密单点定位等服务。

2020年7月31日，习近平总书记宣布北斗三号系统建成开通并向全球提供服务。北斗三号系统在提供定位导航授时服务外，融合了通信数传功能，实现全球、区域短报文通信及国际搜救服务。北斗三号系统提供的服务类型如表1所示[1-3]。

表1 北斗三号系统提供的服务类型

	服务类型	信号/频段	播发手段
全球范围	定位导航授时	B1I、B3I	3GEO+3IGSO+24MEO
		B1C、B2a、B2b	3IGSO+24MEO
	全球短报文通信	上行：L；下行：GSMC-B2b	上行：14MEO；下行：3IGSO+24MEO
	国际搜救	上行：UHF；下行：SAR-B2b	上行：6MEO；下行：3IGSO+24MEO
中国及周边地区	星基增强	BDSBAS-B1C、BDSBAS-B2a	3GEO
	地基增强	2G、3G、4G、5G	移动通信网络；互联网络
	精密单点定位	PPP-B2b	3GEO
	区域短报文通信	上行：L；下行：S	3GEO

注：1）中国及周边地区即东经75°~135°，北纬10°~55°。
2）GEO—地球静止轨道，IGSO—倾斜地球同步轨道，MEO—中圆地球轨道。

北斗三号系统通过B1C、B2a、B1I、B3I和B2b共5个频点提供公开的定位导航授时服务，其中B1C、B2a信号与GPS L1/L5、Galileo E1/E5a中心频率相同，可以与GPS、Galileo系统实现较好的兼容互操作，简化多系统兼容终端的设计。B1I和B3I信号则与北斗二号完全一致，从而确保北斗二号用户能够平稳过渡到北斗三号系统，B2b信号则为信号跟踪测量提供了更多选择[4]。

定位导航授时服务：为全球用户提供服务，空间信号精度优于 0.5 m；全球定位精度优于 10 m，测速精度优于 0.2 m/s，授时精度优于 20 ns；亚太地区定位精度优于 5 m，测速精度优于 0.1 m/s，授时精度优于 10 ns，整体性能大幅提升[1]。

短报文通信服务：短报文通信服务包括区域短报文通信和全球短报文通信两种，区域短报文通信利用 3 颗 GEO 卫星实现，具备报文通信及位置报告、应急搜救功能。区域短报文通信服务，服务容量提高到 1 000 万次 / 小时，接收机发射功率降低到 1~3 W，单次通信能力 1 000 汉字（14 000 bit）；全球短报文通信服务，利用 14 颗 MEO 卫星实现了覆盖全球的短报文通信，单次通信能力 40 汉字（560 bit）[1, 4]。

星基增强服务：按照国际民航组织（ICAO）标准，服务中国及周边地区用户，提供单频及双频多星座两种增强服务，满足国际民航组织相关性能要求[1]。星基增强服务由 SBAS-B1C 与 SBAS-B2a 两个频点的信号提供，其中 SBAS-B1C 提供的是符合国际民航标准[5-6]的单频 SBAS 服务（现有标准仅支持 GPS、GLONASS 两系统的增强），SBAS-B2a 按照国际民航标准草案[7-8]提供的是双频多星座 SBAS 服务。SBAS-B1C 电文涵盖了快变、慢变、电离层等误差改正信息并提供用于保证用户完好性的相关信息，用户通过计算保护级（PL）确认自己使用的导航服务精度在要求的范围以内。SBAS-B2a 则探索性地提供了国际民航尚未形成正式标准的双频多星座 SBAS 服务，代表了未来全球 SBAS 发展的方向[4]。

地基增强服务：利用移动通信网络或互联网络，向北斗基准站网覆盖区内的用户提供米级、分米级、厘米级、毫米级高精度定位服务[1]。

精密单点定位服务：服务中国及周边地区用户，通过 GEO 卫星播发北斗三号卫星和 GPS 卫星轨道、钟差等改正数，进一步提升空间信号精度[4]，提供动态分米级、静态厘米级的精密定位服务[1]。从而拓展了北斗系统应用的范围。

国际搜救服务：北斗三号系统按照全球卫星搜救系统（COSPAS-SARSAT）标准提供搜救服务，在 6 颗 MEO 卫星上安装了搜救载荷，用户通过信标机发射 406 MHz 遇险信号并由卫星搜救载荷接收报警信号后，解调电文，测量多普勒频移，再将相关信息和报文播发给地面段任务控制中心，再转发给搜救中心组织搜救。除标准的搜救功能外，北斗三号搜救服务还具备反向链路功能，能够向遇险用户发送确认信息。反向链路能极大地提升搜救效率和服务能力[1, 4]。

相关链接1

北斗系统定位、导航和授时服务性能指标

北斗三号系统时间基准（北斗时），溯源于协调世界时，采用国际单位制（SI）秒为基本单位连续累计，不闰秒，起始历元为2006年1月1日协调世界时（UTC）00时00分00秒。北斗时通过中国科学院国家授时中心保持的UTC，即UTC（NTSC）与国际UTC建立联系，与UTC的偏差保持在50纳秒以内（模1秒），北斗时与UTC之间的跳秒信息在导航电文中发播。北斗系统采用北斗坐标系（BDCS），坐标系定义符合国际地球自转服务组织（IERS）规范，采用2000中国大地坐标系（CGCS2000）的参考椭球参数，对准于最新的国际地球参考框架（ITRF），每年更新一次[1-2]。

北斗系统定位、导航授时服务性能指标如下：

· 服务区域：全球；

· 定位精度：水平10 m、高程10 m（95%）；

· 测速精度：0.2 m/s（95%）；

· 授时精度：20 ns（95%）；

· 服务可用性：优于95%。

其中，在亚太地区，定位精度水平5 m、高程5 m（95%）。实测结果表明，北斗系统服务能力全面达到并优于上述指标。

《北斗三号系统服务性能评估》给出了北斗三号系统定位导航授时、星基增强、精密单点定位、区域短报文通信、全球短报文通信和国际搜救共6类服务的测试评估方法，利用系统开通之前的数据对系统各类服务的核心指标进行了评估，对照北斗系统服务性能规范，指标的实现情况如表1所示[4]。

由表1指标实现情况可知，北斗三号系统定位导航授时服务方面，空间信号测距误差小于0.5 m（RMS），空间信号可用性99.44%，空间信号连续性99.99%，PDOP可用性100%，B1C信号全球定位精度水平方向均值1.31 m、垂直方向均值2.13 m（95%），B1C信号全球定位可用性均值99.93%，B1C信号授时精度优于14.7 ns（95%）；星基增强服务方面，定位精度水平方向优于1.5 m、垂直方向优于3.0 m（95%）、具有垂直引导能力的一类进近（APV-Ⅰ）可用

性优于99.96%；精密单点定位服务方面，定位精度水平、垂直方向均优于0.25 m（95%）、收敛时间小于20 min；区域短报文通信服务成功率99.6%，服务容量优于1 200万次/h；全球短报文通信服务成功率96.46%，服务容量优于40万次/h；国际搜救服务方面，搜救信号接收成功率98.3%（发射功率37 dBm）。

表1　北斗系统服务性能指标实现情况汇总

序号	服务类型	指标名称	评估结果	指标要求
1	定位导航授时	空间信号测距误差	0.23 m	≤ 0.6 m（RMS）
2		空间信号测距变化率误差	0.000 35 m/s	≤ 0.006 m/s（RMS）
3		空间信号测距二阶变化率误差	0.000 12 m/s^2	≤ 0.002 m/s^2（RMS）
4		空间信号可用性	99.44%	≥ 98%
5		空间信号连续性	99.99%	≥ 99.5%/h（GEO，IGSO） ≥ 99.8%/h（MEO）
6		PDOP可用性	100%	≥ 95%
7		定位精度	水平1.31 m 垂直2.13 m	水平≤ 10 m（95%） 垂直≤ 10 m（95%）
8		定位可用性	99.93%	≥ 95%
9		授时精度	14.7 ns	≤ 20 ns（95%）
10	星基增强	定位精度	水平1.03 m 垂直2.60 m	水平≤ 2.0 m（95%） 垂直≤ 3.0 m（95%）
11		可用性	99.98%	≥ 99%
12		连续性*	100.00%	≤（$1-8\times10^{-6}$）/15 s
13		完好性（漏警概率）*	0.00%	≤ 2×10^{-7}/150 s
14	精密单点定位	定位精度	水平0.17 m 垂直0.22 m	水平≤ 0.3 m（95%） 垂直≤ 0.6 m（95%）
15		收敛时间	9 min	≤ 30 min
16	区域短报文通信	通信成功率	99.96%	≥ 95%
17		服务容量	1 534.38	≥ 1 200万次/h（入站）
18	全球短报文通信	通信成功率	96.46%	≥ 95%
19		服务容量	40.04万次/h	≥ 30万次/h（入站）
20	国际搜救	通信成功率	98.3%	—

注：*受时间限制，表中给出的星基增强服务连续性、完好性评估结果为短期数据。

相关链接2

星间链路技术，解决不能全球布站困境

建设北斗三号全球卫星导航系统之初，一个问题困扰着研制团队，就是我国没有条件全球布站，没有美国建设全球卫星导航系统的资源，不能在全球范围内设立地面监测站和导航数据的上行注入站，无法对全球均布的北斗卫星的轨道、星钟、健康状态等参数进行实时监测，这就导致卫星运行至境外时，地面无法对卫星进行精确的轨道测量，也无法对卫星的轨道和时钟参数进行及时的修正，造成系统的服务精度下降。

监测站有三大功能，一是为卫星的轨道计算提供精确的测量值，二是作为基准站提供广域差分改正数据，三是监测并评估导航信号质量。监测站实时接收视场内导航卫星播发的信号，解算出各导航卫星到监测站的伪距、载波相位、多普勒频移等测量数据，同时解调出导航电文并实时监测导航信号质量。另外，监测站实时采集本地气象数据（温度、湿度和气压），并将采集到的导航信号原始数据和本地气象数据传输给主控站。

监测站一般配置多通道高性能导航监测接收机、原子钟、气象传感器、工作站以及接收天线，多采用扼流圈接收天线以提高对多径信号的抑制。根据星座的设计和运行状态，每个监测站可以准确地规划出15°以上仰角卫星的过境时间并予以连续跟踪，以保持系统的最大共视跟踪和最大信号监视和评估能力。

若要保证卫星导航系统连续、稳定地提供PNT服务，就要求连续监测星座中每颗导航卫星的信号质量和测距精度，以及电文内容和信号健康状态，那么就需要合理地选择全球卫星导航系统监测站的地理位置，以保证对星座的全面监测。例如，GPS的六个监测站分别位于大西洋的Ascension岛、印度洋的Diego Garcia岛、太平洋的Kwajalein岛、科罗拉多州Schriever空军基地、Hawaii以及Cape Canaveral航天发射基地[9]。

GPS的监测站尽量靠近赤道，可以满足监测系统对下行导航信号监测范围最大化的要求，监测站接收机天线的相位中心WGS-84坐标系内的精确坐标，已通过专门的测绘和专用的离线跟踪数据进行了精确的测定。

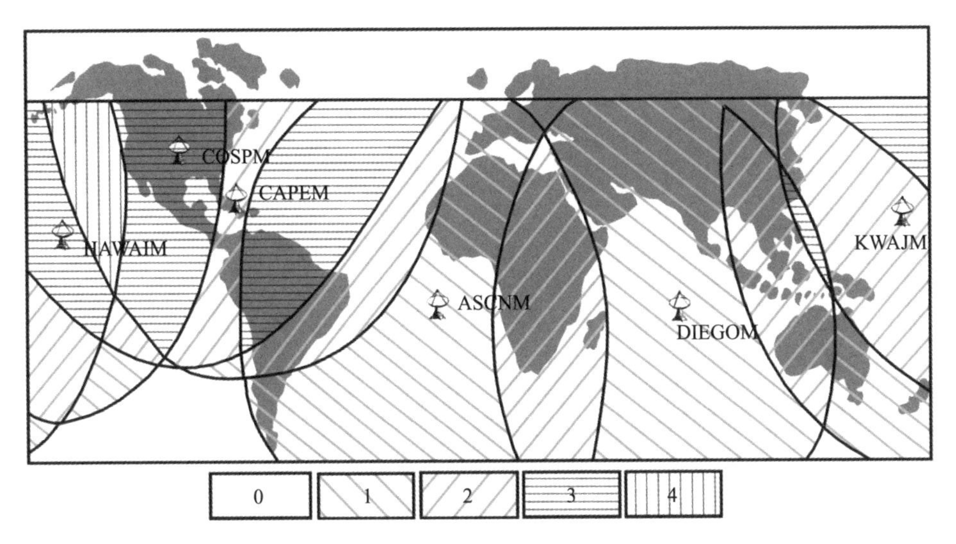

图 1　GPS 全球分布的监测站覆盖范围

监测站的跟踪覆盖重叠区域（两个监测站可以同时接收同一导航卫星信号的区域）对主控站建立可靠的系统星历和钟差估计是非常重要的。主控站利用 Kalman 滤波器，将监测站观测的伪距残差分配给系统时间和轨道位置的概率误差中。当存在临界的测量几何关系而又需要区分出误差源时，由于伪距观测系统中的线性关系以及模型的不确定性等原因，对隔离出来单个卫星和监测站的解算结果是十分脆弱的。而监测站的跟踪覆盖存在重叠区域时，即监测站对卫星的共视能够实现监测站之间直接的时间传递，从而使监测站的时间和伪距观测误差的卫星状态分量间有效地解耦，进而极大地增强了系统位置解算的可靠性。

此外，不同监测站在跟踪覆盖重叠区域接收同一颗卫星的导航信号时，还应采用同样的信号接收处理技术，这样监测站在观测伪距的过程中可以有效地解耦卫星的速度状态。监测站要消除测量通道之间的测量偏差，以减少观测中的时间状态数量。

为了解决不能在全球范围内建立监测站的问题，北斗卫星工程研制团队提出了采用星间链路实现星间测距和数据传输的办法。北斗三号的星间链路有如下三个作用：一是北斗卫星与卫星之间互相测距和传递数据，地面利用星间测距信息辅助进行轨道和钟差的确定，并利用星间链路进行全网卫星轨道和钟差的更新，从而提高导航服务精度；二是通过星间互相测距并传递数据，卫星可以实现自主导航，减少地面站对导航卫星的信息上行注入等各方面的操作次数，减小对地面站的依赖，有效降低系统的运行管理成本[10]。在一段时间内没有地面支持情况下，卫星仍然可以为用户提供一定精度的定位服务，这就提高了北斗系统的可靠性；三是实现一键式星间遥测遥控。卫星和卫星之间能够利用星间链路相互进行通信，把卫星的一些遥测参数及时传回到国内的地面站，国内的地面站也可以利用星间链路和境外的卫星取得联系，对它进行遥控，保证卫星能够更好地提供服务[11]。

北斗三号卫星星座系统，在MEO卫星之间、MEO卫星与GEO/IGSO卫星之间均建立了星间链路，将整个星座内的所有卫星有机地联系在一起，如图2所示[12]。星间链路采用相控阵天线实现，相控阵链路具有波束指向捷变灵活的特点。通过充分利用星间伪距与多普勒预报等信息，可实现波束的正确指向和信号的快速捕获。

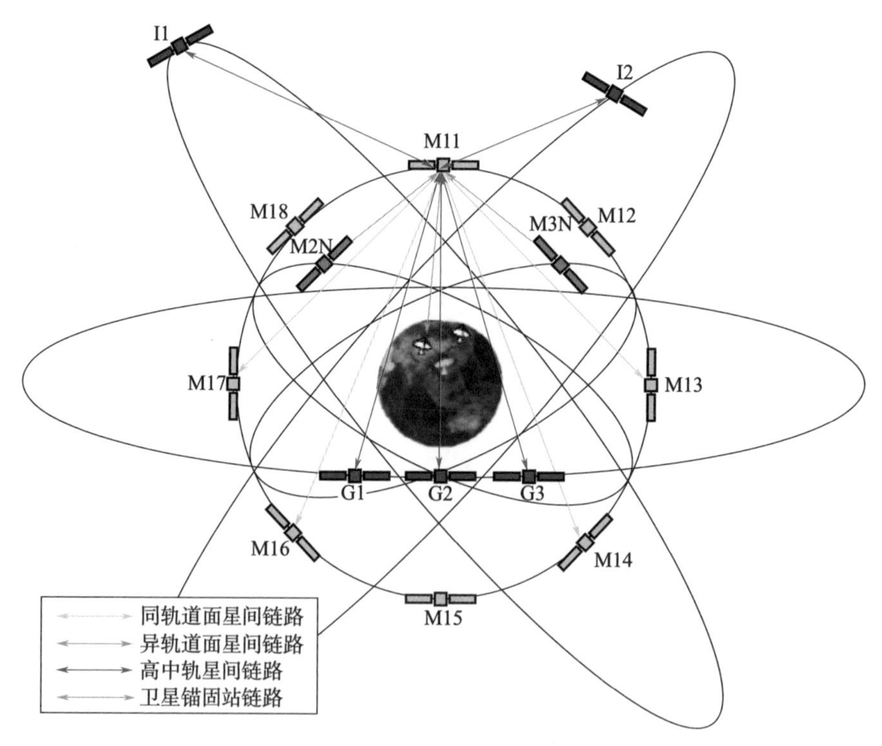

图2　北斗三号星间链路拓扑示意图

星间链路设备包括相控阵天线、收发信机和辅助部件，相控阵天线按照规定时隙完成波束指向并接收和发送星间信号，收发信机完成信号的收发处理和测距，并将信息传输到综合电子系统进行数据处理、自主导航计算与路由管理。

北斗三号星间链路，突破了大空间范围、大动态、快捷变星间链路可靠建链技术，实现了星间百分之百成功建链。除此之外，还突破了面向静态、动态混合连接的星间拓扑与路由协议，首创我国第一个实用型天基复杂网络系统[12]，突破了星间天线高精度指向、高精度星间测量、星载Ka相控阵天线、高精度自主轨道预报和多轨道类型广播星历统一拟合等关键技术。实测结果表明，基于星间链路的卫星轨道和钟差预报精度显著提升，60天自主导航空间信号精度优于3 m，支持自主导航长期稳定运行[13]。

全球卫星导航系统的特征之一是导航卫星全球组网，借助星间链路技术，一方面可以实现卫星之间的双向距离测量和数据传输，提升卫星广播星历和广播钟差的精度，缩短了卫星广播电文的更新周期，从而实现自主导航。具体来说，卫星星间链路收发信机可以观测到星间测距数据，星间测距数据减去利用卫星星历计算得到的星间距离，就可以得到一个距离偏差（O-C）方程；同时，利用星间距离对星历参数做微分而得到偏导数矩阵；由此可以建立反映距离偏差与星历偏差关系的法方程，求解法方程即可以得到星历的改进值，结合改进前的星历初值，就可以在星上完成星历自主生成。另一方面，可以实现星地双向同步测量境内卫星钟差，境外卫星弧段利用星间链路“一跳”归算至系统时间。此外，借助星间链路技术，可以实现星座所有卫星之间的遥测遥控等数据的互联互通。配置星间链路是全球卫星导航系统的发展趋势[14]。

2020年，在第11届中国卫星导航年会上，俄罗斯航天局计划为GLONASS-M和GLONASS-K卫星配置星间链路，现代化的新一代GLONASS-K2系列导航卫星将同时配置无线电星间链路天线、激光星间链路天线[15]。为进一步提升GPS的性能，在2017年的CGSIC/ION GNSS年会上，GPS理事会指出新一代的Block Ⅲ卫星将配置星间链路[16]。2019年，德国宇航中心（DLR）和波茨坦地学中心（GFZ）联合开展“开普勒”（Kepler）系统研发，Kepler系统由4~6颗低地球轨道（LEO）卫星组成低轨星座，卫星配置激光星间链路、高精度光钟等载荷。二代Galileo系统也将配置激光星间链路，利用双向激光链路实现中圆地球轨道（MEO）导航卫星和LEO导航增强

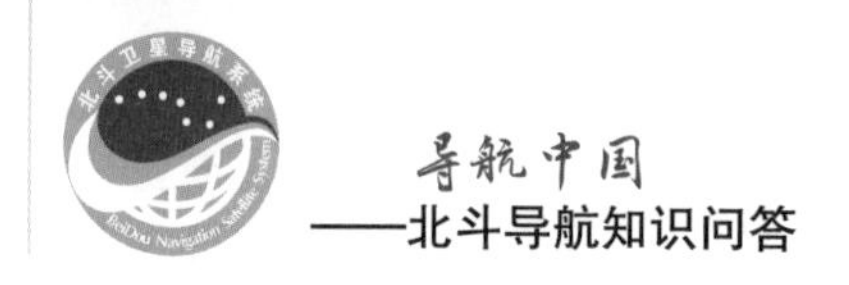

卫星之间以及 MEO 导航卫星之间的距离测量、无时间误差的激光链路时间传递和数据传输业务，如图 3 所示[17-18]。

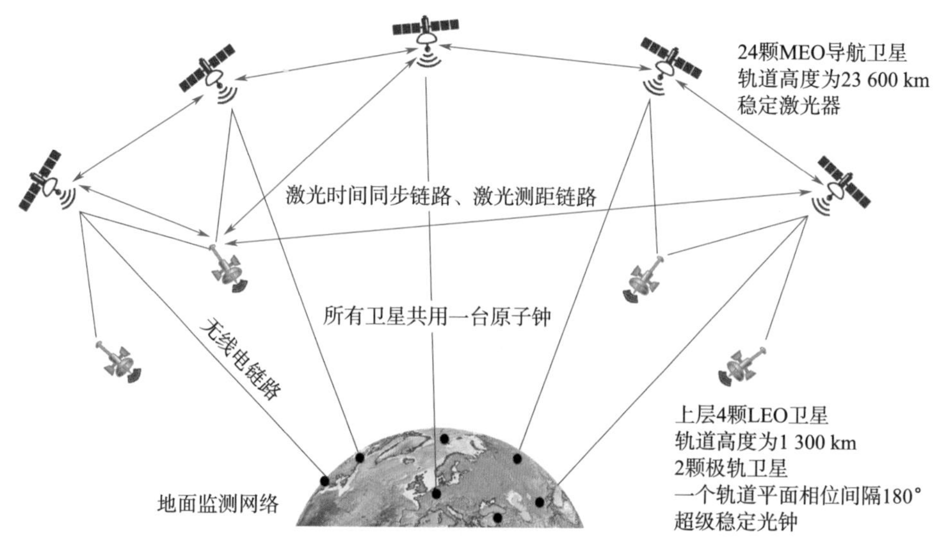

图 3　Kepler 星座（MEO 导航卫星和 LEO 卫星之间的双向激光星间链路）

借助激光星间链路、高精度光钟和光频梳技术以及当前的无线电链路，Kepler 系统可以和地面运控系统建立并保持的系统时间保持时间同步，成为卫星导航系统的时间和频率中心。利用 LEO 卫星精密轨道测定技术，借助 MEO 卫星和 LEO 卫星之间的激光链路，实现 MEO 导航卫星厘米级的轨道精度测定。由此，可以系统提高 Galileo 的定位和授时服务精度。

此外，通过在 LEO 卫星配置高精度导航监测接收机，可以实现对全球卫星导航系统 MEO 导航卫星导航信号的天基监测，预测 MEO 卫星的广播星历和钟差精度、给出导航信号的质量和完好性状态，综合处理形成导航信号精度、导航信号监测精度、导航电文完好性、导航信号完好性以及导航系统完好性信息，通过星间链路传递给 MEO 卫星，再由 MEO 卫星播发给地面用户，实现 LEO 卫星增强全球卫星导航系统的性能。

参考文献

[1] 中国卫星导航系统管理办公室 . 北斗卫星导航系统发展报告（4.0 版）[S]. 北京，2019.

[2] 中国卫星导航系统管理办公室 .《中国北斗卫星导航系统》白皮书 [S]. 北京，2016.

[3] YANG Y X，GAO W G，GUO S R，et al. Introduction to BeiDou-3 navigation satellite system [J]. Navigation. 2019，66（1）：7-18.

[4] 蔡洪亮，孟轶男，耿长江，等 . 北斗三号全球导航卫星系统服务性能评估 [J]. 测绘学报，2021，50（4）：427-435.

[5] ICAO SARPS. Annex 10：International standards and recommended practices，aeronautical telecommunications. Radio Navigation Aids. In Montreal：International Civil Aviation Organization（Vol.I），2018.

[6] SC-159. Minimum operational performance standards for global positioning system/satellite-based augmentation system airborne equipment. In：RTCA DO-229E，2013.

[7] IWG. Satellite-based augmentation system dual-frequency multi-constellation definition document. In：SBAS IWG 31，Senegal，November 29–December 1，2016.

[8] IWG. SBAS L5 DFMC interface control. In：SBAS IWG 31，Senegal，Nov 29 - Dec 1，2016.

[9] ELLIOTT D KAPLAN. GPS 原理与应用 [M].2 版 . 寇艳红，译 . 北京：电子工业出版社，2007.

[10] http：//military.people.com.cn/n/2015/0331/c1011-26775634.html，中国军网：新一代北斗卫星实现重大技术创新 .

[11] http：//baijiahao.baidu.com/s?id-1673719442471220266&wfr=spider&for=pc，中华网财经百度百家号：北斗三号全球卫星导航系统正式开通 向全世界提供连续稳定服务 .

[12] 郑晋军 . 北斗卫星系统星间链路与自主导航 [C]. 第 11 届中国卫星导航年会，成都，2020.

[13] 陈忠贵，武向军 . 北斗三号卫星系统总体设计 [J]. 南京航空航天大学学报，2020，52（6）：835-845.

[14] 刘天雄，周鸿伟，聂欣，卢鋆，刘成 . 全球卫星导航系统发展方向研究 [J]. 航天器工程，2021，30（2）：96-107.

[15] ROSCOSMOS STATE SPACE CORPORATION. GLONASS & SDCM status evolving capabilities towards smarter solutions [C] // Proceeding of 11th China Satellite Navigation Conference. Beijing：CSNC，2020.

[16] GLOBAL POSITIONING SYSTEMS DIRECTORATE. GPS status & modernization progress：service，satellites，control segment，and military GPS user equipment [C] // Proceeding of 2017 ION GNSS. Miami：ION，2017.

[17] G GIORGI. Advanced technologies for satellite navigation and geodesy [J]. Advances in Space Research，2019，64（6）：1256-1273.

[18] MICHALAK G. Precise orbit determination with inter-satellite links and ultra-stable time for a future satellite navigation system [C] // Proceedings of 2018 ION GNSS. Miami：ION，2018：968-1001.

8 同GPS相比，北斗系统有哪些优势？

北斗一号卫星导航系统和GPS的区别主要在于两个方面：一是技术体制的区别，GPS基于卫星无线电导航业务（RNSS）原理，是“无源定位系统”，用户只接收信号，就可以定位，而且不受容量的限制。北斗一号系统则基于卫星无线电测定业务（RDSS）原理，是“有源定位系统”，用户需要发出定位申请信号，才能获得由地面站解算的位置信息，有容量的限制。二是北斗有短报文通信功能，GPS则不具备报文通信功能。

GPS仅解决了“我在哪里”的定位问题，而北斗一号卫星导航系统不仅解决了“我在哪里”的定位问题，而且还可以让别人知道“你在哪里，情况如何?”。因此，从技术层面上讲GPS代替不了北斗一号卫星导航系统。北斗一号卫星导航系统和GPS的功能及性能比较如表1所示[1]。

表1 北斗一号卫星导航系统和GPS全球定位系统的功能比较

项目	北斗一号卫星导航系统	GPS全球定位系统
服务区域	70°E ~ 145°E；5°N ~ 55°N	全球
使用频率	上行L频段，下行S频段	下行L频段
定位方式	有源定位，依靠地面中心	无源定位
定位精度 /m	平面：20 ~ 100；高程：10	平面：100（C/A码），10（P码）；高程：10
授时精度 /ns	100（单向），20（双向）	50（P码）
首捕时间 /s	≤ 5	≥ 40
系统容量	（54万次 ~ 72万次）/h	不限
动态范围	用户速度小于1 000 km/h	不限
报文通信	1 680 bit/次（约120个汉字）	无
区域广播	具有区域广播、差分广播功能	无
指挥调度	具有位置报告、调度功能	无
发射功率 /dBW	43 ~ 46	26.8
卫星数量	少，2＋1颗	多，24＋3颗
用户终端	复杂、价格高	简单、价格低
用户管理	信道加密、一户一码	无管理
卫星寿命 /a	8	7 ~ 10
建设周期 /a	6	21
建设经费	23亿元人民币	120亿美元

北斗一号卫星导航系统是主动式双向测距导航，地面中心控制系统完成测距和位置解算，并通过卫星将定位结果播发给用户。GPS是被动式伪码单向测距导航，由用户独立解算自己的三维位置。北斗一号的这种工作体制带来两个方面的问题：一方面是用户定位的同时失去了无线电隐蔽性，这在军事上相当不利；另一方面由于设备必须包含发射机，因此，用户机在体积、重量、价格和功耗方面处于不利的地位。

按照工程总体要求，2006年，北斗二号卫星导航系统完成了方案设计和关键技术攻关，2007年4月14日，发射了北斗二号飞行试验星，验证了RNSS载荷、星地双向时间比对、三轴轮控和偏航控制、星载原子钟等重大攻关技术成果，标志着我国自行研制北斗卫星导航系统进入了全新的发展阶段。同时，针对上行注入抗干扰及抗复杂空间环境影响问题，卫星系统进一步采取了改进措施，完成正样设计后，确定了卫星系统、各分系统和单机产品的技术状态，确保了技术水平的提升和工程建设的质量。

北斗二号卫星导航系统同时采用RNSS和RDSS两种导航定位体制，其中RDSS体制继承北斗一号卫星导航系统，RNSS为全新的体制，包括上行接收与精密测距子系统、时间频率综合子系统、导航信号生成子系统、信号放大链路等环节。北斗二号卫星导航系统在保留北斗一号系统的有源定位和短报文通信等服务基础上，向中国及周边部分地区提供无源定位、导航、授时服务。北斗二号系统解决了我国RNSS定位体制卫星导航有无的问题，是我国经济社会发展不可或缺的重大时间和空间信息设施[2-3]。

北斗二号卫星导航系统的特点[4]：

1）创新性地融合导航定位、短报文通信、差分增强三种服务为一体，为世界卫星导航技术发展提供了新的思路。

2）国际上首次采用GEO/IGSO/MEO混合星座体制，突破了卫星导航星座构建的多项技术难题，并用最少的卫星数量来实现区域导航服务，工程建设速度快，效益高。

3）创建了“集中设计，流水作业，滚动备份”的宇航产品批量生产模式，突破了数字化过程管理等先进技术，在国内首次实现了星箭产品批量生产、高密度组网发射，顺利推动了我国科研生产模式转型。

4）在保持系统自主特点的基础上，具备多系统兼容与互操作能力。

2012年12月27日，北斗二号卫星导航系统正式提供服务，已经在国家安全、交通运输、通信时统、海洋渔业、救灾减灾等领域得到了广泛的应用，产生了显著的社会效益和经济效益。北斗二号系统已经实现了大众应用，并和互联网、物联网深度融合，催生出了战略新兴产业，有力支撑了我国经济建设的持续增长。与此同时，北斗二号系统与国际民航、国际海事、国际移动通信组织保持合作关系，开展北斗服务“一带一路”国家战略，推动北斗系统大规模国际应用。

2020 年 7 月 31 日，习近平总书记向世界宣布北斗三号全球卫星导航系统正式建成开通，中国北斗迈入服务全球、造福人类的新时代。北斗系统的建设实践，走出了在区域快速形成服务能力、逐步扩展为全球服务的中国特色发展路径，丰富了世界卫星导航事业的发展模式。北斗卫星导航系统具有以下特点：一是北斗系统空间段采用三种轨道卫星组成的混合星座，与其他卫星导航系统相比高轨卫星更多，抗遮挡能力强，尤其低纬度地区性能优势更为明显。二是北斗系统提供多个频点的导航信号，能够通过多频信号组合使用等方式提高服务精度。三是北斗系统创新融合了导航与通信能力，具备定位导航授时、星基增强、地基增强、精密单点定位、短报文通信和国际搜救等多种服务能力[5]。

目前，北斗系统已在全球超过一半的国家和地区得到应用，向亿级以上用户提供服务，基于北斗的土地确权、精准农业、数字施工、防灾减灾、智慧港口等各种解决方案在东盟、南亚、东欧、西亚、非洲等区域的众多国家得到应用。北斗国际合作通过测试评估、技术研发、应用示范、教育培训等多种方式，与合作国加强卫星导航领域的技术合作交流，惠及民生福祉、服务社会发展，实现共同进步[6]。

参考文献

［1］ 范本尧，李祖洪，刘天雄．北斗卫星导航系统在汶川地震中的应用及建议［J］．航天器工程，2008，17（04）：6-13.

［2］ 谢军，刘天雄．北斗导航卫星的发展研究及建议［J］．数字通信世界，2013（6）：32-36.

［3］ XIE J，LIU T X. Research on development and proposition of BeiDou Navigation satellite system. Proceeding of The 4th China Satellite Navigation Conference，May13-May17，2013. WuHan.

［4］ 谢军，常进．北斗二号卫星系统创新成果及展望［J］．航天器工程，2017，26（3）：1-8.

［5］ 北斗卫星导航系统介绍．［EB/OL］．(2021-07-01）. http：//www.beidou.gov.cn/xt/xtjs/.

［6］ 冉承其，中国北斗：服务全球 造福人类．学习时报．［EB/OL］．(2021-07-15）. http：//paper.cntheory.com/html/2021-07/14/nw.D110000xxsb_20210714_1-A6.htm.

第五章 北斗卫星导航工程

1 北斗系统由哪些部分组成？

按国际惯例，通常将卫星导航系统分为空间段（Space Segment，SS）、地面控制段（Control Segment，CS）以及用户段（User Segment，US）三个部分[1]。空间段由一定数量的导航卫星组成特定空间几何构型的星座，导航卫星连续播发导航信号，信号包括调制在载波上的测距码和卫星轨道参数等导航电文信息。控制段负责跟踪、测量、控制每颗导航卫星，周期地向导航卫星上行加载未来一段时间导航卫星的空间位置和星钟时间校正的预测值，这些预测信息再由导航卫星作为导航电文的一部分连续播发给用户。用户段接收机同时跟踪、接收、解扩、解调 4 颗以上导航卫星的信号，并与这些导航信号保持同步，计算出用户的当前位置坐标和当地的时间。

北斗三号卫星导航系统的标称空间星座由 3 颗地球静止轨道（GEO）卫星、3 颗倾斜地球同步轨道（IGSO）卫星和 24 颗中圆地球轨道（MEO）卫星组成混合导航星座，北斗三号卫星导航系统空间段星座如图 1 所示[2]。

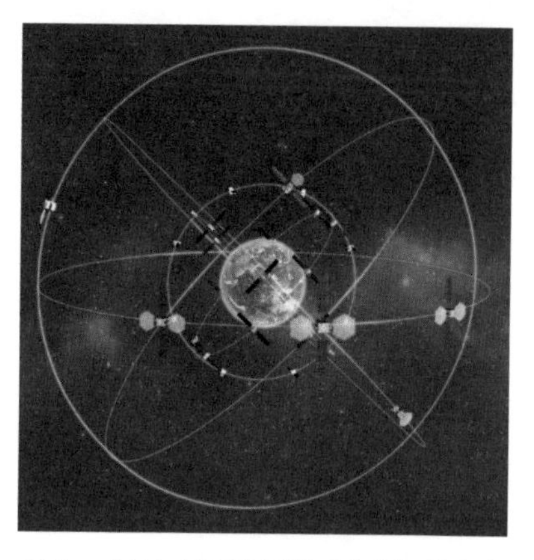

图1　北斗三号卫星导航系统空间段星座

GEO卫星轨道高度为35 786 km，轨道倾角为0°，分别定点于东经80°、110.5°和140°，3颗卫星可覆盖亚太大部分地区；IGSO卫星轨道高度为35 786 km，轨道倾角为55°，星下点轨迹为“8”字；MEO卫星轨道高度为21 528 km，轨道倾角为55°，构型为Walker 24/3/1星座，MEO星座回归特性为7天13圈，实现全球覆盖。系统视情部署在轨备份卫星[3]。北斗独创的混合星座设计，既能实现全球覆盖、全球服务，又可为亚太大部分地区用户提供更高性能的定位导航授时服务。亚太大部分地区，每时可见12~16颗卫星，全球其他地区每时可见4~6颗卫星，卫星可见性和几何构型较好[4]。北斗卫星的主要功能是接收、存储地面控制段上传的导航数据，播发调制有测距码、导航电文的导航信号。

地面控制段负责系统导航任务的运行控制。北斗卫星导航系统的地面控制段主要由主控站、时间同步/注入站、监测站等组成。主控站是北斗系统的运行控制中心，主控站的主要任务是收集各个监测站的观测数据，进行数据处理，生成卫星导航电文、广域差分信息和完好性信息，完成任务规划与调度，实现系统运行控制与管理等；时间同步/注入站主要负责完成星地时间同步测量，在主控站的统一调度下，完成卫星导航电文、广域差分信息和完好性信息注入，有效载荷的控制管理；监测站对导航卫星进行连续跟踪监测，接收导航信号，发送给主控站，为卫星轨道确定和时间同步提供观测数据。

用户段由各种类型的北斗用户终端组成，用户终端的主要功能是接收北斗卫星播发的导航信号、确定星地伪距及其他观测量、求解导航方程以确定用户位置和时间。用户接收机的基本组成包括接收天线、射频前端、模数转换、基带数字信号处理、导航数据处理和伪距校正、输入输出装置六个模块，典型用户接收机组成如图2所示。

用户接收机的任务是捕获、跟踪、解调、解扩及译码导航信号，得到卫星星历、时间及其偏差、电离层延迟误差改正等导航电文数据，利用伪随机码或者载波相位观测出星地之间的距离，代入定位方程后解算出用户的位置、速度和时间等导航解，简称PVT解，其中位置解算结果分别以导航卫星信号发射天线的相位中心和用户机的接收天线相位中心为参考点。对于陆地、海洋和空间的广大用户，只要拥有卫星导航接收机，就可以实现位置解算。

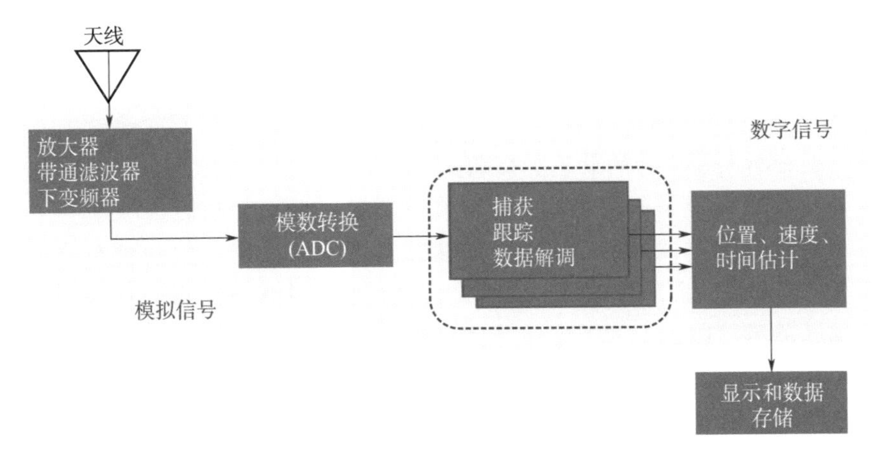

图 2　卫星导航系统接收机组成

相关链接

北斗卫星导航工程七大系统

北斗卫星导航工程由北斗导航卫星系统、运载火箭系统、航天发射场系统、航天测控系统、地面运行控制系统、星间链路运管和应用系统组成，为全球用户提供全天候、全天时、高精度的定位导航授时（PNT）服务，是国家重要时空基础设施。

（1）北斗导航卫星系统

导航卫星在空间组网运行，是整个卫星导航工程的难点与核心。导航卫星向地面用户播发无线电导航信号，导航信号包含伪随机测距码（pseudo random noise code，PRN）信号以及卫星当前的空间轨道位置、时间校正、电离层修正等导航电文。用户接收无线电导航信号，基于信号单向到达时间（Time of arrival，TOA）原理，即接收机测量导航信号从卫星到接收机的传播时间，就能观测出星地之间的距离，根据三球交会原理，当接收机分别测量出与 4 颗以上导航卫星之间的距离时，根据导航方程可解算出用户的地理位置坐标。

（2）运载火箭系统

运载火箭是一种航天运载工具，运载火箭利用火箭发动机产生推力做加速运动，将卫星送入预定的轨道，任务完成后，运载火箭被抛弃在空间。一个国家进入空间的能力很大程度上取决于运载火箭的能力。航天活动的核心问题是克服地球引力和大气阻力的同时为卫星提供所需的速度增量，齐奥尔科夫斯基公式（也称火箭公式）建立了速度增量与等效排气速度和火箭初始质量与终了质量的关系，是分析火箭运动的最基本公式。

运载火箭是第二次世界大战后在导弹的基础上发展的。1957 年苏联用洲际导弹改装的“卫星号”运载火箭成功发射了第一颗人造卫星“Sputnik-1”，到 20 世纪 80 年代，苏联、美国、法国、日本、中国、英国、印度和欧洲空间局已研制成功 20 多种大、中、小型运载火箭，比较著名的有苏联的“东方号”系列运载火箭、美国的“德尔它”系列运载火箭、日本的“H”系列运载火箭、欧洲的“阿里安”系列运载火箭以及中国的“长征”系列运载火箭。

（3）航天发射场系统

航天发射场是专门供运载火箭发射航天器的场所，也称航天中心，是航天工程的重要组成部分，支持运载火箭和航天器发射前的各项技术准备工作，执行运载火箭的测量、发射和控制操作。地理纬度是发射场位置选择的重要因素，发射不同轨道的航天器应选择不同纬度的发射场。

航天发射场的选址涉及技术、安全、经济和政治等多种因素。从安全方面考虑，场址宜选择在人烟稀少的海边、沙漠或山区。除了末级火箭外，助推器和各级火箭工作结束后都要坠落到地面，而发射过程以及在主动段飞行中的意外事故将导致火箭自爆，连同燃料一起坠落到地面，危及社会安全并造成环境污染，因此，在发射弹道下方的航区不应有城市和人口密集的地区，以避免人员伤亡。火箭发射的航区很长，场址选择时也要避免工作结束后的火箭部件坠落到他国的领土，引起不必要的国际争端。航区的安全限制和测控站的布局限制了运载火箭的发射方位角，决定了发射场的理想射向范围。

（4）航天测控系统

航天测控技术是指对飞行目标进行测量和控制的综合技术。航天测控系统完成对运载火箭和导航卫星跟踪测轨、遥测信号接收处理、遥控信号发送，是导航卫星发射和运行过程中必备的地面支持与保障系统。航天跟踪测控网简称测控网，是对航天器进行跟踪、测量和控制的专用网络，对导航卫星运行轨道的跟踪测控是长期的任务，尤其是对导航卫星运行轨道的精密测定对整个系统来说至关重要，影响卫星导航系统的服务精度，此外，在导航卫星的工作寿命期内，还需要控制卫星的工作状态、接收并处理导航卫星播发的遥测参数。

航天测控系统的任务分为三类，首先是跟踪（Tracking），即对航天器进行无线电测距，并通过多普勒频移测量距离的变化率；其次是遥测（Telemetry），即接收航天器下行的工作状态、任务数据以及语音和视频数据；然后是遥控（Control），即上行控制航天器配置、姿态调整与轨道位置以及语音和视频指令；因此，航天测控系统的任务主要是跟踪、遥测和遥控，简称 TT&C。

（5）地面运行控制系统

卫星导航系统的正常运行依靠地面控制段的管理和控制，地面控制段是整个卫星导航系统的信息和决策中心，其体系结构和技术水平在一定程度上决定了卫星导航系统的服务水平。地面控制段负责监测和控制整个导航星座，地面控制段又被称为运行控制系统（Operational Control System，OCS）。地面控制段监测导航卫星播发的导航信号、更新导航电文、解决卫星在轨异常问题，监测导航卫星的健康状态；控制导航卫星在星座中的配置，包括卫星的轨道位置保持和机动、调整轨道平面内的相位，根据需要开展离开轨道位置的操作；控制有效载荷工作配置和工作状态。

地面运行控制系统主要是接收、监测在轨导航卫星的运行数据、计算导航信息、诊断系统状态、调度管理导航卫星配置。导航卫星上的各种仪器设备是否正常工作，以及导航卫星是否沿着预定轨道运行，都要由地面运行控制系统进行监测和控制。地面运行控制系统的另一重要任务是保持各颗卫星处于同一时间标准，即卫星导航系统时，这就需要地面站监测各颗卫星的星载原子钟时间，求出与系统时间之间的偏差（钟差），然后由地面注入站发给卫星，再由卫星发给用户设备。地面控制段工作信息流如图 1 所示。

（6）应用系统

北斗卫星导航应用系统跟踪、监测北斗导航卫星的信号、轨道和健康状态，开展导航数据分析、数据产品产生、数据应用等研究工作，评估北斗卫星导航系统 PNT 服务的精度、连续性、完好性和可用性，指导用户更好地开展定位导航授时服务、短报文通信服务、星基增强服务、精密单点定位服务、国际搜救服务以及地基增强服务。

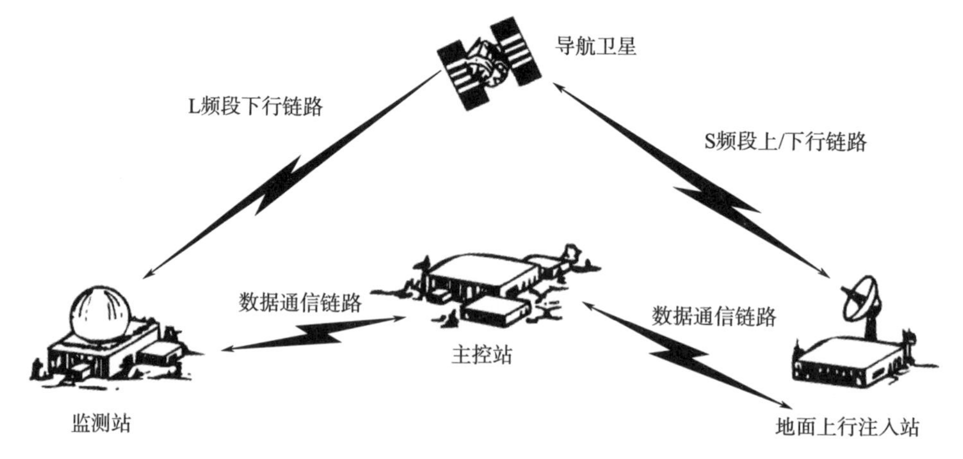

图 1　地面控制段工作信息流

（7）星间链路运管系统

星间链路运管系统是我国北斗全球系统的重要组成部分，是基于境内地面站实现系统精密定轨与时间同步、测控运控管理和星座自主导航的重要支撑，是实现全球范围世界一流导航服务的必要手段。北斗全球系统采用基于 Ka 频段相控阵的星间链路方案，实现星间精密测量及中等速率的数据传输。

参考文献

[1] 刘天雄.卫星导航系统概论［M］.北京：中国宇航出版社，2018.

[2] 冉承其，中国北斗：服务全球 造福人类.学习时报.［EB/OL］.（2021-07-15）. http：//paper.cntheory. com/html/2021-07/14/nw.D110000xxsb_20210714_1-A6.htm.

[3] 中国卫星导航系统管理办公室.北斗卫星导航系统公开服务性能规范（3.0 版）［EB/OL］.（2021-07-01）. http：// www.beidou.gov.cn.

[4] 北斗系统中“三”的奥秘［EB/OL］.（2019-12-24）. http：//www.beidou.gov.cn/zy/kpyd/201912/t20191226_19774.html.

2 导航卫星由哪些部分组成？

导航卫星是用于定位、导航和授时服务的人造卫星。GPS 的 Block ⅡR 导航卫星舱外仪器配置如图 1 所示[1]，卫星星本体表面对地方向有播发导航信号的螺旋阵列天线（antenna farm），同时还有接收地面运行控制系上行注入导航数据的 S 频段天线（S band antenna），地球敏感器组件（Earth sensor assembly），一般精度太阳敏感器（Coarse sun sensor），太阳电池阵列（Solar array），还有实现自主导航功能的 UHF 频段星间链路天线（Low/high band antenna）等仪器装置。

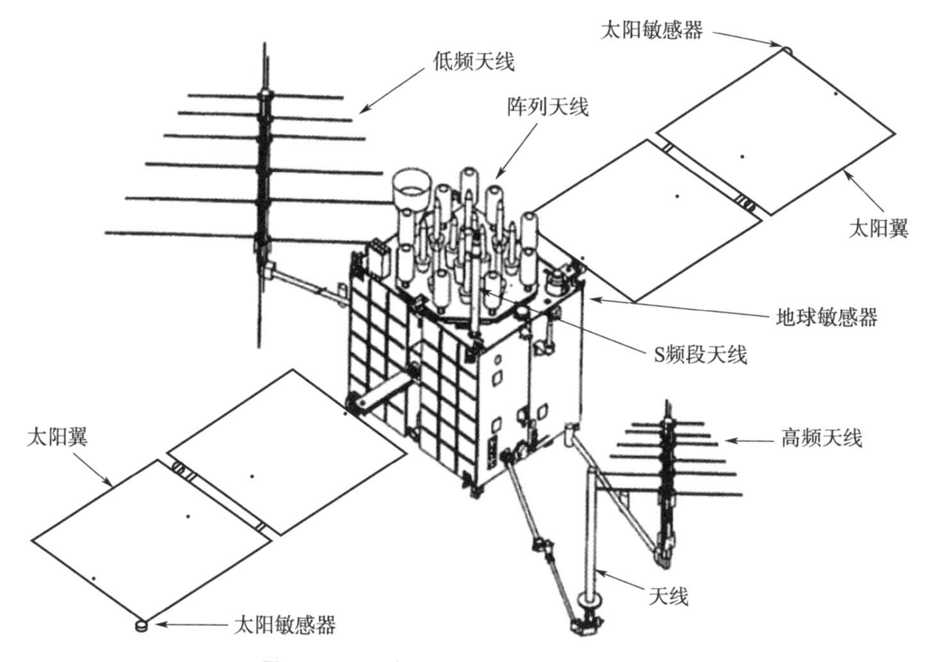

图 1　GPS 系统 Block ⅡR 卫星舱外仪器配置

卫星由卫星平台（Bus）和有效载荷（Payload）两部分组成[1]。导航卫星平台是指为有效载荷正常工作提供支持、控制、指令和管理保障任务的各分系统的总称，按各自服务功能不同，分别为导航卫星提供与地面站间无线传输链路、姿态与轨道控制、温度环境控制、结构支承与电源。导航卫星需要维持高精度轨道和稳定的时间及信号传输时延，要求卫星姿态控制对轨道的影响要小，在姿态控制中需要有精确的矢量控制。热控分系统对有效载荷和星载原子钟频率提供所需稳定、准确的工作温度环境。

导航卫星平台由电源（electrical power supply）、姿态和轨道控制（attitude and orbit control）、跟踪遥测和遥控（telemetry and tracking command）、在轨数据管理（on-board data handling）、结构和机构（structure and mechanism）以及热控（thermal control）等分系统组成。电源分系统产生、调节、存储、分流太阳电池产生的电能，为所有电子仪器提供能源。姿态和轨道控制分系统采用三轴姿态稳定控制技术，使卫星在运动过程中，导航天线始终指向地心，并使太阳电池板始终指向太阳。跟踪遥测和遥控分系统一方面实现地面对卫星工作状态的监视和接收地面测控系统的遥控指令，另一方面也可接收地面运行控制系统上注的导航数据。热控分系统则实现卫星舱内和舱外的温度控制，为所有电子仪器提供适宜的工作温度环境。结构和机构分系统保持卫星结构完整性，用于支撑、固定、安装仪器设备，传递和承受载荷，以及完成各种预定的分离、展开、锁定及转动动作。

有效载荷的任务是播发含有导航电文和测距码的导航信号，是卫星导航系统提供定位、导航和授时服务的核心。导航卫星有效载荷一般由时间频率基准（time and frequency refence）、上行导航数据接收（uplink navigation data reception）、导航信号生成（navigation signal generation）、导航信号播发（navigation signal brocasting）以及导航天线（navigation antenna）等五个功能模块（子系统）组成。时间频率基准子系统的核心单元是高稳定度的星载原子钟，为有效载荷提供时间和频率基准的正弦波信号，是生成伪随机测距码和载波频率信号的基准。上行导航数据接收子系统负责接收地面运行控制系统上注的星历和星钟校正参数等导航数据，这些导航数据是导航信号生成子系统生成导航电文的基础。导航信号生成子系统包括测距码发生器、导航电文存储器、扩频信号发生器、扩频信号调制器，同时控制、产生和维持时间频率基准数字方波信号。导航信号播发子系统主要完成多个频点导航信号的滤波、合成和放大。导航信号播发天线根据特定的方向图，将导航信号以赋球波束的方式播发给地面用户。

北斗三号卫星导航系统空间段 GEO 导航卫星还配置 RDSS 载荷，提供报文通信服务。文献［2］指出，与传统的卫星平台不同，北斗导航卫星设计了星间链路分系统、先进的综合电子分系统，高效的电源分系统。

（1）星间链路分系统

北斗三号导航卫星在每颗星上装载了星间链路系统设备，完成卫星与卫星之间测距、信息传输和卫星状态监控，形成互联网络，实现整个卫星系统的实时监控。通过多星间的测距数据实现星地联合精密定轨，或通过卫星星上自主数据处理进行星间时间同步和自主生成导航星历参数并直接播发，实现自主导航。

（2）综合电子分系统

北斗三号卫星采用了先进的综合电子技术，以中心管理单元为核心，以分布式网络体系结构为系统架构，构建了分布式协同和集中管理综合软件系统，完成在轨运行调度和综合信息处理，分系统包括中心管理单元（CMU）、信息处理与路由单元（DPRU）、接口服务单元（ISU）。CMU 集中实现卫星数据管理、自主热控、自主能源管理、姿轨控、遥测遥控以及载荷数据管理；DPRU 针对整星信息流及交互路由的综合设计，实现测控链路、星间链路和对地通信链路的综合化管理和信息融合，同时实现自主定轨与时间同步算法的运算处理；ISU 为整星各类设备提供配电、遥测采集、指令输出、设备控制等接口服务。

（3）电源分系统

卫星的电源分系统是卫星系统的关键环节，为星上各单机产品提供连续稳定的电能源。电源分系统由太阳电池阵、蓄电池组及电源控制器（Power control unit，PCU）等组成。太阳电池阵为卫星的发电装置，采用轻型碳纤维蜂窝板和折叠展开结构形式，在结构板上粘贴高性能三结砷化镓太阳电池片，解决了力学、辐照、布片和连接工艺等技术，太阳能转化效率优于30%。蓄电池在光照时由太阳阵充电，在地影期为整星供电，采用锂离子蓄电池技术，通过并串连接提供所需电压和容量，解决了轻量化、高功率重量比的技术问题。PCU 采用 S3R 技术实现对太阳电池阵的顺序开关分流调节，通过 MEA 电路对母线电压采样后形成统一的母线误差电压信号，对分流、充电和放电实现统一的三域控制，为用电设备提供稳定的母线输出电压，解决了小型化、轻量化和高效率的技术难点。

北斗三号卫星导航系统的主要任务包括扩展北斗一号 RDSS 和站间时间同步与数据转发功能，并与新增的 RNSS 电磁兼容；针对空间导航卫星数量有限、地面测控和运控站分布范围窄的情况下，设计采用了星地双向时间比对技术，解算出卫星钟相对于地面站基准钟的准确钟差等数据；接收地面运控系统上行注入的导航电文参数，星上存储、处理生成下行导航电文，产生多路导航信号，同时将卫星完好性信息及时下传给地面运控及用户系统；适应三种轨道混合星座多星测控业务，采用S频段扩频测控体制，独立完成测控任务的同时可对S频段扩频应答机进行复位、开关机等操作，以确保测控通道的可靠性和安全性；在覆盖区内，保证卫星接收和发送信号的G/T值和EIRP值；卫星组网工作时，卫星发播的信号必须连续、稳定，计划中断和非计划中断次数及时间符合工程要求。

RNSS服务通过北斗系统空间星座中卫星的B1C、B2a、B2b和B1I、B3I信号提供，用户通过该服务可确定自己的位置、速度和时间。主要性能指标包括空间信号精度、连续性和可用性，定位、测速、授时精度和服务可用性等。

参考文献

[1] 刘天雄.卫星导航系统概论[M].北京：中国宇航出版社，2018.
[2] 陈忠贵，武向军.北斗三号卫星系统总体设计[J].南京航空航天大学学报，2020，52(6)：835-845.

3 导航卫星轨道设计需要考虑哪些因素？

导航卫星轨道参数就是描述导航卫星空间位置的参数，由导航卫星的初始状态和所受到的各种摄动力决定。导航卫星在空间运行时，最主要的摄动力是地球质心引力，同时还受到太阳、月球及其他天体引力的作用，以及大气阻力、太阳光压、地球潮汐等作用力的影响。为了研究导航卫星的运动规律，一般将导航卫星受到的作用力分为两类，一类是地球质心引力，又称为中心引力，决定了导航卫星运动的基本规律和特征，由此所决定的卫星轨道是一条理想的轨道，一般称之为无摄轨道；另一类称为摄动力，也称为非中心引力，包括除了地球引力之外的各种作用力，在摄动力作用下，导航卫星运动偏离理想轨道，偏离量是时间的函数，导航卫星在摄动力作用下的运动称为受摄运动，相应的卫星轨道称为受摄轨道。

开展轨道设计时首先需要清楚地理解轨道选择的依据，并且随着任务要求的改变或者任务定义的完善定期评审这些依据，同时需要敞开思路，不断设计可供选择的方案，设计多种不同的方案。卫星导航系统的工作原理要求用户必须要能够同时接收到4颗以上导航卫星播发的信号，也就是说导航卫星对地至少要四重覆盖，那么首先需要解决的第一个问题是确定导航卫星轨道的类型[1]。

为了设计人造卫星轨道，我们首先将空间飞行任务分成转移轨道、等待轨道、空间基准轨道和地球基准轨道四个环节，并按飞行任务的总体功能来区分各个任务段，每个轨道段均有不同的选择标准。显然导航卫星应该工作在地球基准轨道，即为地球表面和近地空间用户提供所需覆盖的一种工作轨道。几种典型的地球基准轨道有地球静止轨道（在赤道上空的位置几乎保持不变，主要用于通信和气象卫星）、太阳同步轨道（轨道旋转，使得轨道面相对太阳方位近似不变，主要用于对地观测遥感成像卫星）、闪电轨道（远地点/近地点不变，主要用于高纬度通信卫星）、冻结轨道（轨道参数变化最小，主要用于要求稳定轨道条件的卫星）、地面轨迹重复轨道（星下点轨迹重复，主要用于要求视场角恒定的卫星）。在选择轨道参数时，还要权衡选用单颗卫星或卫星星座的优劣，评估上述典型地球基准轨道以及轨道高度和轨道倾角的不同进行方案选择。

根据卫星导航任务的基本要求——用户必须能够同时接收到4颗以上导航

卫星播发的信号，综合权衡轨道价值与成本的关系，可以得出全球卫星导航系统应该选择地面轨迹重复轨道。然后是通过评价轨道参数对导航任务要求的影响来确定具体的轨道参数。任务要求包括覆盖要求（主要包括连续性、频率、持续时间、视场、地面轨迹、面积覆盖率和热点位置）、性能（主要包括停留时间、分辨率）、空间环境和生存能力（主要包括等离子环境、空间辐射、太阳粒子事件、银河宇宙线、高层大气）、发射能力（主要包括发射成本、发射重量、发射地点限制）、地面通信（主要包括地面测控网点的位置、遥测遥控数据的及时性、中继卫星的应用）、轨道寿命以及法律或政治限制（主要包括轨位、信号频点）等 7 个方面，影响这 7 个方面任务要求的最主要轨道参数是轨道高度。

相关链接

导航卫星为什么要组网运行？组成什么样的网络？

利用卫星导航系统定位，先决条件是用户要知道导航卫星的空间位置。导航卫星的空间位置也就是轨道六个参数，一般用星历描述，具体形式可以是导航卫星位置和速度的时间列表，也可以是一组以时间为函数的轨道参数。导航卫星的星历按照精度可以分为广播星历和精密星历，导航卫星实时播发广播星历，精度一般在米级；精密星历是后处理星历，一般由 IGS 分析中心综合处理区域乃至全球跟踪数据估计出的导航卫星轨道参数，精度一般在厘米级。轨道参数可以通过导航卫星以广播电文方式播发给地面用户，也可以通过地面网络以精密星历的方式提供给用户。用户可以实时获得高精度的轨道数据，而最终的精密星历只能在数天后得到。在单点定位时，轨道误差直接影响到定位结果，在相对定位时，基线的相对误差近似等于卫星轨道的相对误差。

确定导航卫星的轨道高度后，如何做到用户视界范围内要有 4 颗以上导航卫星的连续覆盖的基本要求呢？那就需要解决第二个问题，即确定空间导航卫星的数量和星座结构。

设计卫星星座时，我们可以利用设计单颗卫星轨道的全部设计准则。我们需要考虑的因素是星座中的每颗卫星是否都可以发射入轨，是否都能位于地面站或者中继卫星的视场之中，此外，还有星座中卫星的数量，卫星之间的相对位置，以及在一圈轨道运行中或者星座的工作寿命期间这些轨道位置如何随时间变化、如何根据设计要求调整每颗卫星的轨道位置等。

对于卫星导航系统来说，地面四重以上覆盖要求是选用多颗导航卫星联合工作的唯一理由。确定对地覆盖目标后，设计星座时通常要在覆盖率和卫星数量之间权衡，也就是在性能和成本之间进行权衡。覆盖率是系统的性能指标，而卫星的数量是系统成本的度量。为此，美国工程院院士 Parkinson 教授在 www.gpsworld.com 撰文指出卫星导航系统的可负担性（Affordability）理念，可负担性的含义是指面对政府对 GPS 建设和运行巨大的财政压力，美国国防部很容易受到联邦削减国防预算的影响，并殃及 GPS 庞大的建设及维护开支。Parkinson 教授建议从两方面降低 GPS 成本，一方面是利用一箭多星发射技术降低运载火箭成本，相对传统一箭一星发射，一箭双星发射卫星的成本大约可以降低一半。或者进一步减小导航卫星的体积以适应那些发射成本更低的运载火箭，都将有助于降低系统成本。另一方面是降低导航卫星的价格，Parkinson 教授建议 GPS 卫星的成本不应超过 1.75 亿美元。

卫星星座的主要特征是卫星所在的轨道平面的数量。对称的星座结构要求在每个轨道平面内的卫星数量相同。在不同轨道平面之间机动卫星所需要的推进剂远远多于在同一个轨道面内机动卫星所需要的推进剂，因此，设计星座时将数量较多的卫星送入少数几个轨道平面是最优设计。轨道平面的数量与对地覆盖性能有着密切的关系，设计星座时一般要求星座提供不同的性能台阶并且在个别卫星出现故障时星座性能仍能降级可靠运行，轨道平面数量较少时的星座相对多轨道面星座有明显的优点，例如，只有一个轨道面的星座，每增加一颗卫星，系统性能就会提高一个台阶，而具有两个轨道面的星座，每次性能跃变则需要增加至少 2 颗卫星，因此，更加复杂的星座，性能每提高一个台阶，要求增加更多的卫星。另外，对地覆盖范围和星座响应用户时间的能力也要求轨道面尽量少一些。

北斗三号系统标称空间星座由 3 颗地球静止轨道（GEO）卫星、3 颗倾斜地球同步轨道（IGSO）卫星和 24 颗中圆地球轨道（MEO）卫星组成。GEO 卫星轨道高度为 35 786 km，分别定点于东经 80°、110.5° 和 140°；IGSO 卫星轨道高度为 35 786 km，轨道倾角为 55°；MEO 卫星轨道高度为 21 528 km，轨道倾角为 55°，构型为

Walker24/3/1 星座。北斗三号系统视情部署在轨备份卫星[1]。

不同于美国的全球定位系统（GPS）、俄罗斯的格洛纳斯（GLONASS）以及欧洲的伽利略（Galileo）全球卫星导航系统采用MEO卫星Walker星座方案，北斗三号卫星导航系统空间段星座采用北斗独创的3 GEO ＋ 3 IGSO ＋ 24 MEO卫星混合轨道星座设计方案，MEO卫星采用Walker星座，实现全球覆盖，GEO和IGSO为亚太大部分地区用户提供更高性能的定位导航授时服务。亚太大部分地区，用户可见约12~16颗卫星，全球其他地区每时可见4至6颗卫星，卫星可见性和几何构型较好。北斗卫星导航系统可见卫星数如图1所示，图中显示的是北斗卫星导航系统在全球任意地点可以看到的卫星数目，用不同颜色表示不同数值（颜色与数值的对应情况参见右侧的图例）[2]。

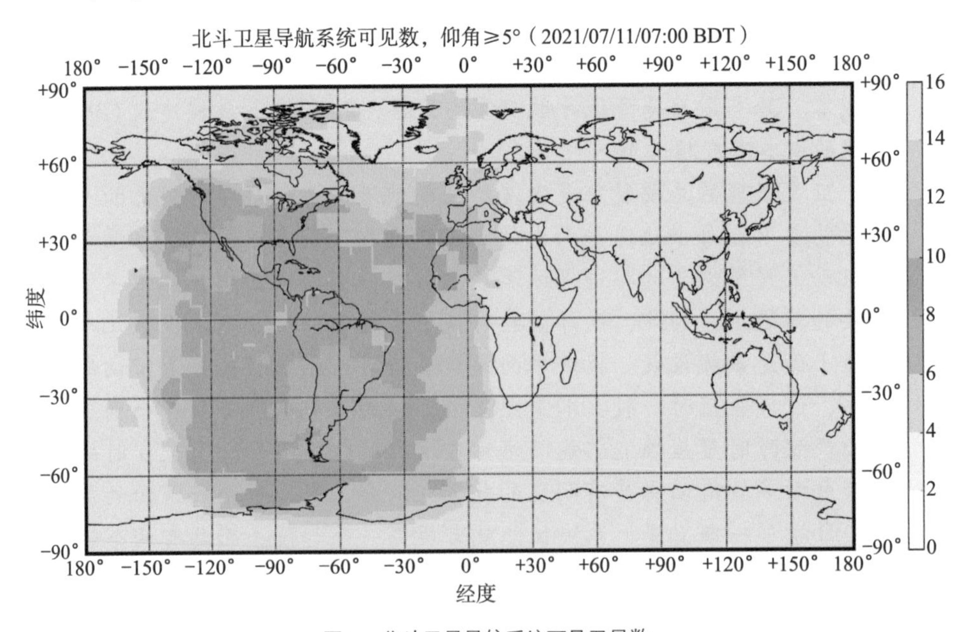

图1　北斗卫星导航系统可见卫星数

在多个轨道平面的星座方案中，相对地球赤道平面的轨道倾角是星座设计的另外一个重要参数。原则上，我们可以设计一个各个轨道平面的倾角各不相同的星座，以获得最佳的地面覆盖性能。但是，这是不可实施的方案，因为轨道节点的进动速度是轨道高度和轨道倾角的函数。因此，如果星座中各颗卫星的轨道高度相同而倾角不同，则各个卫星轨道的进动速度也不相同，这样，一组最初彼此之间具有给定几何关系的轨道平面，其几何关系将随着时间而变化。否则，我们就必须消耗推进剂来调整和维持星座中各个卫星之间的相对位置，以保持好预先设计确定的对地覆盖能力，这种技术需要消耗大量推进剂，而且只能在特定条件下短时维持星座中各颗卫星之间的相对位置。因此，我们设计卫星星座时，总是使所有卫星的轨道高度和轨道倾角均相同，否则不可能组成一个在长时间内协调工作的星座。

除了用户视界范围内要有4颗以上导航卫星的基本约束外，还要考虑导航卫星要能够周期地通过地面的导航数据上行注入站，以保证系统及时更新导航卫星的星历误差和星载原子钟误差，建设全球卫星导航系统的基本要求就是具备全球建立测控站和导航信号监测站的能力。

参考文献

［1］刘天雄．卫星导航系统概论［M］．北京：中国宇航出版社，2018.
［2］北斗可见卫星．中国卫星导航系统管理办公室测试评估研究中心［EB/OL］．［2021-7-11］.http：//www.beidou.gov.cn/xt/jcpg/202107/t20210711_22968.html.

4 北斗系统为什么要选择混合轨道星座设计？

北斗卫星导航系统按照“三步走”战略建设发展。第一步，北斗一号系统1994年启动建设，2000年投入使用，采用有源定位体制，为中国用户提供定位、授时、广域差分和短报文通信服务。第二步，北斗二号系统2004年启动建设，2012年投入使用，在兼容北斗一号系统技术体制基础上，增加无源定位体制，为亚太地区用户提供定位、测速、授时和短报文通信服务。第三步，北斗三号系统2009年启动建设，2020年投入使用，在北斗二号系统的基础上，进一步提升性能、扩展功能。

在前两步里，北斗系统分别为中国和亚太地区提供服务，地球静止轨道（GEO）卫星和地球同步倾斜轨道（IGSO）卫星组网方案显然更有优势，两种高轨卫星的轨道周期与地球自转周期完全同步，因而相对而言5颗卫星静止在赤道上空，3颗卫星由于倾角设置相对地面做固定周期的运动，投影轨迹始终留在亚太及沿赤道对称区域，抗遮挡能力强，采用IGSO和GEO轨道设计方案，在国内测控站的支持下，可以实现对GEO和IGSO的全弧段测控，做到实时传输数据。因而在亚太地区可以几乎永久保持至少12颗卫星可见，大幅提高该区域定位精度。在配合地面建设的增强基站情况下，实现分米乃至厘米级定位亦很现实。

当进入全球组网时，地球中圆轨道（MEO）卫星更适合在全球导航服务上发挥作用，但单一的由MEO卫星组成的全球导航星座必须布满全部24颗卫星才能有效地投入运行，如要满足区域更高精度的测量和定位需求，还需要GEO卫星进行区域加强或大量增加MEO卫星，并且如果全部采用MEO卫星，对监测系统和运控系统提出了更高的要求，因此，采用三种轨道混合的星座设计也是为了平衡精度需求和建设成本，同时也为国土及周边重点地区提供导航增强服务。

卫星导航系统定位需要解算3个位置参数和1个时钟偏差参数，所以最少需要同时观测到4颗卫星才可解算定位（精度还与其他很多因素有关），从可见卫星数目图中可以了解北斗系统基本的覆盖区域。北斗卫星导航系统导航卫星星下点轨迹如图1所示[1]，卫星轨迹在地面投影可看出北斗卫星导航系统在亚太地区的覆盖情况，由此可以提供导航增强服务，图中蓝色8字形轨迹为倾斜地球同步轨道卫星，红点为地球静止轨道卫星，绿色为服务全球的中圆轨道卫星（未全部展示）。

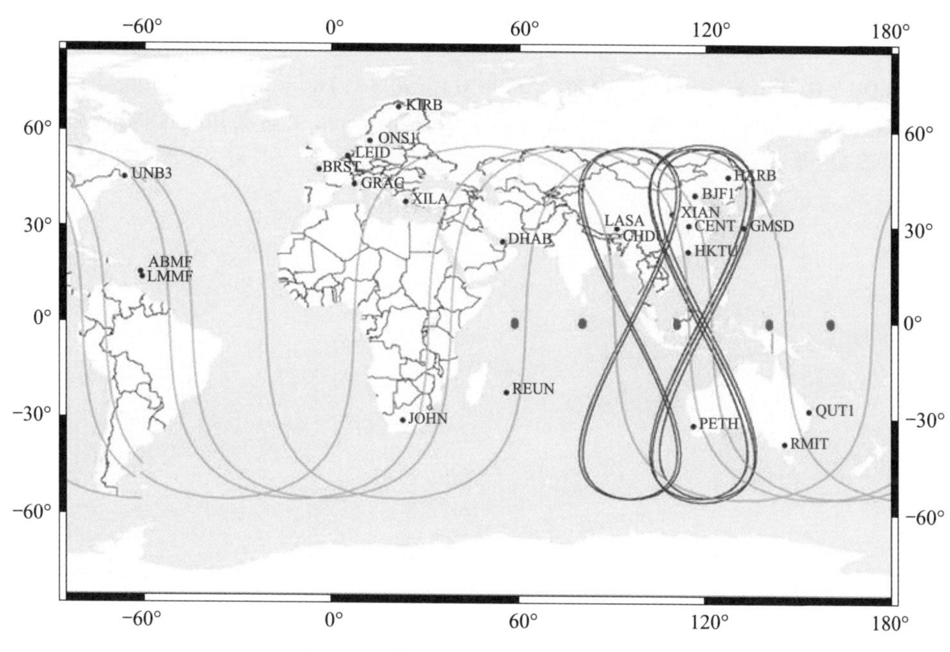

图 1　北斗卫星导航系统导航卫星轨迹

北斗卫星导航系统具有以下特点：一是空间段采用三种轨道卫星组成的混合星座，与其他卫星导航系统相比高轨卫星更多，抗遮挡能力强，尤其在低纬度地区性能优势更为明显。二是提供多个频点的导航信号，能够通过多频信号组合使用等方式提高服务精度。三是创新融合了导航与通信功能，具备定位导航授时、星基增强、地基增强、精密单点定位、短报文通信和国际搜救等多种服务能力[2]。

我们在建设北斗卫星导航系统时，采用了“三步走”的战略，符合我国国情和不同阶段技术经济发展要求，北斗系统的成功实践，走出了在区域快速形成服务能力、不断扩展为全球服务，具有中国特色的卫星导航发展道路，丰富了世界卫星导航的发展模式和发展路径。采用混合型做部署模式具有以下几点优势：第一是绕过发展阶段技术瓶颈，充分利用现有技术条件，使系统具有较高的性能。第二是系统建设的性价比较高，使用最低的成本，满足高精度要求。第三是具有系统级广域差分系统，满足不同精度的导航定位服务。

参考文献

[1] LOU Y D，LIU Y，SHI C，YAO X G，ZHENG F.（2014）. Precise orbit determination of BeiDou constellation based on BETS and MGEX network. Scientific reports. 4. 4692. 10.1038/srep04692.

[2] 中国卫星导航系统管理办公室 . 北斗卫星导航系统发展报告（4.0）版［S］. 北京，2019.

5 北斗系统是军用系统还是民用系统？

卫星导航系统是军民两用系统，民用是军用的延伸。目前世界有GPS、GLONASS、Galileo以及BDS四大全球卫星导航系统，也有QZSS和INRNS两个区域卫星导航系统。四大全球卫星导航系统都可以提供定位精度10 m（95%），授时精度100 ns（95%）的服务[1]，这个精度可以满足大部分用户的要求。

北斗卫星导航系统既是军用系统，又是民用系统，具有显著的军民融合属性，能够为坚定实施军民融合发展战略提供示范带动引领作用，而且具有巨大的市场发展潜力，能够提升经济社会发展和国防军队现代化建设的水平。

北斗卫星导航系统的建设、运行和应用管理工作由中国多个部门共同参与。有关部门联合成立了中国卫星导航系统委员会及中国卫星导航系统管理办公室，归口管理北斗系统建设、应用和国际合作等有关工作。同时，成立专家委员会和专家组，充分发挥专家智库咨询作用，实施科学、民主决策[2]。

作为联合国外空司全球卫星导航系统委员会认可的核心供应商，北斗卫星导航系统自建设之初，就坚持“开放、兼容”的发展原则，分别同美国、俄罗斯就北斗卫星导航系统与GPS、GLONASS的系统间兼容与互操作签署双边协议，与欧盟持续推动北斗系统与Galileo的兼容与互操作协调[3]。

习近平总书记指出：“中国的发展得益于国际社会，也愿为国际社会提供更多公共产品。”北斗系统是中国践行“让各国人民共享发展机遇和成果”的典型公共产品。为满足全球应用需求，中国政府持续推动北斗卫星导航系统进入国际民航、国际海事、搜救卫星系统、全球移动通信系统、国际电工委员会等国际组织标准体系。至今，多项支持北斗的国际标准发布，国际移动通信标准化组织发布支持北斗信号的5G标准，国际海事无线电技术委员会也发布支持北斗信号的差分数据标准协议，国际电工委员会发布北斗船载接收设备检测国际标准。北斗正在随着5G、民航、航海等产业走向全球。

当前，北斗系统已在全球超过一半的国家和地区得到应用，向亿级以上用户提供服务，基于北斗的土地确权、精准农业、数字施工、防灾减灾、智慧港口等各种解决方案在东盟、南亚、东欧、西亚、非洲等区域的众多国家得到应用。北斗国际合作通过测试评估、技术研发、应用示范、教育培训等多种方式，与合作国加强卫星导航领域的技术合作交流，实现共同进步。

北斗卫星导航系统始终坚持体系化推进北斗法治建设，护航北斗系统健康发展。同时，中国积极参加联合国等国际组织和相关多边机制框架下的国际活动，坚持遵循国际秩序，营造公正合理的卫星导航国际法治环境。自北斗系统建设以来，中国就遵循国际电信联盟规则，开展卫星导航频率的申请与协调，合法使用频率轨位资源；积极履行国际责任，与各国共同推动S频段成为新的卫星导航频段。

中国积极承担卫星导航大国责任，倡导在卫星导航领域制定公平公正的国际规则，2019年在联合国全球卫星导航系统国际委员会第十四届大会上专题分享了中国卫星导航法治建设的经验做法，倡导各国加强卫星导航法治合作，为推动形成全球共识、改善卫星导航的全球治理做出了贡献。

相关链接

四大卫星导航系统定位精度几何

2020年11月23日，第11届中国卫星导航年会上，美国国务院空间事务办公室给出GPS信号用户测距误差（URE）平均为52.2 cm（RMS），最好为38.5 cm（RMS），最差为90.2 cm（RMS），观测时间段是2019年11月7日—2020年11月7日[2]。即，当GDOP值为3时，GPS的平均定位精度优于5 m（RMS）。欧盟国防工业与空间署给出Galileo系统信号URE为0.25 m（95%），全球平均定位精度小于1 m[3]，授时精度小于5 ns，观测时间段是2020年7月。俄罗斯航天局给出GLONASS系统信号URE最优为0.63 m，观测时间段是2020年5月13日—21日，公开服务（Open Service）定位精度是5.6 m[4]。由此可知，全球卫星导航系统定位精度已进入米级时代，卫星导航系统的核心技术是高精度时空基准建立维持和传递、进一步提升导航信号精度以及电离层和对流层时延改正精度。四大卫星导航系统服务精度如表1所示[5]，文献［6］给出北斗三号卫星导航系统的用户测距误差为0.41 m，文献［7］给出北斗三号卫星导航系统的B1C频点导航信号全球定位精度均值水平方向1.31 m，垂直方向2.13 m。

表1　GPS、Galileo、GLONASS和BDS卫星导航系统服务精度

参数	GPS	Galileo	GLONASS	BDS
用户距误差（URE）	52.2 cm（RMS）	0.25 m（95%）	0.63m	0.41 m
定位服务/m	5（RMS）	＜1（95%）	5.6	水平1.31，高程2.13

参考文献

[1] 刘天雄.卫星导航增强系统原理与应用[M].北京：国防工业出版社，2021.

[2] OFFICE OF SPACE AFFAIRS，DEPARTMENT OF STATE. Space-based positioning，navigation and timing（PNT）[C] // Proceeding of 11th China Satellite Navigation Conference. Chengdu：CSNC，2020.

[3] DIRECTORATE-GENERAL DEFENCE，INDUSTRY AND SPACE. European commission Galileo update [C] // Proceeding of 11th China Satellite Navigation Conference. Chengdu：CSNC，2020.

[4] ROSCOSMOS STATE SPACE CORPORATION. GLONASS & SDCM status evolving capabilities towards smarter solutions [C] // Proceeding of 11th China Satellite Navigation Conference. Chengdu：CSNC，2020.

[5] 刘天雄，周鸿伟，聂欣，卢鋆，刘成.全球卫星导航系统发展方向研究[J].航天器工程，2021，30（2）：96-107.

[6] 卢鋆，张弓，陈谷仓，等.卫星导航系统发展现状及前景展望[J].航天器工程，2020，29（4）：1-10.

[7] 蔡洪亮，孟轶男，耿长江，高为广，等.北斗三号全球导航卫星系统服务性能评估[J].测绘学报，2021，50（4）：427-435.

6 卫星导航系统民用和军用有什么区别?

全球卫星导航系统的设计初衷是满足战场上的战略和战术需要[1]。例如，1973年12月，为满足美军对连续定位、导航和授时服务的迫切需求，美国国防部批准陆海空三军联合研制军用卫星导航系统——Navigation by Satellite Timing and Ranging/ Global Positioning System，简称NAVSTAR/GPS，即基于卫星授时和测距的导航系统，简称GPS。美国国防系统采办和评审委员会确定研制GPS的目标是[2]：

1）可将5枚炸弹投放在同一目标上；

2）导航接收机价格低于10 000美元。

在40多年前，美国国防部研发GPS的主要目标就是用于武器精确投放。核武器、洲际弹道导弹、战略轰炸机均需要卫星导航系统提供精确制导信息，以减少对非军事目标的破坏。GPS已成为作战武器系统的“力量倍增器”。

GNSS的军事应用优先于民用、商业和科学用户群体[1]。例如，GPS为军队等授权用户提供具备加密能力和抗干扰功能的精密定位服务（PPS），用户可以同时接收L1（C/A）和L2（P代码）双频导航信号，消除电离层的误差，使定位更加准确。为一般民用用户提供标准定位服务（SPS），用户只能接收L1（C/A）单频信号。尽管现代化的GPS播发第二、第三和第四民用导航信号（L2C、L1C、L5），支持民用多频应用模式，但GPS为军队等授权用户提供精度更高、抗干扰能力更强的军用M码信号。文献［3］指出，GPS的Block Ⅲ卫星将配置点波束、大功率、反射面天线，播发军用M码信号，军用M码信号的功率较P（Y）信号功率提高20 dBW。M码信号可以实现全球和重点区域工作方式的切换，在重点区域的卫星信号功率较目前功率将提高100倍，这将大幅度增强系统的抗干扰能力。

卫星导航定位系统投资巨大，如果单纯用于军事，不注重民用市场开发，这是对卫星资源的巨大浪费，也会影响系统的发展和技术进步[4]。以GLONASS系统为例，系统于1996年投入使用，由于民用市场发展缓慢、经济困难无力补网，在2000年左右已基本不能提供可靠服务，空间技术转化的滞后和人才队伍断层使系统建设费用激增，在2002—2011年和2012—2020年，俄罗斯重建全面运行星座与升级共花费了32亿美元和51亿美元[5]。

北斗卫星导航系统提供定位导航和通信数传两大类共七种服务。包括：面向全球范围，提供定位导航授时（RNSS）、全球短报文通信（GSMC）和国际搜救（SAR）三种服务；在中国及周边地区，提供星基增强（SBAS）、地基增强（GAS）、精密单点定位（PPP）和区域短报文通信（RSMC）四种服务。在民用市场，北斗系统已全面服务于交通运输、公共安全、救灾减灾、农林牧渔、城市治理等行业领域，融入电力、金融、通信等基础设施，广泛进入大众消费、共享经济和民生领域，深刻改变着人们的生产生活方式，产生了显著的经济和社会效益[6]。

为此，我国极其重视卫星民用系统发展，已逐步形成导航与位置服务产业，在国家政策和投资拉动的刺激下，特别是随着2020年国家宣布北斗三号系统开通服务，以及国家“新基建”发展战略的实施，进一步刺激和拉动了各行业对北斗卫星导航技术应用的需求和投入。文献［7］指出北斗基础产品已实现大众应用，技术达到国际先进水平。支持北斗三号系统信号的28 nm芯片已在物联网和消费电子领域得到广泛应用。22 nm双频定位芯片已具备市场化应用条件，全频一体化高精度芯片已经投产，北斗芯片性能再上新台阶。截至2019年年底，国产北斗导航型芯片模块出货量已超1亿片，季度出货量突破1 000万片。北斗导航型芯片、模块、高精度板卡和天线已输出到100余个国家和地区。北斗系统广泛应用于重点运输过程监控、公路基础设施安全监控、港口高精度实时调度监控等领域。截至2019年12月，国内超过650万辆营运车辆、4万辆邮政和快递车辆，36个中心城市约8万辆公交车、3200余座内河导航设施、2900余座海上导航设施已应用北斗系统，建成全球最大的营运车辆动态监管系统，正向铁路运输、内河航运、远洋航海、航空运输及交通基础设施建设管理方面纵深推进，提升了我国综合交通管理效率和运输安全水平。近年来中国道路运输重特大事故发生起数和死亡失踪人数均下降50%。

参考文献

［1］ GNSS in Military Affairs. https：//insidegnss.com/gnss-in-military-affairs/.

［2］ PARKINSON B W.Global positioning system：theory and applications［M］. American Institute of Aeronautics and Astronautics.Inc. 370 L’Enfant Promenade，SW，Washington，DC 20024-2518.

［3］ MICHAEL SHAW. GPS modernization：on the road to the future，GPS ⅡR/ⅡR-M and GPS Ⅲ，UN/UAE/US Workshop On GNSS Applications Dubai，2011-01-16.

［4］ http：//www.beidou.gov.cn/zt/xwfbh/zsqyfbh/mtjj_176/201712/t20171210_9153.html.

［5］ GLONASS Program for 2021–2030.http：//www.ocnus.net/artman2/publish/Defence_Arms_13/GLONASS-Program-for-2021-2030.shtml.

［6］ 北斗卫星导航系统建设与发展．第十一届中国卫星导航年会，成都，2021年11月23-25日．

［7］ 中国卫星导航系统管理办公室．北斗卫星导航系统发展报告（4.0版）［S］．北京，2019.

7 什么是北斗系统的时间和空间基准?

北斗卫星导航系统采用北斗坐标系（BDCS）。BDCS 的定义符合国际地球自转参考系服务（IERS）规范，采用 2000 中国大地坐标系（CGCS2000）的参考椭球参数，对准于最新的国际地球参考框架（ITRF），每年更新一次[1]。

CGCS2000 大地坐标系的定义如下[2]：

· 原点位于地球质心；

· Z 轴指向 IERS 定义的参考极（IRP）方向；

· X 轴为 IERS 定义的参考子午面（IRM）与通过原点且同 Z 轴正交的赤道面的交线；

· Y 轴与 Z、X 轴构成右手直角坐标系。

CGCS2000 原点也用作 CGCS2000 椭球的几何中心，Z 轴用作该旋转椭球的旋转轴。CGCS2000 参考椭球定义的基本常数为：

· 长半轴：a=6 378 137.0 m；

· 地球（包含大气层）引力常数：$\mu = 3.986\ 004\ 418 \times 10^{14}\ \mathrm{m^3/s^2}$；

· 扁率：f=1/298.25 722 210 1；

· 地球自转角速度：$\dot{\Omega}_e = 7.292\ 115\ 0 \times 10^{-5}\ \mathrm{rad/s}$。

北斗系统的时间基准为北斗时（BDT）。BDT 采用国际单位制（SI）秒为基本单位连续累计，不闰秒，起始历元为 2006 年 1 月 1 日协调世界时（UTC）00 时 00 分 00 秒，采用周和周内秒计数。BDT 通过 UTC（NTSC）与国际 UTC 建立联系，BDT 与 UTC 的偏差保持在 50 ns 以内（模 1 s）。BDT 与 UTC 之间的闰秒信息在导航电文中播报[1-2]。

相关链接1

卫星导航系统在时空系统方面的兼容与互操作要求[3]

新的卫星导航系统在保持独立性的同时，需要注重与其他卫星导航系统在时空系统方面的兼容与互操作，特别是在民用方面，这种互操作性主要有两种表现方式。

一种是采用兼容的时空系统。Galileo 地球参考框架 GTRF 和 GPS 使用的 WGS-84 实际上都是国际地球参考框架（ITRF）的一种实现。WGS-84 和 GTRF 的误差在几厘米的量级。对于导航和大多数其他用户需求来说，这种精度就足够了。GPS 使用的 GPST 和 Galileo 系统使用的 GST 都是连续的时间系统，都与国际原子时（TAI）保持较小的固定偏差。GPST 和 GST 都与 UTC 之间有明确的时间换算关系，用户可以方便地通过 Galileo 广播信息获得 GST 与 UTC 以及 GPST 之间的偏差。

另一种是在信号中广播与其他时空系统之间的转换参数。在欧洲和美国关于 Galileo/GPS 互操作性的协议中采纳了通过传统时间传递技术测量，或者利用组合 GPS/Galileo 接收机在两个系统的监测站进行精确估计的方法来确定时间偏差。另外，GLONASS 卫星导航系统计划发播 GPS 与 GLONASS 时标之差。我国 BDS 卫星导航系统也将计划广播与 GPS，GLONASS，Galileo 系统时间的转换参数以及卫星钟差、星历改正参数等信息。这些方法都很好地体现了 GNSS 系统之间的互操作，都将为用户利用多系统观测量进行导航定位提供最直接的便利。

相关链接 2

空间坐标系统设计

时间、空间坐标参考系统设计是卫星导航定位的基础。为了体现独立性，各系统都有独立的时间和空间系统。目前四大全球卫星导航系统的空间坐标系统的定义基本一致，但与 IERS 定义的参数均有差异，四大卫星导航系统地心引力常数和地球自转角速度见表 1，参考椭球的几何常数见表 2[4]。

表 1　卫星导航系统使用的地心引力常数和地球自转角速度

系统	地心引力常数值 /(m^3/s^2)	地球自转角速度 /(rad/s)
GPS	3.986 004 418E−14	7.292 115 0E−5
GLONASS	3.986 004 418E−14	7.292 115 0E−5
Galileo	3.986 004 415E−14	7.292 115 146 7E−5
BDS	3.986 004 418E−14	7.292 115 0E−5
IERS	3.986 004 418E−14	7.292 115 0E−5

表2 参考椭球的几何常数

系统	参考椭球长半轴 /m	地球椭球扁率
GPS	6 378 137.0	298.257 223 563
GLONASS	6 378 136.0	298.257 84
Galileo	6 378 136.5	298.257 69
BDS	6 378 137.0	298.257 222 101
IERS	6 378 136.6	298.257 222 100 882 7

全球卫星导航系统的地球参考框架实际上都是国际地球参考框架（ITRF）的一种实现。GPS、GLONASS、北斗系统的地心引力常数值、地球自转角速度与ITRF推荐值相同。全球卫星导航系统的参考椭球长半轴几乎都不相同，而且均与IERS推荐值存在差异，相对于IERS推荐的参考椭球长半轴 $a = 6\ 378\ 136.6$ m，GPS和北斗参考椭球长半轴差了0.4 m，GLONASS参考椭球长半轴差了−0.6 m，Galileo参考椭球长半轴差了−1.1 m，GPS和北斗与Galileo参考椭球长半轴差了1.5 m，但是参考椭球的长半轴和扁率的差异一般不会影响用户的定位结果。因为用户由卫星广播星历计算卫星坐标时，不涉及参考椭球的几何参数。北斗、GPS、GLONASS采用的地球椭球扁率也与IERS规定值不同，但这些常数差对卫星星历影响不大，对地图投影的影响在毫米量级，不影响用户使用。

由于现有四大全球卫星导航系统采用了不同的坐标框架，于是坐标框架的相对偏差将影响各卫星星座的互操作。解决这类互操作有两种策略：对于单点定位和实时导航，可以在观测模型中设置互操作参数，并在融合定位时估计这类参数；对于事后处理的高精度定位用户，可以采用相对定位方式削弱这类互操作参数的影响。需要注意的是，各GNSS系统必须选择各自的参考卫星进行差分，才能消除坐标互操作参数的影响。

实践中，应该采用多GNSS接收机同时接收GPS、GLONASS、北斗和Galileo等卫星信号，综合测定跟踪站的地心坐标，计算各GNSS存在的坐标系统误差，并播发给用户作为先验参数，供用户在多模融合导航定位时参考。如果将不同GNSS测定的地面点三维坐标转换成大地经纬度和大地高，则使用不同的参考椭球参数会产生明显差异。所以在我国若要求将多GNSS测定的点位坐标转换成大地坐标时，则一定要采用 CGCS 2000 椭球参数，而不是使用各 GNSS 所对应的其他参考椭球参数，如此才能确保不同卫星系统定位结果的坐标系统一致性。

参考文献

[1] 中国卫星导航系统管理办公室．北斗卫星导航系统公开服务性能规范（3.0 版）[EB/OL].（2021-07-01）. http：// www.beidou.gov.cn.
[2] 中国卫星导航系统管理办公室．北斗卫星导航系统空间信号接口控制文件公开服务信号（2.1 版）[EB/OL].（2021-07-01）. http：// www.beidou.gov.cn.
[3] 刘天雄．卫星导航系统概论 [M]. 北京：中国宇航出版社，2018.
[4] 杨元喜、陆明泉、韩春好 .GNSS 互操作若干问题 [J]，测绘学报，2016，45（3）：253-259。

第二篇

技术篇

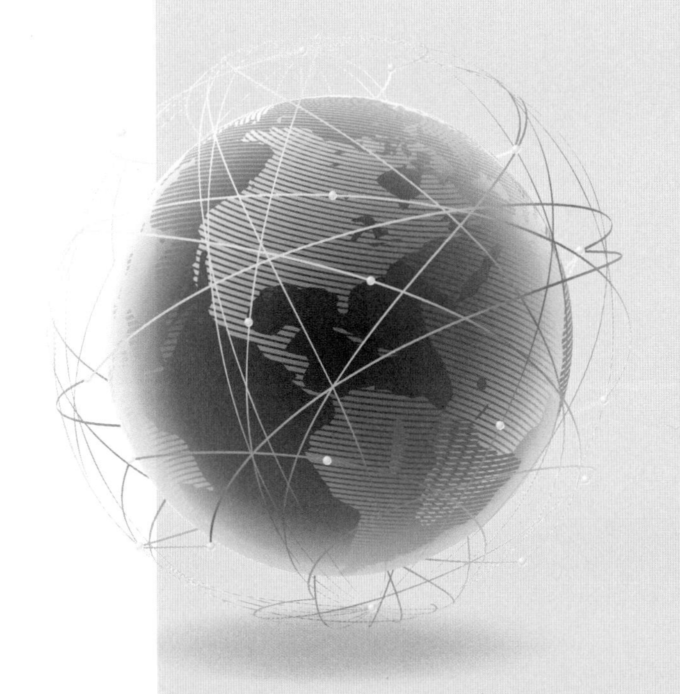

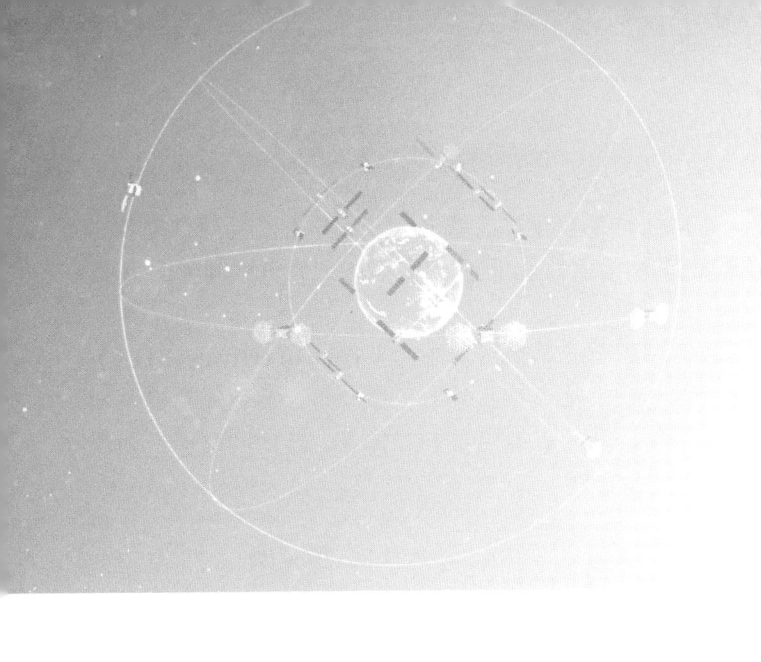

第六章 卫星导航系统工作原理

1 卫星导航系统无线电导航业务（RNSS）的工作原理是什么？

BD 110001—2015《北斗卫星导航术语》定义卫星无线电导航业务（Radio Navigation Satellite System，RNSS）为："由用户接收卫星无线电导航信号，自主完成至少4颗卫星的距离测量，进行用户位置、速度及时间参数的计算。"导航卫星配备高精度、高稳定度的星载原子钟作为卫星的频率和时间基准，通过星地双向时间比对，可以确定卫星时间与系统时间之间的偏差，由此卫星时间可以与系统时间保持同步，而用户接收机仅配置一般精度的商业晶体振荡器，与卫星导航系统时间存在偏差。除了用户位置坐标（x，y，z）外，用户接收机时钟偏差 δt 也是未知量，因此，用户接收机需要至少同时观测4颗导航卫星，才能获取自身位置和系统时间4个未知量。

在卫星导航系统中，作为空间中的动态已知点，导航卫星连续播发导航信号，信号包含伪随机测距码（pseudo random noise code，PRN）以及卫星当前的空间轨道位置、时间修正、电离层修正等导航电文信息。地面控制系统跟踪、监测每颗导航卫星，周期地向每颗导航卫星上行加载导航卫星的位置和时钟偏差的外推值，这些外推信息再由导航卫星以导航电文的形式播发给地面用户。

用户需要接收导航信号，基于信号单向到达时间（Time of arrival，TOA）原理，用户接收机测量导航信号从卫星到接收机的传播时延，就能观测出星地之间的距离，根据三边测量原理，就可以确定用户的位置、速度和时间，如图1所示[1]。

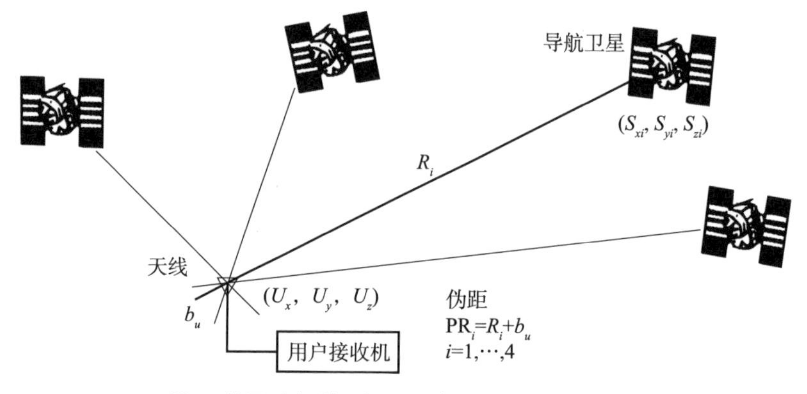

图1　基于到达时间测距原理实现对用户位置的解算

因此，导航信号是联系卫星导航系统导航卫星、地面控制系统和用户的核心纽带，是卫星导航系统向用户广播测距信号和导航电文的唯一载体，影响卫星导航系统的功能和性能，对不同卫星导航系统之间的兼容互操作以及应用推广和产业发展将产业深远的影响。对卫星导航系统定位精度的要求可以表述和转化为对导航信号测量精度的要求，以及用户对可见导航卫星的空间几何要求。

地面控制系统将导航卫星的轨道位置和钟差信息等导航数据上行注入给导航卫星后，卫星生成导航电文，通过导航信号连续不断地播发给用户接收机，由此对用户来说导航卫星的轨道位置和钟差信息是已知量，如图2所示。假设导航卫星的位置和钟差为 $(x_i, y_i, z_i, \delta t_{S,i})$，$i=1,2,3,4$；用户接收机的位置和钟差是未知量，假设为 (x, y, z, t)；用户接收机与4颗导航卫星的距离记为 d_i，$i=1,2,3,4$。

根据三边测量原理，可得如下定位方程

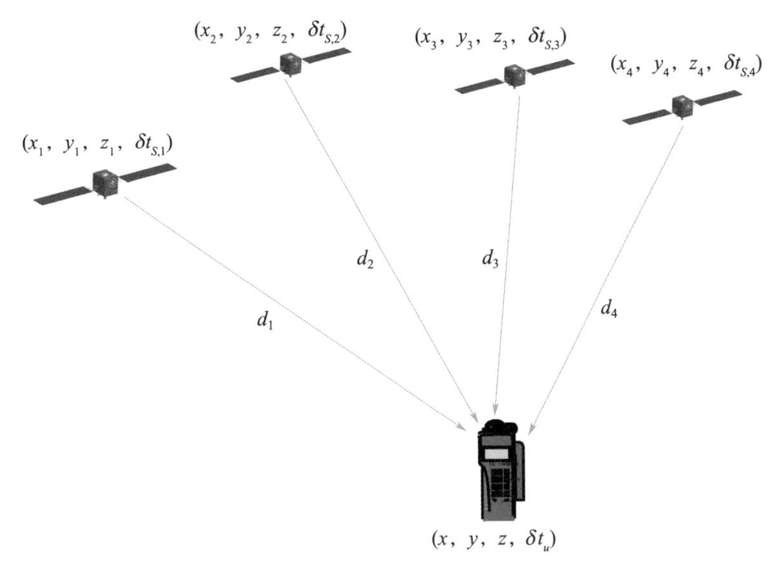

图 2　卫星无线电导航业务定位原理

$$\begin{cases} \sqrt{(x_1-x)^2+(y_1-y)^2+(z_1-z)^2} = \rho_1 - c(\delta t_u - \delta t_{S,1}) \\ \sqrt{(x_2-x)^2+(y_2-y)^2+(z_2-z)^2} = \rho_2 - c(\delta t_u - \delta t_{S,2}) \\ \sqrt{(x_3-x)^2+(y_3-y)^2+(z_3-z)^2} = \rho_3 - c(\delta t_u - \delta t_{S,3}) \\ \sqrt{(x_4-x)^2+(y_4-y)^2+(z_4-z)^2} = \rho_4 - c(\delta t_u - \delta t_{S,4}) \end{cases} \tag{1}$$

式中，$\rho_i\,(i=1,2,3,4)$ 是用户接收机观测到的伪距测量值；$(x, y, z, \delta t_u)$ 是接收机的位置和钟差，为未知量。求解上述四个方程组中的未知量，就可以实现用户的位置和系统时间的解算。

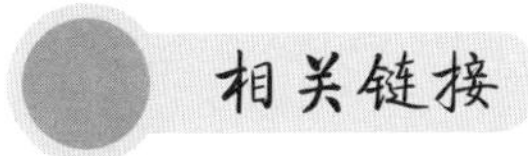

相关链接

北斗卫星导航系统广义无线电测定业务（CRDSS）的工作原理是什么？

对于卫星无线电导航业务（RNSS）定位体制，理论上最少需要 4 颗卫星才能定位。对于卫星无线电测定业务（RDSS）定位体制，配合高程计等辅助手段，理论上需要 2 颗卫星才能定位。北斗卫星导航系统除了集成 RNSS 和 RDSS 两种定位体制，还利用广义无线电测定业务（Comprehensive Radio Determination Satellite Service，CRDSS）实现用户的位置确定。广义无线电测定业务通过一颗具有双向测距功能的转发式 RDSS 卫星，完成地面任务控制中心（MCC）至用户往返距离的测量，同时，用户观测与两颗 RNSS 卫星之间的伪距，MCC 计算得到用户的位置，再通过 RDSS 卫星将定位结果广播给用户[2]。

广义无线电测定业务系统空间段由 RNSS 卫星和 CRDSS 卫星组成[2]。RNSS 卫星可以是包括北斗卫星导航系统和 GPS、Galileo 及 GLONASS 在内的 GNSS 非静止轨道的导航卫星，CRDSS 卫星是北斗卫星导航系统中同时兼有 RNSS 功能和 RDSS 功能的 GEO 卫星。北斗 GEO 卫星定点于中国上空，在国土及周边区域可以实现测控，借助星间链路可同时兼顾对全球区域的位置报告服务。为了降低卫星覆盖难度，GEO 卫星数量可适当增加。每颗 GEO 卫星上的 RDSS 载荷是覆盖定位通信区域的赋球波束或区域波束天线和通信转发器[3]。

地面中心站包括地面中心控制系统及监测站网络系统。地面监测站网络完成对卫星的监测，并由中心控制系统计算出卫星的星历、钟差及电离层、对流层校正参数，根据用户服务精度要求，选择虚拟参考站下的差分改正数。中心控制系统完成 GEO 卫星至用户的双向往返距离测量与修正，完成用户位置计算并借助 GEO 卫星实现用户位置分发。

用户机为北斗 /GNSS 双模兼容型用户机，既有 RDSS 有源定位和短报文通信功能，又有 RNSS 无源定位功能。为简化用户机设计，由 RDSS 单通道和 RNSS 四通道组成的收发用户机，可以不设计定位处理模块，通过向 MCC 直接申请精度优于 1 m 的高精度服务。CRDSS 用户机功耗小于 3W，其造价与手机相当[2]。

（1）广义 RDSS 原理[4]

广义无线电测定业务实质上是一个多参考站距离测量无线电定位系统，几何原理如图 1 所示，图中 MCC 为测量控制中心，u 为位于地面或近地空间任一点的用户，S^i 为已知参考点（即卫星位置）；r_S^i 为用户至 S^i 的距离，可由用户或测量控制中心（MCC）测得。

在测量站（或用户）测得参考站 S^i 与用户之间的距离 r_S^i。那么用户的位置便是以 S^i 为圆心，以 r_S^i 为半径的三个球面的交点。当 S^i 为位置已知的卫星位置时，即为卫星无线电测定业务；当用户至地心的距离可由用户高程来表示时，就是双星无线电定位；三星无线电定位不需要用户高程支持，它是广义 RDSS 的主要形式。

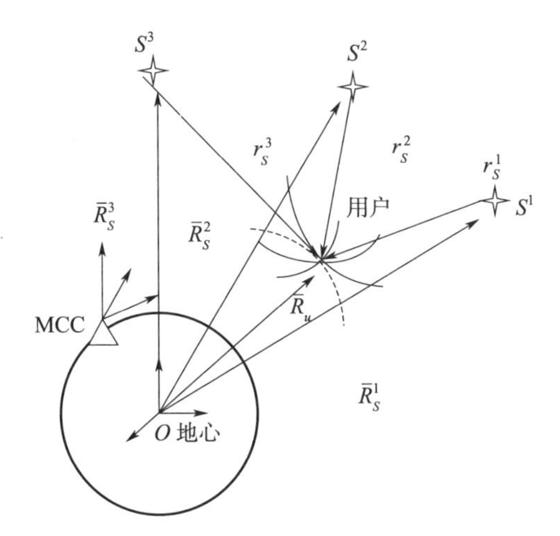

图 1　广义无线电测定业务三星定位原理图

当测量站为地球上的一个已知点，卫星为转发式工作模式时，测量站完成经卫星 S^i 至用户的往返距离测量，当卫星位置已知时，便可求得 r_S^i，进而解算出用户坐标。由于 MCC 可解算出用户坐标，所以相当于完成了用户至 MCC 的位置报告。

当测量站为用户自身时，在进行用户至卫星的距离测量时，由于卫星钟与用户钟有时间差，引入钟差及相应的距离差 ΔR。此时用户的观测距离是用户至空间的真实距离与 ΔR 之和，称为伪距，这就是 RNSS 定位原理。用户得到位置坐标参数后，再通过另外的通信手段向 MCC 报告位置坐标参数，从而实现了 RNSS 定位报告。所以 RNSS 是测量站存在钟差条件下的特殊情况，以增加卫星数量为代价，换取用户自主定位功能的卫星无线电定位业务，是 RDSS 定位体制的一个子集。

同时，广义 RDSS 可以通过差分定位技术进一步提高定位精度。其工作原理是由用户完成对 GEO 卫星播发的 RNSS 信号以及与非 GEO 卫星 RNSS 导航信号时间差 Δt 的测量，即用户对多颗卫星的双差测量。通过应答信号将时差测量值返回 MCC；同时 MCC 完成经 GEO 卫星至用户的双向距离观测值，再由 MCC 根据卫星星历和钟差、电离层校正参数及用户观测量，完成对 Δt 的修正，进而修正用户位置计算结果。MCC 将修正后的用户位置信息向用户传递，从而提高定位精度。

综上所述，广义 RDSS 定位报告是将双星 RDSS，三星 RDSS 以及四星 RNSS 业务综合为一体，按用户不同需求，实现定位和位置报告功能。显然，广义 RDSS 定位是 RDSS 和 RNSS 的集成应用。其特点如下：

· 用户只进行卫星到达信号的时差测量，无须完成卫星星历接收，缩短了位置报告的时间，一般可在 1 s 时间内完成。

· 用户向 MCC 的位置报告中无位置参数，保密性好。

· 用户机功耗小，成本低。

· 用户机完成对 3 颗卫星（含 1 颗 GEO 卫星）的时差观测，可摆脱 MCC 对数字高程模型（DEM）的依赖，定位精度较高。

· 用户对卫星的可选择性高。

非 GEO 卫星可以是北斗卫星导航系统中的 IGSO 卫星、MEO 卫星，或 GPS、GLONASS、Galileo 等系统的 MEO 卫星。广义 RDSS 定位报告综合利用可观测的四大全球卫星导航系统所有卫星资源，是典型 GNSS 定位报告系统。

（2）CRDSS 意义

与借助 GNSS 定位和卫星通信实现位置报告功能相比，CRDSS 效费比较高，将传统卫星无线电导航业务至少需 4 颗卫星才能实现定位变为 3 星定位。在同样星座的卫星数量下，DOP 值会更低，从而提高定位精度。所以，CRDSS 不是卫星导航和卫星通信的简单结合，而是实现更高精度、灵活服务、用户信息共享、导航系统资源共享的一种应用模式，是突出用户应用需求，降低用户负担，扩大应用规模，实现卫星导航产业化的新思路、新方案。将卫星导航自发式传统服务提升至按需服务的高级阶段，能够避免传统方式低水平的恶性竞争，是创立以服务质量为目标的良性竞争的重大技术举措，也是支持自主创新、发展民族导航产业的重大技术举措。CRDSS 以中国北斗卫星导航系统为主体，开拓新的服务模式，创造增值服务价值[5-6]。

参考文献

［1］ 刘天雄．卫星导航系统概论［M］．北京：中国宇航出版社，2018.

［2］ 谭述森．广义卫星无线电定位报告原理及其应用价值［J］．测绘学报，2009（01）：5-9.

［3］ 徐丽娟．BD-2 RDSS 分系统导航误差修正技术研究［D］．中国科学院研究生院（空间科学与应用研究中心），2008.

[4] 谭述森. 广义卫星无线电定位报告原理及其应用价值[J]. 测绘学报，2009(01)：5-9.
[5] 谭述森. 广义 RDSS 全球定位报告系统[M]. 北京：国防工业出版社，2011.
[6] 谭述森. 认识北斗[EB/OL]. [2011-3-18](2021-7-13).www.beidou.gov.cn/zy/kpyd/201710/W02017102256455 7920053.pdf.

2 北斗系统无源定位与有源定位的区别是什么?

卫星无线电导航业务（RNSS）与卫星无线电测定业务（RDSS）的根本区别在于，RNSS体制定位用户机只需要接收信号，而RDSS体制定位用户机需要发射和接收信号；RNSS体制定位是由用户机自己来解算，而RDSS体制定位是由地面中心站来求解。因此，RNSS定位又称为无源定位，RDSS定位称称为有源定位。

当卫星导航系统采用有源定位体制时，用户终端需要发出一个申请定位的信号，信号经过导航卫星转发到达地面控制中心，地面控制中心根据信号时延计算卫星和用户之间的距离，基于三球交会原理计算出用户的位置，再通过出站信号由卫星将定位结果广播给用户。这就是有源定位的工作原理，如图1所示。

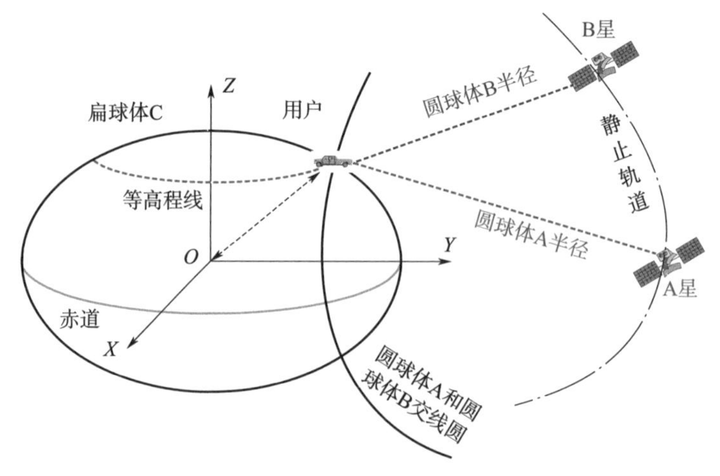

图1　有源定位原理示意图

当卫星导航系统采用无源定位体制时，用户需要同时接收至少4颗导航卫星播发的信号，用户机观测卫星和用户之间的伪距，然后联立求解含有用户坐标和钟差在内的4个未知数的方程组，给出用户的位置、速度和时间信息。

目前在轨提供服务的北斗二号、北斗三号卫星导航系统，均保留了北斗一号系统的有源定位功能，同时提供国际主流的无源定位功能为用户提供PNT服务。对于无源定位模式，因为用户不需要发射信号，因此不会暴露自己的位置。对于有源定位模式，用户进行定位时需要发射定位申请信号，战时容易暴露自己的位置。

3 卫星导航系统为什么要规定坐标框架和时间基准？

人造地球卫星的运动包括卫星的质心运动和卫星自身相对卫星质心的运动，前者是轨道动力学问题，而后者是姿态动力学问题。导航卫星和用户在空间的位置和运动规律必须相对某个参照物来描述，这样的参照物就是参考系。描述不同物体的运动应选择不同的参考系，引进适当的参考系可以使研究的问题清晰、使动力学模型简单。例如，导航卫星的运动应在天球参考系中描述，而地表用户的位置和运动则在地球参考系中描述更为方便。这些参考系可以用数学模式和动力学给予定义，如太阳系天体的历表是解算描述天体在太阳系动力学模型中的运动方程得到的，它定义了某些不变的点和方向，构造了动力学天球参考系。在宇宙中非常遥远的天体，如类星体或星系没有自行，或者小于 2×10^{-5} 角秒 / 年，由这些遥远天体的运动性质或者其几何结构定义的参考系称为运动学天球参考系。地面上的台站坐标用理论模式描述的参考系称为地球参考系。牛顿力学框架下定义的参考系是相对三维空间的，而广义相对论中定义的参考系一般都是针对四维时空的[1]。

利用卫星导航系统确定用户空间位置需要在一个时间和空间基准中来描述，为地理空间中的用户提供定位、导航和授时服务，也要嵌入到一个时间和空间参照系统中。卫星导航系统的时空基准是指卫星导航系统的空间坐标基准和时间参考基准，由相应的参考框架来实现，其空间坐标基准规定了卫星导航系统定位的起算基准、尺度标准以及实现方式，时间参考基准规定了时间测量的参考标准，包括时刻的参考标准和时间间隔的尺度标准。空间参考框架由国际地球参考框架实现，是由国际地球自转服务局根据一定要求，由分布全球的地面观测台站，采用甚长基线干涉测量（VLBI）、卫星激光测距（SLR）、激光测月（LLR）以及卫星多普勒定轨定位（DORIS）等空间大地测量技术，由国际地球自转服务组织对所有观测数据进行综合分析处理，得到地面观测站的坐标和速度场以及相应的地球定向参数。时间参考框架则是在全球和局域范围内，通过守时、授时和时间频率测量，实现和维护统一的时间系统。

位置是相对于参考坐标系而言的，不同的参考坐标系会有不同的位置表述结果。为了建立卫星导航系统的数学模型，也必须选定时间系统和空间参考系统，确定的时空参考系统是描述卫星导航系统导航卫星轨道运动规律、处理地面观测数据、解算用户位置的物理与数学基础。以地球质心为原点的坐标系，由于地球围绕太阳旋转，存在加速度，必须考虑广义相对论效应的影响，因为相对论效应的影响主要来自地球本身的重力场，所以地心坐标系比较适合于描述人造地球卫星的运动。对于卫星导航系统等提供全球服务的系统，选择赤道坐标系描述卫星运动比较合适，如图 1 所示。

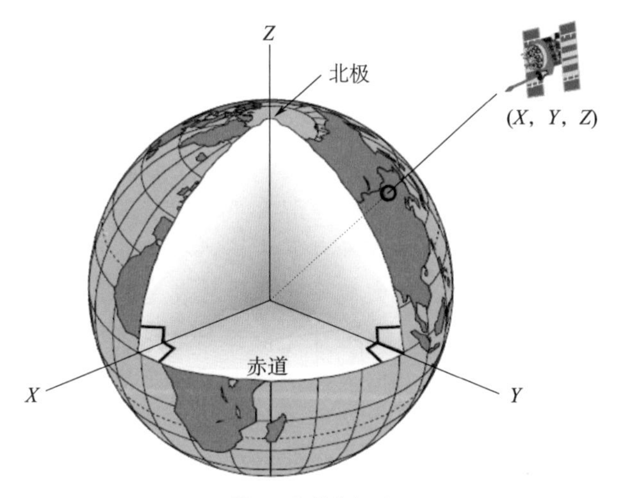

图 1　赤道坐标系

导航卫星在太空中的运动规律，利用天球参考系描述比较方便，而地表用户的位置和运动规律，则在地球参考系中描述比较方便。天球坐标系与地固坐标系的坐标轴不一样，天球坐标系中的 X 轴指向春分点，是赤道面与黄道面的交线，地固坐标系的 X 轴定义为赤道面与格林尼治子午面的交线，两个坐标系都采用地球自转向量作为纵轴 Z，两个坐标系的 Y 轴与纵轴 Z 和横轴 X 垂直，并构成右手坐标系。天球坐标系与地固坐标系的 X 轴之间的夹角称为格林尼治恒星时。将地球围绕太阳的运动看作无自转的公转，地心坐标系的坐标轴将保持平行。由于多种复杂的原因，地球自转向量会发生摆动，干扰扭矩主要来自太阳和月球的引力，所以空间参考框架的建立与维持是比较复杂的工作。

描述导航卫星与用户接收机之间距离 ρ 与导航卫星瞬时空间位置向量 $\boldsymbol{\rho}_s$ 及用户瞬时位置向量 $\boldsymbol{\rho}_r$ 关系的基本方程为

$$\rho=\|\boldsymbol{\rho}_s-\boldsymbol{\rho}_r\| \tag{1}$$

式中，卫星瞬时空间位置向量 $\boldsymbol{\rho}_s$ 及用户瞬时位置向量 $\boldsymbol{\rho}_r$ 必须在同一个坐标系中表示，定义三维笛卡儿坐标系需要协议确定坐标轴指向和原点位置。卫星导航系统自洽的时间和空间基准确保了定位、导航和授时服务过程中各个环节空间坐标和时间参考系统的统一。

相关链接

北斗卫星导航系统的坐标框架和时间基准是什么？

一个全球卫星导航系统的坐标系在很大程度上决定了导航系统的性能，特别是导航定位的精度。另外，坐标系也是决定一个导航系统的国际兼容性和系统互操作性的重要因素。根据中国卫星导航系统管理办公室2017年12月发布的《北斗卫星导航系统空间信号接口控制文件公开服务信号B1C（1.0版）》，北斗卫星导航系统采用北斗坐标系（BeiDou Coordinate System，BDCS）。北斗坐标系的定义符合国际地球自转服务组织（IERS）规范，与2000中国大地坐标系（CGCS2000）定义一致（具有完全相同的参考椭球参数），具体定义如下[2]：

（1）原点、轴向及尺度定义

原点位于地球质心；Z轴指向IERS定义的参考极（IRP）方向；X轴为IERS定义的参考子午面（IRM）与通过原点且同Z轴正交的赤道面的交线；Y轴与Z，X轴构成右手直角坐标系；长度单位是国际单位制（SI）米。

（2）参考椭球定义

BDCS参考椭球的几何中心与地球质心重合，参考椭球的旋转轴与Z轴重合。BDCS参考椭球定义的基本常数见表1。

表1　BDCS参考椭球定义的基本常数

序号	参数	定义
1	长半轴	a=6 378 137.0 m
2	地心引力常数（包含大气层）	μ=3.986 004 418 × 10^{14} m^3/s^2
3	扁率	f=1/298.257 222 101
4	地球自转角速度	$\dot{\Omega}_e$=7.292 115 0 × 10^{-5} rad/s

从长远观点来看，一个卫星导航系统应该采用属于自己的独立大地基准[3]，GPS、GLONASS及Galileo均是如此。北斗卫星导航系统采用了独立于国家大地坐标系的“北斗坐标系”。

北斗坐标系通过参考历元的地面监测站坐标和速度实现，称为参考框架。北斗坐标系将通过重新实现使参考框架最现时化和精度最佳化。坐标系的每次实现，对应产生一个新的参考框架。随着时间的推移，北斗坐标系将出现多个参考框架。不同参考框架的标识是BDCS（W×××），括号内符号W×××标示该参考框架开始执行的北斗系统时（BDT）第×××周的0秒。例如，BDCS（W465）、BDCS（W1002）分别标示从BDT时第456周0秒开始执行的参考框架和从BDT时第1002周0秒开始执行的参考框架[4]。

北斗坐标系的原点、尺度与定向的定义如下。原点：包括海洋和大气的整个地球的质量中心。尺度：长度单位是m（SI）。这一尺度同地心局部框架的TCG时间坐标一致。定向：在1984.0时初始定向与BIH的定向一致。

定向时间演变：定向随时间的演变使得整个地球的水平构造运动无整体旋转。上述定义与IERS规范一致。北斗坐标系为右手直角坐标系，原点为地球质量中心，Z轴指向IERS参考极方向，X轴为IERS参考子午面与通过原点且同Z轴正交的赤道面的交线，Y轴按照右手直角坐标系确定，如图1所示。

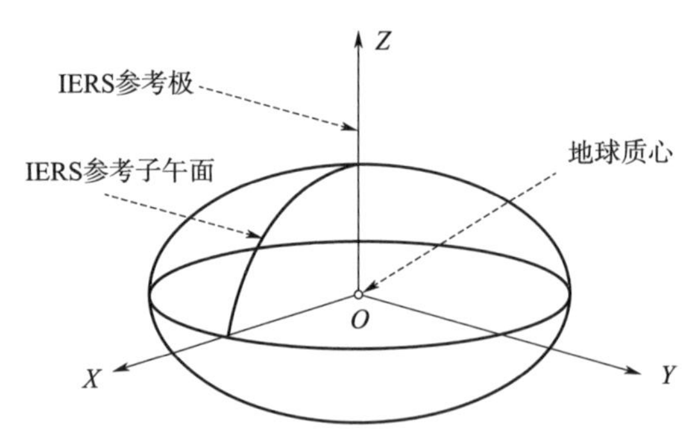

图1　BDCS参考椭球

CGCS2000参考椭球的几何中心与坐标系的原点重合，旋转轴与坐标系的Z轴一致。CGCS2000参考椭球为一等位旋转椭球，参考椭球面既是大地经纬度、高程的几何参考面，又是地球外部正常重力场的参考面。北斗坐标系（BDCS）通过监测站坐标和速度与卫星星历实现。北斗坐标系包括参考椭球、重力场模型、地球定向参数以及坐标转换参数等[4]。

根据中国卫星导航系统管理办公室2017年12月发布的《北斗卫星导航系统空间信号接口控制文件公开服务信号B1C（1.0版）》，

北斗系统的时间基准为北斗时（BDT）。BDT 采用国际单位制（SI）秒为基本单位连续累计，不闰秒，起始历元为 2006 年 1 月 1 日协调世界时（UTC）00 时 00 分 00 秒。BDT 通过 UTC（NTSC）与国际 UTC 建立联系，BDT 与国际 UTC 的偏差保持在 50 纳秒以内（模 1 秒）。BDT 与 UTC 之间的闰秒信息在导航电文中播报[2]。

北斗系统时间由原子钟组生成，原子钟在长期的运行过程中会产生微小的偏差，一般称之为“秒内偏差”，通常为几十纳秒量级。

在全球卫星导航系统兼容互操作相关要求中，系统时差将直接影响定位、测速和授时（PVT）结果。对于整数时差可以按照系统时间的基本定义直接改正；对时间系统运行误差，则可以在函数模型中增加待定参数进行补偿，或采用系统内差分减弱其影响；也可以通过地面监测站实时进行监测、评估，并向用户播发改正信息。对于秒以下偏差部分，对定位误差的影响可达 10 m 乃至数十米，对授时的影响可达数十纳秒。在进行系统时差精确测定和修正后，定位误差的影响一般可优于 1 m，授时误差可小于 3 ns[5]。

参考文献

[1] 刘天雄. 卫星导航系统概论［M］. 北京：中国宇航出版社，2018.
[2] 中国卫星导航系统管理办公室. 北斗卫星导航系统空间信号接口控制文件公开服务信号 B1C（1.0 版）［S］. 北京，2017.
[3] 魏子卿. 2000 中国大地坐标系［J］. 大地测量与地球动力学，2008，28（6）：1-5.
[4] 魏子卿，吴富梅，刘光明. 北斗坐标系［J］. 测绘学报，2019，48（7）：805-809.
[5] 杨元喜，陆明泉，韩春好. GNSS 互操作若干问题［J］. 测绘学报，2016，45（3）：253-259.

4 北斗卫星播发的导航信号中含有哪些信息？

卫星导航系统的定位方法可以分为有源定位和无源定位，也可以分为单向测距系统和双向测距系统（上行测距—地面到卫星，下行测距—卫星到地面）。北斗卫星导航系统 RNSS 服务采用被动式单向下行测距体制实现用户位置确定，北斗卫星连续播发无线电导航信号，如图 1 所示，其载波信号中调制有伪随机噪声码和导航电文，伪随机噪声码是一种二进制周期数字码（periodic digital code），用来推算导航信号的传输时间，进而实现星地之间的距离观测；导航电文是包含有导航卫星的星历、时间系统、轨道摄动改正、大气电离层延迟改正、卫星原子钟工作状态、卫星工作状态以及短码引导捕获长码等导航信息的二进制数据码，用于用户机获取卫星轨道位置和星载原子钟与系统时钟的偏差以及电离层延迟修正等信息，正是导航信号这种特殊的结构使得用户接收机可以解算出用户位置。

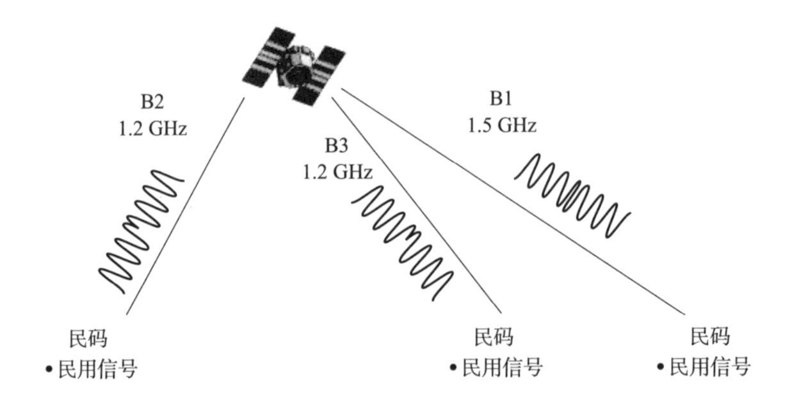

图 1　北斗卫星播发调制有测距码和导航电文的导航信号

导航信号也称为空间信号（Signals In Space，SIS），要求为用户提供 PNT 服务的同时不能干扰其他通信系统的服务。导航信号的特性主要包括载波频率、调制方式、导航电文格式，以及伪随机噪声码的自相关特性、互相关特性、信号功率。导航信号要具备实时距离测量和数据传输的能力，就需要将伪随机噪声测距码和导航电文数据码等低频信号上变频到高频信号，然后将功率放大后的高频导航信号发射到地面。伪随机噪声测距码的设计需要考虑用户接收机的捕获和跟踪特点、相关性属性、接收机实现的复杂性以及与其他卫星导航系统的兼容互操作性。导航电文数据码的设计需要考虑避免对用户接收机的跟踪性能造成不利影响，同时确保较低的误码率。

卫星导航系统扩频信号生成及对载波信号相位调制过程如图2所示，伪随机噪声码与导航卫星编号一一对应，伪随机噪声码与导航电文“模二相加”运算，扩频处理后再将二进制信息通过相位变化调制到载波信号中。

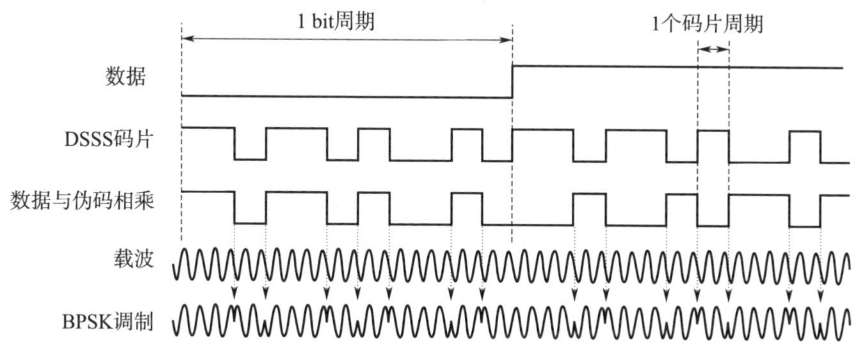

图2　卫星导航系统扩频信号生成及对载波信号相位调制过程

卫星导航接收机信号处理过程中利用伪随机噪声测距码的相关性进行信号捕获，导航信号的频谱特性与信号的相关性具有时频对应关系。中国卫星导航系统管理办公室2016年12月发布的《北斗卫星导航系统空间信号接口控制文件公开服务信号（2.1版）》对北斗系统B1I、B2I信号测距码细节给出了详细的说明。测距码的选取要兼顾自相关性和互相关性，要求优选的二进制伪随机噪声测距码序列具有最小的互相关值，同时在码相位偏移时具有最小的自相关值。

北斗卫星导航系统属于扩频通信系统，并且属于直接序列扩频系统（DS-SS）。数据一开始要进行编码，编码方式就是与伪码异或相加从而实现扩频，然后它们两者的组合码再对载波进行调制，这样就形成了导航卫星信号。导航卫星接收机通过天线接收卫星信号，将信号送入射频模块，经下变频处理后再经过模数转换变成数字中频信号，然后将信号送入接收机的基带进行处理。

北斗B1I、B2I信号中子帧包含字，字包含比特，比特中包含伪码。卫星信号数据码由二进制数组成，根据速率和结构不同，北斗系统B1I、B2I信号导航电文分为D1导航电文和D2导航电文。D1导航电文速率为50 bit/s，并调制有速率为1 kbit/s的二次编码，内容包含基本导航信息（本卫星基本导航信息、全部卫星历书信息、与其他系统时间同步信息）；D2导航电文速率为500 bit/s，内容包含基本导航信息和增强服务信息（北斗系统的差分及完好性信息和格网点电离层信息）。MEO/IGSO 卫星的 B1I 和 B2I 信号播发 D1 导航电文，GEO 卫星的 B1I 和 B2I 信号播发 D2 导航电文。导航电文中基本导航信息和增强服务信息的类别及播发特点见表 1[1]。

表 1　北斗系统 D1、D2 导航电文信息类别及播发特点

<table>
<tr><th colspan="2">电文信息类别</th><th>比特数</th><th colspan="2">播发特点</th></tr>
<tr><td colspan="2">帧同步码（Pre）</td><td>11</td><td rowspan="3">每子帧重复一次</td><td rowspan="13">基本导航信息，所有卫星都播发</td></tr>
<tr><td colspan="2">子帧计数（FraID）</td><td>3</td></tr>
<tr><td colspan="2">周内秒计数（SOW）</td><td>20</td></tr>
<tr><td rowspan="9">本卫星基本导航信息</td><td>整周计数（WN）</td><td>13</td><td rowspan="9">D1：在子帧 1、2、3 中播发，30 s 重复周期；
D2：在子帧 1 页面 1~10 的前 5 个字中播发，30 s 重复周期；
更新周期：1 h</td></tr>
<tr><td>用户距离精度指数（URAI）</td><td>4</td></tr>
<tr><td>卫星自主健康标识（SatH1）</td><td>1</td></tr>
<tr><td>星上设备时延差（T_{GD1}，T_{GD2}）</td><td>20</td></tr>
<tr><td>时钟数据龄期（AODC）</td><td>5</td></tr>
<tr><td>钟差参数（t_{oc}，a_0，a_1，a_2）</td><td>74</td></tr>
<tr><td>星历数据龄期（AODE）</td><td>5</td></tr>
<tr><td>星历参数（t_{oe}，$\sqrt{A}$，e，ω，Δn，M_0，Ω_0，$\dot{\Omega}$，i_0，IDOT，C_{uc}，C_{us}，C_{rc}，C_{rs}，C_{ic}，C_{is}）</td><td>371</td></tr>
<tr><td>电离层模型参数（α_n，β_n，n=0~3）</td><td>64</td></tr>
<tr><td colspan="2">页面编号（Pnum）</td><td>7</td><td>D1：在第 4 和第 5 子帧中播发；
D2：在第 5 子帧中播发</td></tr>
<tr><td rowspan="3">历书信息</td><td>历书参数（t_{oa}，$\sqrt{A}$，e，ω，M_0，Ω_0，$\dot{\Omega}$，δ_i，a_0，a_1）</td><td>176</td><td>D1：在子帧 4 页面 1~24、子帧 5 页面 1~6 中播发，12 min 重复周期；
D2：在子帧 5 页面 37~60、95~100 中播发，6 min 重复周期；
更新周期：小于 7 天</td><td rowspan="7">基本导航信息，所有卫星都播发</td></tr>
<tr><td>历书周计数（WN_a）</td><td>8</td><td rowspan="2">D1：在子帧 5 页面 7~8 中播发，12 min 重复周期；
D2：在子帧 5 页面 35~36 中播发，6 min 重复周期；
更新周期：小于 7 天</td></tr>
<tr><td>卫星健康信息（Hea_i，i=1~30）</td><td>9 × 30</td></tr>
<tr><td rowspan="4">与其他系统时间同步信息</td><td>与 UTC 时间同步参数（A_{0UTC}，A_{1UTC}，Δt_{LS}，Δt_{LSF}，WN_{LSF}，DN）</td><td>88</td><td rowspan="4">D1：在子帧 5 页面 9~10 中播发，12 min 重复周期；
D2：在子帧 5 页面 101~102 中播发，6 min 重复周期；
更新周期：小于 7 天</td></tr>
<tr><td>与 GPS 时间同步参数（A_{0GPS}，A_{1GPS}）</td><td>30</td></tr>
<tr><td>与 Galileo 时间同步参数（A_{0Gal}，A_{1Gal}）</td><td>30</td></tr>
<tr><td>与 GLONASS 时间同步参数（A_{0GLO}，A_{1GLO}）</td><td>30</td></tr>
</table>

续表

<table>
<tr><th colspan="2">电文信息类别</th><th>比特数</th><th colspan="2">播发特点</th></tr>
<tr><td colspan="2">基本导航信息页面编号（Pnum1）</td><td>4</td><td>D2：在子帧 1 全部 10 个页面中播发</td><td rowspan="9">完好性、差分信息、格网点电离层信息只由 GEO 卫星播发</td></tr>
<tr><td colspan="2">完好性及差分信息页面编号（Pnum2）</td><td>4</td><td>D2：在子帧 2 全部 6 个页面中播发</td></tr>
<tr><td colspan="2">完好性及差分自主健康信息（SatH2）</td><td>2</td><td>D2：在子帧 2 全部 6 个页面中播发；
更新周期：3 s</td></tr>
<tr><td colspan="2">北斗完好性及差分信息卫星标识（$BDID_i$，i=1~30）</td><td>1 × 30</td><td>D2：在子帧 2 全部 6 个页面中播发；
更新周期：3 s</td></tr>
<tr><td rowspan="3">北斗卫星完好性及差分信息</td><td>用户差分距离误差指数（$UDREI_i$，i=1~18）</td><td>4 × 18</td><td>D2：在子帧 2 中播发；
更新周期：3 s</td></tr>
<tr><td>区域用户距离精度指数（$RURAI_i$，i=1~18）</td><td>4 × 18</td><td rowspan="2">D2：在子帧 2、3 中播发；
更新周期：18 s</td></tr>
<tr><td>等效钟差改正数（Δt_i，i=1~18）</td><td>13 × 18</td></tr>
<tr><td rowspan="2">格网点电离层信息</td><td>电离层格网点垂直延迟（dτ）</td><td>9 × 320</td><td rowspan="2">D2：在子帧 5 页面 1~13，61~73 中播发；
更新周期：6 min</td></tr>
<tr><td>电离层格网点垂直延迟误差指数（GIVEI）</td><td>4 × 320</td></tr>
</table>

导航电文采取 BCH（15,11,1）码加交织方式进行纠错。BCH 码长为 15 bit，信息位为 11 bit，纠错能力为 1 bit，其生成多项式为 $g(X)=X^4+X+1$。

导航电文数据码按每 11 bit 顺序分组，对需要交织的数据码先进行串 / 并变换，然后进行 BCH（15,11,1）纠错编码，每两组 BCH 码按 1 bit 顺序进行并 / 串变换，组成 30 bit 码长的交织码。

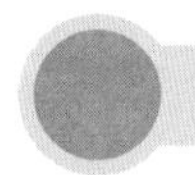

相关链接

导航数据是如何产生的?

接收机求解用户位置是以获取调制在导航信号中的导航电文的卫星轨道参数和播发导航信号的时间标记信息为前提的，也就是说导航卫星在每个时刻的空间位置对用户来说是动态的已知点，而这些导航电文是由地面运行控制系统确定并按规定的格式生成后，由地面运行控制系统的注入站周期地向每颗导航卫星上行注入导航电文，最后由导航卫星将导航信号中的导航电文连续地播发给用户。以Galileo卫星导航系统为例，地面运行控制系统、导航卫星和用户之间的信息流如图1所示。

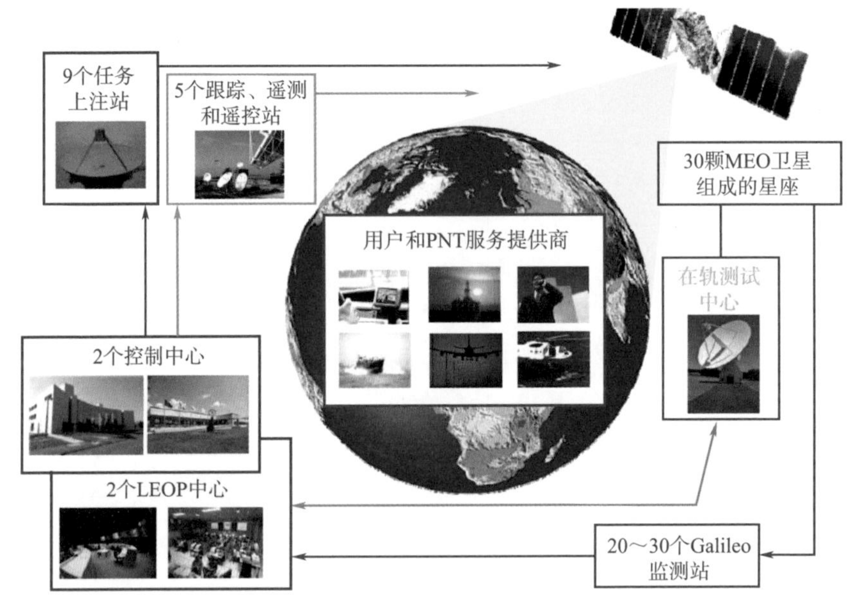

图1　地面运行控制系统、导航卫星和用户之间的信息流
LEOP=Launch and Early Orbit Phase=发射和早期轨道阶段

卫星导航系统的正常运行依靠地面运控系统的管理和控制，运控系统是整个卫星导航系统的信息和决策中心。运控系统生成的导航电文是接收机求解用户位置的基础信息，也是导航精度得以保证的关键。导航卫星播发的导航电文主要包括卫星轨道参数（星历）、卫星时钟改正参数、电离层时延改正参数、卫星的健康状态等信息。导航电文是地面运行控制系统通过对导航卫星及其信号的观测和处理得到的，其精度直接影响整个卫星导航系统的定位精度。

地面运行控制系统提供的系统完好性信息是确保用户定位导航服务安全性的前提，是系统应用的一项重要指标。系统级的完好性保证体现在两个方面，一是系统向用户播发完好性信息，以限定系统定位服务的误差范围，标识定位结果的可靠性；二是系统对自身各个组成部分可能发生异常的环节进行监测，当发现异常后，根据相应的算法将其消除，若不能消除则需要给出告警信息。地面运行控制系统提供的系统完好性信息可以大幅扩大卫星导航系统的应用范围，为系统 PNT 服务以及系统的稳定运行提供了可靠性保证。

地面运行控制系统的正常运行控制管理是卫星导航系统稳定运行的核心，包括对卫星的管理和监测、对导航信号的接收和导航电文的计算与生成、对各种数据的处理、各种控制命令的生成以及导航电文的上行注入。导航卫星在轨工作状态是否正常，卫星是否沿着预定轨道和姿态运行，卫星钟的工作状态及与系统时间的同步处理，导航星座的构型保持状态与维持策略，都需要由地面运行控制系统来进行监测和管控。

地面运行控制系统监测、管理和控制整个卫星导航系统，主要任务包括建立并维持系统时间以及空间坐标基准、开展运控系统时间同步比对、导航信号监测、测定卫星精密轨道与长期预报、测定卫星星载原子钟时间与钟差预报、监测电离层延迟与改正、监测系统完好性、完成星地及站间数据传输、生成导航电文并上行注入给导航卫星。地面运行控制系统的功能包括五个方面：1）控制和维护导航星座的工作状态，监测卫星健康状况；2）计算并预测星历和卫星钟差，生成导航电文并上行注入给卫星；3）监视卫星播发导航信号的质量，评估服务的质量；4）提供与外部服务机构的接口；5）对运控系统相关组成部分进行管理。

参考文献

[1] 中国卫星导航系统管理办公室 . 北斗卫星导航系统空间信号接口控制文件公开服务信号（2.1 版）[S]. 北京，2016.

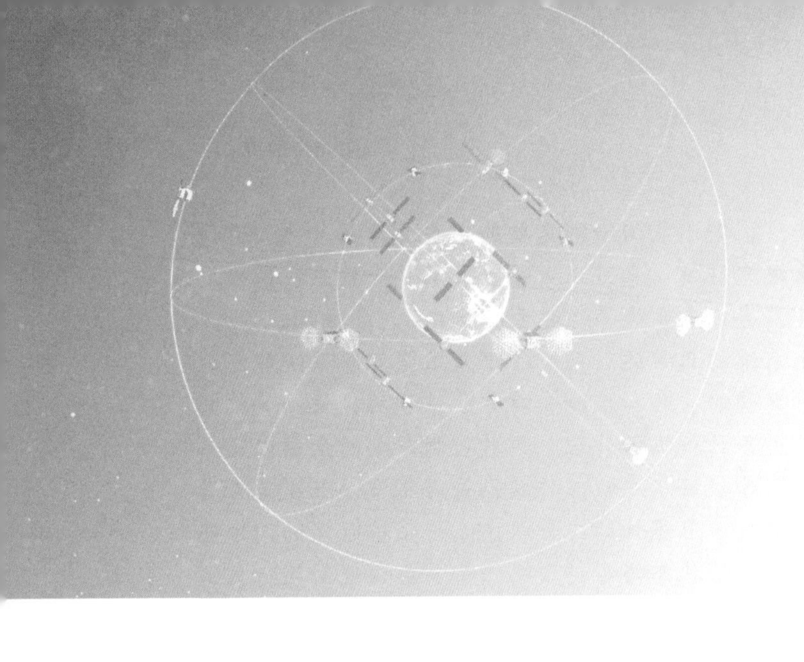

第七章
导航接收机工作原理

1 北斗接收机由哪些部件组成？

卫星导航接收机通过测量导航信号从卫星到接收机的传播时间，利用信号到达时间测距原理来确定用户的位置、速度和时间，简称PVT解，其中位置解算结果以用户机接收天线的相位中心为参考点。导航仪则根据位置坐标和数字地图的映射关系，可以把定位结果实时关联到数字地图上，在显示屏上给出导航信息。

卫星导航接收机的核心任务是跟踪、捕获和解调导航信号，得到包含卫星的星历、时钟偏差校正、电离层误差改正数据，为了跟踪导航信号并提取相关的信息，首先要捕获导航信号，信号捕获是数字信号处理模块的第一个环节，捕获的目的是寻找对接收机可见的卫星，粗略估计测距码相位值和载波频率，然后将测距码相位和载波频率传递给跟踪环路。卫星导航接收机的主要功能包括[1]：

1）将导航信号（含噪声）分路到多个信号处理通道，以同时对多颗卫星的导航信号进行处理；

2）为每个信号处理通道产生基准（参考）伪随机噪声测距码；

3）捕获导航信号（每个信号处理通道捕获一颗卫星的导航信号）；

4）跟踪导航信号的伪随机噪声测距码和载波信号；

5）从导航信号中解调出星历、钟差、电离层校正参数等系统数据；

6）从伪随机噪声测距码信号中提取伪码相位测量值，获得星地之间的伪距观测量；

7）从载波信号中提取载波频率和载波相位测量值，获得伪距变化率和更精确的伪距。

根据不同的应用需求，卫星导航接收机可以设计成多种不同状态，从单频到多频、从专业测绘型到一般车载导航型，从单星座到多星座。设计接收机时需要考虑信号带宽、调制方式、伪码速率等技术指标，权衡工作性能、成本、功耗以及自主性等要求。虽然导航接收机有多种形态，但接收机的基本结构是一致的，主要包括天线、射频前端（放大器、带通滤波器、下变频器）、模数转换器（ADC）、基带数字信号处理（捕获、跟踪、数据解调）、应用处理（位置、速度、时间解算）以及显示和数据存储模块，典型卫星导航系统接收机组成如图 1 所示，除了上述四个主要模块，一般还有输入输出接口和供电模块等辅助模块。

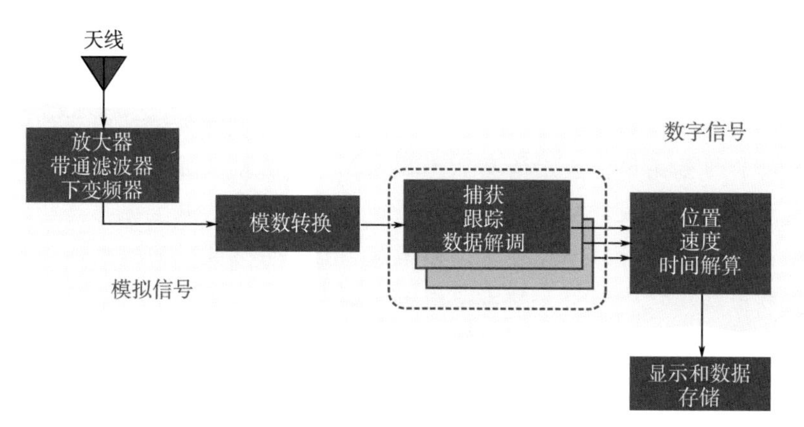

图 1　典型卫星导航系统接收机组成

接收天线的主要功能是将北斗卫星信号极微弱的电磁波能量转化为相应的电流信号，而前置放大器则是对这种信号电流进行放大和变频处理。接收天线可以是有源的也可以是无源的，取决于应用场景需求。北斗接收机的天线形式有多种，包括微带天线、螺旋天线等，适用于不同形式的接收机，如图 2 所示。

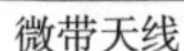

微带天线

螺旋天线

图 2　北斗接收机天线

射频前端包含放大器、混频器和滤波器，完成射频信号下变频、滤波以及模数转换处理。射频前端的主要功能是设定接收机的噪声系数并抑制带外干扰，又称为前置放大器。为了提高接收机抗干扰能力，需要自动增益控制器（AGC），以增加信号动态范围、控制量化电平、优化最大量化门限和信号噪声标准偏差之间比率。

射频前端模块中的基准振荡器为接收机提供时间和频率基准，因为卫星导航接收机的测量是建立在伪随机噪声码信号的到达时间和所接收到的导航信号的载波相位及频率信息基础上的，基准振荡器是接收机的关键功能部件。一般民用导航接收机均采用低成本的晶体振荡器作为接收机的基准振荡器，一些高端的测量型接收机会采用高稳定度的原子钟作为接收机的基准振荡器。基准振荡器的输出信号传输给频率综合器，频率综合器产生接收机的本振信号和时钟信号。射频前端模块中的下变频器使用一个或者多个本振信号将射频信号下变频为中频信号，经模数（AD）采样和正交下变频处理后，生成实部和虚部两部分组成的数字基带中频信号。

接收机的基带处理部分主要包括捕获模块和跟踪模块，一般使用专用专用集成电路（ASIC）或者现场可编程逻辑门阵列（FPGA）芯片实现。基带数字信号处理模块将数字中频信号分别与由本振信号产生的两路正交映射载波相乘，进行载波信号剥离，载波信号剥离后的两支路信号分别再与超前、即时和滞后三路本地复制测距码相关处理，实现伪随机测距码信号剥离，当通过调整载波频率和伪码相位使得两个跟踪环路稳定跟踪后，即可测得伪距观测量。

位置解算模块对跟踪模块输出的导航数据进行帧同步，然后从导航电文中解析出卫星星历数据，由星历计算出各个可见卫星的位置，再根据伪距解算出接收机的位置。最后将定位结果通过接收机的显示屏显示输出。

应用处理模块提取信号处理通道的观测量（伪码测距值和载波相位测距值）以及导航电文（卫星轨道星历、卫星原子钟钟差、电离层延迟等信息），根据三边测量原理，解算出用户的位置、速度和时间。一些导航接收机还需要进行一些辅助处理，例如时间和频率信号传递、静态和动态测量、电离层参数监测、卫星导航系统差分参考、卫星导航系统信号完好性监测，以满足特殊的科研用途。

相关链接1

卫星导航接收机主要性能指标

卫星导航接收机的性能指标要求与其应用场景紧密相关，不同的应用场景有不同的性能要求，接收机的应用场景决定了接收机的系统设计方案，因而接收机的性能指标也有很大的差别。卫星导航接收机主要性能指标包括：

1）通道数量（Channel Count）：接收机可以并行接收导航信号的基带信号处理通道的数量。例如，NovAtel公司OEM7700TM接收机有555个通道，支持GPS、GLONASS、Galileo、BDS、QZSS和IRNSS卫星导航系统多个频点导航信号的接收和位置解算[2]；和芯星通公司UB4B0高精度板卡具有432个超级通道和专用快捕引擎，支持BDS、GPS、GLONASS、Galileo和QZSS等多个卫星导航系统和三频RTK技术，支持与惯性导航的组合定位，主要面向高精度定位、导航和测绘等应用[3]。

2）信号接收能力（Signal Tracking）：接收卫星导航系统信号的类型和数量。例如，NovAtel的OEM7700TM接收机能够接收GPS的L1C/A、L1C、L2C、L2P、L5，GLONASS的L1C/A、L2C、L2P、L3、L5，BDS的B1、B2、B3，Galileo的E1、E5a、E5b、E6，QZSS的L1C/A、L1C、L2C、L5、L6，IRNSS的L5，SBAS的L1、L5[2]；和芯星通公司UB4B0高精度板卡能够接收BDS的B1、B2、B3，GPS的L1C/A、L2C、L5，GLONASS的L1C/A、L2，Galileo的E1、E5a、E5b，QZSS的L1C/A、L5信号[3]。

3）定位精度（Position Accuracy）：接收机解算位置的精度。

例如，NovAtel 的 OEM7700TM 接收机单点 L1 单频水平定位精度为 1.5 m，单点 L1/L2 双频水平定位精度为 1.2 m，SBAS 差分定位精度为 60 cm，TerraStar-C 精密单点定位精度为 4 cm，RTK 定位精度为 1 cm + 1 ppm[2]；和芯星通公司 UB4B0 高精度板卡单点定位精度（RMS）平面 1.5 m，高程 3.0 m，DGPS 定位精度（RMS）平面 0.4 m，高程 0.8 m，RTK 定位精度（RMS）平面 10 mm+1 ppm，高程 15 mm+1 ppm[3]。目前接收机设计和研制厂商可以采用卫星导航系统差分技术（DGNSS）、精密单点技术（PPP）以及实时动态定位技术（RTK）进一步提高定位精度。

4）初始化时间（Initialization time）和初始化可靠性（Initialization reliability）：接收机内置软件初始化处理的时间。例如，NovAtel 的 OEM7700TM 接收机初始化时间不到 10 s，初始化可靠性大于 99.9%[2]；和芯星通公司 UB4B0 高精度板卡初始化时间不到 10 s（典型值），初始化可靠性大于 99.9%[3]。

5）最大数据率（Maximum Data Rate）：包括数据更新率（Measurements Data Rate）和定位更新率（Position Data Rate）两个指标。例如，NovAtel 的 OEM7700TM 接收机的数据更新率和定位更新率均为 100 Hz[2]；和芯星通公司 UB4B0 高精度板卡的数据更新率和定位更新率均为 20 Hz[3]。

6）首次定位时间（Time to First Fix）：指接收机从打开电源到首次得到满足精度要求的定位结果所需要的时间，包括冷启动（Cold start）、热启动（Hot start）两种情况。例如，NovAtel 的 OEM7700TM 接收机的冷启动和热启动典型时间分别是小于 40 s 和小于 19 s[2]；和芯星通公司 UB4B0 高精度板卡的冷启动和热启动典型时间分别是小于 45 s 和小于 10 s[3]。

7）信号重捕时间（Signal Reacquisition）：卫星和接收机之间存在相对运动，为了获得连续的定位解算结果，导航接收机必须连续地搜索、捕获、跟踪可见范围内的导航卫星播发的无线电导航信号，并与导航信号保持同步，信号失锁后则需要再次捕获。例如，NovAtel 的 OEM7700TM 接收机对 L1 和 L2 信号重捕时间的典型值分别是小于 0.5 s 和小于 1.0 s[2]；和芯星通公司 UB4B0 高精度板卡的信号重捕时间的典型值小于 1 s[3]。

8）时间精度（Time Accuracy）：接收机时间同步和授时的精度。例如，NovAtel 的 OEM7700TM 接收机的时间同步精度为 20 ns

（RMS）[2]；和芯星通公司 UB4B0 高精度板卡的时间同步精度为 20 ns（RMS）[3]。

9）速度精度（Velocity Accuracy）：接收机解算速度的精度。例如，NovAtel 的 OEM7700TM 接收机解算速度的精度为 0.03 m/s（RMS）[2]；和芯星通公司 UB4B0 高精度板卡解算速度的精度也是 0.03 m/s（RMS）[3]。

10）速度上限（Velocity Limit）：接收机解算速度的能力。例如，NovAtel 的 OEM7700TM 接收机解算速度的上限为 515 m/s[2]。

设计和选择卫星导航接收机时，还要考虑重量、体积、功耗、供电电压、天线输出电压、外部时钟接口、1PPS 接口、电连接器接口、通信协议等物理和电气指标，温度、湿度、振动、冲击、加速度等环境条件要求。此外，还有里程计、接收灵敏度、自主完好性、与惯导融合、兼容互操作等特殊要求。

此外，还需要考虑不同卫星导航系统之间的兼容互操作要求，可以增加用户可见导航卫星的数量，提升导航接收机可用性。利用惯性传感器（INS）与 GNSS 组合导航，也可以提高导航接收机的可用性，在卫星导航信号暂时不可用时，INS 可以为接收机提供多普勒频移、速度、加速度等动态测量辅助信息，由此导航接收机仍能够给出用户位置解算结果。航空用户对完好性指标比较敏感，对于涉及生命安全的导航应用，接收机自主完好性监测提升完好性性能。

相关链接 2

射频前端和射频采样

北斗接收机射频前端包括射频通道和模数转换器（ADC），射频通道包含滤波器、放大器和混频器等，射频前端组成如图 1 所示[4]。主要功能是将接收到的射频信号转换成含有北斗信号的数字中频信号。

随着射频芯片技术发展，以前由多个器件搭建的射频前端正在逐步被集成为一片射频芯片。例如，振芯科技的 GM4622 可作为北斗的射频芯片，GM4622 是一款同时支持北斗二代导航卫星的 B3、B1 以及 GPS L1 频点的卫星导航定位射频芯片，GM4622 包含两个通道，其中一个通道支持北斗二代导航卫星 B3 频点信号，另一个通道支持北斗二代通信导航卫星的 B1 频点或 GPS 卫星的 L1 频点信号，射频信号单端输入，并提供模拟中频输出和数字中频输出两种方式。GM4622内部集成了压控振荡器（VCO）、高性能滤波器等，具有集成度高、体积较小等优点，非常适合于各类便携式导航终端设备。

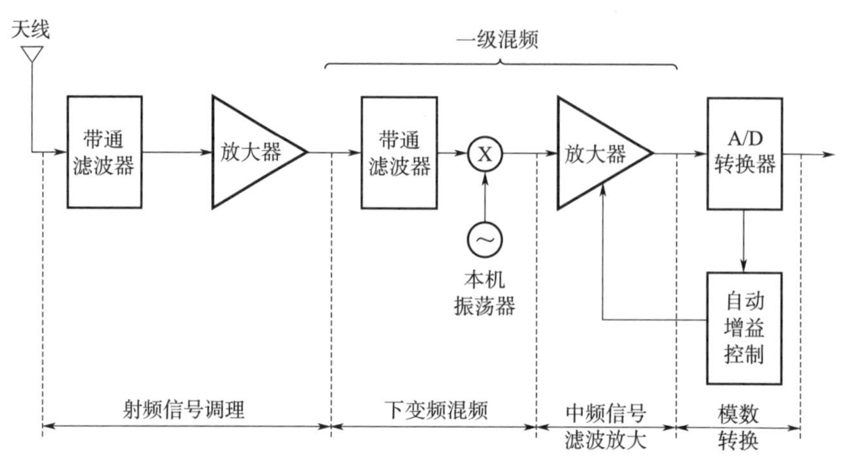

图 1　北斗接收机射频前端组成

接收机中 ADC 采样芯片实现接收机信号从模拟信号到数字信号的转换，采样位数常见有 8 bit、12 bit 和 14 bit。采样率通常选择码率 1.023 MHz 的非整数倍。原因在于整数倍采样（同步采样）难以获得更高的距离分辨率。例如，选择采样率为 16.368 MHz，此时两个相邻采样点间的时间间隔为 61.1 ns，当信号在前后 61.1 ns 内发生时移时具有相同的采样输出，无法通过后续的数字信号处理分辨出该时移。在非整数倍采样下，当信号发生时移时，其采样输出不同，因此可以通过后续数字信号处理的方法分辨出该时移，从而提高了时间分辨率或距离分辨率。

参考文献

［1］刘天雄 . 卫星导航系统概论［M］. 北京：中国宇航出版社，2018.

［2］Receivers OEM7700™, Multi-frequency GNSS receiver delivers robust positioning and simplifies integration.

［3］UB4B0 全系统 GNSS 高精度板卡，http：//www.jrtc-tech.com/h-pd-62.html.

［4］孙振维 . 高动态高精度 GPS 接收机设计［D］. 成都：电子科技大学，2017.

2 接收机是怎么计算出用户位置的?

导航卫星播发导航信号，用户接收机接收导航信号，导航信号经接收天线的放大、滤波处理后，送入射频前端下变频处理后得到模拟中频信号，进一步对导航信号放大、滤波处理后，由射频前端模数转换处理模块对模拟中频信号采样处理并得到离散数字中频导航信号，然后将离散数字中频导航信号送入基带数字信号处理模块。

接收机射频前端将预处理后的导航信号输入给基带数字信号处理通道进行并行处理，每个信号处理通道同时只能处理一颗导航卫星的信号。为了生成星地之间伪码测距观测量，需要开展对导航信号的测距码与接收机本地生成的复制测距码的相关处理，以及去除多普勒频移并生成载波相位观测量，每个处理通道都需要跟踪导航信号的伪随机测距码延迟量和载波相位。由此，每个处理通道至少有两个信号跟踪锁定环路，一个是跟踪伪码的延迟锁定环（Delay-Lock-Loop，DLL），另一个是跟踪载波相位的相位锁定环（Phase-Lock-Loop，PLL）或者频率锁定环（Frequency-Lock-Loop，FLL）。

根据多普勒频移预估值，接收机多普勒频移去除模块首先清除采样信号后的多普勒频移，然后根据伪码相位延迟预估值，将采样信号与接收机本地生成的复制伪码信号进行相关处理，根据相关处理结果，得到新的多普勒频移和伪码相位延迟数据，然后重复进行采样信号与本地复制伪码信号相关处理，不断反馈计算，直到获得精确的多普勒频移和伪码相位延迟数据，分别实现导航信号伪码相位和载波频率的精确同步，跟踪环路不断地调整本地载波和伪码相位，始终跟随着输入信号的变化而变化。

伪距的测量是在接收机的跟踪状态下，经过数据解调后，读取本地参考时钟 t_1 和卫星时钟 t_2 的差，即为卫星信号从卫星到用户的传播时间 Δt，伪距 $d=\Delta t \cdot c$。伪距变化率的测量利用相邻时刻间的多普勒频率的变化以及载波的波长即可估计。对基带信号要经过比特位同步处理，以得到电文数据。电文数据还要经过帧同步和子帧同步处理，再经过信道解码纠正传输中出现的错误并去掉冗余数据，对军用电文数据还要进行解密处理，才能得到导航电文中的有效数据。

卫星导航接收机通过测量本地时钟与恢复的卫星时钟之间的时延来测量卫星和用户之间的距离，由于用户接收机时钟、卫星时钟和系统时钟三者不可能严格时间同步，必然会存在钟差，同时导航信号在空间传播过程中还会产生电离层延迟和对流层延迟，以及由电文卫星星历参数得到的卫星轨道位置、信号多路径及接收机热噪声等误差。因此，导航信号传播时间乘以传播速度得到的卫星与用户机之间的距离存在较大的误差，一般称为“伪距”，在代入导航方程求解用户位置前，需要修正处理。

在地心地固（ECEF）笛卡儿坐标系中卫星的坐标位置用 (x_s, y_s, z_s) 表示，用户接收机的位置用 (x_u, y_u, z_u) 表示，矢量 $\boldsymbol{s}$ 代表卫星相对于 ECEF 坐标系坐标原点的位置，由卫星广播的星历数据计算，矢量 $\boldsymbol{u}$ 代表用户接收机相对于 ECEF 坐标系坐标原点的位置，则用户接收机到卫星的偏移矢量 $\boldsymbol{r}$ 为

$$\boldsymbol{r}=\boldsymbol{s}-\boldsymbol{u} \tag{1}$$

令 r 为偏移矢量 $\boldsymbol{r}$ 的幅值，有 $r=\|\boldsymbol{s}-\boldsymbol{u}\|$。

距离 r 通过测量由卫星产生的测距码从卫星传送到用户接收机所需要的传播时间来计算。卫星导航系统接收机接收到导航信号时，接收机和导航卫星处于不同时间标内，导航卫星之间处于相同时间标，卫星与接收机间存在钟差，卫星导航接收机距离测量的定时关系如图 1 所示[1]。

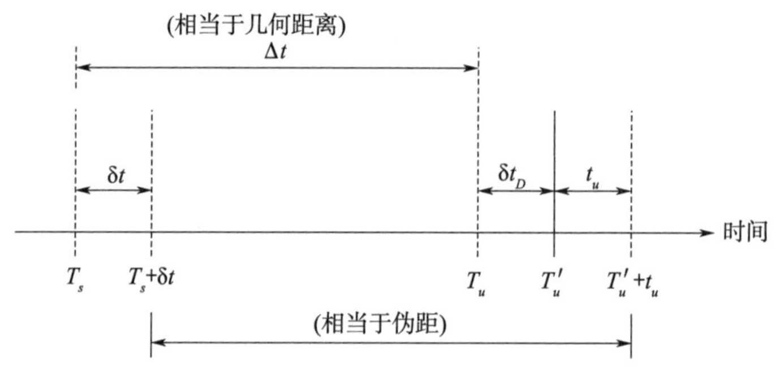

图 1　卫星导航接收机距离测量的定时关系

图 1 中，T_s 表示导航信号离开卫星时的系统时刻，对应信号相位为ϕ_s；T_u 表示导航信号到达用户接收机时的系统时刻，即接收机接收到相位为ϕ_s 信号的系统时刻；δt 表示卫星时钟与系统时钟之间的偏移，超前为正，延迟为负；t_u 表示导航接收机时钟与系统时钟之间的偏移，超前为正，延迟为负；$T_s+\delta t$ 表示导航信号离开卫星时的星载时钟的读数；δt_D 表示卫星导航信号电离层和大气层传播中的延时；T'_u+t_u 表示导航信号到达用户接收机时的用户接收机时钟的读数；c 表示卫星导航信号传播的速度，即光速。

导航信号经空间传播到达接收机，接收机根据信号相位ϕ_s 恢复出信号发射

时刻 T_s，根据导航信号发射时刻减去接收时刻，就可以计算得到信号在空间中的传播时间，接收机和卫星之间的几何距离为

$$r=c(T_u-T_s)=c\Delta t \tag{2}$$

因为卫星导航信号以光速传播，为已知量，所以接收机和卫星之间的几何距离有时也用 Δt 表示。

接收机和卫星之间的伪距 ρ 为

$$\begin{aligned}\rho&=c[(T_u'+t_u)-(T_s+\delta t)]\\&=c[(T_u'-T_s)+c(t_u-\delta t)]\\&=c(T_u+\delta t_D-T_s)+c(t_u-\delta t)\\&=r+c(t_u-\delta t+\delta t_D)\end{aligned} \tag{3}$$

因此，卫星距用户的距离 r 是

$$r=\rho-c(t_u-\delta t+\delta t_D)=\|\boldsymbol{s}-\boldsymbol{u}\| \tag{4}$$

卫星时钟与卫星导航系统时钟之间的偏移 δt 由偏差和漂移两部分组成，卫星导航地面运行控制系统监测并计算给出对这些偏移量的校正数，并将校正数上传给卫星，再由卫星以导航电文形式广播给地面用户。

为了确定用户的在地心地固笛卡儿坐标系中卫星的坐标位置 (x_s, y_s, z_s)，对4颗导航卫星进行伪距观测，由式（4）产生方程组

$$\rho_j=r+c(t_u-\delta t+\delta t_D)=\|\boldsymbol{s}_j-\boldsymbol{u}\|+c(t_u-\delta t+\delta t_D) \tag{5}$$

式中，j 的范围是 1～4，指不同的导航卫星，该非线性方程组可用卡尔曼滤波、基于线性化迭代法以及闭合形式解法等三种方法求解用户在 ECEF 坐标系中的位置 (x_s, y_s, z_s)，以及导航接收机时钟与系统时钟之间的偏移 t_u。

卫星导航系统的基本原理是测量出位置已知的卫星和位置未知的用户接收机之间的距离，接收机可以根据星历数据算出卫星发射电文时所处位置，然而，由于用户接收机时钟与卫星星载时钟不可能完全同步，所以除了求解用户的三维坐标 x、y、z 外，还要引进卫星与接收机之间的时间差 Δt 作为未知数，当接收机分别测量出与4颗以上卫星之间的距离时，就能建立含有4个伪距方程的方程组，并由此解算出用户所在的位置坐标和系统时间。

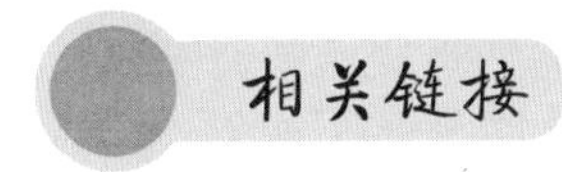

导航信号处理流程

导航接收机数字信号处理模块对观测导航卫星数量的需求取决

于不同的应用场景，对于水面舰艇等用户的二维平面定位需求，导航接收机需要观测到与三颗导航卫星之间的距离；对于空中飞机等用户的三维立体定位需求，接收机需要观测到与4颗导航卫星之间的距离。下面以卫星导航接收机解算用户位置的过程为例简述导航信号处理流程，如图1所示。

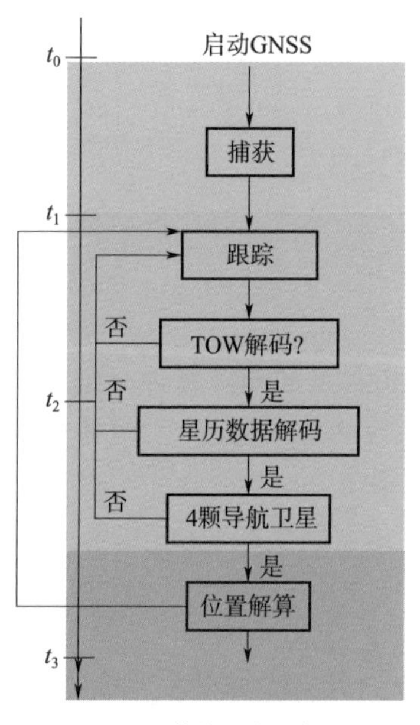

图1　导航信号处理流程

第一步：信号捕获

捕获载波频率、码相位，信号捕获又称相位搜索（Search phase）。

第二步：信号跟踪

利用两个耦合环路（伪码延迟锁定环、载波相位锁定环），调整本地复制信号；电文数据解码。

第三步：位置计算

基带信号处理通道正常完成导航信号的捕获、跟踪后，给出伪距观测量和导航电文等信息，基于“三边测距定位原理”，接收机解算出用户的位置坐标、速度和时间。

接收机计算用户到卫星之间的距离，卫星的轨道位置坐标为动态已知点，卫星的轨道位置以历书和星历形式播发给地面用户。

卫星导航接收机能够利用以往历史定位解算数据或者最近解码的信息辅助跟踪环路工作提高信号捕获、跟踪的效率。例如，为了估计视场范围内哪些卫星可见，并由此将基带信号处理通道分配给可见的卫星，导航接收机可以利用存储电文的历书信息估计特定时段内可视导航卫星的编号，卫星编号与伪随机测距码一一对应，由此能够有效地提高对导航信号的捕获速度。基带信号处理通道对导航信号的捕获方式可以分成“冷启动”、“温启动”和“热启动”三类。

· 冷启动：接收机没有关于自身位置和可视范围内导航卫星的先验信息，由此，接收机的每个通道不得不对所有可能的卫星（信号）以及所有可能的伪码及多普勒频移进行搜索。只有当某个基带信号处理通道完全解码一个完整的导航电文之后，接收机通过历书信息才能推算可视范围的导航卫星，其他基带信号处理通道据此历书信息搜索可视范围内的其他导航卫星。

·温启动：接收机读取自身的初始位置和卫星历书信息，例如上次关机前导航卫星的位置和卫星历书信息，利用这些信息，接收机可以预测当前位置的可视范围内可能有哪些卫星，同时估计这些卫星信号的伪码延迟和多普勒频移，因此，可以减少信号捕获的搜索空间。

·热启动：接收机有当前自身位置和可视范围内导航卫星的先验信息，因此，可以大幅度减少信号捕获的搜索空间。

卫星导航接收机的核心单元是数字信号处理模块，数字信号处理模块有多路基带信号处理通道，每个基带信号处理通道独立工作，每个通道被接收机分配处理某一颗卫星的某一路信号。数字基带信号处理通道有捕获和跟踪两种工作模式。在捕获模式下，为了评估导航卫星（信号）是否在视界范围内，每个通道开展伪码延迟和多普勒频移二维搜索，直到接收机检测到导航信号、同时估算出接收到的导航信号的伪码延迟和多普勒频移为止，基带信号处理通道始终保持在捕获工作模式。

参考文献

[1] 刘天雄. 卫星导航系统概论 [M]. 北京：中国宇航出版社，2018.

[2] 范本尧，李祖洪，刘天雄. 北斗卫星导航系统在汶川地震中的应用及建议 [J]. 航天器工程，2008，17 (04)：6-13.

3 用户接收机的典型实现方案是什么?

用户接收机的任务是使得接收到的导航信号与接收机本地复制的信号保持同步，尽可能地精确估计出接收到的导航信号在空间中的传播时延。导航接收机基带数字信号处理通道完成数字中频导航信号的环路鉴别、滤波、信号解扩、数据解调、信噪比测量、锁相指示、载噪比测量等任务，基带数字信号处理通道的结构框图如图 1 所示[1]，图中只描述了与伪码和载波跟踪相关的模块及其功能，并假定接收机基带数字信号处理通道已经稳定地跟踪到导航信号。

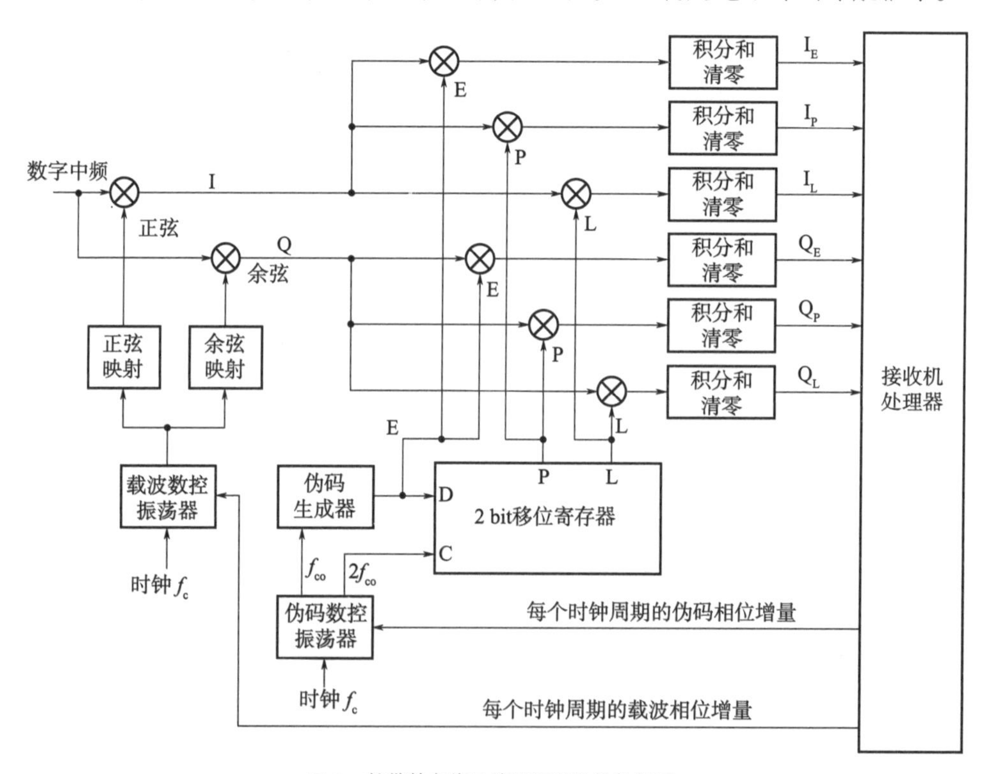

图 1 基带数字信号处理通道的结构框图

基带数字信号处理通道接收数字化的中频信号（视界范围内所有导航信号均掩埋在该数字中频信号的热噪声中）后，首先将数字基带中频信号分别与本地生成的两路正交载波信号（含载波多普勒频移）相乘（混频处理），实现载波剥离，产生同相（in-phase，I）和正交相（quadraphase，Q）两路信号。其中本地复制的载波信号（含载波多普勒频移）是由载波数控振荡器（Numerically Controlled Oscillator，NCO）以及离散的正弦和余弦映射函数合成而来。注意，接收机本地复制的载波信号是在数字中频上与所有视界范围内的导航信号（含噪声）进行混频处理的。在载波混频器输出端的I和Q两路采样数据信号与被检测到的载波信号之间具有期望的相位关系。在尚未开展伪码剥离处理之前，I和Q两路采样数据信号还不是基带信号，因此，I和Q两路采样数据信号主要由热噪声信号支配，此时所期望的导航信号仍然掩蔽在热噪声信号中[2-18]。

在闭环工作时，载波数控振荡器由接收机处理器中的载波跟踪环路来控制，当载波跟踪环路采用锁相路（Phase Lock Loop，PLL）时，载波跟踪环路的目标是要保持本地复制载波与接收到的导航信号的载波之间的相位误差为零。本地复制载波相位相对于接收到的导航信号的载波相位之间的任何不一致都将会产生即时I和Q两路采样数据信号矢量幅度的非零相位角，使载波跟踪环路可以检测和校正这个相位变化的大小和方向。当锁相路相位锁定时，同相信号（信号加噪声）最大，正交信号（只包含噪声）最小。

然后，将载波剥离后的两支路I和Q信号分别与超前（E）、即时（P）和滞后（L）三路本地复制测距码（含伪码多普勒）进行相关处理，实现扩频码剥离，即积分和清零模块对本地复制伪码信号与接收的伪码信号进行相关处理并得到相关峰，捕获检测器确定相关峰是否大于设定的门限。积分和清零模块同时具有低通滤波器（LPF）功能，滤除信号中的高频分量。接收机需要消去合成器输出的高频分量，同时处理输出的低频分量，并确定导航信号是否正常捕获。捕获检测器用于检测接收到的信号中是否存在导航卫星信号。噪声计算是导航信号捕获过程中的重要环节，检测门限是最低的噪声水平，本地复制信号与接收导航信号的相关峰应该大于检测门限，检测结果取决于相关噪声功率和检测的误警概率。本质上相关噪声具有高斯分布统计特性，所有相关噪声的3σ值被认为是噪声功率。为了避免错误锁定虚假信号，同时又可以捕获弱信号，接收机应当设置最优的检测误警概率。只有当“伪码延迟和多普勒频移单元”通过了正常的检测流程、本地复制信号与接收导航信号的相关峰大于检测门限时，接收机才判定导航信号被正常捕获。如果接收机没有检测到导航信号，捕获管理模块搜索下一个“伪码延迟和多普勒频移单元”，直到所有的伪码延迟和多普勒频移单元”被搜索完毕，接收机才开始搜索另一颗卫星的导航信号，重复上述搜索过程。

本地复制测距码（含伪码多普勒）由伪码发生器、2 bit移位寄存器以及伪码数控振荡器组合生成。超前和滞后复制测距码之间通常相差一个码片，而即时复制测距码位于其正中间。在闭环工作时，伪码发生器由接收机处理器中的伪码跟踪环路控制，伪码跟踪环路一般采用延迟锁定环（Delay-Lock-Loop，DLL）。如果跟踪上了接收到的导航信号的伪随机测距码的相位，那么即时复制测距码的相位便与接收到的导航信号的伪随机测距码的相位对齐，从而得到相关峰值（最大相关）。在这种情况下，相对于接收到的导航信号的伪随机测距码的相位来说，超前复制测距码对准1/2个码片超前处，滞后复制测距码对准1/2个码片滞后处，两个相关器的输出大约为最大相关峰的一半。本地复制测距码相位相对于接收到的导航信号的伪随机测距码相位的任何不一致（未对齐），均导致超前和滞后相关器输出的矢量幅度之间有差异，据此，伪码跟踪环路可以检测和校正相位变化的大小和方向。

综上所述，进入跟踪状态的初始条件是导航信号已经捕获，信号捕获后接收机即可获得载波多普勒频移和伪随机测距码相位的粗略估计值，其中载波误差一般不超过500 Hz，伪随机测距码偏移不超过半个码片，因此，导航信号捕获只是实现了信号载波频率和伪码相位的粗略估计，也称“粗同步”。然后进入信号跟踪环节，相位锁定环和延迟锁定环从粗略估计值开始，通过反馈环路逐步将多普勒频移和伪码相位两个信号参量牵引到误差允许的范围内。

此外，如果导航卫星和用户之间存在相对运动，那么将导致导航信号存在动态变化，一是由于多普勒效应引起的载波频率的动态偏移；二是测距码的相位会随着卫星和接收机间的距离的变化而变化。因此信号的跟踪环路必须克服这些影响，跟踪环路在信号捕获的基础上进一步利用延迟锁定环和相位锁定环分别对码相位和载波频率进行更精确的同步，不断地调整本地载波和伪码相位的值，使它始终跟随着输入信号相位的变化，实现信号载波频率和伪码相位的精确估计，也称“精同步”。

相关链接

多模接收机是什么概念？

多模接收机是采用多个卫星导航系统的信号实现联合定位与导航服务，这决定了多模接收机必须实现对所采用的多个卫星导航系统的兼容互操作性。具有多模接收功能的导航接收机的可用卫星数增多，可以选择卫星几何布局更佳的卫星实现定位解算，相比采用单一系统定位的接收机将带来更高的定位精度。

多模接收机的研究始于20世纪90年代，当时世界上只有美国的GPS和俄罗斯的GLONASS两大卫星导航系统。2020年，四大卫星导航系统均可为全球用户提供高精度PNT服务，多星座导航定位系统相对于单星座而言，在可用卫星数、定位连续性、可用性、稳定性与可靠性、定位精度以及完好性等方面都有明显的优势，因此，多星座导航系统定位是发展的必然趋势。2020年7月31日，北斗三号全球卫星导航系统正式开通服务，因此，目前以北斗卫星导航系统（BDS）为主，同时兼容GPS、GLONASS和Galileo的多模接收机成为国内导航市场的热点之一。

多模多频导航定位技术需要分别对BDS、GPS、GLONASS、Galileo每个卫星导航系统的所有频点民用导航信号进行观测量获取、导航电文解析、定位解算、授时处理及时间管理，并完成定位结果输出和校时等功能。其中BDS需要处理的频点包括B1I、B2I、B3I、B1C、B2a、B2b等民用导航信号分量；GPS需要处理的频点包括L1、L2、L5等民用导航信号分量；GLONASS系统需要处理的频点包括G1CA、G2CA、G3OC等民用导航信号分量；Galileo系统需要处理的频点包括E1、E5a、E5b等民用导航信号分量。多模多频导航定位处理流程如图1所示[19]。

接收机获取各频点导航信号中的电文，通过电文类别分别解析出导航电文参数和电离层参数等信息。利用解析出的导航电文参数计算导航信号播发时刻卫星的位置，再利用卫星位置和接收机粗略坐标计算卫星的方位角和俯仰角等信息。将全部卫星位置、伪距观测量和误差改正值进行最小二乘处理，就可以得到接收机的位置、速度和时间，同时计算出DOP值。

目前多模接收机针对其中某个单一导航系统通常采用独立解算，对于多个导航系统同时使用时一般采用联合解算。传统单星座定位通常采用最小二乘算法进行位置解算，需要预先假设用户位置，并且利用泰勒展开将观测方程进行线性化，最后还需要经过迭代运算来满足用户设定的定位精度要求，计算量大且迭代过程不稳定。

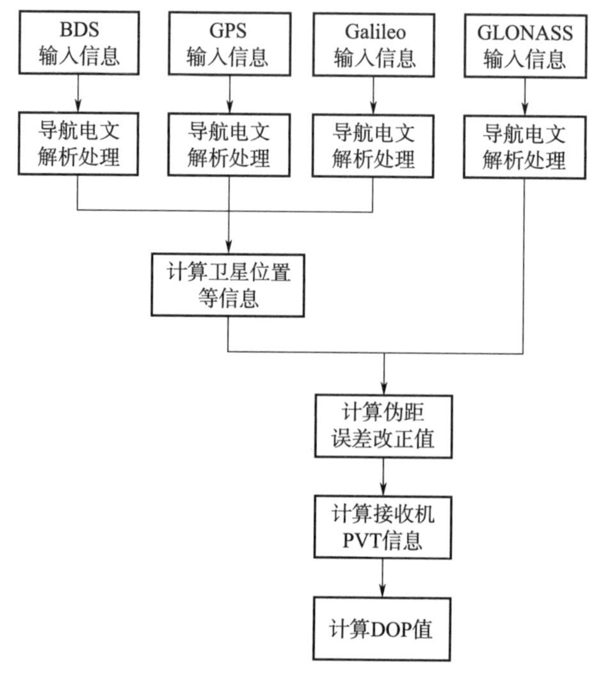

图 1　多模多频导航定位处理流程

对于多星座导航卫星定位解算，由于多星座导航系统的伪距观测方程组不同于单星座以及双星座，因此适用于单星座或者双星座的导航定位直接解算算法将不再适用于多星座[20]。在多星座组合导航定位中，需要同时接收多个导航星座系统的导航电文信息，而各系统之间存在时钟偏差，未知参数的个数会增加，因而所需参与定位解算的卫星数目也随之增加。例如在 GPS / GLONASS / BDS 三模定位系统中，未知参数共有 6 个，分别为接收机的三维位置以及接收机到 GPS、GLONASS 和 BDS 系统的钟差，因此至少需要 6 颗卫星来实现定位解算。采用“2+2+2”组合进行定位解算时，根据直接解算算法，最终可化为 3 个系统钟差的三元二次方程组。

参考文献

[1] ELLIOTT D KAPLAN. GPS 原理与应用［M］.2 版 . 寇艳红，译 . 北京：电子工业出版社，2007.
[2] 刘天雄 . 卫星导航系统接收机原理与设计（Ⅰ）［J］. 卫星与网络，2015，151（7）：58-61.
[3] 刘天雄 . 卫星导航系统接收机原理与设计（Ⅱ）［J］. 卫星与网络，2015，152（8）：54-58.
[4] 刘天雄 . 卫星导航系统接收机原理与设计（Ⅲ）［J］. 卫星与网络，2015，153（9）：54-59.

[5] 刘天雄．卫星导航系统接收机原理与设计（Ⅳ）[J]．卫星与网络，2015，154（10）：58-62.
[6] 刘天雄．卫星导航系统接收机原理与设计（Ⅴ）[J]．卫星与网络，2015，155（11）：57-61.
[7] 刘天雄．卫星导航系统接收机原理与设计（Ⅵ）[J]．卫星与网络，2015，156（12）：59-63.
[8] 刘天雄．卫星导航系统接收机原理与设计（Ⅶ）[J]．卫星与网络，2016，157（1，2）：62-65.
[9] 刘天雄．卫星导航系统接收机原理与设计（Ⅷ）[J]．卫星与网络，2016，158（3）：66-69.
[10] 刘天雄．卫星导航系统接收机原理与设计（Ⅸ）[J]．卫星与网络，2016，159（4）：52-56.
[11] 刘天雄．卫星导航系统接收机原理与设计（Ⅹ）[J]．卫星与网络，2016，160（5）：56-62.
[12] 刘天雄．卫星导航系统接收机原理与设计（Ⅺ）[J]．卫星与网络，2016，161（6）：56-65.
[13] 刘天雄．卫星导航系统接收机原理与设计（Ⅻ）[J]．卫星与网络，2016，162（7）：56-59.
[14] 刘天雄．卫星导航系统接收机原理与设计（XIII）[J]．卫星与网络，2016，163（8）：54-58.
[15] 刘天雄．卫星导航系统接收机原理与设计（XIV）[J]．卫星与网络，2016，164（9）：58-61.
[16] 刘天雄．卫星导航系统接收机原理与设计（XV）[J]．卫星与网络，2016，165（10）：54-59.
[17] 刘天雄．卫星导航系统接收机原理与设计（XVI）[J]．卫星与网络，2016，166（11）：74-77.
[18] 刘天雄．卫星导航系统接收机原理与设计（XVII）[J]．卫星与网络，2016，167（12）：68-73.
[19] 陈亮，孟海涛，展昕．多模多频卫星导航接收机数据处理技术研究[J]．无线电工程，2020，50（6）：465-469.
[20] 汪文，雯张，可黄彬．多星座卫星导航系统定位方程直接解算算法的研究[J]．计算机科学，2015，42（12）：201-206.

4 支持北斗系统的手机有哪些？

智能手机是卫星导航系统最大的大众消费领域。北斗在以智能手机为代表的消费电子市场具有非常广阔的应用前景。2018年1月，工业和信息化部电子信息司组织完成北斗在智能手机中的应用推广，突破了北斗服务及芯片在手机领域大规模应用的瓶颈问题，并通过了千万级应用的检验。

工业和信息化部电子信息司公布的北斗在智能手机中的应用推广项目主要承担单位包括：中国信息通信研究院、国家无线电监测中心检测中心、华为终端有限公司、中兴通讯股份有限公司、宇龙计算机通信科技（深圳）有限公司。项目共计完成支持北斗功能的商用智能手机2 770.45万台，带动海思、展讯等国内芯片制造商研制了集成北斗功能的移动通信芯片组；形成了智能手机北斗定位相关技术标准体系，建立了完整的支持北斗智能手机产品的测试验证平台和配套的质量检测方法。据企业自声明数据统计，2018年前三季度在中国市场销售的智能手机约470款有定位功能，其中支持北斗定位的有298款，北斗定位支持率达到63%以上[1]。

目前，大部分智能手机均支持北斗卫星导航系统，支持北斗地基增强系统高精度应用的手机已经上市。采用高通芯片的手机，如高通骁龙800、600、400系列，其中常见的820、821、835高端型号是支持北斗的，中低端的652、650、625、436，甚至更老的一些型号也都是支持北斗的。采用联发科芯片的手机，常见的P10、P15、P20、X20，之前的X10都支持接收北斗信号。华为海思支持北斗系统，从麒麟930开始，集成的Hi1101四合一芯片可以同时接收GPS、北斗和GLONASS三个系统的导航信号。

手机厂家方面，采用SoC架构的华为、小米、一加、魅族、努比亚等品牌的大部分型号手机都支持北斗定位。2019年第一季度，在中国市场申请进网的手机有116款具有定位功能，其中支持北斗系统的有82款，北斗系统支持率达到70%。目前支持北斗的手机厂家很多，例如：搭载了麒麟980的手机分为华为和荣耀两部分，典型的代表有华为Mate 20系列，荣耀Magic 2，荣耀V20，如图1所示。搭载骁龙845的手机包括：Vivo NEX双屏版，一加6T，魅族16th，小米MIX 3，小米8，三星GALAXY S9，三星GALAXY Note 9等。

图 1　支持北斗的荣耀手机

卫星导航系统为全世界用户免费提供高精度的定位、导航、授时服务，所以智能手机使用北斗系统提供的定位、导航及授时服务也是不收费的。

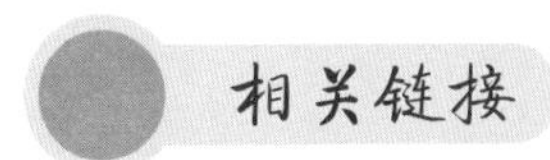

相关链接

北斗设备常用的接收芯片有哪些？

目前民用北斗设备常用的芯片有和芯星通 Nebulas IV、武汉梦芯 MXT2708 A、深圳华大北斗 HD802X、杭州中科微 AT6558 和泰斗微电子 TD1030 等。NebulasIV 芯片是和芯星通科技（北京）有限公司自主研发的新一代射频基带及高精度算法一体化 GNSS SoC 芯片，主要特点如下：

1）全球首颗射频基带及厘米级高精度算法一体化 GNSS SoC 芯片；

2）具有完全自主知识产权；

3）支持 1408 通道，可跟踪全系统全频点信号，包括北斗三号 B1C、B2a、B2b 等；

4）支持 B2b-PPP，水平精度为 10 cm，高程精度为 20 cm（收敛时间为 10 min）；

5）高集成度、小尺寸，最小仅需 12 mm × 16 mm 布板面积；

6）领先的 22 nm 工艺，300 mW 超低功耗，相比于市场主流产品功耗降低 75%；

7）内置 2 GHz 双核 CPU，超强算力，数据更新率为 100 Hz；

8）支持全系统全频点片上 RTK 定位及多天线定向 / 测姿；

9）符合车规 AEC-Q104 Grade2。

和芯星通 Nebulas IV 芯片支持北斗、GPS、GLONASS、Galileo、QZSS 等系统全频点导航信号，外形如图 1 所示，适用于智能驾驶、无人机、机器人、农业、测量测绘及授时等多个领域。Nebulas IV 突破了完整兼容现有 GNSS 频点技术、全系统全频点 RTK 定位定姿和高频度输出技术，以及时频联合抗干扰技术，兼备高集成度、高性能、低功耗、小尺寸等特点，可以更好地满足高精度市场应用需求，同时最大程度地节省用户综合成本。

图 1　和芯星通的北斗芯片

参考文献

［1］ ELLIOTT D KAPLAN. GPS 原理与应用［M］.2 版 . 寇艳红，译 . 北京：电子工业出版社，2007.

5 如何区分北斗接收机硬件产品性能优劣?

目前一般民用北斗接收机都是以整机的形式进行销售，因此，判断北斗接收机性能好坏主要从接收机的硬件性能指标上进行评估，在所有性能指标中，较为重要的指标有定位精度、测速精度、授时精度、启动时间、功耗和工作温度范围等。例如，成都国星通信有限公司的一款高精度北斗导航接收机性能指标如表 1 所示。

表 1　北斗导航接收机性能指标

主要技术指标

接收频率	BD2-B1，GPS-L1
首次定位完成时间	≤90 s
定位精度	单点定位：10 m
	DGPS：5 m
	RTK：10 cm
测速精度	≤0.2 m/s
定位数据更新率	5 Hz
移动数据连接	2G/3G/4G全网通
NTP授时精度	≤5 ms
1PPS授时精度	≤100 ns
平均功耗	≤10 W

环境特性

工作温度	−20 ℃~+55 ℃
贮存温度	−40 ℃~+85 ℃

物理特性

主机尺寸	180 mm(长)×120 mm(宽)×35 mm(厚)(不包含安装孔)，误差不大于0.5 mm
天线尺寸	ϕ89 mm×23 mm，误差不大于0.5 mm，TNC孔

成都国星通信有限公司高精度北斗监测接收机外形如图 1 所示，具备北斗 RNSS 定位功能（接收北斗 B1 频点信号定位）、GPS 定位功能（接收 GPS L1 频点信号定位）、4G 全网通通信功能（能够通过 4G 与地基差分增强系统连接，实现 RTK 定位，能够通过 4G 将定位结果上传至指定服务器）、数传电台通信功能（能够通过数传电台进行数据通信）。

图 1　北斗监测接收机

卫星导航接收机性能指标中，接收频率频点越多、首次定位时间越短、定位精度 / 测速精度数值越小、数据更新率越大、授时精度越小、功耗越小、温度范围越大表明接收机性能越好。

6 为什么北斗接收机有时工作会不稳定?

按照北斗接收机的系统构成，可以把影响接收机定位的误差原因分为三类：和卫星相关的误差，涵盖了卫星星历误差以及卫星钟误差；和信号传播相关的误差，涵盖了电离层延迟以及多路径效应；和接收机相关的误差，涵盖了接收机的钟误差以及位置误差。

在北斗导航卫星可用的条件下，北斗接收机的工作环境不存在外部干扰的情况下，接收机能够稳定工作。如果发生工作不稳定现象，一般情况是由于存在干扰信号，比如，多径效应导致的干扰信号，由于接收机周围环境的影响，使得接收机所接收到的卫星信号中还包含有反射和折射信号的影响，这就是所谓的多路径效应。例如，在高楼林立的楼群中以及密林中，卫星信号受到折射或者反射的几率相当大。因此，当接收机在移动过程中，周边有树木、楼宇等遮挡物时，会造成接收机接收信号的不稳定。多径效应和多径干扰信号示意如图 1 所示。如果此时的干扰信号过于剧烈，则会使用户接收机不能正常跟踪和捕获导航信号。一般而言，多径效应的发生与施测地点及周围的环境紧密关联，针对于此，尽量对于硬件予以详尽设计，避免出现重大影响[1]。

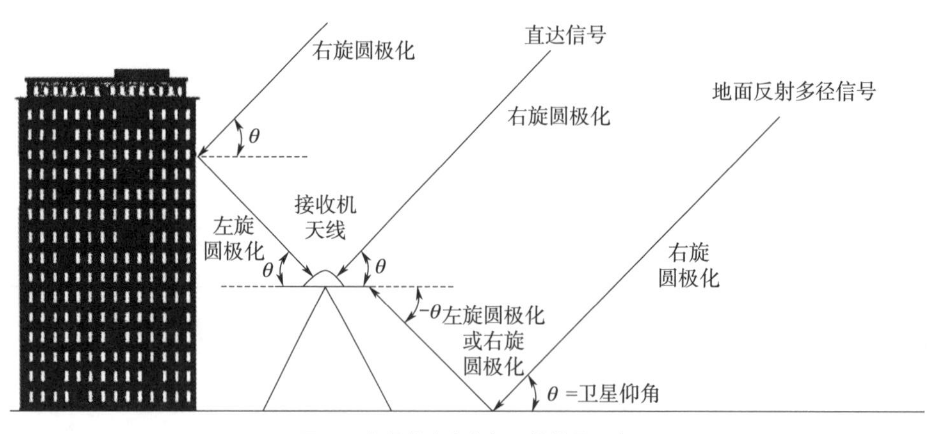

图 1　多径效应和多径干扰信号示意

扼流圈天线可抑制多路径干扰信号，扼流圈天线由一副中心天线和几个同轴心的频率调谐传导环带组成，天线本体上部安装有半球形保护罩，环带高度约为导航信号波长的四分之一，扼流圈天线减缓多路径干扰原理图如图 2 所示，能够有效消除来自水平方向以下的反射信号，可以消除低仰角反射信号并阻止天线附近平面波信号的传导，同时将平面波传导信号引入扼流通道，因此，扼流圈天线具有抗多路径干扰的能力。

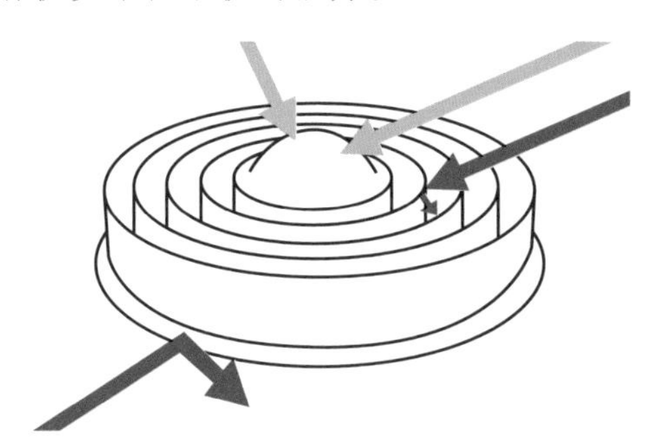

图 2　扼流圈天线减缓多路径干扰原理图

天线相位中心指的是天线盘中所接收卫星信号的坐标，和天线盘几何中心存在很大差别，并且其所接收的不同频率的载波信号相位中心也是存在差别的。一般情况下，相位中心差更多的是会给高程方向精度带来影响，所以是需要进行改正的。

同样，接收机的时钟工作异常时，也会导致接收机发生工作不稳定情况。接收机内部时钟若选用石英晶体振荡器，天稳定度为（1～5）$\times 10^{-5}$，如果选用恒温晶体振荡器，天稳定度也仅能达到（0.5～1）$\times 10^{-9}$，恒温晶体振荡器的体积较大，耗电量也大且需要长时间预热。如果石英晶体振荡器或者恒温晶体振荡器出现异常，也会导致接收机发生工作不稳定情况。

大气对流层延迟对距离的影响会伴随着温度、湿度等因素的改变而发生改变，对于这种情况，一般可以采用干空气与湿空气这两种分量方式來进行处理。事实上，两分量与大气压力以及绝对温度，湿空气的分量与湿度存在极大关联，即使无法产生较大的影响，也难以预计最终结果。所以出现对流层延迟误差这一情况，本身就是因为对流层中的大气状态发生了变化。

此外，还可能有人为干扰因素，如北斗接收机控制部分的问题或用户在进行数据处理时引入的误差等，或者运算数据处理软件的影响，数据处理软件的算法不完善对定位结果的影响，也就是说在启动地图程序的同时，使导航仪进行其他数据处理，产生数据误差从而影响北斗接收机定位的准确性。还有一些例如车内的电磁脉冲干扰以及接收机附近其他电子产品发射的强信号，对于北斗的定位或多或少都会产生一些影响。我们在使用北斗接收机的时候应该注意：

在定位终端启动后搜寻卫星的阶段应该尽量在地势开阔的区域，不要选择在高楼密集或者地库等卫星导航信号的盲区，在搜星阶段给予终端良好的卫星接收范围，为精准的定位做好准备。

在使用接收机时尽量选择电磁环境良好的区域，避免周边的电子设备发射信号对北斗接收机的定位结果产生干扰。

相关链接

空间环境对卫星导航系统的影响

空间环境是诱发航天器故障的主要原因之一。例如，较上一代GLONASS卫星，俄罗斯GLONASS-M卫星的主要变化是卫星电子元器件采取抗空间环境措施，卫星寿命由3年增加到7年。2005年12月和2008年4月，欧空局分别发射了两颗导航试验卫星，其中一项任务是验证中圆地球轨道（Medium-Earth Orbit，MEO）空间环境对星载仪器元器件的影响以及抗辐射加固等应对措施的有效性[2]。

空间环境是指日地空间环境，即太阳和地球之间的环境。航天器在这个区域里遭遇的环境有高层大气，还有地磁场、重力场，在空间中有大量的高能带电粒子存在，如能量非常高的银河宇宙线、太阳宇宙线。地球是有磁场的，在地球的周围形成了两个辐射带，辐射的强度很高，一个是内辐射带，靠地球比较近，从200多千米一直到两万千米左右，中心区域在两万千米左右。另一个是外辐射带，距离地球稍微远一些，中心区域达到三万多千米左右。还有空间等离子体，包括电离层、磁层等离子体、太阳风，以及太阳电磁辐射、微流星、空间碎片和空间污染等。

太阳向地球喷射大量的等离子体，形象地叫作太阳风，像风一样向外吹，与地球的磁场发生相互作用，在向日面地磁场被压缩，背离太阳的这一面则形成磁尾，如图1所示。地球的空间环境是指地球和太阳之间的环境，太阳风和地磁场发生作用的界面叫作地球的磁层，地球是在太阳压缩的磁场里面，这个空间充满着大量的等离子体。太阳风暴释放的巨大电磁能量会压缩地球磁场，如果地球磁场被压缩到一定程度，太阳风很容易干扰卫星轨道。

图 1　太阳风对地球磁场的影响

日冕物质抛射（CME）会促使爆发的粒子和电磁辐射进入地球大气层，如图 2 所示，日冕物质抛射的粒子会损伤卫星仪器内部的元器件，影响卫星的正常工作状态。

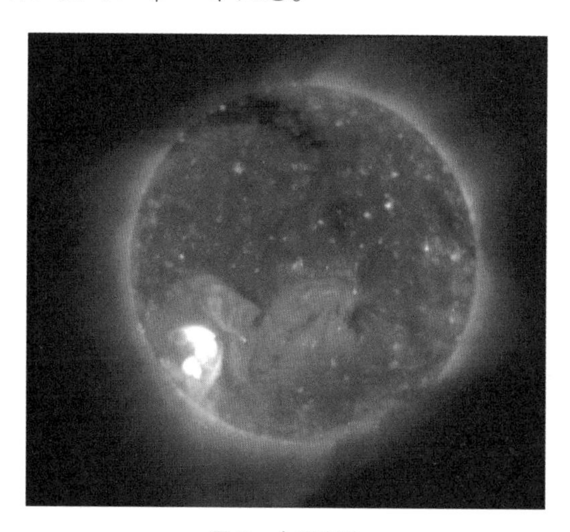

图 2　太阳日冕

太阳爆发产生的高能粒子以高达每小时 500 万英里的速度射向地球，20~30 小时就会到达地球大气层。地球的电子带和质子带如图 3 所示，高能电子和质子影响卫星电子元器件工作状态，甚至对卫星电子元器件造成永久性损坏。高能带电粒子环境会使卫星的材料、器件、太阳电池板等产生辐射损伤，使微电子器件和设备产生单粒子效应，而强离子流还可能影响卫星姿态，对卫星导航系统的定位精度也会产生不利影响。

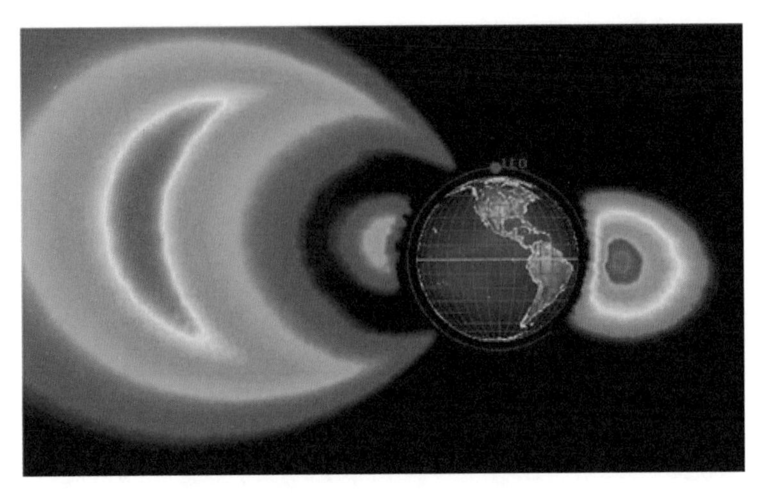

图3　地球的电子带（左）和质子带（右）

此外，高能量的太阳辐射会激活大气电离层，产生大量的离子，影响导航信号的传播时延。空间等离子体会使卫星发生表面充放电和深层介质充放电现象，导致卫星产生电磁干扰和静电放电问题。空间环境对卫星导航系统的影响主要包括如下几个方面：

1）大气层中的电离层和同温层对无线电导航信号传播时延的影响；

2）太阳风对地球磁场的影响；

3）空间等离子体、辐射及高能粒子对卫星上电子产品功能、性能的影响；

4）太阳光压对卫星姿态的影响。

对于卫星导航系统，需要特别研究大气层中电离层、对流层、电波干扰和多径效应，以及它们的缓解技术和对策，因为这些因素都会影响系统工作状态，不仅影响定位、导航和授时服务的精度，也会干扰用户接收机的正常工作状态，甚至导致信号中断。

参考文献

[1]　刘天雄．卫星导航系统概论［M］．北京：中国宇航出版社，2018.

[2]　刘天雄．导航战及其对抗技术［J］．卫星与网络，2012（04）：56-62.

北斗系统如何实现短报文通信服务？

20世纪80年代初期，“两弹一星”元勋陈芳允院士提出了利用两颗地球同步静止轨道卫星实现国土及周边用户的定位服务的设想，这就是北斗一号双星定位系统，双星定位是当时适应当时我国技术水平和国家经济基础开展卫星定位服务的最优方案。北斗一号双星定位系统为用户提供有源定位服务，其特点是用户响应控制中心的问询信号，发送定位申请信号或者报文通信信号，两颗卫星将定位申请信号或者报文通信信号透明转发给地面任务控制中心，地面任务控制中心利用用户定位申请信号的时延就可以解算用户的位置，然后将用户的位置信息以及中心对用户的控制指令一并通过卫星转发给用户，定位和报文通信流程如图1所示[1]。

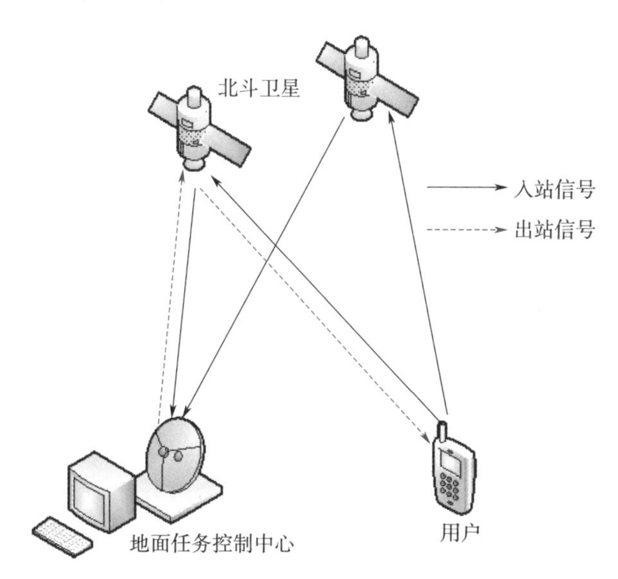

图1 双星定位系统RDSS业务和报文通信流程

地面任务控制中心首先要通过一颗地球静止轨道卫星向用户群发出一个S频段查询信号，用户向两颗卫星发射L频段定位或短报文响应信号。信号从地面任务控制中心到卫星、再从卫星到用户接收设备，最后再从用户经卫星返回地面任务控制中心，整个信号传输时间被精确测量后，结合已知的卫星位置信息，根据三球（卫星为球心，星地距离为半径为两个球面以及地球椭球面）交会原理，地面任务控制中心就可以解算出用户的位置并将位置信息传送给用户。在完成用户位置确定的同时，还可以实现短报文通信服务。北斗一号双星定位系统有效地同时解决了“我在哪”以及“你在哪”的难题，导航通信一体化的设计方案让人耳目一新。

短报文通信北斗卫星导航系统的特色服务，GPS、GLONASS和Galileo等卫星导航系统仅提供定位、导航和授时服务。北斗系统的有源定位技术利用工作在地球同步静止轨道的两颗导航卫星即可实现定位和短报文通信服务，一次定位的流程如下：

Step1，由地面中心站向位于同步轨道的两颗卫星发射测距信号，卫星分别接到信号后进行放大，然后向服务区转播；

Step2，位于服务区的用户机在接收到卫星转发的测距信号后，立即发出应答信号，经过卫星透明中转，传送到中心站；

Step3，中心站在接收到经卫星中转的应答信号后，根据信号的时间延迟，计算出测距信号经过中心站—卫星—用户机—卫星—中心站的传递时间，并由此计算出卫星和用户机之间的距离，由于中心站和卫星之间的距离已知，由此可得用户机与卫星的距离；

Step4，根据用上述方法得到的用户机与两颗卫星的距离，根据三球交会定位原理，在中心站存储的数字地图上进行搜索，寻找符合距离条件的点，该点坐标即是所求的坐标；

Step5，中心站将计算出来的用户坐标通过卫星转发给用户机，用户机再通过卫星向中心站发送一个回执，结束一次定位作业。

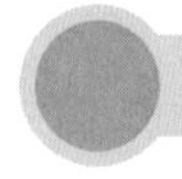

相关链接

北斗系统的短报文通信能力怎么样？

北斗一号卫星导航系统为用户提供全天候快速定位和短报文通信服务，北斗一号的短报文通信业务服务区域为70°E～145°E；5°N～55°N，使用频率上行L频段（1 610～1 626.5 MHz），下行S频段（2 483.5～2 500 MHz），为用户提供每次120个汉字（1 680 bit）的短报文通信服务，通信时延约0.5 s，通信的最高频度为1次/秒，系统容量为（54万次～72万次）/h，用户动态范围速度小于1 000 km/h[2-4]。

在北斗一号和北斗二号卫星导航系统的基础上，北斗三号系统是中国自主建设的全球卫星导航系统。北斗三号实现了导航定位与通信和增强服务的融合设计，除了基本的导航服务之外，还提供了星基增强、精密定位、区域短报文通信、全球短报文通信、地基增强和国际搜救共6类服务[5]。蔡洪亮等撰写的《北斗三号全球导航卫星系统服务性能评估》，给出了北斗三号系统区域短报文通信、全球短报文通信服务的测试评估方法，利用系统开通之前的数据对系统服务的核心指标进行了评估，对照北斗系统服务性能规范，指标的实现情况如表1所示[6]。

表1　北斗系统服务性能指标实现情况汇总

序号	服务类型	指标名称	评估结果	指标要求
1	区域短报文通信	通信成功率	99.96%	≥ 95%
2		服务容量	1 534.38 万次 /h	≥ 1 200 万次 /h（入站）
3	全球短报文通信	通信成功率	96.46%	≥ 95%
4		服务容量	40.04 万次 /h	≥ 30 万次 /h（入站）

注：受时间限制，表中给出的星基增强服务连续性、完好性评估结果为短期数据，长期数据正在积累。

自然灾害发生后，地面的通信网络往往会受到影响甚至被完全切断，手机等都将没有信号，从而给减灾救灾工作带来极大的困难。通过北斗系统短报文通信服务保障通信的实时畅通就显得格外重要。自2000年北斗一号双星定位系统提供服务以来，北斗系统的定位和短报文通信服务已在救灾减灾、搜索救援、状态监控、态势感知、环境监测、森林防火、应急抢险、指挥调度等诸多领域得到广泛应用。

参考文献

[1] 刘天雄.卫星导航系统典型应用[M].北京：国防工业出版社，2021.

[2] 谭述森.卫星导航定位工程[M].北京：国防工业出版社，2010.

[3] 谭述森.广义卫星无线电定位报告原理及其应用价值[J]，测绘学报，2009（1）：1-5.

[4] 范本尧，李祖洪，刘天雄.北斗卫星导航系统在汶川地震中的应用及建议[J].航天器工程，2008，17（4）：6-13.

[5] YANG Y X，GAO W G，GUO S R，et al. Introduction to BeiDou-3 navigation satellite system [J]. Navigation，2019，66（1）：7-18.

[6] 蔡洪亮，孟轶男，耿长江，高为广，等.北斗三号全球导航卫星系统服务性能评估[J].测绘学报，2021，50（4）：427-435.

8 接收北斗信号的典型芯片有哪些?

卫星导航应用产业链一般分为基础产品、应用终端、系统应用和运营服务四部分，基础产品主要包括芯片、模块、板卡和天线，基础产品是产业链的上游和发展基础。截至2018年11月，北斗导航芯片、模块、天线等核心产品性价比与国际主流产品相当，导航型芯片（模块）总销售量突破7 000万片；高精度板卡和天线产品分别占国内30%和90%市场份额。北斗基础产品已输出到90余个国家和地区，包括30余个“一带一路”国家和地区[1]。

对于卫星导航接收机来说，射频芯片和基带芯片是最关键的两类芯片，射频芯片负责接收北斗卫星发射的导航信号，并将其变成数字信号；基带芯片的功能则是对数字信号解调、解扩、译码，获取卫星的空间位置、系统时间、电离层改正等信息，同时完成星地测距和位置、速度及时间的解算。目前接收北斗信号的典型芯片有多模导航型基带芯片、多模导航型射频芯片、射频基带一体化集成芯片三类。

2008年3月，西安华迅科技有限公司研制成功第二代多星座、全频点导航射频芯片，芯片全面覆盖GPS（L1~L5）、北斗（B1~B3）、Galileo（E1~E6）、GLONASS导航系统的所有频点导航信号，并且适用于第三代移动通信环境下对低功耗、抗干扰要求非常严格的手机应用。国产芯片虽然实现了零的突破，但是整体力量不强。GPS在1995年提供全球民用服务，已形成完整的产业链，市场占有率较高。2007年前，中国导航终端使用的绝大部分芯片都是GPS芯片，GPS占据了我国导航产业市场95%以上的份额。我国北斗民用芯片路线基本都以“北斗+GPS”的多频路线逐步替代GPS芯片。北斗芯片发展历程如图1所示[2]。

2010年，在全球卫星导航系统国际委员会（ICG）第五届大会上，和芯星通提出了“第三代卫星导航接收机设计理念”，把不同国家的卫星导航系统统一在一个空间框架和时间框架中。2010年9月25日，和芯星通正式发布了自主研制的拥有完全自主知识产权的国内首创的多系统、多频率卫星导航高性能SoC芯片“Nebulas™”，芯片采用90 nm低功耗工艺，内置200 MHz处理器和192个逻辑通道，支持当时所有的卫星导航系统全部频率信号，可以应用于高精度和涉及国家安全的领域，如测量测绘、地震及灾害预测、精密仪器控制、精确制导等。国家科学技术奖获得者、“两弹一星”功勋科学家、北斗卫星导航系统工程总设计师孙家栋院士对这颗芯片给予了高度肯定，称“这个具有自主知识产权的产业化项目为中国人争了一口气，在世界上表现了北斗强国的梦想”。

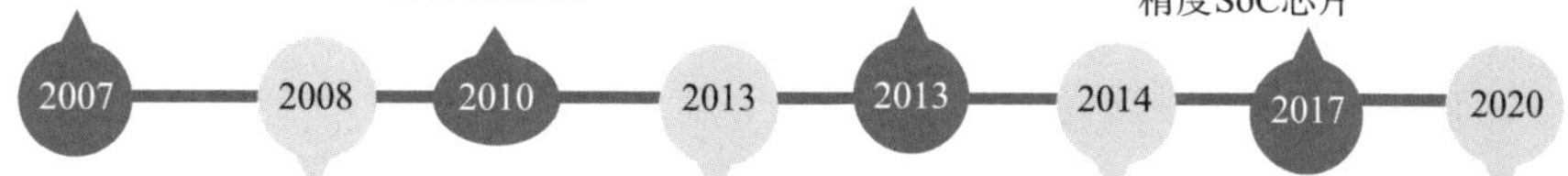

图 1　北斗芯片发展历程

2013 年，国家颁布《促进信息消费——加快推进北斗卫星导航产业规模化发展》，政策明确提出要支持中国北斗芯片事业。北斗芯片迎来了快速发展的小高峰。2013 年，东莞泰斗微电子科技有限公司发布了采用 55 nm 工艺，集成了射频、基带与闪存的“三合一”SiP 单芯片的 BDS-2/GPS 双模基带芯片 TD1020。该芯片不仅可以用于以车载、电力、金融、通信等为代表的行业应用领域，也可进一步更广泛地应用于以智能电话、平板电脑和可佩戴智能终端等为代表的消费电子领域。2014 年，中兴通讯采用东莞泰斗微电子 TD1020 的北斗、GPS 导航三防智能手机 G601U 完成了第一批商用机的量产，这意味着北斗芯片进入了智能手机时代。

2014 年，武汉梦芯科技有限公司研发出了 40 nm 高精度消费类北斗导航定位芯片，获得了“2016 卫星导航定位科学技术奖一等奖”。2014 年 1 月，西安华迅科技有限公司也推出了采用 40 nm 工艺的高性能北斗 /GPS 导航芯片，是集北斗 /GPS+Wifi+Bluetooth+FM 为一体的 SoC 芯片。同年，上海北伽导航科技有限公司发布了采用 40 nm CMOS 的射频基带一体化 SoC 北斗导航芯片，可以满足大众应用终端对导航芯片“体积小、更小、功耗低、更低”的要求，可以应用于平板电脑、可穿戴设备、车载导航等设备中。2017 年，北斗星通发布了28 nm北斗芯片Firebird，2020年5月北斗星通发布22 nm高精度车规级定位芯片NebulasⅣ和22 nm超低功耗双频双核定位芯片FirebirdⅡ。FirebirdⅡ主要针对的目标市场是车载导航前装市场，支持北斗双频信号；NebulasⅣ针对新型高精度市场；量产时间预计在2021年四季度到2022年一季度。我国北斗终端芯片即将进入22 nm时代。更小的纳米数往往代表更为先进的制造和设计工艺。22 nm也意味着在单一的北斗芯片上可以集成微处理器、模拟IP核、数字IP核和存储器、外围接口等，集成度更高、功能更强、功耗更低、尺寸也更小，可以更好地与各行业应用融合，应用范围也会更广[2]。

2018年12月，中国卫星导航系统管理办公室以文件形式给出了北斗基础产品及推荐单位，其中研制多模导航型基带芯片的单位包括和芯星通科技（北京）有限公司、泰斗微电子科技有限公司、杭州中科微电子有限公司、西安航天华迅科技有限公司、武汉梦芯科技有限公司；研制多模导航型射频芯片的单位包括广州润芯信息技术有限公司、重庆西南集成电路设计有限责任公司、杭州中科微电子有限公司、西安航天华迅科技有限公司；研制射频基带一体化集成芯片的单位包括和芯星通科技（北京）有限公司、武汉梦芯科技有限公司、深圳华大北斗科技有限公司、杭州中科微电子有限公司、泰斗微电子科技有限公司。

目前接收北斗信号的典型芯片主要以国产芯片为主。民用北斗设备常用的射频基带一体化芯片有和芯星通Firebird、武汉梦芯的MXT2708A、深圳华大北斗的HD802X、杭州中科微的AT6558和泰斗微电子TD1030等，如表1所示[3]。

表1　国产射频基带一体化芯片

编号	产品名称及型号	研制单位	主要功能	主要技术参数
1	FirebirdⅡ	和芯星通科技（北京）有限公司	具备BDS、GPS、GLONASS三系统民用信号接收能力；具备抗多径、抗干扰能力；支持BDS PPP增强、A-GNSS等功能；具备单频/双频定位、测速功能。面向手机、可穿戴式设备、车载导航等大众消费类及行业类市场的高精度需求	工作电压：1.8~3.6 V 封装形式：WLCSP，QFN，BGA 外形尺寸：3 mm × 3 mm（WLCSP），5 mm × 5 mm（QFN），4 mm × 4 mm（BGA） 功耗：≤ 60 mW 工作温度：−40 ℃~85 ℃
2	HD804X	深圳华大北斗科技有限公司		工作电压：1.8~3.6 V 封装形式：WLCSP，QFN 外形尺寸：2.78 mm × 2.93 mm（WLCSP），5 mm × 5 mm（QFN） 功耗：≤ 125 mW 工作温度：−40 ℃~85 ℃

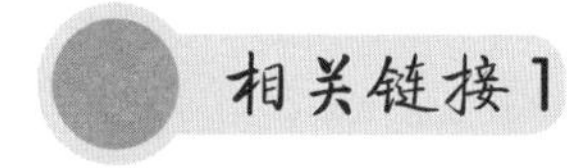

常见的北斗接收机有哪些类型？

北斗系统从北斗一号系统到北斗二号系统，再到北斗三号系统，历经 26 年，应用终端研制周期较长，应用终端在不同建设时期曾经有不同的称谓。北斗终端按照用途可分为导航型终端、测量型终端和 RDSS 通信导航型终端等。

（1）导航型终端

导航型终端如图 1 所示，主要用于运动载体的定位和导航，其水平和高程单点定位精度在 95%情况下优于 10 m。

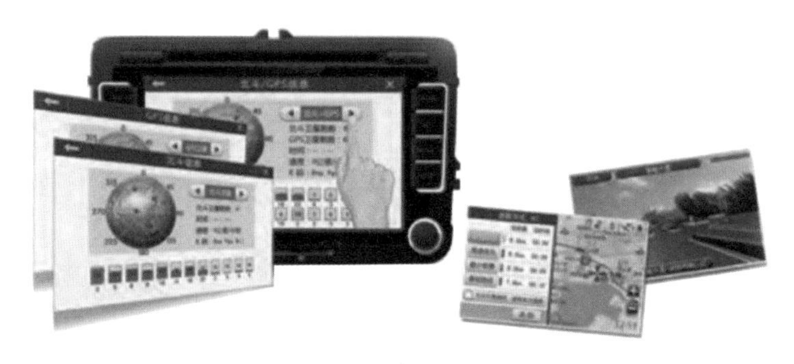

图 1　导航型终端

（2）测量型终端

测量型终端如图 2 所示，主要用于精密大地测量和工程测量，其静态相对定位精度可达厘米级甚至毫米级，RTK 动态相对定位精度可达 1~3 cm。

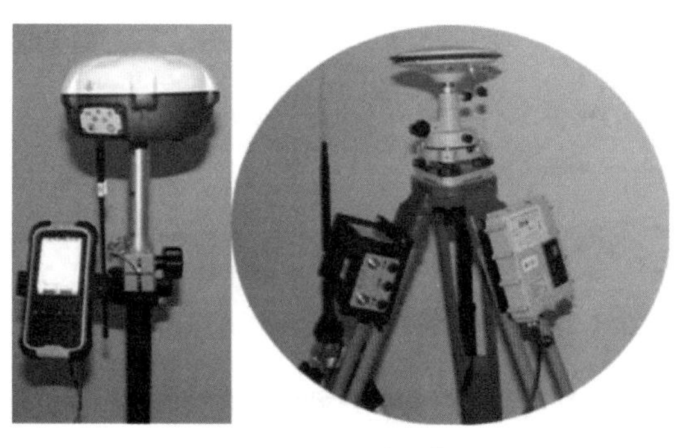

图 2　测量型终端

（3）RDSS 通信导航型终端

RDSS 通信导航型终端如图 3 所示，具有 RDSS 定位、位置报告和短报文通信功能，主要用于个人、车辆、船舶导航与位置报告等。

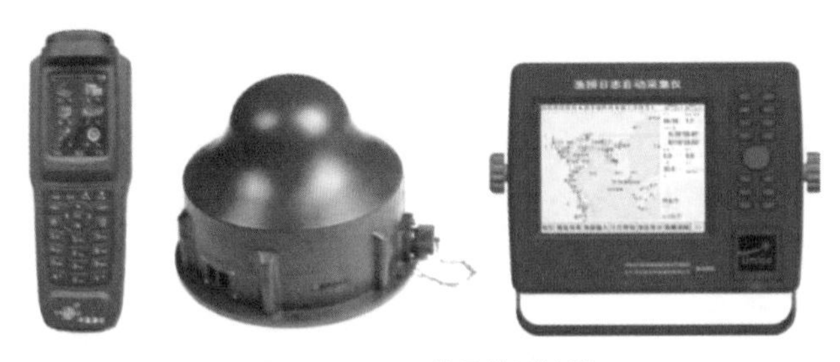

图 3　RDSS 通信导航型终端

（4）RDSS 指挥型终端

RDSS 指挥型终端如图 4 所示，可以接收所有下属用户的位置和短报文信息，同时通过通播功能向所有下属用户发播信息，主要用于集团用户对下属用户监控管理。

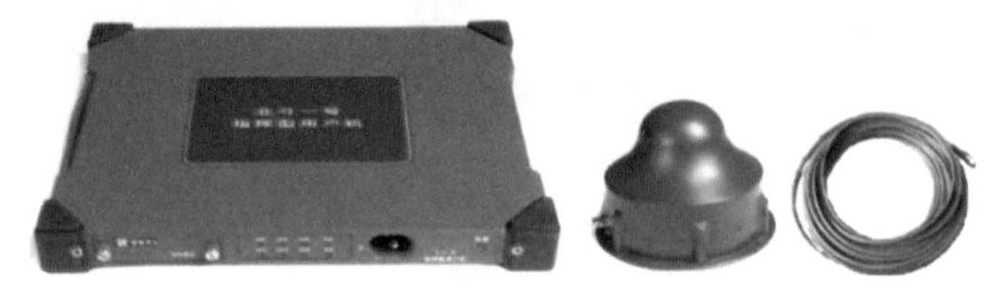

图 4　RDSS 指挥型终端

（5）授时型终端

授时型终端如图 5 所示，具备单向授时精度优于 20 ns、双向定时精度优于 10 ns 的能力，已经在通信、电力、金融等领域时间同步服务取得了广泛应用。

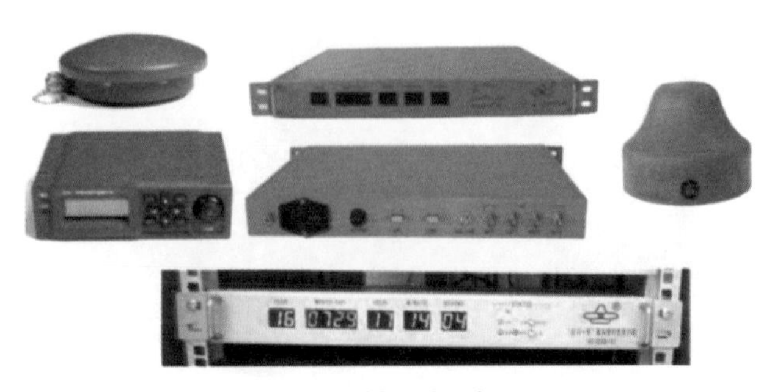

图 5　授时型终端

平时生活和工作中能见到的北斗设备有支持北斗导航的手机、车载北斗导航仪、北斗手表、车载北斗接收机（公交车、出租车和共享单车），如图 6 所示。

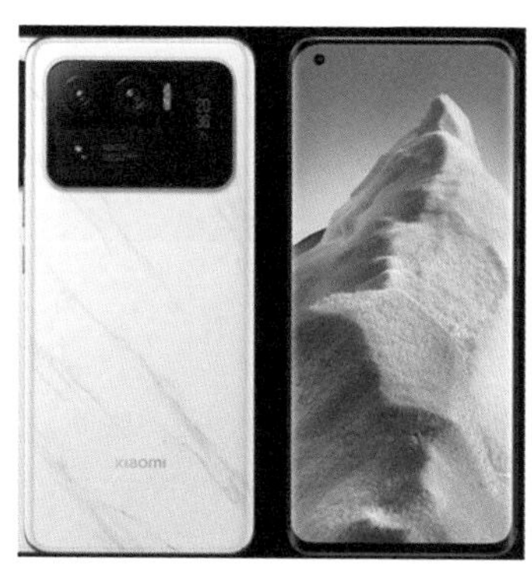

（a）支持北斗的小米 11 手机

（b）支持北斗的荣耀智能手表

（c）支持北斗的青桔共享单车

图 6 平时生活和工作中常见的北斗设备

北斗卫星导航系统除了服务于人们的日常生活外，在不同行业也得到了广泛的应用。在航空领域，北斗已经应用于无人机导航定位系统，如图 7 所示。“落水”人员穿着的北斗定位救生衣，具有先进的卫星定位功能，可以自动发射救生信号，如图 8 所示。搜救中心通过北斗搜救指挥系统接收到定位信息，指令现场救援力量迅速到达位置进行救助。“落水”人员身穿的救生衣，是我国自主研发的海上救生衣，它能实现整个亚太区域海洋上的遇险自动报警、北斗卫星精确定位、落水人员漂移轨迹实时跟踪等功能，为搜救落水人员赢得宝贵时间。

图 7　翼龙无人机

图 8　北斗救生衣

北斗短报文广泛应用于海洋上的浮标，可以把浮漂采集的数据通过北斗短报文通信服务回传给岸上监控中心，如图 9 所示。

图 9　北斗自沉浮浮标的水下载体定位系统

相关链接 2

为什么我们感觉不到在应用北斗?

2020 年 6 月 23 日，我国独立自主建设的北斗三号全球卫星导航系统完成发射组网任务，很多手机用户都希望尽快用上咱们自己的北斗导航系统，不过，我们手机上日常使用的手机导航 APP 软件却并没有发现有北斗的踪迹，导航软件显示的依然是 GPS 的字样。于是有些人在问，是不是要专门下载相关软件才能应用北斗导航系统？如果不说明，你可能真的会认为我们目前使用的导航系统还依然是 GPS。

在国新办举行北斗三号系统提供全球服务一周年有关情况发布会上[4]，中国卫星导航系统管理办公室主任、北斗卫星导航系统发言人冉承其对这一问题进行了解答，他解释说，目前我国有 70% 的智能手机用户其实正在使用北斗导航系统，只是用户感觉不到北斗的存在，那主要是因为在目前的手机上，导航系统往往还是使用“GPS”字样来表示定位。

由于卫星导航刚开始出现的时候，全球大部分地区使用的是美国的 GPS，终端显示的字样也是“GPS”，GPS 成了卫星导航的代名词，一说到卫星导航和定位，大家自然最多想到的就是 GPS，冉承其说：“其实现在的智能手机使用的导航系统不再是单一的系统，大多是系统集成，这当然包括北斗系统，只是手机终端上依然显示的是 GPS 字样。”

北斗卫星导航系统（BDS）只提供空间和时间信息，它的服务对象是各类手机应用（APP），不直接面对手机用户。北斗卫星导航系统不是地图类 APP，用户在日常手机使用中，缺乏 APP 一样的视觉呈现，因此其存在感较低。

由于美国 GPS 在四大全球卫星导航系统中最先普及民用，成了卫星导航的代名词。在手机导航 APP 中本应是 GNSS 的图标，却成了 GPS 的图标，到了一个导航信号弱的地方，手机会提示你“GPS 信号弱，手机可能会延迟?”此外 GPS 的取名也占了优势，所以北斗唯一露脸的机会也几乎被剥夺了。

中国卫星导航系统管理办公室主任冉承其说：“从性能上讲，中国的北斗是世界上最好的导航系统之一。”他呼吁我国的手机制造商、地图和位置软件的制造商尽早改变这一现状，根据实际使用的系统做相应调整，将统一使用的“GPS 信号”的字样改为“卫星导航信号”的字样，展示我国北斗导航信号目前到了导航信号弱的地方时，手机会提示你“手机信号弱，信息可能会延迟?”。

冉承其在新闻发布会上还介绍了北斗系统的国际合作情况：中国北斗导航定位的基础产品目前已出口到世界上 120 多个国家和地区，涵盖东盟、南亚、东欧、西亚和非洲等地区，主要用作精准农业、土地确权、数字化建设和智能港建设等，随着我国北斗的全面建成，将会扩展到更多的领域。

参考文献

［1］ 中国卫星导航系统管理办公室 . 北斗卫星导航系统应用案例，2018 年 12 月 .
［2］ 1 颗芯，30 万人，北斗 26 年的逆袭征途丨芯征程［EB/OL］.［2021-08-06］. https：//mp.weixin.qq.com/s/6oIXF_TiboZqhIPX2_rBDQ.
［3］ 中国卫星导航系统管理办公室 . 北斗三号民用基础产品推荐名录［R］. 2020.
［4］ 国新办举行北斗三号系统提供全球服务一周年有关情况发布会［EB/OL］.［2021-11-11］. https：//www.scio.gov.cn/xwfbh/xwbfbh/wqfbh/39595/42270/wz42272/Document/1670518/1670518.htm.

9 全球卫星导航系统兼容互操作是什么意思?

2020 年，GPS、GLONASS、BDS 以及 Galileo 四大全球卫星导航系统以及 QZSS 和 IRNSS 两个区域卫星导航系统同时为用户提供服务，四大卫星导航系统 L1 频段民用导航信号中心频点及带宽相近，用户可以选择接收多个系统的导航信号，因此，用户利用一部接收机同时接收多个导航系统的信号成为可能，通过选择接收多个系统的导航信号，可以保证接收机在位置解算过程中可以获得最优的精度因子（DOP）值，同时保证接收信号的连续性和完好性，从而提高 PNT 服务的质量，这在理论上是可行的。

因此，开展卫星导航接收机设计时，要考虑如何解决多系统间的兼容（compatibility）和互操作（interoperability）问题，对于用户来说，多星座接收机（multi-constellation receivers）技术能够给用户带来更高的可用性（availability），降低导航卫星的精度因子值。设计多模兼容互操作卫星导航系统接收机以同时接收和处理多个系统的导航信号，成为卫星导航接收机的发展方向。

卫星导航系统在设计导航信号时，以及用户接收机在接收多个导航系统的信号时，需要采取措施以避免信号之间的相互干扰，例如，GPS 和 Galileo 系统在中心频点 1 5 GHz 处的导航信号有 L1C/A、L1C、L1P（Y）、L1M、E1-OS 和 E1-PRS 导航信号，如果再加上 BDS 的 B1 频点信号、GLONASS 的 L1 频点信号以及 QZSS 利用的 L1C/A 和 L1C 导航增强信号，在 1 5 GHz 处的导航信号频谱则十分拥挤，不同系统之间的导航信号必然存在干扰问题。ITU 将频率范围 1 559 MHz ~ 1 610 MHz 的 L 频段分配给 RNSS/ARNS 导航服务，全球卫星导航系统享受一级服务，未来可能还有其他卫星导航系统在该 L 频段播发导航信号。

由此，如何更好地应用 ITU 分配给 RNSS/ARNS 导航服务的 L 频段无线电频谱资源，如何避免和减轻不同卫星导航系统之间导航信号之间的干扰问题，业内提出了卫星导航系统之间的兼容和互操作要求。兼容与互操作是卫星导航系统资源利用与共享的重要内容，是近年来卫星导航系统的一个研究热点，对卫星导航的理论研究、系统建设和应用推广都具有重要意义，受到了国内外学术界、工业界、政府主管部门乃至相关国际组织的高度重视。兼容与互操作的概念最早是 2004 年 12 月美国发布 PNT 国家政策时提出来的，兼容定义为单独或联合使用美国天基定位、导航及授时系统和国外相应系统提供的服务时不互相干扰各自的服务或信号，并且没有恶意形成导航冲突。互操作定义为联合使用美国民用天基定位、导航和授时系统以及国外相应系统提供的服务从而在用户层面提供较好的性能服务，而不是依靠单一系统的服务或信号来获得服务[1]。

2017年11月29日，中国卫星导航系统委员会王力主席与美国国务院乔纳森•马戈利斯助理副国务卿在北京举行了中美卫星导航会晤。在王力主席和乔纳森•马戈利斯助理副国务卿的见证下，中国卫星导航系统管理办公室冉承其主任与美国国务院空间和先进技术办公室戴维•特纳副主任签署了《北斗与GPS信号兼容与互操作联合声明》。声明表示，两系统在国际电联（ITU）框架下实现射频兼容，进而实现民用信号互操作，并将持续开展兼容与互操作合作。

2004年6月，美国和欧盟发布GPS和Galileo联合发展和应用的合作协议US-EU Agreement（2004）对兼容与互操作的相关概念给出了定义，兼容主要体现于GPS与Galileo射频信号兼容，包括与两个系统相关的所有星基导航授时服务；另外，两个系统之间要尽可能地实现非军用服务用户层面的互操作性。该协议还对GPS和Galileo系统兼容与互操作合作及应用的相关问题进行了框架式协定，其中包括构建与国际地球参考框架（ITS）尽量接近的大地参考框架以及在各自系统导航电文中发播两个时间系统之间的偏差信息等方面的条款。目前，兼容与互操作已经成为国际卫星导航系统委员会的核心议题，并专门成立了相应的工作组，兼容与互操作也是全球GNSS核心供应商双边谈判与多边协调的重要内容。

卫星导航信号的中心频率、信号功率、信号业务分配、码片速率和脉冲赋形、调制方式和编码长度以及电文数据率是影响多卫星导航系统兼容性和互操作性的6个关键要素。互操作性要求相同业务信号的中心频率和带宽重叠，从而简化接收机设计；兼容性又要求信号互干扰在可容忍范围内，甚至频谱分离。业务分配对信号频率、带宽、编码方式和长度、码片赋形、是否加密等提出了不同的需求。码片速率和脉冲赋形直接影响信号的带宽，导致卫星载荷的群时延变化，也影响系统内信号和系统间信号的相互干扰的程度，从而最终影响接收机捕获和跟踪能力、抗多径能力和对伪距测量的精确度。调制方式和编码长度以及电文数据率等将影响接收机捕获跟踪性能。信号载波功率的变化会导致不同信号间的干扰程度发生变化。

上述6个导航信号设计关键要素直接影响了新的导航信号与原有导航信号的兼容性和互操作性，当然也就影响新建卫星导航系统与原有卫星导航系统的兼容性和互操作性。开展导航信号设计时，需要权衡这6个要素，满足兼容性与互操作性要求的导航信号体制设计是一项具有挑战性的任务，其要素包括如何规划信号频谱以提高频谱利用率、减小系统内干扰和系统间干扰、允许互操作所要求的一体化接收处理方式，如何设计抗干扰能力强、捕获跟踪门限低且复杂度低的伪随机码，如何根据信道特性设计高性能、高效率、低复杂度的信道编解码算法和调制方式，如何设计灵活可扩展的电文帧结构以容纳互操作信息交换等。因此，开展卫星导航系统设计时，要考虑如何解决多个卫星导航系统间的兼容和互操作问题，互操作性的关键因素包括空间信号、大地坐标参考框架以及时间参考系统，互操作是在卫星导航系统兼容基础上的另一种更高层面的系统优化与合作，由此提高用户位置解算的可用性(solution availability)。

新的卫星导航系统在保持独立性的同时，需要注重与其他卫星导航系统在时空系统方面的兼容与互操作，特别是在民用应用方面，这种互操作性主要有两种表现方式。一种是采用兼容的时空参考系统。Galileo地球参考框架GTRF和GPS使用的WGS-84实际上都是国际地球参考框架（ITRF）的一种实现。WGS-84和GTRF的误差在几厘米的量级，对于大多数用户需求来说，这种精度就足够了。GPS使用的GPST和Galileo系统使用的GST都是连续的时间系统，都与国际原子时TAI保持固定偏差。GPST和GST都与UTC之间有明确的时间换算关系，用户可以方便地通过Galileo广播信息获得GST与UTC以及GPST之间的偏差。另一种是在信号中广播与其他时空系统之间的转换参数。在欧洲和美国关于Galileo / GPS互操作性的协议中采纳了通过传统时间传递技术测量，或者利用组合GPS / Galileo接收机在两个系统的监测站进行精确估计的方法来确定时间偏差。另外，GLONASS卫星导航系统计划发播与GPS和GLONASS系统时差的偏差。北斗卫星导航系统也将计划广播与GPS，GLONASS，Galileo系统时间转换参数以及GPS卫星钟差、星历改正参数等信息。这些方法都很好地体现了GNSS之间的互操作，都将为用户利用多系统观测量进行导航定位提供了最直接的便利。

全球卫星导航系统之间的兼容与互操作要求体现了系统之间的合作和协同，必将对系统的服务性能产生一定的影响。在保持系统独立运行的前提下，通过国际合作积极实现GNSS资源优化整合，最大限度地选择利用国际导航免费资源，同时充分发挥自主资源作用，并在接收机终端提出最佳化融合方案，为研究出高性能廉价的接收机奠定总体设计基础，从根本上增强BDS在应用服务产业化领域的竞争力。

兼容与互操作是未来全球卫星导航系统发展的主要方向，在北斗全球系统的设计和建设中，应进一步重视信号的兼容和互操作设计，尽可能采用与GPS和Gaileo相同的频点、类似的调制方式、相近的带宽等频域参数，达到与GPS和Galileo系统的高度互操作。目前大卫星导航系统在导航信号设计时采用了较为灵活的BOC族扩频调制方式，同时要求输入信号应尽可能地为包络恒定的导航信号。随着同一系统在同一频段内播发的导航信号数量的增加，在保证信号质量的前提下，导航卫星有效载荷实现的复杂性问题也随之而来。此外，坐标系统应尽可能一致，尤其是地面跟踪站尽量保持一致，否则应采用多模接收机监测其坐标系统偏差，并发播给用户进行改正，或作为用户导航定位参数估计的先验信息；时间系统的不一致，可采用多系统跟踪站进行监测和发播，也可通过增加模型参数进行实时估计。

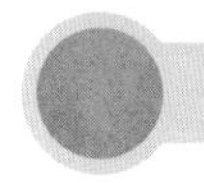

相关链接

卫星导航系统兼容互操作关键技术

一旦某个导航系统出现问题，对单类型用户的危害是比较大的，例如，2019年7月11日，Galileo系统卫星发生导航电文信息中断问题，导致全球范围所有利用Galileo系统进行导航、定位和授时等服务的用户无法获得导航、定位、授时信息。此次服务中断117 h 10 min。2019年7月14日4时15分，Galileo系统发布第2次公告称“UTC时间2019年7月12日1时50分起，Galileo系统所有卫星导航信号不能使用”，在下一次公告前，所有用户将经历伽利略服务中断。在2019年ICG大会上，欧盟对此次服务中断的原因解释是“owing to the rejection of expired NAV messages”。根据欧盟的解释，可以认为2019年Galileo系统服务中断是地面控制中心数据处理软件故障导致的，造成处理的卫星精密轨道、精密钟差等导航电文信息错误。此外，时间同步是卫星导航系统正常运行的前提，因此，Galileo地面控制中心的时间统一系统也有可能出现异常，造成控制中心所有业务运行混乱或运行错误[2]。

显然，多个卫星导航系统之间的兼容互操作能够解决当单一系统出现问题时，保证用户的PNT服务，同时还可以提高PNT服务的可靠性。因此，兼容互操作是卫星导航系统未来发展的大趋势。涉及的关键技术包括导航信号设计、空间坐标系统设计和时间参考系统设计三个方面。

卫星导航系统频率配置和空间信号的兼容与互操作主要是通过共用中心频率以及频谱重叠来实现的，当然需要使用不同的信号调制方式和不同的信号结构，这也是系统相互独立性的必然要求。国际电信联盟发布的导航频率占有情况如图 1 所示，图中给出了导航系统现有的和计划采用的主要频率占有情况。

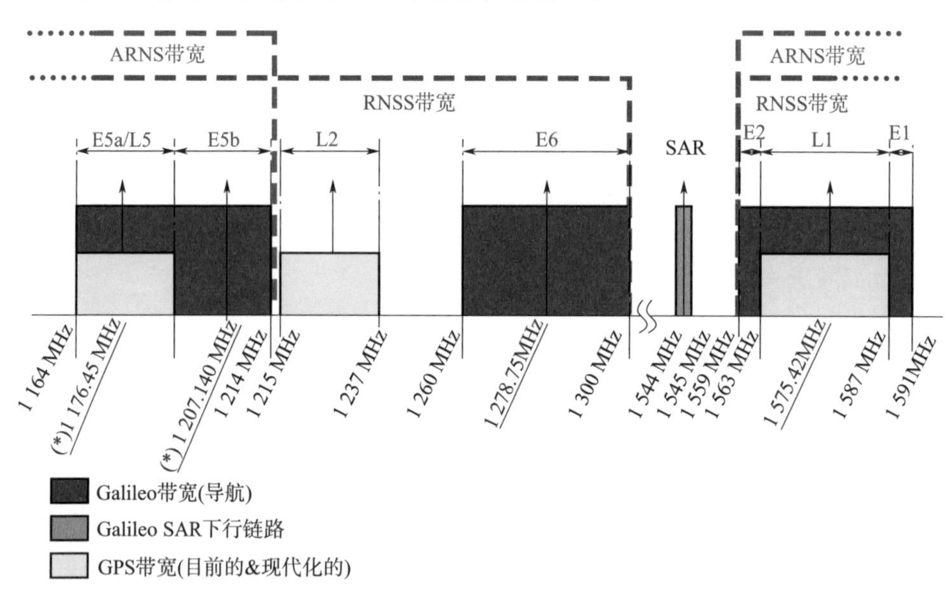

图 1　卫星导航系统导航频率占有情况

北斗全球卫星导航系统信号设计应在兼容性的基础上特别重视互操作的设计，频率、坐标系统和时间系统都将尽量与国际现有技术标准一致，需要在保持信号自身特色和独立性的同时，采用与 GPS 和 Galileo 系统相同的频点、类似的调制、相近的带宽，在频域特性上尽可能与 GPS 和 Galileo 系统保持一致，以增强其互操作性。GPS 主推的民用信号是 L1C，北斗全球卫星导航系统信号的互操作设计应面向未来，重点实现与 L1C 的兼容与互操作。

时间、空间坐标参考系统设计是卫星导航定位的基础。为了体现独立性，各系统都有独立的时间和空间系统。目前四大全球卫星导航系统的空间坐标系统的定义基本一致，但与 IERS 定义的参数均有差异，各卫星导航系统地心引力常数和地球自转角速度、参考椭球的几何常数详见杨元喜、陆明泉、韩春好的《GNSS 互操作若干问题》。

在坐标系的不一致方面，多GNSS坐标基准定义相近，但选用的参考椭球常数存在差异，坐标基准的实现途径和更新周期均存在较大差异。多GNSS参考椭球的地心引力常数差异及地球的自转角速度差异将导致卫星广播星历数十米偏差，而坐标基准的实现误差、更新周期等差异将首先影响卫星轨道，进而对多GNSS用户产生影响。于是，未来可采用多GNSS接收机监测各GNSS的坐标互操作参数，并将BDS跟踪站的坐标更新周期改为每年一次，以便减小地壳形变误差对坐标基准互操作参数的影响[3]。

GPS、GLONASS、BDS和Galileo四大全球卫星导航系统对应的时间系统定义差别较大，具体情况的比较分析如表1所示。

表1　GNSS时间定义说明

系统	时间标识	时间起点	计数方法	是否闰秒	溯源基准	GNSS偏差参数
GPS	GPST	1980-01-06 UTC 00h 00m00s/ TAI+19	周，周内秒	否	UTC（USNO）	已计划发播GGTO（GPST-GST）
GLONASS	GLNT	与UTC（SU）+3 h同步 TAI+36，2015	时，分，秒	是	UTC（SU）	暂无
BDS	BDT	2006-01-01 UTC 00h 00m 00s TAI+3.3	周，周内秒	否	UTC（BSNC）	发播BGTO（BDT-GNSS）
Galileo	GST	1980-01-06 UTC 00h 00m00s TAI+19	周，周内秒	否	UTC（PTB）	已计划发播GGTO（GPST-GST）

GPS、Galileo、BDS三大系统都采用连续的原子时标，无闰秒，系统间的偏差包括两部分：1）各系统在不同的UTC时间定义起点时间，而导致整秒偏差，BDT与GPST、GST的整秒差为14 s，而GST与GPST不存在整秒差；2）由于各系统时间由各自的原子钟组生成，在长期的运行过程中会产生微小的偏差，一般称之为“秒内偏差”，通常为几十纳秒量级。

GLONASS系统的基准时间（GLNT）与UTC（SU）＋3 h同步，而且与UTC一起进行动态闰秒，因此，GLONASS系统与其他系统时间的偏差存在3方面的影响，一是GLNT与GPST、GST和BDT系统时间的整小时偏差为3 h；二是整秒偏差部分，由于GLNT与UTC同步闰秒，而且整秒偏差不是一个固定常数，需根据BIPM

发布的闰秒公告具体计算；三是秒内偏差部分，GLNT 系统钟组运行产生的误差，该偏差需要通过动态监测链路来实时获取。这三类偏差有的直接影响授时，有的影响时间同步，有的影响多 GNSS 联合导航定位。

在多系统兼容互操作中，时间系统的不一致直接影响多 GNSS 导航定位和授时结果。对于秒以下偏差部分，对定位误差的影响可达数十米，对授时的影响可达数十纳秒。在进行系统时差精确测定和修正后，定位误差的影响一般可优于 1 m，授时误差可小于 3 ns。对于整数时差可以按照系统时间的基本定义直接改正；对时间系统运行误差，则可以在函数模型中增加待定参数进行补偿，或采用系统内差分减弱其影响；也可以通过地面监测站实时进行监测、评估，并向用户发播改正信息。

参考文献

[1] 刘天雄. 卫星导航系统典型应用［M］. 北京：国防工业出版社，2021.

[2] 刘天雄，周鸿伟，聂欣，卢鋆，刘成. 全球卫星导航系统发展方向研究［J］. 航天器工程，2021，30（2）：96-107.

[3] 杨元喜，陆明泉，韩春好. GNSS 互操作若干问题［J］. 测绘学报，2016，45（3）：253-259.

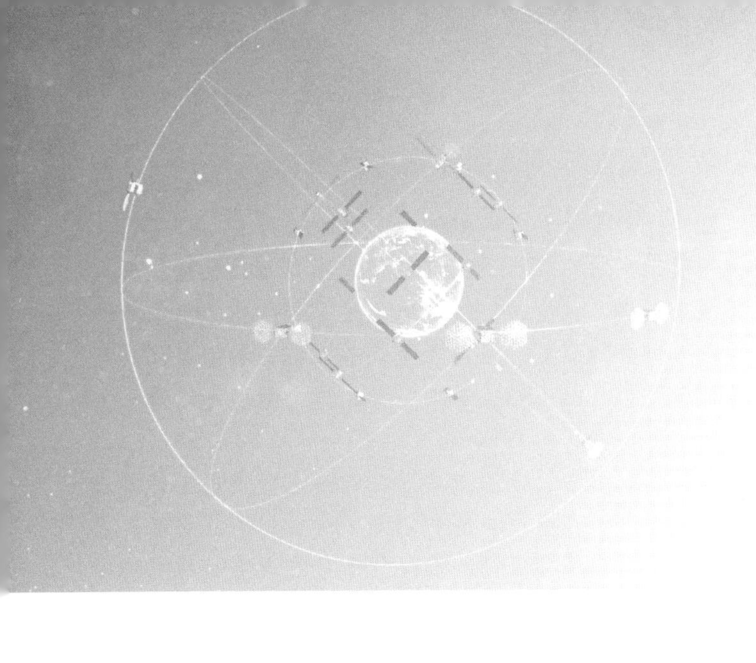

第八章 卫星导航系统性能指标

1 卫星导航系统关键性能指标有哪些?

导航卫星运行过程中存在卫星钟误差、卫星轨道误差，导航信号在传播过程中存在电离层延迟、对流层延迟误差，接收机在接收导航信号过程中存在热噪声、多径效应等多种误差干扰，以及系统自身抗干扰能力不足等缺点，造成目前我们依靠卫星导航系统的同时又不能完全信任它。

卫星导航系统的性能指标是描述系统性能优劣的直接表述，它集合了卫星导航系统所有的性能参数，也是了解和衡量一个卫星导航系统能力的最直接窗口。卫星导航系统面向全球用户，其服务除了满足常规的功能、性能指标（信号频率、信号功率、信号波束覆盖范围、噪声特性等）要求外，还必须满足服务可靠性等要求，主要包括服务范围（Coverage）、精度（Accuracy）、完好性（Integrity）、连续性（Continuity）、可用性（Availability），以及可负担性（Affordability）[1]。在给定覆盖范围或者说服务区域内，精度、完好性、连续性、可用性是评价一个卫星导航系统性能优劣的关键指标。服务可靠性不仅与用户段使用的环境和条件有关，还与空间段星座性能、导航卫星性能以及地面段导航业务运行控制、卫星运行管理能力密切相关。

服务精度主要指定位精度、授时精度和测速精度，是最基本的性能指标，也是服务可靠性的基础和约束条件。精度是在给定时间内，接收机给出位置和速度的测量值与真值之间的一致性的度量。当前卫星导航系统一般可以实现定位精度 10 m（95%），授时精度 100 ns（95%）的服务，这个精度可以满足大部分用户的要求。

完好性是当卫星导航系统出现异常、故障或者服务精度不能满足指标要求时，系统按约定时间向用户发出“不可用”告警的能力，一般用系统不能提供完好性服务的风险概率表示。没有完好性保证的卫星导航系统无法为用户提供安全可靠的定位、导航和授时（PNT）服务。限制或降低系统丧失不可预期的 PNT 服务的风险就是连续性。可用性是系统的精度、完好性和连续性的综合考量，四者的关系如图 1 所示。定位精度降低后，系统可用性也随之降低。系统告警门限变小后，可用性也同样随之降低。例如，对于飞机垂直引导进近导航服务而言，由于导航卫星星座的空间几何特性，导致系统高程解算误差比水平解算误差相对较大，卫星导航系统的垂直定位精度是重要的指标之一。对于飞机着陆进场的高端要求，卫星导航系统的连续性、完好性、可用性及精度指标不能 100%满足要求，因此，美国研发了 GPS 的星基增强系统——广域增强系统（WAAS）和地基增强系统——局域增强系统（LAAS）。

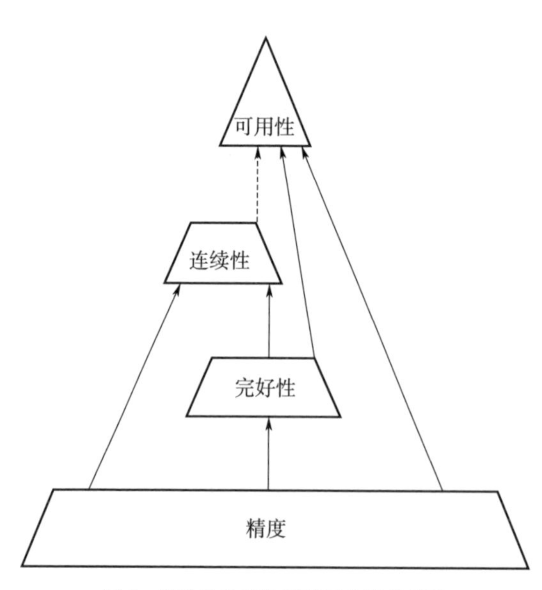

图 1　系统的关键性能指标之间的关系

在卫星导航系统自身异常或者在发生异常自然现象情况下，导致系统出现服务中断时，完好性和连续性指标强调系统的整体性能。完好性表征系统保护用户并及时通知用户系统不可用的能力，连续性表征在系统没有发出“不可用”警报的情况下，系统提供正常 PNT 服务的能力。完好性指标不满足设计指标时，在小的告警门限下，系统不能给出导致“发生危险的错误指向信息（Hazardously Misleading Information，HMI）”；连续性指标不达标时，在大的告警门限条件下，卫星导航系统不能给出“虚假警报（False alarms，FA）”。完好性和连续性是系统中相互制约的指标，最后的折衷是系统的可用性，强调卫星导航系统运行控制的经济性，在给定精度、完好性和连续性指标要求下，计算系统可以提供服务的时间百分比。

关于如何提高PNT性能事宜，2012年10月1日，《GPS WORLD》发表了GPS之父、美国工程院院士Bradford W · Parkinson教授撰写的文章《Three Key Attributes and Nine Druthers》[2]。Parkinson教授指出，面对GPS新的威胁、新的需求和新的挑战，借用现代产品质量管理中的产品保证（Product Assurance，PA）理念，提出了GPS PNT服务保证思想，GPS需要进一步提升的三种关键特性为可用性（Availability）、可负担性（Affordability）和精度（Accuracy），简称为3A特性。针对三种系统关键特性，Parkinson教授给美国政府提出了九项建议，在业界引起了强烈反响。

2013年10月28日，美国《防务新闻》周刊网站发表了题为《美国寻求全球定位系统的替代方案》的文章[3]，文章指出目前人们生活中离不开GPS，但又不能信赖它，在全球定位系统的弱点变得越来越明显之际，美国军方在试图提高用户接收机和军方导航卫星的定位数据可靠性。文章引用美国国防部防务研究和工程办公室主管谢弗的评论：“利用现代电子技术做事变得越来越容易，例如干扰全球定位系统信号。军方依赖全球定位系统来精确导航和计时，我们的绝大多数的武器系统需要非常精确的计时。”

精度是指系统为用户所提供的位置和用户真实位置在一定置信概率下的重合度，一般定义为导航系统正常工作的情况下能够在95%条件下达到的定位误差（定位结果与真实位置之间的偏差）。卫星导航位置精度估计通过用户观测伪距的等效距离误差（UERE）与表征观测卫星几何精度因子（DOP）相乘得到，95%表示置信概率。对卫星导航系统来说，精度主要包括定位精度、授时精度和测速精度。

完好性通常用告警阈值（Alert Limit）、告警时间（Time to Alert）、完好性风险（Integrity Risk）三个参数进行描述。

1）告警阈值：系统通过判断导航误差是否超过规定的某一限值进行告警，这一限值即为告警限值。告警限值又分为水平告警阈值（HAL）和垂直告警阈值（VAL）。

2）告警时间：用户的定位误差超过告警阈值的时刻到用户接收到告警信息时刻之间的时间差。

3）完好性风险：系统应向用户发出告警信号但未发出，从而造成用户损失的概率，即定位误差大于告警阈值（HAL和HVL）而未被检测到的概率。

通常通过判断水平和垂直方向定位误差是否大于水平定位误差保护级（HPL）和垂直定位误差保护级（VPL）来分析判断服务完好性是否满足系统要求。定位误差保护阈值是通过给定的完好性风险和告警阈值反算得到的定位误差。

连续性是指在计划的运行过程中，系统在没有预期意外中断的情况下执行其功能的能力，该指标表示特定系统功能维持特定操作的概率。服务连续性与导航系统在整个运行期间按照指定精度和完好性输出导航信息的能力有关，这种能力是假设在运行一开始就可用的，而且预计在整个飞行时间段内均可用。

可用性是指系统在指定区域范围内提供导航服务，且满足用户精度、完好性以及连续性需求的能力。卫星导航系统的可用性是通过系统用于导航的时间比例来描述的，在飞机运行期间导航系统向机组人员、自动驾驶仪或其他管理飞机飞行的系统提供可靠的导航信息。信号可用性指外界导航信号源提供的信号可用时间占总工作时间的百分比。可用性与传输环境的物理特性以及发射设备性能均有关系。卫星导航系统可用性取决于多颗卫星综合服务，单个卫星异常不影响服务可用性。

不同位置、不同时间，卫星的几何结构和观测误差不同，服务可用性也不同。某一位置某一时间点是否可用称为瞬时可用性，同一位置不同时间点是否可用的统计称为单点可用性，某一服务区不同单点可用性的统计称为服务区可用性。服务可用性又分为精度可用性和完好可用性。

相关链接1

同其他卫星导航系统相比，北斗卫星导航系统性能怎么样?

卫星导航系统利用导航信号传播的到达时间（TOA）来确定用户的位置。对于用户来说，评价一个卫星导航系统性能优劣的最直观的指标就是定位精度。

定位精度或者说用户接收机解算位置的标准偏差是用户等效测距误差（UERE）和卫星空间几何分布的函数。导航卫星空间几何分布的影响被称为几何精度因子（GDOP），它是反映由于星座中导航卫星空间几何关系的影响造成的伪距测量与定位精度之间的比例因子，是对用户等效测距误差的放大程度。用户的定位精度（σ_A）由UERE（σ_{UERE}）和GDOP共同决定，UERE包含用户距误差（URE）

和用户设备误差（UEE）两部分。URE主要取决于卫星的位置和星钟的精度，不会因为用户位置而变化，即与用户位置无关；而UEE取决于电离层、对流层延迟误差等与空间物理环境相关的误差以及多径、接收机噪声等与用户设备相关的误差，会因为用户所处位置、环境不同而不同。URE定义为导航卫星位置与钟差的实际值与预报导航星历得到的预测之差，投影在卫星到用户视线上的等效距离误差，反映了预报的导航星历及钟差精度，并最终影响实时导航用户定位精度，也称为导航信号测距误差（SISRE）。卫星始终在轨道空间运动，GDOP也是时间的函数，研究表明，对导航卫星星座而言，观测4颗导航卫星时，GDOP典型解为2~3，因此，如果系统的定位精度要求为10 m，则伪UERE必须低于3.3 m，这是对导航系统设计提出要求的最原始依据。

2020年11月23日，在第11届中国卫星导航年会上，美国国务院空间事务办公室给出GPS信号用户距误差（URE）平均为52.2 cm（RMS），最好为38.5 cm（RMS），最差为90.2 cm（RMS），观测时间段是2019年11月7日—2020年11月7日[4]。即，当GDOP值为3时，GPS的平均定位精度优于5 m（RMS）。欧盟国防工业与空间署给出Galileo系统信号URE为0.25 m（95%），全球平均定位精度小于1 m[5]，授时精度小于5 ns，观测时间段是2020年7月。俄罗斯航天局给出GLONASS系统信号URE最优为0.63 m，观测时间段是2020年5月13日—21日，公开服务（Open Service）定位精度是5.6 m[6]。由此可知，全球卫星导航系统定位精度已进入米级时代，卫星导航系统的核心技术是高精度时空基准建立维持和传递、进一步提升导航信号精度以及电离层和对流层时延改正精度。四大全球卫星导航系统服务精度如表1所示[7]，文献［8］给出北斗三号卫星导航系统的用户距误差为0.41 m，文献［9］给出北斗三号卫星导航系统的B1C频点导航信号全球定位精度均值水平方向1.31 m，垂直方向2.13 m。

表1　GPS、Galileo、GLONASS和BDS卫星导航系统服务精度

参数	GPS	Galileo	GLONASS	BDS
用户距误差（URE）	52.2 cm（RMS）	0.25 m（95%）	0.63 m	0.41 m
定位服务 /m	5（RMS）	＜1（95%）	5.6	水平1.31，高程2.13

相关链接 2

北斗卫星导航系统的服务类型及其性能指标[10]

北斗卫星导航系统具备导航定位和通信数传两大功能，提供七种服务。具体包括：面向全球范围，提供定位导航授时（RNSS）、全球短报文通信（GSMC）和国际搜救（SAR）三种服务；在中国及周边地区，提供星基增强（SBAS）、地基增强（GAS）、精密单点定位（PPP）和区域短报文通信（RSMC）四种服务，详见表 1。

表 1　北斗系统服务规划

服务类型		信号 / 频段	播发手段
全球范围	定位导航授时	B1I、B3I B1C、B2a、B2b	3GEO+3IGSO+24MEO 3IGSO+24MEO
	全球短报文通信	上行：L 下行：GSMC-B2b	上行：14MEO 下行：3IGSO+24MEO
	国际搜救	上行：UHF 下行：SAR-B2b	上行：6MEO 下行：3IGSO+24MEO
中国及周边地区	星基增强	BDSBAS-B1C、BDSBAS-B2a	3GEO
	地基增强	2G、3G、4G、5G	移动通信网络、互联网络
	精密单点定位	PPP-B2b	3GEO
	区域短报文通信	上行：L 下行：S	3GEO

注：中国及周边地区即东经 75°~135°，北纬 10°~55°。

2018 年 12 月 RNSS 服务已向全球开通，2019 年 12 月 GSMC、SAR 和 GAS 服务已具备能力，2020 年 SBAS、PPP 和 RSMC 服务形成初步服务能力。

（1）RNSS 服务性能指标

北斗系统利用 3 颗 GEO 卫星、3 颗 IGSO 卫星、24 颗 MEO 卫星，向位于地表及其以上 1 000 km 空间的全球用户提供 RNSS 免费服务，主要性能详见表 2。

（2）SBAS 服务性能指标

北斗系统利用 GEO 卫星，向中国及周边地区用户提供符合国际民航组织标准的单频增强和双频多星座增强服务，旨在实现一类垂直引导进近（APV-I）指标和一类精密进近（CAT-I）指标。

表 2　北斗系统 RNSS 服务主要性能指标

性能特征		性能指标
服务精度（95%）	定位精度	水平≤ 10 m，高程≤ 10 m
	授时精度	≤ 20 ns
	测速精度	≤ 0.2 m/s
服务可用性		≥ 99%

（3）GAS 服务性能指标

北斗系统利用移动通信网络或互联网络，向北斗基准站网覆盖区内的用户提供米级、分米级、厘米级、毫米级高精度定位服务，主要性能详见表 3。

表 3　北斗系统 GAS 服务主要性能指标

性能特征	性能指标（95%）				
	单频伪距增强服务	单频载波相位增强服务	双频载波相位增强服务	双频载波相位增强服务（网络 RTK）	后处理毫米级相对基线测量
支持系统	BDS	BDS	BDS	BDS/GNSS	BDS/GNSS
定位精度	水平≤ 2 m 高程≤ 3 m	水平≤ 1.2 m 高程≤ 2 m	水平≤ 0.5 m 高程≤ 1 m	水平≤ 5 cm 高程≤ 10 cm	水平≤ 5 mm+ $1\times10^{-6}\times D$ 高程≤ 10 mm+ $2\times10^{-6}\times D$
初始化时间	秒级	≤ 20 min	≤ 40 min	≤ 60 s	—

注：*D* 为基线长度，单位为 km。

（4）PPP 服务性能指标

北斗系统利用 GEO 卫星，向中国及周边地区用户提供精密单点定位服务，主要性能详见表 4。

表 4　北斗系统 PPP 服务主要性能指标

性能特征	性能指标	
	第一阶段（2020 年）	第二阶段（2020 年后）
播发速率	500 bit/s	扩展为增强多个全球卫星导航系统，提升播发速率，视情拓展服务区域，提高定位精度、缩短收敛时间
定位精度（95%）	水平≤ 0.3 m，高程≤ 0.6 m	
收敛时间	≤ 30 min	

（5）RSMC 服务性能指标

北斗系统利用 GEO 卫星，向中国及周边地区用户提供区域短报文通信服务，主要性能详见表 5。

表 5　北斗系统 RSMC 服务主要性能指标

性能特征	性能指标
服务成功率	≥ 95%
服务频度	一般 1 次 /30 s，最高 1 次 /1 s
响应时延	≤ 1 s
终端发射功率	≤ 3 W
服务容量	上行：1 200 万次 /h；下行：600 万次 /h
单次报文最大长度	14 000 bit（约相当于 1 000 个汉字）
定位精度（95%）	RDSS：水平 20 m，高程 20 m；广义 RDSS：水平 10 m，高程 10 m
双向授时精度（95%）	10 ns
使用约束及说明	若用户相对卫星径向速度大于 1 000 km/h，需进行自适应多普勒补偿

（6）GSMC 服务性能指标

北斗系统利用 MEO 卫星，向位于地表及其以上 1 000 km 空间的特许用户提供全球短报文通信服务。主要性能详见表 6。

表 6　北斗系统统 GSMC 服务主要性能指标

性能特征	性能指标
服务成功率	≥ 95%
响应时延	一般优于 1 min
终端发射功率	≤ 10 W
服务容量	上行：30 万次 /h；下行：20 万次 /h
单次报文最大长度	560 bit（约相当于 40 个汉字）
使用约束及说明	用户需进行自适应多普勒补偿，且补偿后上行信号到达卫星频偏须小于 1 000 Hz

（7）SAR 服务性能指标

北斗系统利用 MEO 卫星，按照国际搜救卫星组织标准，与其他搜救卫星系统联合向全球航海、航空和陆地用户提供遇险报警服务，并具备返向链路确认服务能力，主要性能详见表 7。

表 7 北斗系统 SAR 服务主要性能指标

性能特征	性能指标
检测概率	⩾ 99%
独立定位概率	⩾ 98%
独立定位精度（95%）	⩽ 5 km
地面接收误码率	⩽ 5×10^{-5}
可用性	⩾ 99.5%

参考文献

［1］ 刘天雄 . 卫星导航系统典型应用［M］. 北京：国防工业出版社，2021.

［2］ BRADFORD W PARKINSON. Three Key Attributes and Nine Druthers［EB/OL］.（2013-10-28）. http：//www.gpsworld.com/expert-advice-pnt-for-the-nation/.

［3］ 美国寻求全球定位系统的替代方案 . 美国《防务新闻》周刊，2013 年 10 月 28 日 .

［4］ OFFICE OF SPACE AFFAIRS，DEPARTMENT OF STATE. Space-based positioning，navigation and timing（PNT）［C］// Proceeding of 11th China Satellite Navigation Conference. Chengdu：CSNC，2020.

［5］ DIRECTORATE-GENERAL FOR DEFENCE，INDUSTRY AND SPACE.European commission Galileo update［C］// Proceeding of 11th China Satellite Navigation Conference. Chengdu：CSNC，2020.

［6］ ROSCOSMOS STATE SPACE CORPORATION. GLONASS & SDCM status evolving capabilities towards smarter solutions［C］// Proceeding of 11th China Satellite Navigation Conference. Chengdu：CSNC，2020.

［7］ 刘天雄，周鸿伟，聂欣，卢鋆，刘成 . 全球卫星导航系统发展方向研究［J］. 航天器工程，2021，30（2）：96-107.

［8］ 卢鋆，张弓，陈谷仓，等 . 卫星导航系统发展现状及前景展望［J］. 航天器工程，2020，29（4）：1-10.

［9］ 蔡洪亮，孟轶男，耿长江，高为广，等 . 北斗三号全球导航卫星系统服务性能评估［J］. 测绘学报，2021，50（4）：427-435.

［10］ 中国卫星导航系统管理办公室 . 北斗卫星导航系统应用服务体系（1.0 版）［S］. 北京，2019.

2 卫星导航系统的误差有哪些?

用户接收机的基本测量参数是导航信号从卫星到接收机的传播时间，卫星导航系统在定位中的各种误差从来源上可以分为与卫星有关的误差（在卫星播发的导航电文中的参数误差）、与卫星信号传播有关的误差（影响信号从卫星到接收机的传播时间）以及与接收机有关的误差（影响精确测量的接收机噪声和接收机天线附近的多径信号干扰）三类，如图 1 所示[1]。

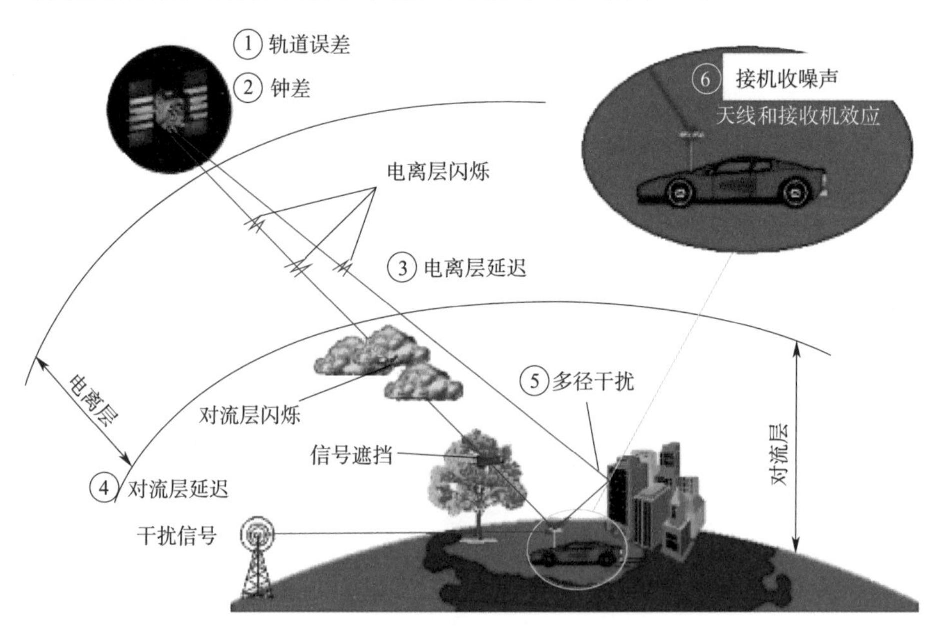

图 1 卫星导航系统的误差分类

卫星在太空高速运动，在太阳光压等摄动力作用下，运行轨道会偏离所设计的预定轨道，卫星将沿着另一条略微不同的轨道运动；导航无线电信号在空间中的传播也会受到很多因素的影响，特别是太阳电磁辐射引起高空大气分子光致电离，在距地球 50～1 000 km 范围形成电子密度很高的等离子体电离层，无线电导航信号在其中传播会影响传播的速率和方向，最终导致信号在空间传播时间发生变化，所以需要在导航电文中载入电离层修正系数，同时利用双频技术消除电离层折射的影响。

卫星和接收机的时钟偏差将直接转变成伪距和载波相位观测误差，大气层中的电离层和对流层导致信号传播时延发生变化，多径干扰可能使信号中的测距码相位发生变化，选择可用性（SA）是美国国防部人为引入的误差。各种偏差和误差最终都要反映在用户机的伪距观测中。因此，在研究误差对卫星导航系统定位的影响时，一般将各种误差的影响投影到地面用户接收机到卫星的距离上，以相应的距离误差表示，称为用户距离误差（User Range Error，URE）。

在没有消除这些偏差之前，所测量到的距离称为有偏距离或伪距。卫星导航系统的精度取决于伪距和载波相位测量值以及导航电文的质量。伪距值的实际精度称为用户等效距离误差（UERE），对于某一颗卫星来说，UERE 被视为与该卫星相关联的每个误差源所产生的影响的统计和。根据国内外许多实测数据及其理论研究成果，文献[2]指出，GPS 主要误差分量的量级如表 1 所示。

表 1　GPS 卫星导航定位误差的量级

误差源		P 码伪距		C/A 码伪距	
		无 SA	有 SA	无 SA	有 SA
卫星误差	卫星星历误差	5m	10 ~ 40 m	5 m	10 ~ 40 m
	卫星时钟误差	1 m	10 ~ 50 m	1 m	10 ~ 50 m
传播误差	电离层时延改正误差	cm ~ dm	cm ~ dm	cm ~ dm	cm ~ dm
	电离层时延改正模型误差	—	—	2 ~ 100 m	2 ~ 100 m
	对流层时延改正模型误差	dm	dm	dm	dm
	多路径误差	1 m	1 m	5 m	5 m
接收误差	观测噪声误差	0.1 ~ 1 m	0.1 ~ 1m	1 ~ 10 m	1 ~ 10 m
	内时延误差	dm ~ m	dm ~ m	m	m
	天线相位中心误差	mm ~ cm	mm ~ cm	mm ~ cm	mm ~ cm

这些误差又可以分为有意误差和无意误差。例如，美国政府有意降低 GPS 定位精度所采取的选择可用性措施，就是典型的有意误差，也是系统最大的误差源。无意误差是指卫星导航系统在定位中出现的各种误差，包括星载原子钟误差（卫星钟差）、卫星轨道误差（星历误差）、电离层误差、对流层误差、多径效应以及接收机噪声产生的误差。

根据误差的性质，定位误差又可以分为系统误差与偶然误差两大类，系统误差主要包括卫星的轨道误差（星历误差）、卫星星钟误差、接收机时钟误差、电离层误差及对流层误差。偶然误差主要包括信号的观测误差和多径效应误差。其中系统误差远远大于偶然误差，是卫星导航系统测量的主要误差。同时，系统误差具有一定的规律性，根据其产生的原因可以采取不同的措施加以消除：主要包括建立系统误差模型对观测量进行修正；引入相应的未知数，在数据处理中与其他未知参数一起求解；将不同观测站对相同卫星的同步观测值进行求差。

卫星钟差、星历误差、电离层误差、对流层误差等误差源对每一个用户接收机是所共有的，利用差分技术可以消除。多径效应、接收机内部噪声、通道延迟等误差无法消除，只能靠提高导航接收机本身的技术能力来降低不利影响。误差对定位精度的影响如图 2 所示。

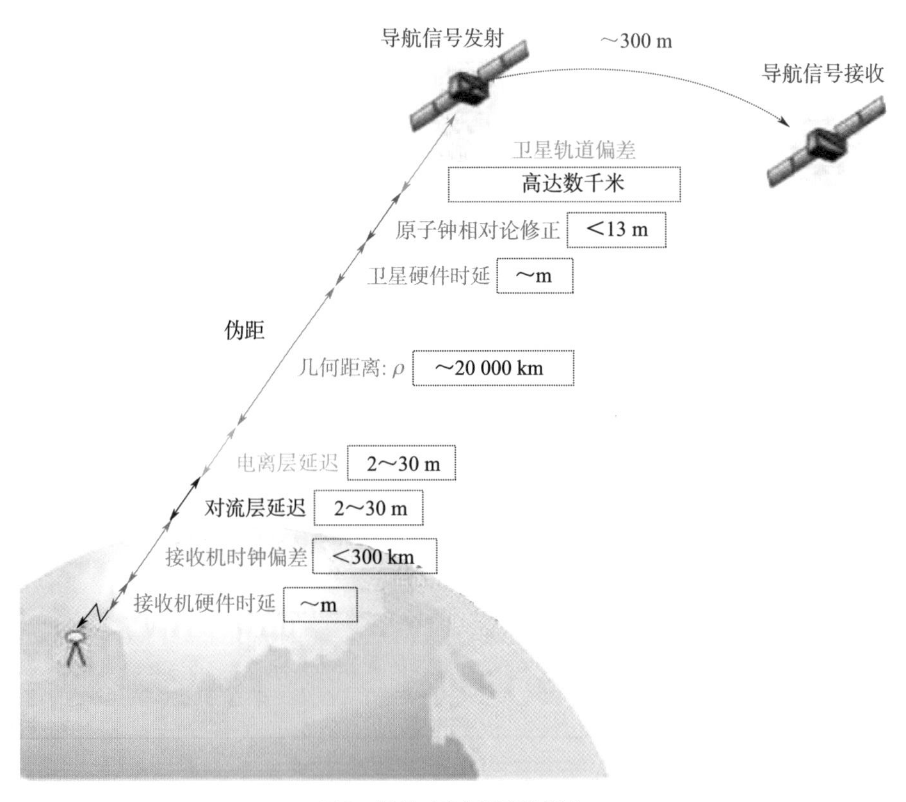

图 2　误差对定位精度的影响

参考文献

[1]　刘天雄．卫星导航系统概论［M］．北京：中国宇航出版社，2018.
[2]　刘基余．GPS 卫星导航定位原理与方法［M］．北京：科学出版社，2003.

3 卫星导航系统的安全性如何？存在哪些薄弱环节？

卫星导航系统是一个以导航卫星为核心的开环系统，导航卫星播发调制有测距码和导航数据的无线电导航信号，用户接收导航信号就能解算自身的位置并获取系统完好性信息。卫星导航系统在定位过程中会受到卫星播发的导航电文中的参数误差、信号从卫星到接收机的传播时间误差、接收机、热噪声和接收机天线附近的多径信号干扰等影响。

卫星导航信号落地电平低、穿透能力差，系统先天具有脆弱性，卫星导航信号在空间中传播易受到各种复杂的电磁环境干扰。在信号遮挡和多径干扰环境下，可严重制约卫星导航系统的定位、导航和授时（PNT）服务的可用性。

2003 年美军入侵伊拉克期间，伊拉克军方使用俄罗斯研制的干扰机对 GPS 信号实施了有效的干扰，暴露了 GPS 战时抗干扰能力比较差、使用不可控、系统安全性不足等问题，当干扰信号功率超过 GPS 信号功率时，就会造成 GPS 接收机信号失锁。以 GPS 为例，系统的薄弱环节主要包括如下四个方面[1]：

1）系统 L1 信号的中心频率为 1 575.42 MHz，L2 信号的中心频率为 1 227.6 MHz，信号频率固定，因此，在 L1 信号和 L2 信号的频点附近发射其他 L 频段信号时，很容易干扰 GPS 信号。例如，2012 年光平方公司网络对 GPS 信号的干扰事件，曾是卫星导航领域最为瞩目的大事件，折射出卫星导航系统的固有脆弱性以及与其他系统的矛盾冲突等重大问题。

2）GPS 接收机需要接收 4 颗以上导航卫星的信号才能解算出用户的位置，接收机天线的方向图呈半球状，因此，用户接收机天线在空域对射频干扰的抑制能力较弱。

3）GPS 下行链路的信号强度极其微弱，例如，GPS 民用用户接收到 L1 频段的信号功率为 −160 dBW，而我们日常使用联通手机信号功率则为 −134 dBW，也就是说，GPS 用户接收到的信号强度大约只有手机信号的 1/400，GPS 用户接收机的灵敏度比较高，较低的射频干扰信号就可以对 GPS 导航信号产生较大的干扰。

4）GPS 信号用户接口控制文件（ICD）已公开发布，C/A 码已在国际上公开应用，而 P 码处于保密状态，因此，只要使干扰信号与 GPS 导航信号结构相同，GPS 用户接收机就可以“正常”接收干扰信号，而很难识别信号的真伪，由此达到欺骗 GPS 用户接收机的目的。

文献［2］研究表明，“GPS 接收机处于接收模式时，即使受到距离很远的低功率干扰器的干扰，也是很脆弱的，而受到近距离的适度干扰时，便会丧失跟踪能力”。2013 年 10 月 28 日，美国《防务新闻》周刊网站发表了题为《美国寻求全球定位系统的替代方案》的文章，文章引用美国国防部防务研究和工程办公室主管谢弗的评论“利用现代电子技术做事变得越来越容易，例如干扰全球定位系统信号。”文章指出目前人们生活中离不开全球定位系统，但又不能信赖它，在全球定位系统的弱点变得越来越明显之际，美国军方在试图提高用户接收机和军用定位数据的可靠性[3]。在接收 Block ⅡF 以及未来 Block ⅢA 型 GPS 导航卫星播发的导航信号过程中，美国先进军用 GPS 接收机（DAGR）以及改进型 DAGR 接收机的抗干扰能力曲线如图 1 所示，图中横坐标为有效干扰范围（单位为英里），纵坐标为干扰机信号功率（单位为 1.0E−12 W）[4]。

当卫星导航系统受到人为有意的压制式干扰和欺骗式干扰时，导航接收机将不能正常工作。压制式干扰主要是指利用大功率发射机发出的强功率信号来干扰接收机接收的正常卫星信号，使接收机降低或完全失去正常工作能力。根据干扰频谱宽度与有用信号频谱带宽的比值又可以将其分为瞄准式干扰、阻塞式干扰和扫频式干扰。欺骗式干扰则是利用与卫星信号相同或相似的干扰信号来诱导欺骗导航接收机。

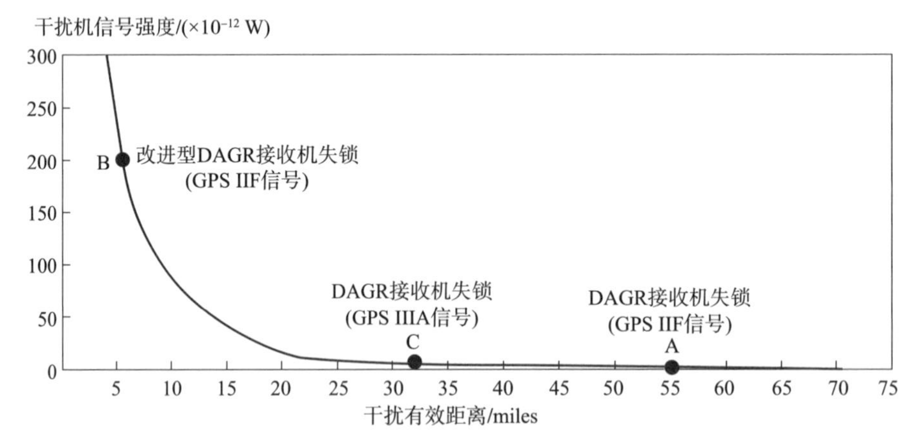

图 1　有效干扰范围与干扰机信号功率之间的关系

欺骗式干扰具有很强的隐蔽性，对用户更具有破坏性和威胁性。根据欺骗信号的产生方式，欺骗式干扰可分为生成式欺骗干扰和转发式欺骗干扰。其中，生成式欺骗干扰是利用与目标信号具有相同的调制模式、调制参数和载波频率的信号作为干扰信号，并在干扰信号中提供虚假的导航信息；转发式欺骗干扰则是先将真实的卫星信号捕获，通过增加时延或改变其他参数的方式将信号转发给导航接收机。2011 年 12 月 4 日，伊朗工程师通过重构 GPS 信号导航电文数据，诱使美国洛克希德·马丁公司的 RQ-170 哨兵无人机（UAV）降落到伊朗东北部的喀什马尔市附近，是经典的导航欺骗干扰案例。

2020 年 11 月 23 日，在第 11 届中国卫星导航年会上，美国国务院空间事务办公室阐明 GPS Block Ⅲ卫星要提高导航信号功率、增加抗干扰功率、提升固有信号完好性，实现导航卫星现代化[5]。此外，美军还从给不同用户配置导航信号角度，提升 GPS 的 PNT 服务的安全性和可信性，例如，民用导航信号 L1C（支持多 GNSS 之间的兼容互操作）、L2C（支持不同的商业应用）、L5（受保护的频带，应用于涉及生命安全的服务）。

在第 11 届中国卫星导航年会上，俄罗斯航天局阐明通过建设导航信号干扰监测和控制系统以及研发弹性导航接收机两个环节提高系统鲁棒性。抗干扰能力可以通过用户接收机输入的干信比（J/S）量化评估，俄罗斯航天局给出的 GLONASS 用户终端抗干扰指标如表 1 所示[6]。

表 1　GLONASS 用户终端抗干扰指标

参数	干信比 /dB		
	2020 年	2025 年	2030 年
无意干扰，一般电子产品	30~40	55~60	65~70
恶意干扰，专用干扰设备	40	90	90

如果知道了导航信号的特征，就可以伪造调制有错误导航电文参数的虚假导航信号，从而欺骗用户接收机错误锁定到虚假的欺骗信号上，并产生错误的定位结果。为了防止这种电子欺骗干扰，美国研发了反电子欺骗（AS）技术。反电子欺骗能力可以通过用户接收机正确解算导航解的概率来量化评估，俄罗斯航天局给出的 GLONASS 用户终端反电子欺骗指标如表 2 所示[6]。

表 2　GLONASS 用户终端反电子欺骗指标

参数	概率 /%		
	2020 年	2025 年	2030 年
无意欺骗，一般电子产品	0	50~60	80~90
恶意欺骗，专用干扰设备	0	80	100

相关链接

卫星导航系统十大干扰与欺骗事件[7]

在过去的十年里，GNSS 干扰已经从有可能，演变为一个严峻的现实。欺骗（Spoofing）是一种干扰形式：接收机接收到错误的 GNSS 信号时，会造成位置、时间和导航误差。以下 10 个事件揭示了人们在交通、导航和日常生活中所依赖的卫星导航系统非常脆弱的一面。

（1）伊朗智擒美国“哨兵”

2011 年 12 月 5 日，伊朗军队控制了一架美国 RQ-170“哨兵”无人机，被控制时该无人机在距离伊朗与阿富汗边境约 140 英里处飞行。伊朗政府宣布，这架无人机被一支网络作战部队俘获并“以最小的伤害击落”。

美国最初否认这架无人机被俘获，声称它遇到了技术故障，可能坠毁在伊朗的卡什马尔附近。然而，伊朗当局随后播出了一段视频，展示了被击落的无人机，该无人机看起来完好无损。这段视频证实了伊朗的说法，即无人机确实是被黑客有意攻击的，而不是在意外坠毁后被找回的。奥巴马总统在白宫新闻发布会上要求伊朗将无人机归还美国。据报道，伊朗官员对这一要求嗤之以鼻，坚称归还一架用于秘密监视伊朗政权的无人机是愚蠢的。据称，这架无人机是在监控伊朗核设施时被击落的。

伊朗伊斯兰革命卫队总司令侯赛因•萨拉米表示：“没有人会把侵略的象征归还给一个刺探国家安全秘密和重要情报的对手。”

美国承认了伊朗俘获了这架几乎没有瑕疵的无人机，随之继续淡化欺骗事件的严重性。时任参议院国土安全委员会（Senate Homeland Security Committee）主席的乔•利伯曼表示：“无人机在伊朗坠落并且被伊朗人得到对美国而言是不利的，……，但我并不太相信他们真的能够仿造出一架来。”

然而，到了 2014 年 5 月，伊朗官员声称无人机已被成功复制：“我们的工程师成功地破解了无人机的秘密，并复制了它们，即将进行试飞。”一名伊朗军官在视频中说。

伊朗“击落”RQ-170 事件是美国军事史上的一个污点。这个事件的影响在近十年中陆续显现，无人机的安全问题变得日益重要。

伊朗还参与了其他可疑的 GPS 诱骗攻击事件，如 2019 年 7 月，一艘船只偏离航线进入伊朗水域（这听起来似曾相识——也是 1997 年电影《007：明日帝国》的主要故事情节）。

（2）俄罗斯掀起黑海浪

2017 年 6 月 22 日至 24 日期间，在黑海作业的 20 多艘船只受到了所谓的大规模诱骗攻击。这些船只报告称，它们的 GPS 导航系统错误地将船只定位在了距航行位置数英里外的机场。

其中一艘船向美国海岸警卫队导航中心发送了以下信息：

“自从靠近俄罗斯新罗西斯克海岸以来，船载卫星导航设备无法持续地正常接收 GPS 信号。显示 HDOP 为 0.8（2D 平面坐标精度因子，0.8 代表用于位置解算的导航卫星的空间几何位置非常好），但定位精度在 100 m 内，给定位置实际上在 25 海里开外。”

据船长提供的信息以及导航显示的照片和参考纸质海图，这种干扰被证实确实是外部事件，而不是 GPS 设备的问题。弹性导航与授时基金会（RNTF）联系了提供海事数据分析的 Windward 公司，调查黑海 GPS 中断事件。Windward 公司联合创始人马坦 • 佩勒德表示，Windward 公司专家在 2017 年又发现了两起大规模 GPS 干扰事件，船载 GPS 接收机都被俘获并被定位于俄罗斯的机场。

“最有趣的是，这三个地点都是机场——黑海附近的格伦日克机场和索契国际机场，以及北海附近的圣彼得堡机场。Windward 还发现，被错误定位在索契机场的一些船只实际上位于约 200 千米外的格伦日克附近。9 月 25 日，两艘船只都出现在索契机场，距离索契港附近的实际位置 20 千米。”Peled 在一份 RNTF 的新闻稿中说。

尽管一些证据表明俄罗斯是这次干扰攻击的幕后黑手——可能是为了防止无人机对边境的空中监视——但 GPS 干扰的真正来源仍然未知。

“我们不知道这些错误信号来自哪里，也不知道它们背后的动机，”Peled 说。“从安全的角度来看，幸运的是，他们似乎在提供明显错误的信息……由干扰引起的更细微的错误反而更可能会导致悲惨的事故。”

（3）“醉”入克里姆林宫

从 2016 年年初开始，莫斯科市民和到访莫斯科的游客开始抱怨克里姆林宫附近的GPS出现故障。社交媒体用户报告称，他们的手机GPS定位系统跳到了离莫斯科市中心20英里外的伏诺科沃机场。随着一款VR游戏Pokémon Go的走红，这种干扰愈发明显，该应用在2016年夏季达到了使用高峰。

俄罗斯博主格里戈里·巴库诺夫打算亲自调查这些奇怪的事件，他背着GPS和GLONASS接收机，骑着平衡车在莫斯科市中心转了三个小时。巴库诺夫绘制了GPS和GLONASS干扰图，他完成的地图显示，干扰是以克里姆林宫为中心的。

巴库诺夫说，克里姆林宫内部的干扰器威力强大，可以干扰民用甚至军用GPS信号，就如同黑海事件一样。专家推测，克里姆林宫正在使用GPS干扰技术来阻止无人机在其上空飞行。

（4）得克萨斯的验证

2012年6月，得克萨斯大学奥斯汀分校（University of Texas at Austin）的一个研究团队首次成功俘获了一架无人机。助理教授Todd Humphreys和他的学生们在新墨西哥州白沙市为美国国土安全部演示时控制了一台无人机。

Humphreys的研究小组用自己设计的硬件和软件“俘获”了该无人机。这次演示验证了有关美国RQ-170无人机被伊朗俘获的说法，也引发了对民用无人机监管的担忧。

国防部航空政策分析师Milton R. Clary在得克萨斯大学奥斯汀分校的新闻发布会上说：“我认为这次演示肯定会让一些认为我们的关键基础设施在抵御欺骗攻击方面有多强大的人感到惊讶，并敲响警钟。”

（5）得克萨斯的游艇

在Todd Humphreys和他的研究团队俘获了无人机一年后，他带领另一个团队驾驶一艘游艇偏离了航线。这艘价值8 000万美元的私人游艇被黑客使用了世界上第一个公认的GPS干扰装置所俘获，这个装置由Humphreys和他的团队创造，只有大约一个公文包的大小。

Humphreys在新闻发布会上说：“直到我们做了这个实验，我才知道俘获一艘大型船只的可能性有多大，以及感知到这种攻击有多困难。”

实验进行时，这艘长213英尺的游艇正从摩纳哥穿越地中海前往希腊，两名研究生，使用欺骗设备从船的上层甲板通过天线播发伪GPS信号。一旦研究人员（通过这些信号）悄悄地与船上的GPS接收机建立了联系，他们就能够小幅度地改变它原来的航向。尽管游艇已经偏离航线，但指挥室内的GPS仍显示游艇还是沿着一条直线行驶。

得克萨斯大学的游艇实验揭示了海运行业的安全漏洞，考虑到海运船舶的高成本以及它们在国际贸易中的巨大作用，这一点尤为重要。

“Todd和他的团队能够控制一艘数百万美元的游艇这件事向我们证明，我们必须投入更多来保护我们的交通系统，以应对潜在的欺骗”，得克萨斯大学奥斯汀分校交通研究中心主任Chandra Bhat如是说。

（6）特斯拉高速惊魂

在驾驶测试过程中，雷古勒斯·赛博欺骗了一辆使用自动驾驶导航系统（NOA）的特斯拉Model 3。NOA依赖于GNSS的功能，它能够让特斯拉Model 3在无需司机确认的情况下转弯和变道。

为了干扰Model 3的自动驾驶导航系统，Regulus研究小组将假卫星信号发送到安装在车顶的天线上。假信号给出坐标对应的是高速公路出口前150米处的一个位置。在欺骗信号生效后，Model 3几乎立即做出反应。汽车误以为离高速公路出口只有500英尺，突然减速，向右转向紧急出口。司机被吓了一跳——当他抓住方向盘的时候，已经来不及纠正汽车的位置，无法让它顺利地回到高速公路上了。

Regulus Cyber联合创始人兼首席技术官Yoav Zangvil指出，特斯拉的实验暴露了高级驾驶辅助系统（ADAS）和自动驾驶汽车的网络安全风险。“随着对GNSS的依赖不断增加，弥合其巨大的固有好处和潜在危险之间的鸿沟势在必行。对于当今的汽车行业来说，采取积极主动的方式应对网络安全是至关重要的。”

对高级驾驶辅助系统和自动驾驶技术的依赖无疑正在上升，GNSS具有潜在巨大风险的应用场景正在增加。

（7）旧金山海岸的“幽灵”

数据分析师比约恩·伯格曼发现有9艘船在加州旧金山北部的雷耶斯角（Point Reyes）显示出错误的位置信息。这些船只被显示位于远在数千英里之外的挪威海、地中海东部和尼日利亚海岸。

Bergman在2020年5月5日的RNTF年会上展示了他的发现。

他告诉与会者，他不确定干扰的来源。Bergman 说："可能是船舶自动识别系统的问题，也可能是 GPS 信号被操纵而出现的更严重的故障。"

Todd Humphreys 教授在《新闻周刊》评价 Bergman 发现的报道中说道，雷耶斯角上空的圆圈表明有人故意进行 GPS 干扰欺骗。

他在接受《新闻周刊》采访时表示："2020 年，我认为我们正面临着一个不乐观的局面……那就是商用货架欺骗设备的出现。""如果我判断得没错的话，现在市面上正在出售廉价的欺骗设备，我敢保证，在未来几个月或几年里，会出现更多'GPS 麦田怪圈'，对船舶、飞机和普通的导航产生不良影响。"

（8）黄浦江上的怪圈

在雷耶斯角附近发现"幽灵船"之前，Bergman 和他在 SkyTruth 的同事在中国 20 多个沿海地点调查了类似的 GPS 干扰事件。2019 年 11 月，《麻省理工技术评论》的一篇文章报道了这些奇怪的 GPS 数据，这些数据显示船只在"麦田怪圈"内移动，最远可达实际位置几英里外的地点。

麦田怪圈还可以在 Strava 的全球热图上看到，该热图追踪了骑自行车、跑步和其他形式的 Strava 用户运动。这款健身应用的错误数据证实了上述地点 GPS 确实存在被欺骗的问题，而不是船舶自动识别系统出现了故障。

大多数受干扰的地点都是一些石油码头和政府设施，这表明干扰可能是一种安全或反监测手段。

据 Bergman 称，截至 2020 年 5 月，上述 GPS 欺骗干扰活动仍在上海、大连、福州和泉州四个城市持续发生。

（9）汉诺威的隐形杀手

2010 年，德国汉诺威机场的 GPS 中继器曾可能导致灾难。GPS 中继器用于在室内接收导航卫星信号，它曾被用于在距离跑道不到 1 000 m 的机场飞机库中对商务机进行测试。由于中继器的干扰，滑行中的飞机开始错误感知跑道阈值的位置并发出告警信息和定位警报。

调查人员发现，大功率转发器被非法使用。它离跑道太近，在几百米范围内会造成 GNSS 干扰。这种情况非常危险——一些飞机使用 GNSS 来计算地面高度，因此干扰会给起飞和降落带来灾难。

在航空业中，GNSS 的准确性攸关全机人员的生死。

（10）导航专家被打脸

2017 年 9 月 28 日，在波特兰会议中心举行的第 17 届美国导航学会（ION）年会上，发生了波特兰干扰事件。与会者从早上开始注意到他们的手机出现了故障——一些手机上的短信和电子邮件功能都被禁用了。许多困惑的与会者看到他们的电话日期和时间被重置为 2014 年 1 月的某个时间，而他们当前的位置被重置为法国图卢兹。

混乱持续了几个小时，GPS 专家通过 Navtech GPS 展台借来的 Chronos 型号 CTL3520 定向干扰探测器发现问题来自于另一个展台上用于演示的 GNSS 模拟器。尽管该 GNSS 模拟器没有天线，且还被塑料盖遮挡，但信号干扰到了几十米外的手机。

恢复与会者手机日期、时间和位置的过程令人沮丧。大多数手机都是在展厅外的露天环境中暴露几分钟后才恢复正常的。有些人通过多次手动调整才将时间恢复正常。有些人甚至启动了恢复原厂设置，清除了手机里的数据。

波特兰干扰事件突出了导航欺骗干扰的可行性，特别是在会议中心等室内场所。即使大楼里挤满了世界上最杰出的导航专家，他们也花了几个小时才意识到问题的原因并修复受影响的设备。

总而言之，虽然现在选择 10 个最重要的 GNSS 欺骗事件可能很简单——因为 GNSS 欺骗干扰的历史相对较短——但它在未来肯定是一个挑战。随着世界越来越依赖 GNSS 技术，随着干扰硬件变得更便宜和更容易获得，我们可以预料到干扰事件的增加趋势不可避免。我们大胆预测，用于犯罪的干扰事件，将陆续登上未来卫星导航干扰事件的排行榜。

后记

卫星导航信号弱、频点和格式公开，因此较易被干扰和欺骗。2018 年 5 月 1 日，西安城墙南门文化礼仪广场上空无人机灯光秀，出现了部分无人机群在表演中集体下坠、图案与文字展示难以辨认等情况，不排除卫星导航信号受到干扰所致，绚丽的“星空”乱成一锅粥，这是公开报道的我国首次较有规模的卫星导航干扰事件。

参考文献

[1] 刘天雄 . 导航战及其对抗技术（下）[J]. 卫星与网络，2014（10）：56-59.

[2] 刘志春 . GPS 导航战策略分析 [J]. 全球定位系统，2007（4）：9-13.

[3] 美国寻求全球定位系统的替代方案 . 美国《防务新闻》周刊，2013 年 10 月 28 日 .

[4] The GPS for military users：current modernization plans and alternatives [EB/OL].（2012-12-12）. http：//www.cbo.gov/new_pubs.October 2011.

[5] OFFICE OF SPACE AFFAIRS，DEPARTMENT OF STATE. Space-based positioning，navigation and timing（PNT）[C] // Proceeding of 11th China Satellite Navigation Conference. Chengdu：CSNC，2020.

[6] ROSCOSMOS STATE SPACE CORPORATION. GLONASS & SDCM status evolving capabilities towards smarter solutions [C] // Proceeding of 11th China Satellite Navigation Conference. Chengdu：CSNC，2020.

[7] 卫星导航史上十大干扰与欺骗事件 [EB/OL].（2020-12-17）. https：//mp.weixin.qq.com/s/0GIcb3HanUujuiDK4QUKbQ.

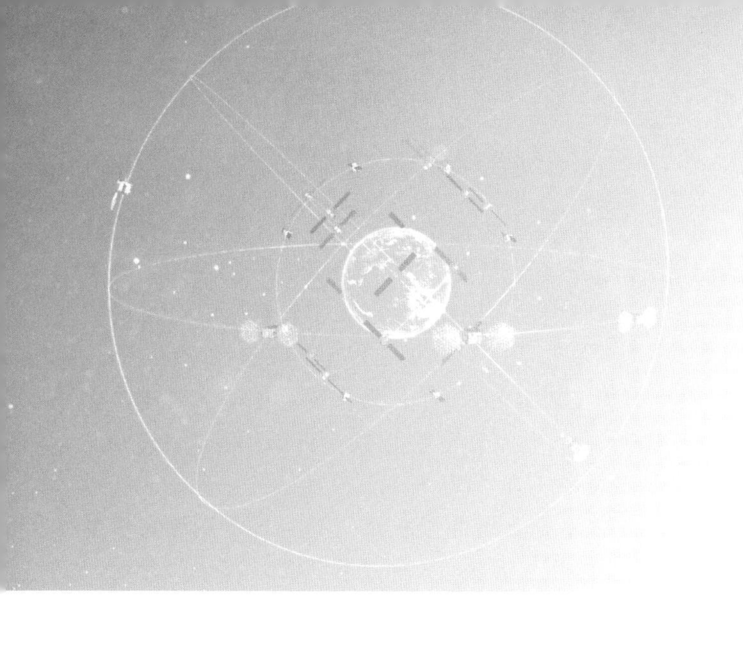

第九章
卫星导航系统对抗措施

美国 GPS 为什么制定选择可用性（SA）措施，为什么又主动放弃了，还会重启吗？

GPS 定位精度远远优于预期指标，为了避免战时被对方利用的风险，以及美国从自身的经济、政治和国家安全考虑，美国国防部于 1991 年 7 月 1 日在 BLOCK- Ⅱ导航卫星上实施选择可用性（Selective Availability，SA）技术，将特定的误差引入 GPS 卫星基准频率信号和卫星星历数据中，人为地有意降用户定位精度，使其不能完成高精度的定位，防止未经授权的用户将 GPS 用于军事对抗中。

选择可用性技术利用 δ 颤抖技术和 ε 扰动技术从两个方面来降低 GPS 导航信号精度。首先将一个加密的随时间变化的频率偏移引入到卫星的 10.23 MHz 基准频率信号中，偏移具有高频抖动、短周期、快变化、随机性特征，称为 δ（delta）颤抖技术，基准频率信号是卫星所有信号（载波、伪噪声码、数据码）的信号源，信号源受到人为污染，所有以基准频率信号为基准派生成的信号都会受到干扰，从而人为降低了民用 C/A 码信号精度。其次将一

个加密的星历和历书偏差引入到导航卫星的轨道参数数据中，称为ε扰动技术，使下传给用户接收机的卫星轨道参数精度人为降低200 m左右，轨道参数偏差具有长周期、慢变化、随机性特征，从而人为降低了利用民用C/A码信号进行实时单点定位的精度[1]。

美国政府于1991年7月1日对GPS实施选择可用性技术，使普通用户水平定位精度由7~15 m下降到100 m，高程定位精度由12~35 m下降到157 m。这种影响是可以改变的，在美国政府认为必要的情况下，可以进一步降低利用C/A码定位精度。选择可用性SA技术是针对非授权用户的，对于能够利用精密定位服务（PPS）的用户，则可以利用密钥自动消除选择可用性技术的影响。

选择可用性技术使得民用接收机的误差人为增大，引起全球民用用户强烈不满，为了摆脱或者减弱选择可用性技术的影响，世界各国研究人员进行了积极的研究与试验，特别是差分GPS技术可以大幅度消除选择可用性技术中δ技术引入的误差，显著地提高定位精度，差分GPS技术是将一台GPS接收机安置在基准站上进行观测，根据基准站已知精密坐标，计算出基准站到卫星的距离改正数，并由基准站实时将这一数据发送出去，用户接收机在进行GPS观测的同时，也接收到基准站发出的改正数，并对其定位结果进行改正，从而提高定位精度并达到为米级。

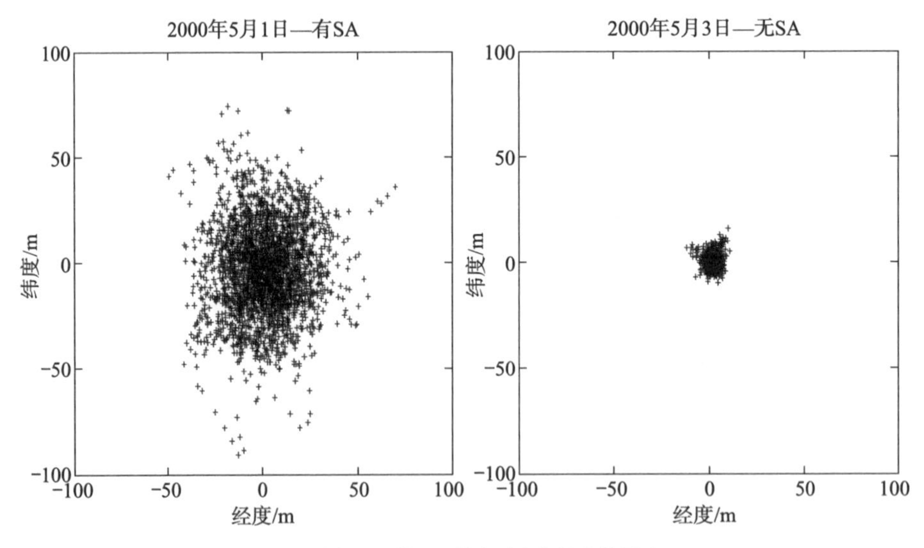

图1 选择可用性SA技术对定位精度的影响

与此同时，俄罗斯GLONASS在民用领域与GPS展开竞争。GLONASS在定位、测速及定时精度上则优于施加选择可用性之后的GPS，俄罗斯向国际民航和海事组织承诺将向全球用户提供民用导航服务，并于1990年5月和1991年4月两次公布GLONASS的民用ICD接口控制文件，为GLONASS的广泛应用提供了方便。

GLONASS打破了美国在卫星导航市场一家独大的局面，既可为民用用户提供独立的导航服务，又可与GPS结合，提供更好的精度几何因子（GDOP）；同时也降低了用户对美国GPS的依赖性，因此引起了国际社会的广泛关注。另外，美国国防部和交通部于1997年启动了“GPS现代化”计划，确定了GPS发展规划。2000年1月，美国国防部关于“局部屏蔽GPS信号”试验获得成功，坚定了美国政府推进GPS现代化，提高民用GPS信号定位精度和可用性的决心。

在上述各方面因素的综合作用下，美国政府宣布在2000年5月2日停止使用选择可用性技术，非授权GPS用户的定位精度一夜之间从100 m提高到10 m以内，关闭SA技术后标准定位服务定位精度变化如图2所示，一夜之间接收机定位精度提高了10倍[2]。

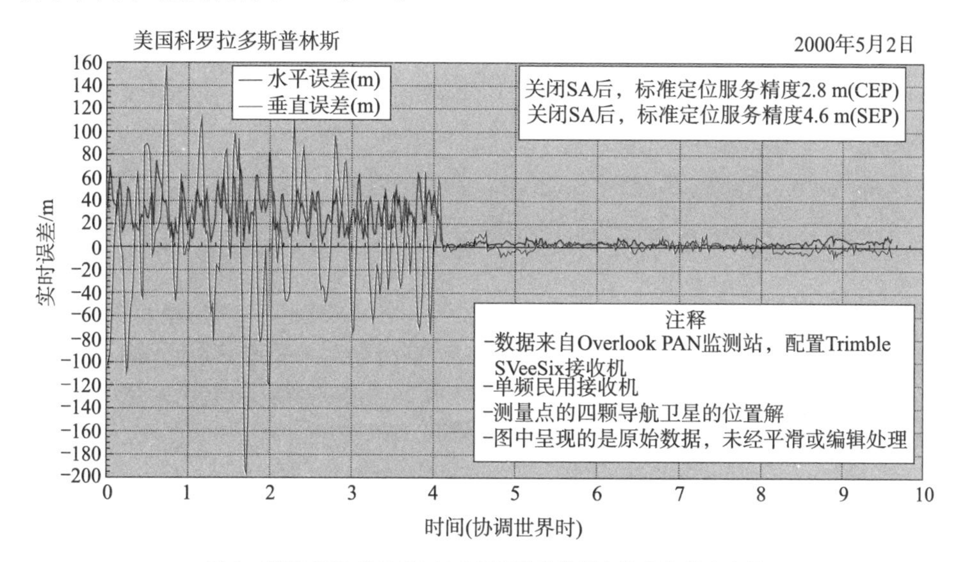

图2 美国GPS关闭SA技术后标准定位服务的定位精度变化

根据49届GPS系统CGSIC年会（GPS Program Update to 48th CGSIC Meeting，2009年9月21日）上美国GPS用户协会的技术主任John Langer提交的报告，2000年5月GPS系统关闭选择可用性技术SA后，标准定位服务SPS的用户测距误差URE锐减，由关闭前的6 m降低到2008年的1 m，如图3所示[3]。

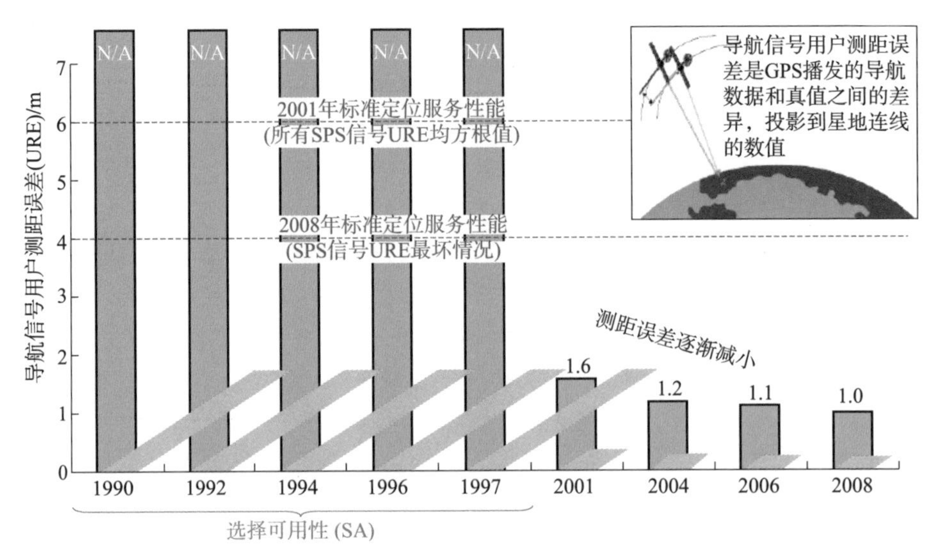

图 3　GPS 系统关闭 SA 技术后标准定位服务的用户测距误差变化

虽然美国政府终止了 GPS 选择可用性技术，但为保证美国国家安全，会每年评估一次是否继续实施 SA，目前美国军方致力于开发和使用区域关闭能力。终止 GPS 选择可用性技术后，L1 信号广播星历的精度仍然在 10 ~ 30 m 之间，美军知道 GPS 差分定位技术无法消除选择可用性技术中 ε 技术带来的轨道参数偏差。读到这里，您也许会理解美国政府为什么终止了 GPS 选择可用性技术，美国政府不是迫于一般用户的压力，而是 GPS 差分定位技术、俄罗斯 GLONASS 卫星导航系统等带来的竞争压力，以及有了更高明的“区域性失效”技术手段来限制对 C/A 测距码的使用。

参考文献

[1] 刘天雄 . 卫星导航系统概论［M］. 北京：中国宇航出版社，2018.

[2] http：//www.gps.gov/systems/gps/modernization/sa/data/.

[3] GPS Program Update .48th CGSIC Meeting.2009 年 9 月 21 日 .

2 美国 GPS 反电子欺骗（AS）技术主要包括哪些内容？

对 GPS 欺骗攻击是对 GPS 定位技术存在漏洞的一种利用，GPS 的 L1 信号的中心频率为 1 575.42 MHz，L2 信号的中心频率为 1 227.6 MHz，载波信号频率公开且固定，民用信号 C/A 测距码信号通过民用信号接口控制文件（ICD）对全球用户公开，因此，在 L1 信号和 L2 信号的频点附近发射其他 L 频段信号时，很容易干扰 GPS 信号[1]。

军用 P 测距码则具有周期长、结构保密的特点，因此具有很强的抗干扰能力。如果知道了 P 测距码信号特征，利用欺骗型干扰发射机，在 GPS 的 L1 和 L2 频点发射调制有错误导航电文参数的虚假导航干扰欺骗信号，就可以诱使授权用户 GPS 接收机错误锁定到干扰欺骗信号上，并产生错误的定位结果。为了防止这种电子欺骗干扰，美国为 GPS 采取了反电子欺骗（Anti-Spoofing，AS）技术，对军用 P 测距码进一步加密，引入高度机密的 W 码，将 P 码与 W 码进行模 2 相加，使 P 测距码转换成 Y 测距码。由于 W 码是高度机密，所以非授权用户无法利用 P 测距码进行精密定位。

GPS 的反电子欺骗和选择可用性技术是各自独立实施的。只有在美国国家处于紧急状态时，才启用 W 码，实施反电子欺骗技术。在上述措施的影响下，目前不同用户利用 GPS 进行实时定位可能达到的精度如表 1 所示[2]。

表 1　实时单点定位精度（平面，m）

措施 \ 方式		标准定位服务（SPS）		精密定位服务（PPS）	
SA	AS	C/A 码	P 码	C/A 码	P 码
关	关	40	10	40	10
开	关	100	95	40	10
开	开	100	—	40	10
关	开	40	—	40	10

军用与民用服务分开，为民用用户提供标准定位服务（SPS），为军用和授权用户提供精密定位服务（PPS），选择可用性技术和反电子欺骗技术并不能保证美军在战场上的信息绝对优势，因为系统自身的薄弱环节并未解决，还

需要通过提高信号功率、播发点波束军码信号等技术，进一步提高制导航权。例如，优化 GPS Block ⅡR-M 卫星基带和射频设计，与 Block ⅡR 相比，L1C/A 和 P（Y）码信号功率提高了一倍，L2 P（Y）码的功率提高到 4 倍。地面控制段可以发令调整民用 C/A 码和军用 P（Y）码之间的功率配比，还可以进一步调整 L1 和 L2 信号的功率，最多可以把功率调大 50%。采用战区增强技术，通过波束赋形可使直径几千千米覆盖范围内信号提高若干分贝，从而达到使敌方干扰难度增大的目的。

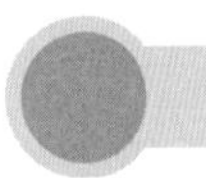

相关链接

导航接收机抗干扰技术

用户段的抗干扰技术是卫星导航系统抗干扰措施的重要组成部分。GPS 导航战计划的行动（ACTD）对军用机载 GPS 接收机的主要改进是引入 GPS 接收机应用模块，可直接捕获 P（Y）码，有效改善了抗干扰性能。直接捕获 P（Y）技术有两种：一是小型化的高稳定时钟，二是多相关器技术。未来的 GPS 接收机结构体系将是开放式、模块化。GPS 接收机应用模块（GRAM）和可选性抗欺骗模块（SAASM）结合而成“GRAASM”。开放式的结构允许包括 SAASM 在内的部件加装、替代或者拆除，而不需要重新设计整个系统。SAASM 是下一代精密定位服务安全模块，该模块具有 SA 功能、AS 功能、电子密钥功能，保密的 GPS 算法、数据和用于解决 PTV 问题的相关定时。

用户段抗干扰技术有很多种，其归根结底的思路是不让干扰信号进入接收机数据处理阶段，即在接收机捕获跟踪之前做抗干扰处理。以最典型的自适应调零天线为例，抗干扰的基本思路是通过检测干扰源的方向，利用调零天线阵列相位的变化在干扰源的方向上产生零陷，从而达到抑制干扰的作用。

干扰信号通常来自地面或方向角很低的方向，随着干扰技术的发展，部分干扰源信号和卫星信号可以生成在接收机天线的同一方向，导致自适应调零天线会把该方向上的干扰和信号一起滤掉，因此接收机收到的卫星信号精度变差。实施干扰时可利用抗干扰接收机的这一特点，通过全方位的干扰，达到让接收机失效的目的。在干扰信号进入到接收机的捕获跟踪阶段之后，其应对策略倾向于多系统的组合导航，特别是和惯性导航的组合，这也是一个主要的发展方向。

GPS 接收机需要空间卫星信息进行定位，因而容易受到外界干扰。惯性导航虽然有体积大、结构复杂、造价高、具有积累误差等缺点，但其具有自主性，不易受到外界干扰。因而将具有长期稳定度和高精度的卫星导航技术与低噪声和高输出数据速率的惯性导航技术结合，既可以克服卫星导航输出数据速率低和易受干扰的缺点，又可克服惯性导航的长期稳定度和精度较低的缺点，达到高精度、高可靠性的导航要求。

GPS 和惯性测量单元 / 惯性导航系统（IMU/INS）之间的组合为高速的操作平台安全导航提供了一个好的解决方案。GPS 与 IMU/INS 组合后，当 GPS 受到干扰时，IMU/INS 可提供辅助数据，并使组合系统最终从所产生的任何导航误差中恢复，继续完成导航任务。GPS 用于周期性地校正 IMU/INS 以使系统误差最小。IMU/INS 能初始化 GPS 的位置以获取数据和跟踪时间，并处理在起始时的多径效应。借助于卡尔曼技术来组合 GPS 和 IMU/INS 系统，可以提高系统抗干扰能力，性能取决于 IMU/INS 的准确度和 GPS 卫星的可见性。使用 GPS 与 INS 组合技术可使系统的抗干扰能力提高 10%～15%。目前 GPS 与 INS 组合导航方式已在各类巡航导弹、精确制导炸弹等精确制导武器方面获得了广泛的应用。

参考文献

[1] 刘天雄 . 卫星导航系统典型应用［M］. 北京：国防工业出版社，2021.
[2] 袁建平，罗建军，岳晓奎 . 卫星导航原理与应用［M］. 北京：中国宇航出版社，2004.

3 美国为什么要提出导航战?

卫星导航系统源于军事需求。从1991年海湾战争到1999年科索沃战争，到2001年阿富汗战争和2003年伊拉克战争，再到2018年美军发动的叙利亚战争，GPS已成为现代高技术战争的重要支撑系统，但是GPS导航信号微弱，战时抗干扰能力不足也是GPS致命的弱点。为了维持GPS的技术优势，1997年，美军提出导航战（Navigation Warfare，NAVWAR）概念。美军对导航战的定义是“在复杂电子环境中，使美军能够有效地利用卫星导航系统，同时阻止对方使用该系统”，实施导航战的场景如图1所示[1]。使己方部队有效地利用卫星导航系统，同时阻止敌军使用该系统”。可见导航战的实质就是争夺导航资源的控制权，是限制敌方使用导航系统，发挥己方导航系统最大功用的具体措施。美军导航战计划主要历程如下[2-6]：

1）1994年，美国联合电子战中心（JEWC）在美国国防部支持下，开展GPS军用接收机电子防护和抗电子干扰技术研究；

2）1995年，美国国防部指定由罗克韦尔、BDM、Collins、E-System和SRI International等几家公司组成研究小组，开始一项为期13个月的“导航战”的研究计划，这项计划是美国国防部“先期概念技术演示计划”的一部分，研究内容主要包括GPS军用接收机抗干扰技术以及新一代导航卫星的改进技术；

图1　导航战中的保护、阻止和保持场景示意图

3）1996年，美国国会向国防部发出的防卫授权决议书中，明确指出要加强GPS的应用研究，防止敌对军事力量利用GPS，又不要妨碍美国自身的军事力量和民用用户使用这一系统，发展新的技术使得GPS接收机具有明显的抗有意干扰和其他形式无意干扰或破坏能力；同年，美国国防部颁布了《国防技术目标》和新版本《军用关键技术清单》，信息战首次被确定为是一种战术，并开展了“导航战先期概念技术演示”研究；

4）1997年，美军在英国召开的“GPS在军事及民事方面的应用”研讨会上，正式提出了“导航战”的概念[7]，同年在美国西海岸开展了GPS卫星抗阻塞干扰试验。

为加强GPS在战争中的可用性，保持其在全球民用导航领域中的主导地位。北约（NATO）定义导航战为“阻止敌对方利用PNT信息，同时保护北约盟军正常使用PNT信息，而战区以外的用户依然能够和平使用PNT信息”。美军导航战的核心思想就保护（Protect）美国及其盟国正常接收GPS导航信号，阻止（Prevent）对方接收GPS导航信号，保持（Preserve）战区以外区域GPS卫星信号的正常服务，通常称为“3P”政策，导航战的挑战是“使用同时拒止”。

美军导航战的主要内容包括通过提高导航信号功率，加强GPS抗干扰能力；具备电子攻击能力，保护军用导航信号，确保美军战时的制导航权，同时不影响战区以外民用导航信号的服务水平；采取防电子欺骗以及抗射频干扰等措施，提高GPS接收机抗干扰能力。导航战研究的内容如图2所示[5]。

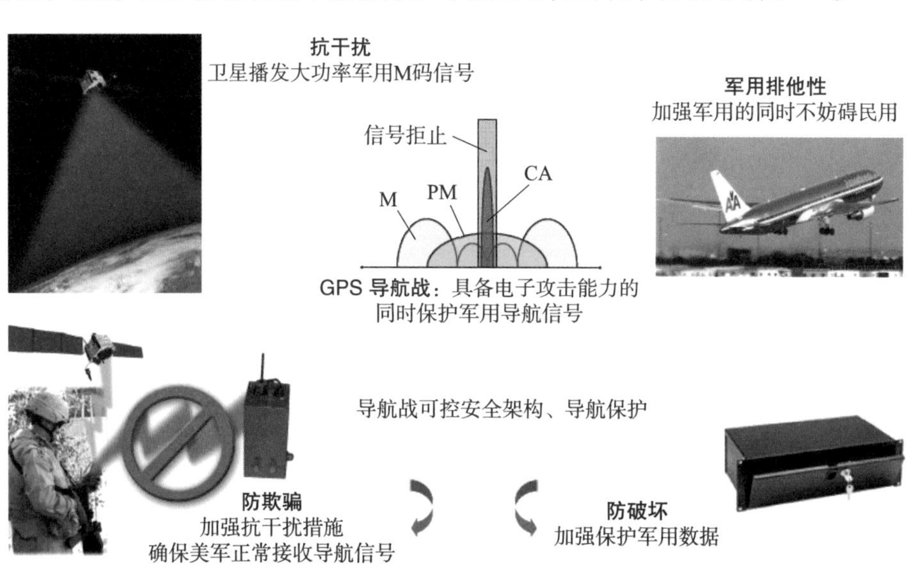

图2　GPS导航战的主要内容

发展军用 GPS 接收机在战场干扰环境下的信号捕获技术，提高军用接收机的抗干扰能力；利用点波束天线技术，对战区 GPS 军用导航信号实施功率增强，是提高 GPS 抗干扰能力的两个有效措施。例如，GPS Block Ⅲ卫星将采用点波束天线播发 GPS 军用 M 码信号，信号功率将提高 20 dB。

实时掌握战场态势，控制了制天权意味着掌握着战争的主动权，战争中制导航权是制天权的关键技术之一。导航战不限于卫星导航系统，也包括阻止其他的导航手段，确保 GPS 能够有效地为美军服务。同时，为避免或者降低过度依赖 GPS 带来的风险，美国已将 GPS 拒止环境下的定位、导航和授时技术列为今后重点发展方向，研发战时 GPS 的备份导航手段。

相关链接

导航战经典案例解析

2018 年 4 月 14 日凌晨，美军对叙利亚开展军事打击。在实施军事打击过程中，叙利亚利用俄制 GPS 干扰机对 GPS 信号实施干扰，美军对 GPS 信号实施了功率增强以提高军用导航信号的载噪比，由此提高 GPS 的抗干扰能力。这次导航战时间历程如下：

1）2018 年 4 月 12 日至 13 日期间，叙利亚地区 GPS 信号受到严重干扰，导致部分 GPS 接收机失效；

2）2018年4月13日12：07—18：36（UTC时间），GPS的19颗卫星的L1 P（Y）、L2 P（Y）军用导航信号相继进行了功率增强，增强幅度为3～5 dB；

3）2018 年 4 月 14 日凌晨 1 点（UTC 时间），美英法对叙利亚开展了军事打击；

4）2018 年 4 月 17 日 16：30—18：30（UTC 时间），GPS 功率增强信号恢复正常。

2018 年 4 月 26 日，Ben Brimelow 在一篇文章中转发了美国广播公司（NBC）的报道——俄罗斯研制的 GPS 信号干扰机严重影响了美军在叙利亚的军事打击行动，干扰了美军 EC-130 电子战飞机等武器装备的定位、导航和授时功能，美国特殊行动指挥部（USSOCOM）司令官 Raymond Thomas 将军指出叙利亚已成为电子战的前沿。对 GPS 导航信号的广域欺骗（Wide area spoofing）已是俄罗斯国防战略的一部分，俄罗斯研制的 GPS 信号干扰机可以导致 GPS 完全失效，而不影响 GLONASS 系统的正常使用[8]。

2018 年 4 月 17 日，中国航天电子技术研究院测试评估中心在其微信公众号发表《战争期间美国关闭叙利亚地区 GPS 服务了么?》，测试评估中心选取叙利亚周边 3 个 GPS 信号监测站数据，对 L1C/A 信号的性能开展了详细的分析，分别是距大马士革约 140 km 的 BSHM 站，监测接收机为 JAVAD；距大马士革约 220 km 的 DRAG 站，监测接收机为 LEICA；距大马士革 350 km 的 RAMO 站，监测接收机为 JAVAD，3 个监测站的位置如图 1 所示[9]。

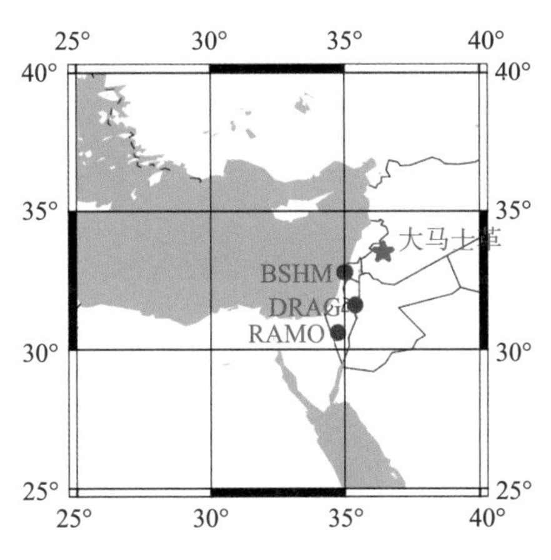

图 1　BSHM、DRAG、RAMO 监测站

中国航天电子技术研究院测试评估中心对 L1C/A 信号的跟踪性能进行了分析，2018 年 4 月 12 日至 14 日期间，DRAG 监测站 LEICA 监测接收机的监测结果如图 2 所示，监测结果表明军事打击前叙利亚上空 GPS 卫星工作正常，监测接收机能够正常跟踪 GPS 卫星，可见卫星数量和 PDOP 值可以满足定位要求。RAMO 监测站的监测结果与 DRAG 监测站数据类似，BSHM 站稍有不同。

BSHM 监测站离叙利亚首都大马士革最近，2018 年 4 月 13 日 UTC 2：00—2：54，5：18—5：42，6：14—6：23，BSHM 监测站卫星跟踪出现问题，导致 JAVAD 监测接收机工作出现了异常，原因比较复杂，最大可能原因是存在强烈的干扰信号，给一般用户的认识是 GPS 信号出现中断的假象，BSHM 监测站的可见 GPS 卫星数量和 PDOP 值如图 3 所示。在上述三个时间段，所有卫星播发的导航信号的信噪比出现明显降低现象，如图 4 所示，同时 BSHM 站的定位结果出现异常，如图5所示，但未出现长时间的连续故障。

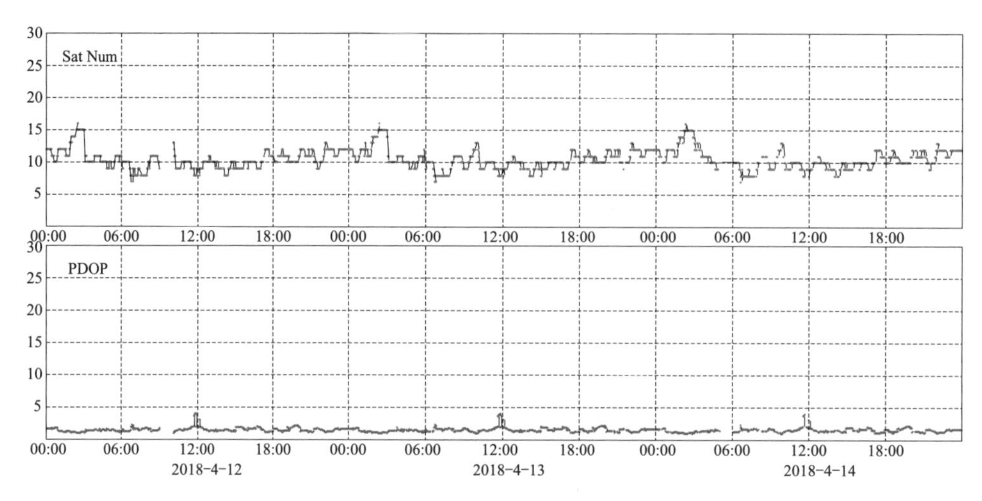

图2　DRAG 监测站 LEICA 监测接收机的可见卫星数和 PDOP 值

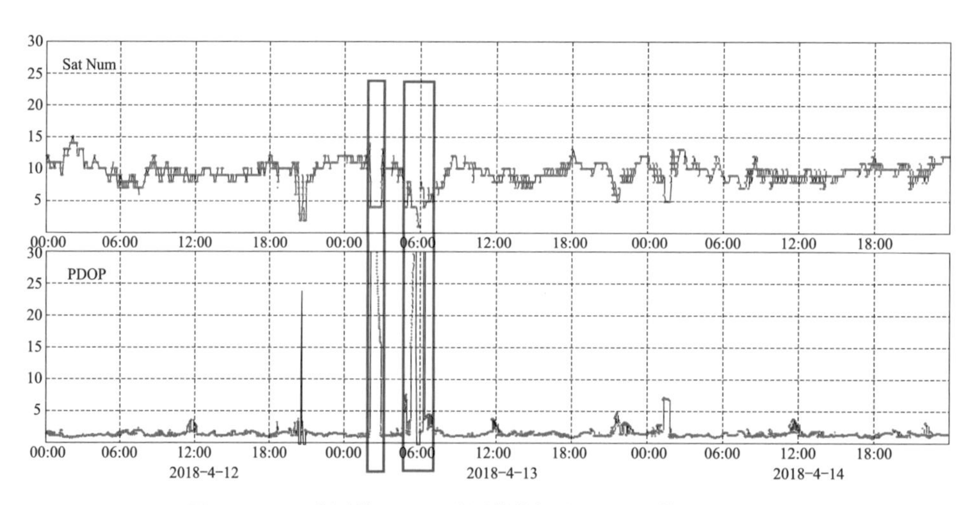

图3　BSHM 监测站 JAVAD 监测接收机的可见卫星数和 PDOP 值

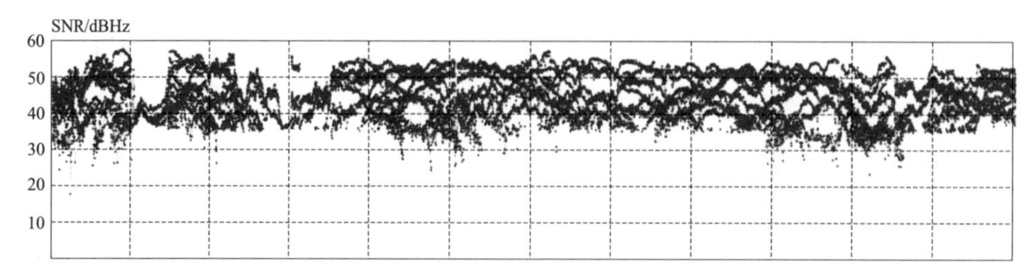

图4　BSHM 监测站 JAVAD 监测导航信号 L1C/A 信噪比的变化情况

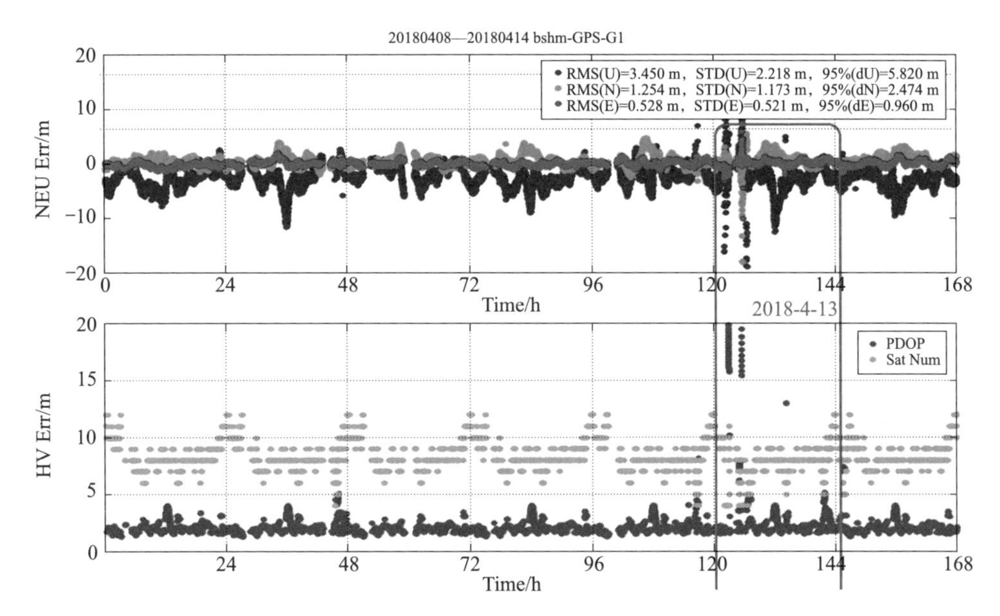

图 5　2018 年 4 月 13 日 UTC 2：00—2：54，5：18—5：42，6：14—6：23 BSHM 监测站 L1C/A 信号异常

由图 3～5 可以看出，BSHM 监测站的 GPS 信号监测接收机受到了严重的干扰，而距离 BSHM 不远的 DRAG 站的 GPS 信号监测接收机并未受到干扰。GPS 卫星采用赋球波束天线播发 L 频段导航信号，所以 GPS 不具备在叙利亚等特别小的区域内定点关闭导航信号的能力，BSHM、DRAG 和 RAMO 等监测站的数据可以证明 GPS 没有关闭其导航信号，但区域内存在较强干扰，影响了接收机对 GPS 信号的跟踪性能，甚至导致部分接收机不能接收 GPS 导航信号。

中国航天电子技术研究院测试评估中心进一步分析了 2018 年 4 月 10 日至 16 日期间 GPS L1C/A、L2C、L1P 与 L2P 导航信号的信噪比变化情况，结果表明 4 月 13 日后 L1C/A 导航信号噪比有所下降，L2C 没有明显变化，L1P、L2P 均有信噪比上升情况，说明 P 码军用导航信号功率做了增强，平均在 3～6 dB（由于数据中 P 码的观测方式为 Z 跟踪技术，尚不确定接收机内部 L1P 与 L2P 信噪比之间的关系），降低了 C/A 信号功率，平均在 0.5～1 dB。

潘国富的文章给出了类似的监测结果[10]，2018 年 4 月 13 日，AKAR 监测站监测到 GPS 和北斗信号同时受到干扰，信号质量非常差，从 4 月 13 日凌晨左右接收机就已经有明显的失锁现象，从下午开始甚至出现了中断，导航信号信噪比曲线波动非常大，24 h 的信噪比曲线如图 6 所示，信噪比曲线波动非常大，可以看出 AKAR 监测站受到较强烈的干扰。

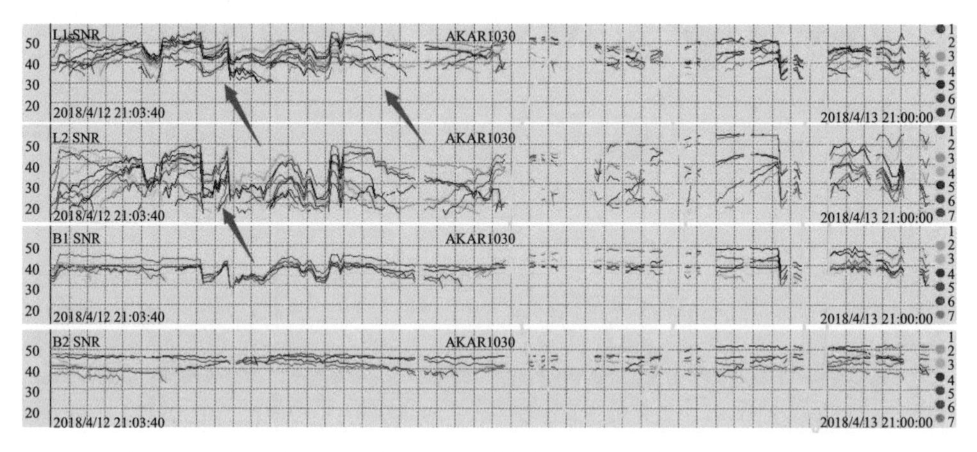

图 6　2018 年 4 月 13 日 GPS 和 BDS 导航信号信噪比变化情况（AKAR 监测站）

相对于 4 月 12 日的信噪比，从 2018 年 4 月 13 号开始，AKAR、FEKH、GMMM 监测站 L2 频点导航信号的信噪比提高了 3 ~ 5 dB（24 h 平均值）。GPS 的 L2 频率调制了军用 P（Y）码信号，显然这次军事打击行动期间，美军提高了 L2 频点军用导航信号的发射功率，以提高军用接收机抗干扰能力。

中国航天电子技术研究院测试评估中心根据全球导航信号监测数据，确认 2018 年 4 月 12 日至 4 月 18 日期间有 19 颗 GPS 导航卫星实施功率增强措施，DRAG 监测站测得的 GPS 卫星 L2 P（Y）导航信号的信噪比如图 7 所示，这些卫星均是 2005 年以后发射的 Block Ⅱ R-M、Ⅱ F 卫星，也进一步证实 Block Ⅱ R 之后的 GPS 卫星配置了导航信号功率增强载荷，而之前发射的 Block Ⅱ R、Ⅱ A 卫星均不具备导航信号功率增强功能。

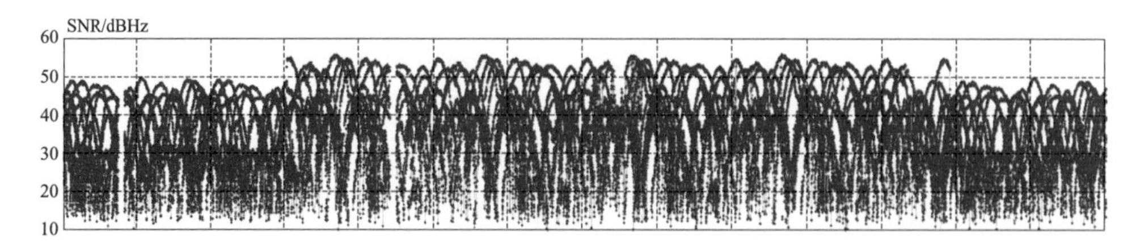

图 7　GPS 卫星 L2 P（Y）导航信号的信噪比变化情况（2018 年 4 月 12 日至 4 月 18 日，DRAG）

2018年5月8日，根据芬兰国家大地控制网（National Geodetic Network）芬兰参考站（FinnRef）对全球卫星导航系统的监测数据，芬兰全球卫星导航系统研究所（FGI）公开发布了GPS军用L2频点和民用L1频点导航信号的落地电平变化情况（2018年4月13日—17日）。芬兰参考站监测结果表明美军提高了GPS军用L2 P（Y）导航信号的功率，L2 P（Y）信号的信噪比提高了约4 dB；同时降低了民用L1C/A码导航信号的功率，L1C/A码信号的信噪比降低了约1 dB，如图8所示，显然美军为了配合这次对叙利亚的军事打击，通过提高L2频点军用P（Y）码导航信号的功率，同时降低L1频点C/A码导航信号功率，有效提高了军用双频高精度导航接收机的性能和可靠性[11]。

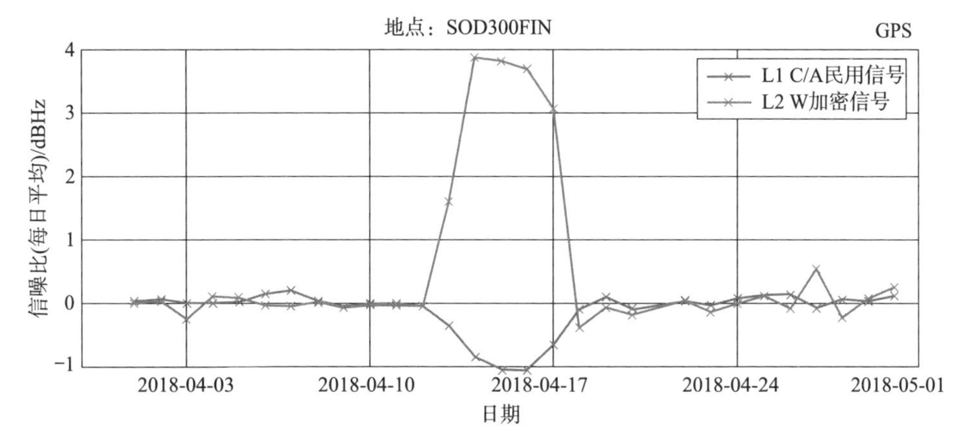

图8　GPS导航信号信噪比均值变化情况（2018年4月13日—4月17日，SOD300FIN）

2018年4月14日，美英法联军对叙利亚开展军事打击期间，GPS系统正常提供PNT服务，美军没有关闭导航信号，但调整了导航信号的分量和功率配比。一是提高军用P（Y）码信号功率，由此，军用接收机容易捕获跟踪军用导航信号，可以有效提高军用双频高精度导航接收机的性能和可靠性；二是略微降低民用C/A码信号功率；三是叙利亚首都大马士革附近存在较强干扰，影响了部分民用接收机的使用。军用P码信号载噪比变大，民用C/A信号载噪比下降，这样，军用装备的定位系统性能提高，但对叙利亚以及周边地中海部分区域的民航以及航运造成了极大影响。

美军对GPS军用L2 P（Y）码信号实施了功率增强，采取了“三步走”的策略，首先是关闭军用 M 码信号（C/A+P+M 三路复用改变为 C/A+P 两路复用）；其次是保持民用 C/A 码功率不变，同时提高军用的 P 码功率；最后是针对民用 C/A 码信号进行战场区域压制干扰，致使部分 C/A 码的接收机失效。

在导航信号的拒止与欺骗干扰设计中，要综合考虑干扰与欺骗信号的覆盖范围、功率增强幅度、覆盖区内的干扰效果、对覆盖区内正常导航信号的影响、对覆盖区范围之外用户的影响以及卫星实现的资源等因素。这些条件相互制约，功率增强 10 ~ 20 dB，就可以实现对半径 500 ~ 1 500 km 范围内目标信号的有效干扰，同时对覆盖区内其他正常导航信号的影响可以接受，对覆盖区之外的正常信号影响可以忽略，不影响对用户的正常服务。

未来战场的空间范围会不断增大，而目标的尺度会越来越小、速度会越来越快。战争的胜负在很大程度上取决于在大时空范围内对高速、微小、微弱目标的侦察、跟踪、捕获和摧毁能力。现代化信息战争要求提高基于信息系统的体系作战能力。

参考文献

［1］ 刘天雄．卫星导航系统典型应用［M］．北京：国防工业出版社，2021.

［2］ 吴志金．导航战技术发展趋势［J］．国防科技，2005（12）：24-26.

［3］ 向吴辉，黄辉，罗一鸣．关于导航战概念的探讨［J］．现代防御技术，2006，34（5）：65-68.

［4］ 刘天雄．导航战及其对抗技术（上）［J］．卫星与网络，2014（8）：52-58.

［5］ 刘天雄．导航战及其对抗技术（中）［J］．卫星与网络，2014（9）：62-67.

［6］ 刘天雄．导航战及其对抗技术（下）［J］．卫星与网络，2014（10）：56-59.

［7］ 李隽，楚恒林，蔚保国，崔麦会．导航战技术及其攻防策略研究［J］．无线电工程，2008，38（7）：36-39.

［8］ Russia-undermining-worlds-confidence-in-gps［EB/OL］．（2020-07-07）.https：//rntfnd.org/2018/04/30/russia-undermining-worlds-confidence-in-gps/.

［9］ 战争期间美国关闭叙利亚地区 GPS 服务了么（中国航天电子技术研究院测试评估中心微信公众号）.［EB/OL］．（2018-04-17）.https：//mp.weixin.qq.com/s/te_iobvqsK5gjSxAYRBRzQ.

［10］ 叙利亚地区 GPS 信号质量分析报告（中海达潘国富研究员微信公众号 Geososo）［EB/OL］．（2018-04-16）. https：//mp.weixin.qq.com/s/D3_2c9d6mdcW_ZLP3FHTlA.

［11］ Unusual high power events in GPS signal on 13–17 April［EB/OL］．（2018-05-08）. https：//www.maanmittauslaitos.fi/en/topical_issues/unusual-high-power-events-gps-signal-13-17-april.

4 卫星导航系统的授时战是什么意思?

人类的工业生产、农业生产、经济活动、科学试验、国防军事等领域都需要在统一的时间基准上开展，因此，需要建立标准时间产生、保持、传递和使用的完整体系，对时间精度的要求从秒级到纳秒级，甚至皮秒级[1]。其中授时是指将标准时间传递给用户，以实现时间统一的技术手段。授时错误将会导致一系列的问题。授时系统是确定和发播精确时刻的工作系统。

卫星导航系统主要利用导航信号传播的到达时间（TOA）测距，基于三边定位原理来确定用户的位置。基本观测量是导航信号从位置已知的参考点发出时刻到达用户接收该信号时刻所经历的时间。

高精度、高稳定度时间同步是卫星导航系统的关键技术，无线电和数字编码技术都涉及信号时间和频率基准问题，高精度原子钟是卫星导航系统的核心。卫星导航系统运行离不开精确时间基准，同时又为用户提供高精度授时服务。卫星导航系统建立了自己的时间参考系统，卫星导航系统时间采用原子时，其秒长与原子时相同。在地面运行控制系统的监控下，导航卫星播发精确的时间和频率信息的导航信号，是理想的时间同步时钟源，可以实现精确的时间和频率的控制。例如，美国 GPS 地面运行控制系统负责监控导航卫星星载原子钟时间与系统时间（GPST）的时间同步误差，通过 GPS 的授时服务，用户就与美国海军天文台的世界协调时 UTC（USNO）建立了时间尺度的联系。GPS 标准定位服务（SPS）服务提供的时间传递误差为 40 ns（95%）[2]，未来 GPS 卫星的授时精度将达到 10 ns 以内。

卫星导航系统的授时服务给用户提供纳秒级精度的授时服务，用户可以十分便捷地免费获取星载原子钟的精确时间信息，而不需要自己装备原子钟；特别是在通信时统、电力调度以及金融网络等领域，利用卫星导航系统精确的授时服务可以实现高精度的时间同步并提高系统的运行效率和运行的安全性[3-5]。

根据应用领域不同，授时服务可以分为军用授时和民用授时两类。军用授时则主要用于信息化作战装备、武器平台、大型信息系统等方面，对时间精度的需求范围从秒量级到纳秒量级。随着信息时代的发展，时间信息是所有行动的基础，针对越来越复杂的环境，如干扰和欺骗，对授时服务的抗干扰性、抗摧毁性也提出了更高的要求。

民用授时应用领域主要包括电力系统（运行调度、故障定位、电力通信网络）、通信系统（移动通信基站、位置服务）、公路交通（道路导航、救援、车辆管理）、航空服务（航空导航、空中交通管理、搜索救援）、航海服务（航海导航、港口疏浚、航道搜救、航道测量）、防震救灾（地震观测、地震调查、地震救助、勘测、应急指挥）、公安（户籍管理、交通管理、警卫目标保障、缉毒禁毒、反恐维稳、巡逻布控、安全警卫、指挥调度）、林业（森林防火、森林调查）、气象、广播电视、大地测量、地理测绘、地籍测量等领域。民用授时应用领域对时间精度的需求范围从秒量级到纳秒量级，甚至到皮秒量级[6]。

美国空军战略与技术中心研究人员提出了“授时战”的概念，并提出美军需重视定位、导航与授时（PNT）中的授时信息。2017 年 1 月 18 日，欧洲 Galileo 卫星导航系统在轨运行的 18 颗卫星上 9 台原子钟出现了故障并停止运行，甚至危及系统的安全。2017 年 11 月 24 日，美陆军在 FBO 网站发布声明，寻求业界开发定位导航授时技术新方法，增强陆上士兵作战能力，列举了十一项研究领域，其中第八项便是关于 PNT 系统授时，目标是推进陆军应用的准确授时源和时间传输技术。

卫星导航系统包括空间段、地面段、用户段三个部分，如图 1 所示。空间段是星座内的导航卫星，主要功能是向用户段和地面段播发导航信号。地面段包含了世界范围内的监测站和控制站，通过一定的命令动作保持卫星正确的运行轨道和调节卫星时钟，跟踪导航卫星，更新卫星中的导航电文数据，并且保持卫星星座的健康状态。用户段包含了所有的导航接收机设备，接收机用来接收来自导航卫星的信号，并且用这些导航信息计算用户的三维坐标和时间。

可以从空间段、地面段和用户段三个环节实施对卫星导航系统授时服务的干扰，对空间段的干扰包括物理摧毁卫星，或者干扰卫星通信信道进而影响系统授时服务；地面段包括卫星主控站、注入站、监测站等，上行注入站向卫星注入广播星历、卫星钟差和卫星历书等关键性导航电文并保持及时更新，对地面段进行物理摧毁，或者对导航卫星发射大功率干扰信号，使得导航卫星不能获得更新导航信息，由此干扰地面运控系统对卫星的控制，最终造成系统不能提供 PNT 服务。接收下行导航信号是用户获取时间信息的关键环节，压制干扰（瞄准式干扰、阻塞式干扰和相关干扰等）导致接收机不能接收导航信号，产生式和转发式欺骗干扰将使得接收机接收到错误的导航信号，最终导致用户无法正常使用卫星导航系统的授时服务。在物理摧毁和干扰的过程中，相关元器件还可能发生故障甚至损坏，从而无法在较长一段时间恢复正常的时间同步功能。

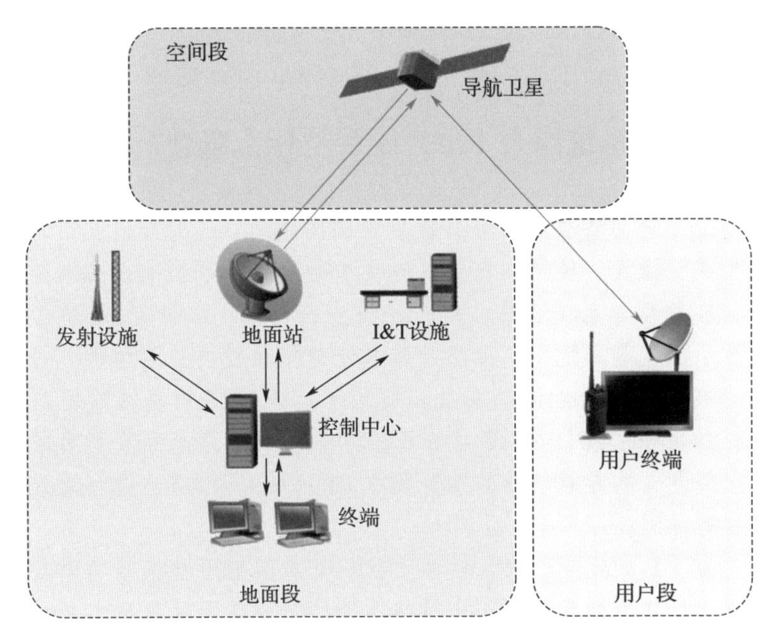

图 1　GNSS 空间段、地面段、用户段三个组成部分

参考文献

[1] 刘天雄. 卫星导航系统典型应用［M］. 北京：国防工业出版社，2021.

[2] ELLIOTT D KAPLAN. GPS 原理与应用［M］. 2 版. 寇艳红，译. 北京：电子工业出版社，2007.

[3] 刘天雄．“GPS 时”是什么回事?［J］. 卫星与网络，2013（04）：65-71.

[4] 刘天雄 .GPS 全球定位系统除了定位还能干些什么?［J］. 卫星与网络，2011（09）：52-55.

[5] 北斗电力全网时间同步管理系统的应用［J］. 卫星应用，2010（2）.

[6] 李婕敏. 美国空军“授时战”概念分析［J］. 飞航导弹，2018（5）：11-14.

5 卫星导航系统综合PNT体系是什么概念?

卫星导航系统为各类武器装备提供精确的位置、速度和时间信息，但是导航信号从生成、播发、传播到接收的过程中会受到不利影响，特别是导航信号极其微弱，在物理遮挡（森林、城市、室内、地下、水下）、电磁干扰（无意干扰、敌意干扰）等环境下，卫星导航系统的定位精度、连续性、完好性和可用性可能存在风险，对于依赖卫星导航系统作为PNT信息源的用户，将可能面临灾难性的后果。2011年12月6日，伊朗伊斯兰革命卫队利用电子欺骗技术，播发虚假电文的导航信号，捕获美军RQ-170“哨兵”，隐形无人机事件就是一个典型的案例。

参考文献［1］给出了GPS信号干扰机有效辐射干扰信号功率与干扰范围之间的关系，如图1所示，图1中的3条曲线分别是干扰军码信号跟踪曲线、干扰民码信号跟踪曲线和干扰信号捕获曲线，横坐标为干扰范围，纵坐标为干扰信号有效功率。

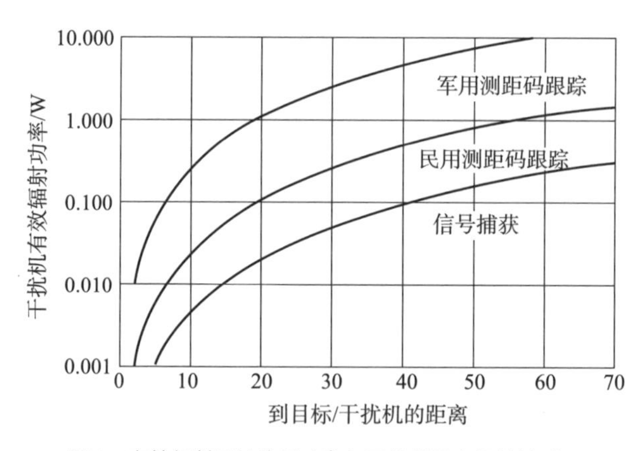

图1　有效辐射干扰信号功率与干扰范围之间的关系

干扰信号功率越高，干扰范围越大，干扰机价格越贵，但也更容易被识别和摧毁。试验表明，一台1 W的跳频噪声GPS信号干扰机，可以使22 km范围内的民用GPS用户机不能正常工作。典型干扰信号包括连续波信号（CW）、扫频信号、窄带噪声信号（NB）、宽带噪声信号（WB）、频谱匹配信号（测距码干扰）以及欺骗信号，干扰信号的有效性和其生成复杂性成正比。

当前，美军积极推动GPS保护（Protect）、强化（Toughen）和增强（Augment）计划（PTA），采用立法的方式将GPS作为国家重要信息基础设施，避免对GPS非法干扰的同时，寻求GPS替代方案，谋求保证在GPS异常情况下，依旧能提供稳健、可靠、高精度的PNT服务，形成新的军事信息系统非对称优势。

2002年，美国国家安全航天办公室提出美国国家综合PNT体系，目的是确保美国在PNT领域的国际领先；确保在高对抗条件件的PNT服务能力；确保在任何时间、任何地点的PNT服务；确保PNT设施建设资源统筹，效益最大。2008年发布《国家定位导航授时体系结构研究最终报告》，2012年《美国联邦无线电导航计划》增加了PNT体系结构，2014年，美国国防高级研究计划局（Defense Advanced Research Projects Agency，DARPA）公布了重点发展不依赖GPS的5类PNT新技术。美国国家PNT体系，以自主导航、通信与PNT融合等为途径，采用开放式体系，增强复杂环境适应性，满足未来对抗条件下的军用PNT需求，摆脱对GPS的依赖，形成非对称信息优势。美军综合PNT体系面向陆海空天全面高性能无缝覆盖，战略规划包括如下四个方面。

一是增强复杂环境下服务的完好性。美国国家PNT体系，以GPS现代化为基础，以自主导航和各种可用导航信息源为补充，增强物理遮蔽、电磁干扰等复杂环境下的PNT能力，部署和建立“增强型罗兰”（e-LORAN）等GPS备份系统，满足未来对抗条件下的军用PNT需求。2014年6月，美国国防高级研究计划局发布了题为“在对抗条件下获得空间时间和定位信息技术”（STOIC）的招标书，拟开发不依赖于GPS，可在对抗环境下使用的综合PNT体系，要求导航信号覆盖半径不小于1万km，系统定位精度为10 m，授时精度为30 ns。2018年1月，美国国防部在拉斯维加斯举行大规模红旗空中作战演习，为了摆脱武器装备对GPS的依赖，设置了“关闭”GPS模式，依靠其他无线电导航设备、惯性导航系统或者雷达导航系统等定位方式，开展任务演习。

二是开展PNT核心组件技术、材料和制造工艺的关键技术攻关，为了解决卫星导航信号被拒止情况下用户的导航问题，实现GPS的备份，2010年1月，DARPA提出“微型定位、导航与授时（Micro-PNT）系统”研究项目，利用MEMS技术的最新进展，融合芯片级原子钟和微型IMU技术，通过对微小型化的原子钟、惯性导航装置的集成，可用于多种武器平台的Micro-PNT服务，降低各种武器作战平台对GPS依赖，提供各种作战条件下的PNT服务。DARPA下属战略技术办公室（Strategy Technology Office，STO）负责系统级

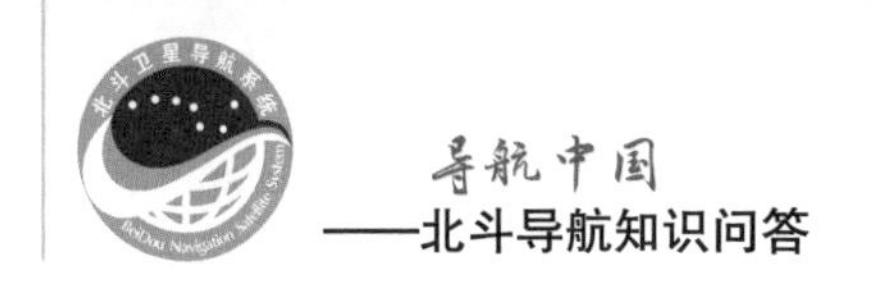

的技术开发，微系统技术办公室（Microsystems Technology Office，MTO）负责组件以及新型制造工艺和材料的开发。

三是开展系统级预研项目攻关，DARPA 战略技术办公室（STO）主导自适应导航系统（ANS）、对抗环境下的空间时间与方向信息（STOIC）、精确鲁棒惯性制导弹药（PRIGM）等 PNT 系统级预研。ANS 项目于 2011 年启动，主要研究冷原子干涉陀螺仪技术，开发可利用雷电等外部机会信号的导航校准新算法与软件结构，已先后完成了平台演示验证和端对端的演示验证，能够满足室内、城市、峡谷、丛林、水下、地下等弱卫星信号环境及强对抗环境的 PNT 需求。STOIC 系统于 2015 年春季开始，立足“量子辅助感知与读取”研究成果，开发稳健的远程参考信号源、漂移小于 1 ns/ 月的新型光学时钟和实现不同战术数据链之间的时钟精确转换，即将进入详细设计和样机系统开发阶段。在 Micro-PNT 的基础上，PRIGM 项目于 2016 财年启动，主要由诺斯罗普·格鲁曼公司承担，计划投入 1630 万美元，应用微机电系统和集成光子技术，在 GPS 无法提供服务的情况下，实现弹药在发射和飞行阶段的导航功能。

四是美国政府采用全球合作的手段，完善 GPS 产业生态，积极与 Galileo、GLONASS、BDS 等全球卫星导航系统开展兼容（compatibility）与互操作（interoperability）的国际合作。2017 年 11 月 29 日，中国卫星导航系统委员会王力主席与美国国务院乔纳森•马戈利斯助理副国务卿在北京举行了中美卫星导航会晤，中国卫星导航系统管理办公室冉承其主任与美国国务院空间和先进技术办公室戴维•特纳副主任签署了《北斗与 GPS 信号兼容与互操作联合声明》，两系统在国际电联（ITU）框架下实现射频兼容，实现了民用信号互操作，并将持续开展兼容与互操作合作。中美卫星导航合作具有广阔前景，加强北斗与 GPS 之间的合作，将会带动诸多领域的创新发展，为全球用户带来更好的服务。

卫星导航系统作为国家 PNT 体系的基石，具有显著的示范带动引领作用和巨大的市场发展潜力，可提升经济社会发展和国防军队现代化建设的水平。我们必须一方面加快北斗全球系统的建设，同时深入研究综合 PNT 体系及其相关技术，形成自主时空战略能力。自主时空 PNT 服务体系以北斗卫星导航系统为核心，采用北斗卫星导航系统的空间坐标和时间参考标准，融合天文导航、脉冲星导航、量子导航、微 PNT、伪卫星、低轨移动卫星系统、水下导航等不同背景、不同原理的多元化 PNT 信息源，实现多源 PNT 系统观测信息函数模型的统一表达，建立优化的随机模型和计算方法，实时或近实时地确定各类观测信息在融合过程中的方差或权重，控制各观测异常对综合 PNT 参数的影响，提升综合 PNT 体系可用性和连续性，增强稳健性和可靠性。

相关链接

弹性导航的内涵

2019 年 7 月 11 日，Galileo 系统卫星发生导航电文信息中断问题，导致全球范围所有利用 Galileo 系统进行导航、定位和授时等服务的用户无法获得导航、定位、授时信息。此次服务中断 117 h 10 min。2019 年 7 月 14 日 4 时 15 分，Galileo 系统发布第 2 次公告称“UTC 时间 2019 年 7 月 12 日 1 时 50 分起，Galileo 系统所有卫星导航信号不能使用，在下一次公告前，所有用户将经历伽利略服务中断”。

在 2019 年 ICG 大会上，欧盟对此次服务中断的原因解释是“owing to the rejection of expired NAV messages”[2]。根据欧盟的解释，可以认为 2019 年 Galileo 系统服务中断是地面控制中心数据处理软件故障导致，造成处理的卫星精密轨道、精密钟差等导航电文信息错误。此外，系统保持时间同步是卫星导航系统正常运行的前提，因此，Galileo 地面控制中心的时间统一系统也有可能出现异常，造成地面控制中心所有业务运行出现问题。

2020 年 11 月 23 日，在第 11 届中国卫星导航年会上，针对 2019 年 Galileo 系统服务中断问题，欧盟国防工业与空间署定义了欧盟二代 Galileo 系统（G2G）的弹性属性，核心思想是在 Galileo 系统发生多重故障时，Galileo 系统要保持功能，系统性能适度降级，包括两个方面：一是加强控制段运行控制系统的程序指导，即在系统发生多重故障时，系统要保持导航功能，系统性能允许适度降级；改善在轨升级能力；根据现有服务和新的服务，审查保证正常服务的要素冗余情况；审查控制段运行控制的过程和程序；持续加强网络安全。二是提高当前定义的授时服务的稳健性[3]。

在第 11 届中国卫星导航年会上，美国国务院空间事务办公室阐明为了满足民用和国家安全的 PNT 服务需求，首先要保证 GPS 的稳定运行，其次可以考虑利用其他 PNT 服务来加强 GPS 的弹性，通过开展国际合作来检测、减缓有害干扰以增强 GPS 的弹性。2020 年 2

月12日，美国总统签署行政命令来加强美国PNT服务的弹性，该命令旨在通过联邦政府、核心的基础设施运营和管理方负责任地使用PNT服务来增强国家PNT服务的弹性[4]。

在第11届中国卫星导航年会上，俄罗斯航天局阐明，通过建设导航信号干扰监测和控制系统以及研发弹性导航接收机两个环节提高GLONASS系统鲁棒性。此外，GLONASS系统下一代卫星GLONASS-K2通过FDMA和CDMA两种体制导航信号，在一定程度上也能提高系统的弹性[5]。

针对卫星导航信号容易受到干扰和欺骗的问题，美国学者指出PNT弹性属性包括导航数据可信（trusted data）、导航信号加密（encrypted signals）和导航信号替代（alternative signals）3个因素[5]。美国空军研究实验室（AFRL）研制导航技术卫星3号（NTS-3）的任务之一是测试新型定位信号体制，验证以战时弹性可用、确保制导航权为目标的导航战能力[6]。

参考文献

[1] MICHAEL RUSSELL RIP. Precision revolution：GPS and the future of aerial warfare [M]. New York：Naval Institute Press，2002.

[2] DOMINIC HAYES，JOERG HAHN. 2019 Galileo programme update [C] // Proceeding of 14th ICG，Vienna：ICG，2019.

[3] DIRECTORATE-GENERAL FOR DEFENCE，INDUSTRY AND SPACE. European commission Galileo update [C] // Proceeding of 11th China Satellite Navigation Conference. Chengdu：CSNC，2020.

[4] OFFICE OF SPACE AFFAIRS，DEPARTMENT OF STATE. Space-based positioning，navigation and timing（PNT）[C] // Proceeding of 11th China Satellite Navigation Conference. Chengdu：CSNC，2020.

[5] ROSCOSMOS STATE SPACE CORPORATION. GLONASS & SDCM status evolving capabilities towards smarter solutions [C] // Proceeding of 11th China Satellite Navigation Conference. Chengdu：CSNC，2020.

[6] CHRIS LOIZOU. Resilient PNT critical to maritime advancement [EB/OL]. [2021-02-27]. https：//www.gpsworld.com/resilient-pnt-critical-to-maritime-advancement/amp/?ts=1605193828131&trk=article_share_wechat&from=singlemessage&isappinstalled=0.

第十章
卫星导航增强系统

1 为什么要建设卫星导航星基增强系统？

不同用户对卫星导航系统的定位精度、完好性指标要求是不同的[1]，以大地测量为代表的高精度定位需求用户对定位精度的要求是分米、厘米甚至毫米级，完好性告警时间是小时级；航海用户对定位精度的要求从米级到百米以内不等，在船舶进港时定位精度则要求到米级，完好性告警时间是6～10 s；船舶航路导航和编队管理时，完好性告警时间是1～15 s。

当前四大全球卫星导航系统都可以实现定位精度10 m（95%），授时精度100 ns（95%）的服务，这个精度可以满足大部分用户的要求。但是，在船舶进港、船舶靠岸等场景，定位精度则要求为米级；大地测量、地理测绘等特殊应用领域，定位精度要求到厘米级甚至毫米级；对大坝、大桥形变进行连续的监测时，监测精度则要求为亚毫米级。如此高的定位精度要求，仅仅依靠卫星导航系统自身的能力是无法实现的。

完好性是当卫星导航系统出现异常、故障或者服务精度不能满足指标要求时，系统按约定时间向用户发出“不可用”告警的能力，一般用完好性风险概率表示。

不同用户对卫星导航系统完好性要求不同，例如，船舶在远洋航路上航行时，对完好性要求相对较低，依靠卫星导航系统提供的完好性服务，以及用户接收机自主完好性监测技术（RAIM）就可满足使用要求。民用航空用户对卫星导航系统的完好性指标提出了严格的要求，需要建设星基增强系统（SBAS）和地基增强系统（GBAS），才能保证民航精密进近时导航服务的安全性。

在实际应用中，用户往往既需要提高系统的定位精度，又希望同时增强系统的完好性。提高精度是减少误差的能力，是增强系统完好性的手段之一，完好性是对卫星导航系统 PNT 服务可信度的度量。

卫星导航系统是一个以导航卫星为核心的开环系统，卫星导航增强系统的任务是建立天地一体闭环控制系统，将导航系统的伪距、钟差、轨道、电离层和对流层延迟差分改正数以及系统完好性信息同步播发给用户，由此实现提高系统的定位精度和增强系统的完好性的目标。

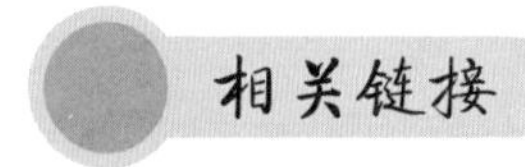

相关链接

卫星导航星基增强系统

以 GPS 标准定位服务（SPS）为例，SPS 全球平均定位精度水平误差≤ 9 m（95%）、垂直误差≤ 15 m（95%），可以满足民航非精密进近阶段的定位精度要求（220 m），但不能满足 CAT-Ⅰ精密进近垂直精度 6.0~4.0 m 要求。从完好性指标要求看，GPS 可以提供一定程度的完好性服务，GPS 在正常运行控制模式下，任意一小时内，当 SPS 导航信号的瞬时用户测距误差超过导航容差（NTE）时，系统没有及时向用户告警的概率≤ 1×10^{-5}，延迟告警的最坏情况为 6 h，不能满足国际民航组织（ICAO）规定的 CAT-Ⅰ精密进近完好性要求［（$1-2\times10^{-7}$）/ 进近，告警为 6 s］。从连续性方面看，SPS 导航信号的计划外失效中断定义为任意一小时内，卫星计划外服务中断后，系统不丧失 SPS 导航信号可用性的概率≥ 0.999 8，不能满足 CAT-Ⅰ精密进近连续性（$1-8\times10^{-6}$）/15 s 要求。从可用性方面看，SPS 导航信号星座可用性定义为在标称 24 颗导航卫星轨道位置的星座中，至少有 21 个轨位的导航卫星能够播发健康的 SPS 导航信号情况下，或者在扩展 24 颗卫星的星座中，部分轨位有 2 颗卫星能够播发健康的标准定位服务空间信号的情况下，星座可用性概率≥ 0.980，不能满足

CAT-Ⅰ精密进近可用性0.99~0.999 99要求。GPS SPS性能标准详见标准定位服务性能标准[2]。

为了满足航空终端区乃至精密进近导航的需求，必须增强GPS的精度、完好性、连续性及可用性，在此情况下，美国建设了广域增强系统（Wide Area Augmentation System，WAAS），是一种典型的星基增强系统（SBAS）。

WAAS通过地球静止轨道（GEO）卫星播发差分改正数、完好性信息和测距信号来增强GPS的性能。在某些配置下，SBAS可以支持垂直引导进近（APV）导航服务，APV的指标要求介于非精密进近（NPA）和一类精密进近（CAT-I）之间，APV又分为一类垂直引导进近（APV-I）和二类垂直引导进近（APV-Ⅱ），APV-Ⅱ具有更低的决断高度要求，因此，垂直引导性能更优。SBAS的APV服务不需要地面设施提供支持，因此，对于大部分机场来说，SBAS的APV服务不仅提高了进近的安全性而且成本较低[3]。

目前，世界上提供SBAS服务的有美国广域增强系统（WAAS），欧洲的地球静止轨道卫星导航中继服务系统（EGNOS），日本的基于多功能传输卫星（MTSAT）的增强系统（MSAS），印度的GPS和GEO地球静止轨道卫星增强导航系统（GAGAN），各SBAS均对美国GPS的L1导航信号进行导航增强，播发GPS L1频点的增强信号，服务区域如图1所示[4]。其他在研和建设中的SBAS包括俄罗斯的差分改正和监测系统（SDCM）、中国的北斗星基增强系统（BDSBAS）、中/南美洲和加勒比海地区的（SACCSA）、马来西亚增强系统（MAS）以及在非洲和印度洋（AFI）地区的增强系统。目前，BDSBAS正在稳步建设中，2018年11月1日，我国成功发射第一颗符合国际民航组织（ICAO）要求的、具备播发SBAS信号的北斗三号GEO卫星。

WAAS、EGNOS、MSAS和GAGAN已经通过当地民航机构认证，认证时间、服务等级及建设和认证机构如表1所示。各个SBAS都在不断地扩展服务范围，提高各自的影响力。WAAS重点服务北美地区，计划向南美扩展；EGNOS重点服务欧洲地区，计划向非洲扩展；MSAS和GAGAN都提出向东南亚甚至澳洲扩展。各国的SBAS均是由民航局或航天局主导建设，民航局下属业务部门负责运行。

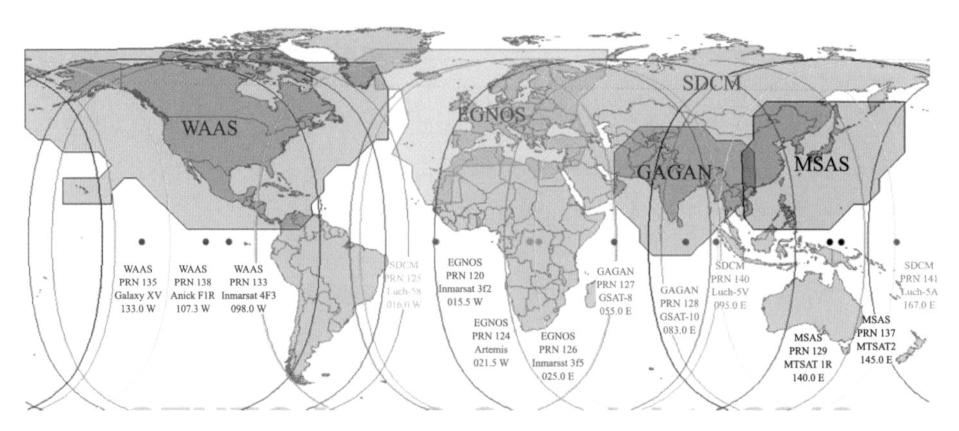

图 1　对美国 GPS 进行增强的 SBAS 服务区域

表 1　SBAS 的认证及应用情况

系统	首次认证时间	认证服务等级	建设和认证机构
WAAS	2003	LPV-200	美国联邦航空局
MSAS	2007	NPA	日本民航局
EGNOS	2011	APV-I	欧洲空间局
GAGAN	2014	RNP 0.1	印度民航局

在 SBAS 服务区域内，ICAO 成员国提供 SBAS 支持认证的服务，需要负责服务区域内 SBAS 信号的完好性，并要求成员国在服务区内提供“给飞行员的通知（NOTAM）”信息服务，服务区域内的其他国家可以接收 SBAS 信号，改善 GNSS 的 PNT 性能。显然，SBAS 可用性是用户位置的函数，SBAS 提高了 GNSS 的定位精度、服务的连续性和可用性，提供了可以用于民航导航服务的完好性信息，在系统完好性水平告警门限（HAL）为 40 m、垂直告警门限（VAL）为 35 m 的情况下，SBAS 服务区可用性云图如图 2 所示[5]。

目前在用的 SBAS 均为单频单系统，仅增强 GPS 的 L1 频点导航信号，由于电离层异常的影响，其服务性能均没能达到 SBAS 设计目标 CAT-I 进近的指标要求。为减小电离层异常对 SBAS 服务性能的影响，未来 SBAS 将增强 GNSS 的 L1 和 L5 频点导航信号，从单频单系统向双频多星座（DFMC）过渡。为了实现 SBAS 服务的全球无缝连接，目前各个 SBAS 成员国通过互操作工作组（IWG）

国际多边协调平台，共同商讨制定DFMC星基增强接口控制文件（ICD），各国根据ICD要求建设SBAS，未来有望实现各SBAS的兼容互操作，使DFMC SBAS服务达到全球覆盖。

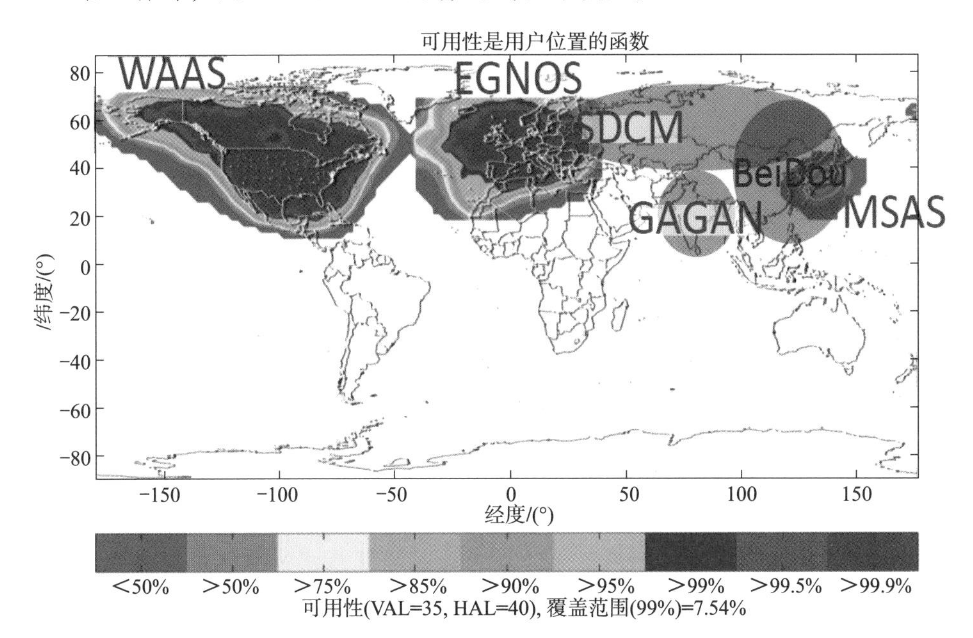

图2　SBAS服务区可用性云图（HAL = 40 m，VAL = 35 m）

参考文献

［1］ The global positioning system：assessing national policies，MR-614-OSTP，1995，Rand Corporation Monograph Reports［EB/OL］.（2019-10-27）.https：//www.rand.org/pubs/monograph_reports/MR614.html.

［2］ GPS global positioning system standard positioning service performance standard［S］.4th Edition，September 2008.

［3］ 刘天雄.卫星导航增强系统原理与应用［M］.北京：国防工业出版社，2021.

［4］ WAAS and LAAS Status［C］.FAA presentation at 47th meeting of the Civil Global Positioning System Service Interface Committee，September 25，2008.

［5］ GIANLUCA MARUCCO. EGNSS Principles for GNSS Training for ITS Developers［EB/OL］.（2019-10-20）. http：//guide-gnss.net/contenuguide/uploads/2015/07/Training-Developers-part1-ISMB_rev1.pdf.

2 卫星导航系统的增强系统有哪些种类?

在给定覆盖范围或者说服务区域内，精度、完好性、连续性、可用性是评价一个卫星导航系统性能优劣的关键指标[1]。

卫星导航系统是一个以导航卫星为核心的开环系统，卫星导航增强系统的任务是建立天地一体闭环控制系统，将导航系统的伪距、钟差、轨道、电离层和对流层延迟差分改正数以及系统完好性信息同步播发给用户，由此实现提高系统的定位精度和增强系统的完好性的目标。

按不同服务性能的增强效果，增强技术可包括信号强度增强技术、精度增强技术、完好性增强技术、连续性和可用性增强技术和面向 GNSS 系统的辅助增强技术。信号强度增强技术主要通过功率增强提升播发信号的功率，通过播发大功率引导信号，提高信号落地功率，从而提高信号抗干扰能力和测距精度；精度增强技术主要运用差分原理，测定并广播导航电文中星历、钟差和电离层格网改正数，进行导航误差修正；完好性增强技术主要运用完好性监测原理，播发 UDRE、GIVE 及补偿参数等完好性信息，进行完好性处理和告警；连续性和可用性增强技术主要是增加导航信号源，改善卫星在空间上的分布，优化定位几何构型。

面向 GNSS 系统的辅助增强不直接提升服务性能，但可扩展观测量的种类和数量，辅助提高 GNSS 系统轨道、钟差等产品估计精度，缩短服务收敛时间等，间接增强导航服务性能。

(1)基于差分技术的系统

运用差分原理提高定位精度，按照覆盖范围可分为广域差分技术和局域差分技术。

广域差分技术是一种矢量化误差改正技术，一般是在方圆几千千米区域内布设 30~40 个参考站，主要利用伪距观测量（辅以载波观测量）进行可视卫星轨道、钟差以及空间电离层延迟精确测定，并向服务区域内用户实时广播相对于导航电文的星历、钟差和电离层格网改正数，用户再利用导航卫星观测伪距和导航电文，以及所接收的改正参数进行差分定位处理。广域差分改正数一般是通过 GEO 卫星在服务区内集中式实时广播。现代化 GPS 在导航电文中也定义了 GNSS 星历和钟差改正数的播发协议，并将星历改正数由位置改正形式定义为轨道根数改正形式。经广域差分改正后，空间信号URE一般能优于米级，因此用户定位精度可达3 m左右。

局域差分技术是一种标量化误差改正技术，一般是在方圆几十千米区域内布设3~4个参考站，主要利用伪距观测量（辅以载波观测量）和距离计算量进行可视卫星伪距及导航电文误差综合改正处理，并向服务区域内用户实时广播这些改正参数，用户在利用导航卫星观测伪距和导航电文进行定位处理的同时，利用所接收的改正参数进行差分定位处理。局域差分改正数一般通过V/UHF链路播发。经局域差分改正后，用户定位精度一般可达亚米级。广域和局域差分技术分析和比较如表1所示。

表1　广域和局域差分技术分析和比较

	观测数据	处理原理	播发链路	应用性能	应用现状
广域差分技术	几千千米区域几十个参考站	状态域差分，主要基于伪距观测量（辅以载波），形成广播星历、钟差、电离层格网改正数	GEO卫星集中式播发，或无线电信标，RTCA协议。MEO导航电文也可播发	用户单频伪距差分定位精度可达3 m，无需初始化	WAAS EGNOS MSAS GAGAN
局域差分技术	几十千米区域几个参考站	观测值域差分，主要基于伪距观测量（辅以载波），形成伪距综合改正数	U/VHF数据链播发，RTCA或RTCM协议	用户单频伪距差分定位精度可达亚米级，无需初始化	LAAS NDGPS RBN-DGPS

（2）基于完好性监测技术的系统

广域完好性监测技术是指在实现广域差分技术的同时，利用所布设监测站的并行观测数据，进行卫星星历、钟差以及电离层格网改正数的完好性分析处理，得到相应的用户差分距离误差（UDRE）、格网点电离层垂直延迟改正数误差（GIVE）及补偿参数等完好性信息，随广域差分改正数一起播发给用户，用户在进行广域差分定位处理的同时，进行相应的完好性分析处理。现代化GPS在导航电文中定义了GNSS卫星星历和钟差差分改正相应的完好性参数用户差分距离精度UDRA及其变化率。广域差分完好性监测告警时间一般为6 s，完好性风险概率为2×10^{-7}/150 s，达到Ⅰ类精密进近性能要求。

局域差分完好性监测技术是指在实现局域差分技术的同时，利用所布设监测站的并行观测数据，进行伪距观测量差分改正数的完好性分析处理，得到相应的完好性信息，随局域差分改正数一起播发给用户，用户在进行局域差分定位处理的同时，进行相应的完好性分析处理。局域差分完好性监测告警时间一般为2 s，完好性风险概率为2×10^{-9}/15 s，达到Ⅱ、Ⅲ类精密进近性能要求。

广域和局域差分完好性监测技术分析和比较如表 2 所示，

表 2　广域和局域差分完好性监测技术分析和比较

	观测数据	处理原理	播发链路	应用性能	应用现状
广域差分完好性监测技术	几千千米区域几十个参考站	对广播星历及钟差、电离层格网改正数等进行完好性处理，形成 UDRE、GIVE 及补偿参数等	通过 GEO 卫星集中式播发，采用 RTCA 协议	告警时间为 6 s，风险概率为 $2\times10^{-7}/150$ s	WAAS EGNOS MSAS GAGAN
局域差分完好性监测技术	几十千米区域几个参考站	对局域差分伪距综合改正数进行完好性处理，形成完好性参数	通过 VHF 数据链，采用 RTCA 或 RTCM 协议	告警时间一般为 2 s，风险概率为 $2\times10^{-9}/15$ s	LAAS NDGPS RBN-DGPS

参考文献

[1]　刘天雄．卫星导航增强系统原理与应用［M］．北京：国防工业出版社，2021.

3 什么是卫星导航系统的差分改正系统？

差分改正技术在空间坐标已知的位置点处设置基准参考接收机，测量GNSS的误差；利用误差的时间和空间相关性来消除基准参考接收机附近用户的误差，在基准参考接收机附近的用户通过接收差分改正数就能够有效提高GNSS的定位精度。按服务范围大小，差分系统有局域差分（LAD）系统和广域差分（WAD）系统两类；采用的技术有基于伪码测距的差分系统和基于载波相位测距的差分系统两类，载波相位测距精度高，可以实现厘米级定位精度，但存在整周模糊和周跳问题，一旦发生周跳问题，就需要予以修复，重新计算整周模糊度；伪码测距精度低，仅可以实现2～5 m的定位精度，但是计算过程更加稳健，且不存在周跳问题，因此，也不需要再次初始化。

差分全球卫星导航系统（DGNSS）由位置已知的参考接收机（RR）和用户接收机（UR）组成，RR及其接收天线和差分处理系统及数据链路相关设备统称为参考站（RS），UR和RR数据均可以先存储后处理，或者借助数据链路把数据传输给预定的地点实时处理，典型DGNSS架构如图1所示[1]。

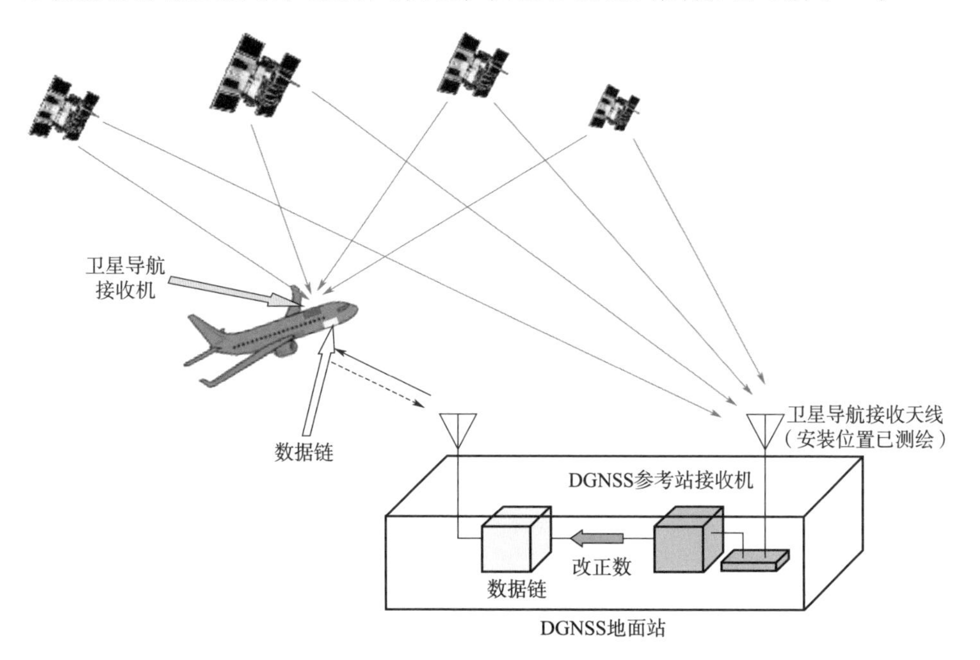

图1　典型DGNSS系统架构

海运事业无线电技术委员会（RTCM）制定的RTCM SC-104是GPS标准定位服务（SPS）差分系统（DGPS）的第一部DGNSS标准。北大西洋公约组织（NATO）标准化协定（STANAG）定义了STANAG 4392文件，约定了NATO用户使用DGPS的数据交换格式。STANAG 4392文件与RTCM SC-104标准是兼容的，标准主要用于DGPS的实时差分改正，涵盖了DGPS大部分的测量类型。大部分SPS DGPS接收机均兼容RTCM SC-104标准定义的差分电文格式。航空无线电技术委员会（RTCA）为航空用户制定了DGPS标准——RCTA DO-217，可以满足CAT-Ⅰ精密进近导航服务要求。

2008年，美国国防部（US DOD）和联邦航空管理局（FAA）制定了GPS广域增强系统（WAAS）性能标准RTCA DO-229D，RTCA DO-246D是RTCA制定的局域增强系统（LAAS）的空间信号接口控制文件（ICD），用于基于GNSS精密进近的导航服务。这两个标准定义了WAAS和LAAS的最低运行性能标准（MOPS），WAAS可以支持CAT-Ⅰ精密进近导航服务[2]，LAAS可以支持CAT-Ⅲb精密进近导航服务[3]

DGNSS的工作原理是在同一地理位置附近的接收机同时接收同一颗导航卫星播发的信号时，所受到的误差影响几乎是一致的。一般来说，UR使用RR的测量数据可以消除两者的共有误差，由此，UR必须接收和RR一致的测距信号，DGNSS定位方程才能消除共有误差。UR和RR共有误差包括导航信号穿过大气层时的路径时延、卫星钟差和星历误差。接收机测量噪声和多径干扰对每台接收机来说是特有的误差，需要UR和RR采用辅助的递归处理算法，给出平均、平滑或者滤波解，才能消除这些误差。

根据用户不同的定位精度要求以及是否需要实时获取差分改正结果，可以选择不同的DGNSS技术体制。如果用户需要实时获取差分改正数据，那么就需要配置数据通信链路，否则数据可以先存储、事后处理。差分改正后的定位精度取决于采用伪码还是载波相位观测量以及具体的算法。时钟和频率偏差不受导航信号传播路径和传播距离远近的影响，因此，一颗导航卫星的时钟和频率偏差对所有用户来说都是相同的。不同用户相对某颗导航卫星的位置和相对速度都是不同的，因此，不同用户的伪距观测量和Doppler频移也是不同的。在同一个地理位置附近的接收机，导航信号在大气电离层和对流层的传播延迟是共有的误差，具有空间相关性特点，但随着接收机之间距离的增加，这种误差相关性逐渐弱化直至变得不相关。星历误差是三维的，有的方向的星历误差是用户的共同测距误差，有的方向的星历误差将成为星历误差的残余误差。星历误差的残余误差对于同样观测角度的用户来说具有非常小的量级。

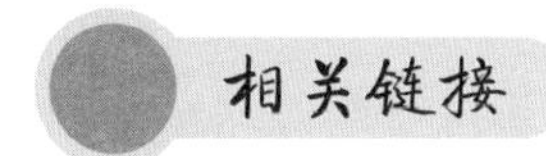

局域差分与广域差分技术

通常认为，若基准站和用户站同步观测同一颗卫星，且基准站和用户站的间隔在一定距离内（一般不超过 150 km），则这两个站上的观测值相对于同一卫星的同一轨道弧段，它们之间存在着强相关性，即它们都包含相同的误差。以伪距差分为例，将基准站所观测的每一颗 GNSS 卫星的伪距误差按照伪距比例改正的信息（一般还需要加上伪距改正变率信息）通过数据通信链传输至邻近的用户站。用户站利用这一信息对其观测的伪距进行改正，就可以提高用户站的定位精度。

当基准站和用户站之间的距离小于 150 km 时，伪距 LADGNSS 实时相对定位误差精度约为 ±（3~10）m，即定位精度小于 10 m。若利用相位 LADGNSS 定位，则精度可以提高几倍，技术比较复杂，而基准站的作用范围目前一般不大于 30 km，因为 LADGNSS 要消除参考站和用户站的共同的模型误差，其精度与它们之间的距离相关，当用户站远离参考站时，星历误差、电离层和对流层误差的空间去相关会使精度下降。

广域差分技术特点是将定位中主要误差源分别加以计算，并向用户提供这些差分信息，它的作用范围比较大，往往在 100 km 以上。为克服 LADGNSS 的应用受距离限制的缺点，满足更大范围内 I 类精密进近的要求，斯坦福大学开发了广域差分 GNSS（Wide Area Different GPNSS，WADGNSS）。基本思想是对 GPS 观测量的误差源加以区分，并对每一个误差源分别加以“模型化”，然后将计算出来的每一个误差源的误差修正值（差分改正值），通过数据通信链传输给用户，对用户 GNSS 接收机的观测值误差加以改正，以达到削弱这些误差源影响、改善用户 GNSS 定位精度的目的。因此，WADGNSS 既削弱了 LADGNSS 技术中对基准站和用户之间时空相关性的要求，又保证了 LADGNSS 的定位精度。因此在 WADGNSS 中，只要数据通信链有足够能力，基准站和用户站的距离原则上没有限制。

WADGNSS 所针对的这些误差源主要为：1）卫星星历误差；2）卫星钟差；3）电离层对 GNSS 信号传播影响。

WADGPS 系统主要由四部分组成，分别是卫星跟踪站、用户站、主控站和差分信息播发站与数据通信网络组成。

1）卫星跟踪站：对卫星跟踪站的要求首先是必须精确知道站址的三维坐标，对站址周围环境的主要要求是希望在360° 视野内至少能有高度角5° 以上的开阔天空。此外，跟踪站还应配备原子钟、能测定电离层时间延迟的双频GNSS接收机、自动气象记录仪等。跟踪站的任务是将其原始伪距观测数据、气象数据和当地电离层时间延迟改正等各类数据实时地或准实时地传输至主控站，其中计算卫星钟差，一般要求一秒钟一个采样，因而一秒就应传输一组观测数据。为了使主控站能正确算出这三项差分改正，至少需要三个跟踪站，但为了提高计算结果精度和进行检查，需要冗余的观测站，一般WADGNSS系统跟踪站要4~6个。

2）用户站：系统中的标准用户站应是利用单频GNSS接收机，用户站希望在周围360° 视野内有高度角5° 以上的开阔天空。

3）主控站：在WADGNSS系统中最关键的是主控站，它通过数据通信网络接收各跟踪站传输的GNSS伪距观测值和电离层时间延迟改正值，结合本站相应的GNSS数据，计算出三类广域差分修正值，即对每一颗GNSS卫星的星历改正、钟差改正和电离层时间延迟改正等8个参数，然后通过数据通信网络将这些差分信息传输给差分信息播发站。

4）差分信息播发站和数据通信网络：由于WADGNSS系统要求覆盖面广，传输的信息量大，跟踪站至主控站的数据传输和播发站向用户站的差分信息传播，常须选用宽带网和卫星通信相结合的方式。所以，WADGNSS系统中的数据通信具有数据量大、速度要求快、通信距离长、覆盖面广的特点，因此，数据通信网络是WADGNSS技术中最为复杂、投资最为昂贵的部分。

参考文献

[1] ROBERTO SABATINI，TERRY MOORE，SUBRAMANIAN RAMASAMY. Global navigation satellite systems performance analysis and augmentation strategies in aviation [J]. Progress in Aerospace Science. 2017：45–98.

[2] V ASHKENAZI. Principles of GPS and observables. Lecture Notes，IESSG，University of Nottingham，1995.

[3] 龚真春，朱建华，安治国，等. CORS中几种主流网络RTK技术的分析与比较 [J]. 测绘通报，2010，增刊：142-145.

4 卫星导航系统连续运行参考站的工作原理是什么?

在大地测量、形变监测、道路施工、精准农业等领域，对卫星导航系统提出了动态厘米级、静态毫米级的定位精度需求，仅靠GNSS自身无法满足如此高的定位需求，连续运行参考站（CORS）就是为满足这些需求发展起来的。国家测绘地理信息局定义CORS为一个或者若干个固定的、连续运行的GNSS参考站，利用计算机、数据通信和互联网技术组成的网络，实时地向不同类型、不同需求、不同层次的用户自动提供经过检验的不同类型的GNSS观测值（载波相位、伪距），各种改正数，状态信息，以及其他有关GNSS服务的系统[1]。

CORS通过数据链路将观测数据实时传送至数据处理中心，数据处理中心建立服务区域内的误差模型，解算服务区内的卫星轨道误差、钟差、电离层和对流层延迟等误差改正数。数据处理中心通过数据链路将基准站网观测数据及误差模型播发给流动站（用户），用户由此实现高精度载波定位，CORS的工作原理如图1所示。根据覆盖范围的大小，CORS可以分为全球级、国家级、省级以及地市级和行业级。国外CORS主要有美国连续运行参考系统（CORS）、加拿大主动控制网系统（CACS）、日本GPS连续应变监测系统（COSMOS）、澳大利亚悉尼网络RTK系统（SydNet）、德国卫星定位与导航服务系统（SAPOS）。

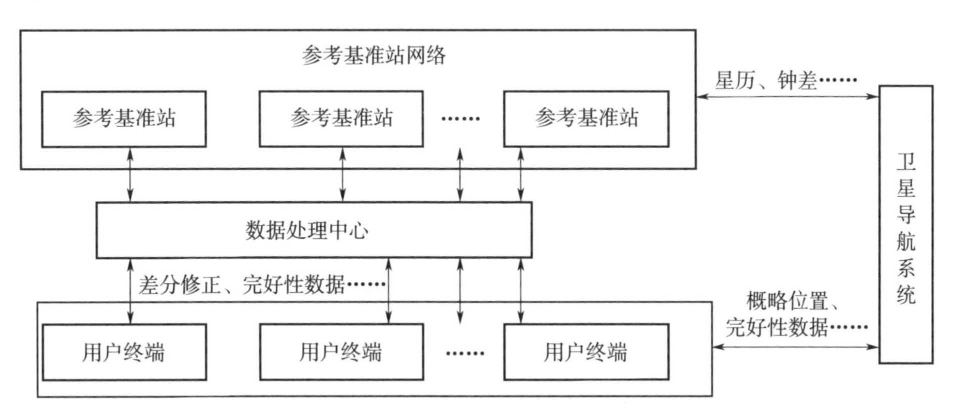

图1　连续运行参考站工作原理

CORS是地基差分系统，是基于多基准站模式的局域精密定位系统，由在一定区域范围内建立若干GNSS基准站（相距一般不超过数十千米）组成的参考站网络、数据处理中心以及双向数据通信链路组成，每个参考基准站配置双频卫星导航接收机，基准站按规定的采样率进行连续观测，并通过数据通信链实时将伪距、载波相位测量观测数据传送给数据处理中心，数据处理中心根据流动站（用户）送来的近似坐标（可据伪距法单点定位求得）判断出该站位于由哪三个基准站所组成的三角形内，然后根据这三个基准站的观测资料求出流动站处的系统误差，并播发给用户来进行误差修正，必要时可将误差修正过程迭代多次，基于载波快速解算技术为用户提供静态毫米级、动态厘米级的高精度定位服务。

应用较广泛的 CORS 技术体制有 Trimble 公司的虚拟参考站（VRS）技术和 Leica 公司的主辅站改正（MAX）技术，这两种技术都是将所有的固定参考站数据发送到数据处理中心，进行联合解算，数据处理中心再将差分改正数据以 RTCM 等标准格式播发到移动站，但两者也存在一定的差别。

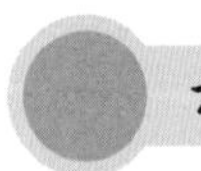

相关链接1

精密单点定位（PPP）技术

传统单点定位利用伪距观测值以及由广播星历计算的卫星轨道和钟差进行定位。由于伪距的测量误差为分米级以上，广播星历的精度为米级，卫星钟差的改正精度为几十纳秒，因此，传统单点定位的三维定位精度只能达到 10 m 级，仅能满足一般用户的导航定位需求。

高精度定位服务需要高精度的测量结果。卫星导航差分测量技术可以将测量误差由数米减小到米级，需要参考站网络为用户提供精密的卫星星历参数和星载原子钟偏差改正数，以双频卫星导航接收机采集的相位和伪距数据作为主要观测量，观测量中的电离层延迟误差通过双频信号组合予以消除，然后利用差分系统提供的广播星历和卫星钟差改正数，利用精确的误差改正模型来实现单点位置计算，能够实现静态厘米级定位精度。也可以通过双差载波相位测量使短基线达到厘米级的精度，这种方法本质上消除了两个接收机之间的共同误差。

为了实现单点定位（绝对定位）实时、厘米级定位精度，需要载波相位测量技术，并且必须设法去除双差法中很容易就能抵消的误差，美国喷气推进实验室的 Zumberge 提出了精密单点定位（PPP）

技术。不同于相对定位和差分定位，PPP 技术无需参考站网支持，仅利用单站非差相位和伪距观测值即可实现厘米级高精度定位。PPP 是对伪距单点定位算法的进一步扩展，即将广播星历替换为精密星历和钟差并引入了相位观测值。PPP 算法需要伪码测距观测量、载波相位观测量、精密的卫星星历以及星载原子钟偏差，同时利用双频信号去除电离层延迟误差。PPP 的优点是不受基线长度的限制，PPP 存在的主要问题是由相位观测值引入的模糊度参数，造成了长达 15 min 以上的 PPP 初始收敛时间。相比于差分方法，PPP 的周跳探测和粗差剔除也更具挑战性。

PPP 技术利用全球若干跟踪站采集数据进行精密定轨与卫星钟差确定，然后利用所求得的精密卫星轨道和钟差，对单台接收机获取的相位和伪距观测值进行非差数据处理，对影响定位精度的各种误差进行模型改正或估计，独立确定该接收机在地球坐标系统中的精确坐标。目前 PPP 已经实现了静态定位厘米级、动态定位亚分米级的定位精度，具有不可估量的应用前景。

PPP 模糊度可以固定为整数，但问题是初始化时间较长，原因在于其估计模糊度参数都吸收了未校准信号偏差，即使是非组合模糊度也不再具有整周特性，而对于消电离层组合模糊度，吸收的未校准信号偏差以及其非整数的组合系数都会导致模糊度不再是整数。在精密单点定位中，如果不考虑模糊度参数的整数特性，坐标解的精度会因坐标和模糊度之间的相关性而降低。

在对接收机和卫星未校准信号偏差不断深入认识的基础上，提出了 PPP-AR 方法，通过提供辅助信息供用户改正恢复模糊度整周特性，提升收敛速度，主要有 FCBs（Fractional-Cycle Biases）、整数钟以及钟去耦的 PPP-AR 方法。基于 FCBs、整数钟以及钟去耦三种 PPP-AR 方法在原理上的一致性，定位精度基本相当。

PPP-RTK 的概念，其基本思想是融合 PPP 和 RTK 两种技术的优势，利用局域网观测数据，精化求解相位偏差、大气延迟等参数，重新生成各类改正信息，并单独播发给流动站使用。通过这些措施，可以实现基于 PPP 模式的实时动态定位技术（PPP-RTK）。

相关链接 2

北斗卫星导航系统 PPP 服务性能

2019 年 12 月，中国卫星导航系统管理办公室在北斗卫星导航系统应用服务体系（1.0 版）中明确，北斗卫星导航系统具备导航定位和通信数传两大功能，利用北斗三号的三颗 GEO 卫星播发 PPP-B2b 信号，为中国及周边地区（东经 75°~135°，北纬 10°~55°）用户提供精密单点定位（PPP）服务，2020 年 PPP RSMC 服务将形成能力，PPP 服务性能指标如表 1 所示[3]。

表 1　北斗系统 PPP 服务主要性能指标

性能特征	性能指标	
	第一阶段（2020 年）	第二阶段（2020 年后）
播发速率	500 bit/s	扩展为增强多个全球卫星导航系统，提升播发速率，视情拓展服务区域，提高定位精度、缩短收敛时间
定位精度（95%）	水平 ≤ 0.3 m，高程 ≤ 0.6 m	
收敛时间	≤ 30 min	

2021 年 5 月 26 日，在第 12 届中国卫星导航年会上，中国卫星导航系统管理办公室在《北斗卫星导航系统建设与发展》报告中指出，目前北斗卫星导航系统通过 3 颗 GEO 卫星发播精密单点定位信号，覆盖中国及周边地区，提供动态分米级、静态厘米级精密单点定位服务。定位精度实测值水平优于 20 cm，高程优于 35 cm，收敛时间优于 15 min。北斗系统可以为用户提供 BDS 和 BDS+GPS 双系统增强服务，性能指标如表 2 所示[4]。

表 2　北斗卫星导航系统 PPP 服务

星座	性能特征	性能指标	
BDS	定位精度（95%）	水平方向	≤ 0.3 m
	定位精度（95%）	垂直方向	≤ 0.6 m
	收敛时间	≤ 30 min	
BDS+GPS	定位精度（95%）	水平方向	≤ 0.2 m
	定位精度（95%）	垂直方向	≤ 0.4 m
	收敛时间	≤ 20 min	

北斗卫星导航系统精密单点定位服务简称 PPP-B2b 服务，由北斗三号的三颗 GEO 卫星 B2b 信号作为数据广播信道，播发北斗三号系

统和其他全球卫星导航系统的轨道和钟差等改正信息，目前是GPS系统，为我国及周边地区用户提供公开、免费的高精度服务。司南导航率先开展PPP-B2b信号研究，并将PPP-B2b技术和实时精密单点定位（PPP）算法应用于高精度产品，在不依赖于通信网络的情况下实现实时高精度定位，对北斗在科研、国土测绘、海洋开发等领域的高精度应用具有重要意义，PPP-B2b服务系统示意如图1所示。

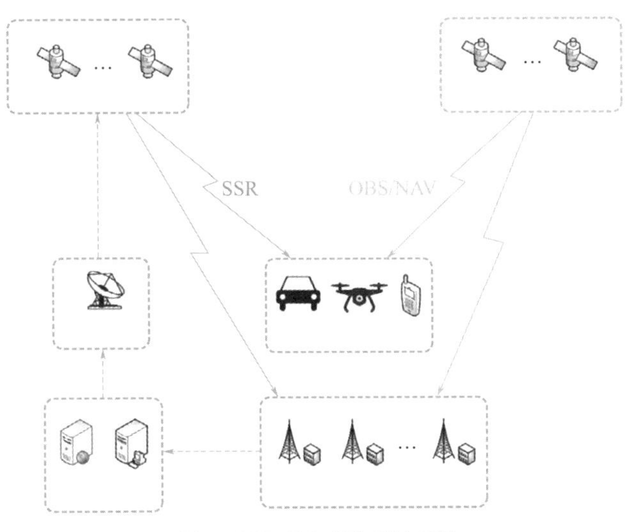

图1　PPP-B2b服务系统示意

在PPP中，需要对GNSS导航定位过程中各种误差项进行精密处理，表3归纳了GNSS测量中的主要误差源及对应采取的处理策略。

表3　GNSS测量主要误差源

误差项	处理策略
卫星钟差	钟差改正数 (PPP-B2b)
卫星轨道误差	轨道改正数 (PPP-B2b)
卫星硬件延迟	伪距：TGD/DCB
卫星天线相位中心偏差	模型修正
电离层延迟	消电离层组合
对流层延迟	模型修正＋参数估计
地球自转效应	模型修正
相对论效应	模型修正
潮汐影响	模型修正
接收机钟差	参数估计

续表

误差项	处理策略
接收机硬件延迟	（包含于钟差中）
整周模糊度	参数估计

地面监测站对BDS的所有可见卫星进行连续监测，生成伪距和载波观测信息，并收集气象数据，预处理后将原始数据通过网络发送给地面主控站；地面主控站对原始数据进行处理，解算卫星轨道和时钟校正，根据协议生成改正数和其他相关参数的增强信息，由上行链路站传输给GEO卫星，GEO卫星再通过PPP-B2b信号进行广播；用户接收改正信息后即可进行实时精密单点定位。

PPP-B2b信号B-CNAV3导航电文包括基本导航信息和基本完好性信息。每帧电文长度为1 000符号位，符号速率为1 000 sps，播发周期为1 s。基本的帧结构定义如图2所示[5]，每帧电文的前16符号位为帧同步头（Pre），其值为0xEB90，即1110 1011 10010000，采用高位先发。PRN号为6 bit，无符号整型。每帧电文在纠错编码前的长度为486 bit，包括信息类型（6 bit）、周内秒计数（20 bit）、电文数据（436 bit）、循环冗余校验位（24 bit）。信息类型、周内秒计数、电文数据均参与循环冗余校验计算。采用64进制LDPC（162，81）编码后，长度为972 symbol。

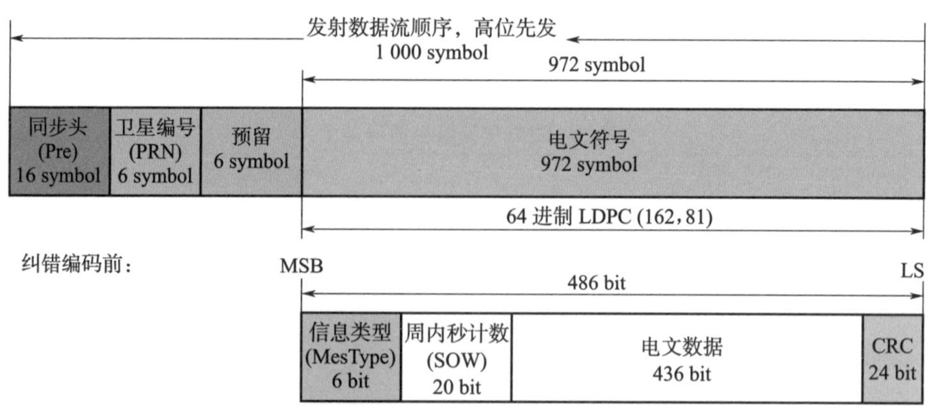

图2　PPP-B2b信号电文数据的基本帧结构

PPP-B2b已有的信息类型定义如表4所示[6]。为了保证不同信息类型所播发信息内容之间的关联性，以及改正数信息与广播星历之间的关联性，通过IOD SSR、IOD P、IOD N和IOD Corr四个版本号对信息进行了标识，方便匹配使用。

表 4　PPP-B2b 信息类型定义

信息类型	信息内容
1	卫星掩码
2	卫星轨道改正数及用户测距精度指数
3	码间偏差改正数
4	卫星钟差改正数
5	用户测距精度指数
6	钟差改正数与轨道改正数 - 组合 1
7	钟差改正数与轨道改正数 - 组合 2
8~62	预留
63	空信息

精密单点定位中，主要采用伪距和载波相位两种观测量，根据 GNSS 导航定位的几何原理和各类观测误差源，建立观测方程。根据 PPP-B2b 信号 B-CNAV3 导航电文信息类型 2 获取卫星轨道改正数，信息类型 2 中轨道改正数的历元时间间隔为 48 s。根据 PPP-B2b 信号 B-CNAV3 导航电文信息类型 4 获取卫星钟差改正数，信息类型 4 中钟差改正数的历元时间间隔为 6 s。钟差改正信息与广播星历成功匹配后，即可利用电文中包含的钟差改正参数对广播星历计算得到的钟差参数进行改正。

司南 EVK-K8 评估套件支持以载波频率 1 207.14 MHz 为中心的 20.46 MHz 带宽内的 PPP-B2b 信号。在此基础上，进行了 PPP-B2b 技术研发工作，利用 PPP-B2b 服务，实现实时精密单点定位。司南 EVK-K8 评估套件算法实现基于 PPP-B2b 服务的实时精密单点定位算法流程如图 3 所示[6]，大致分五步实现：

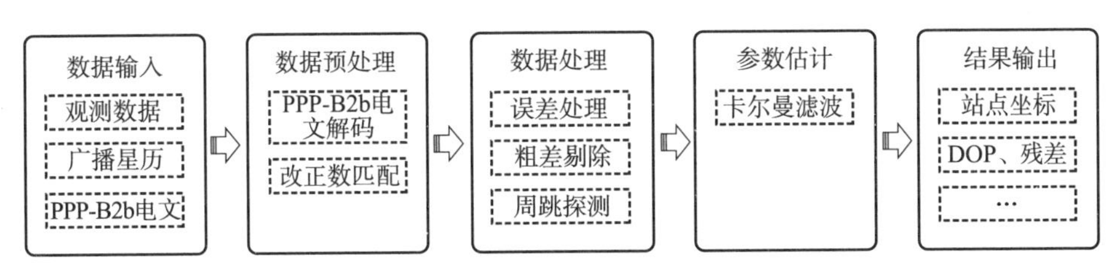

图 3　基于 PPP-B2b 服务的实时精密单点定位算法流程

数据输入：除了最基本的观测数据和广播星历信息之外，还需要接收卫星播发的 PPP-B2b 电文。数据预处理：将 PPP-B2b 电文进行解码得到具体的改正信息；还需要进行版本号匹配，包括基本导航数据和改正数的匹配，以及不同类型改正数之间的匹配，来确保改正数能够进行精准有效的误差修正。数据处理：就是对导航数据中各种各样的误差进行处理。目前 PPP-B2b 提供的改正数可以对卫星轨道和卫星钟差进行校正，在 PPP 中电离层误差一般是通过消电离层组合进行抵消，其他的一些误差可以采用一些标准的模型进行修正。由此可以计算得到相对精密的卫星位置以及误差校正后的伪距和载波相位观测值，同时还需要进行一些粗差剔除和周跳探测的工作。参数估计：使用扩展卡尔曼滤波，未知参数包括站点的三维坐标值，以及上一步中无法进行校正的误差项，有对流层延迟湿分量、接收机钟差和载波相位观测量中的整周模糊度。结果输出：除了最基本的站点坐标，对定位精度、DOP 值、残差等辅助信息也可以进行计算输出。

将上述算法用 EVK-K803 套件进行了实测，图 4 和表 5 展示了一组 10 h 长数据采用动态解算模式时定位结果。可以看到，约 13 min 后收敛完成，收敛后的平面精度是 6 cm，垂向精度 8 cm，满足高精度定位要求[10]。

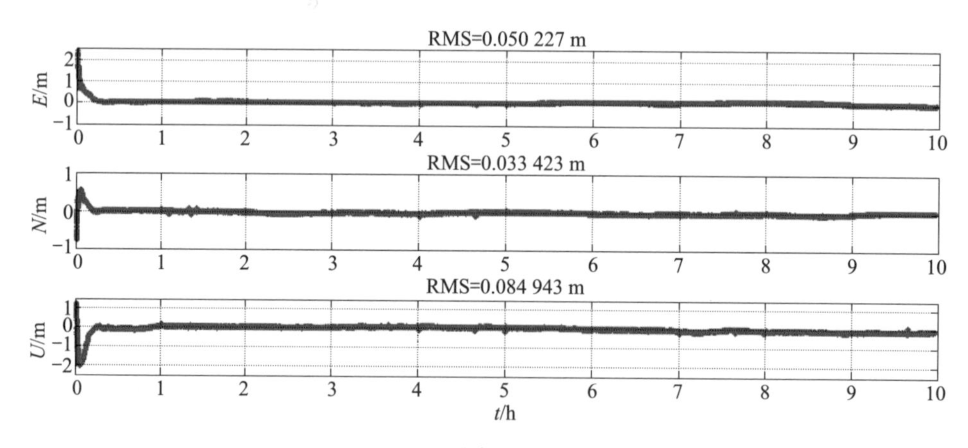

图 4　动态解算结果

表 5　定位结果统计

平面精度	RMS：0.060 3 m
	95%：0.099 3 m
垂向精度	RMS：0.084 9 m
	95%：0.197 9 m

续表

平面收敛时间	705 s/10 cm
垂向收敛时间	765 s/20 cm
采样数	36001 历元，1 Hz

基于PPP-B2b服务的实时精密单点定位技术的主要优势体现在三个方面：首先，和传统的商业PPP相比它是公开、免费的；其次，它可以达到广域分米级的定位精度，也就是说在服务范围内的任何一个点都可以提供高精度服务，不会受到基站距离、差分数据完整性和质量等因素的限制，从而可以替代部分RTK作业；技术实现全程由北斗系统提供服务支持，完全自主可控。同时，在算法实现中它只需要接收北斗卫星播发的电文数据，不需要依赖网络主动接收其他外部信息，使得整个定位过程更加稳定可靠。从具体的应用场景来看，基于PPP-B2b服务的精密单点定位技术可以在一些RTK服务无法覆盖或覆盖不稳定的环境和场景中替代用户提供高精度服务，解决戈壁、矿山、海上等区域CORS服务无法覆盖且基站架设困难等问题[6]。

参考文献

[1] 全球卫星导航系统连续运行参考站网建设规范，CH/T 2008—2005，国家测绘局.
[2] ELLIOTT D KAPLAN.GPS原理与应用[M].2版.寇艳红，译.北京：电子工业出版社，2007.
[3] 中国卫星导航系统管理办公室.北斗卫星导航系统应用服务体系（1.0版）[S].北京，2019.
[4] 中国卫星导航系统管理办公室.北斗卫星导航系统建设与发展.第十二届中国卫星导航年会.南昌，2021年5月26日.
[5] 中国卫星导航系统管理办公室.北斗卫星导航系统空间信号接口控制文件公开服务信号B2b（1.0版）[S].北京，2020.
[6] 技术干货|北斗三号精密单点定位（PPP-B2b）技术及应用.司南导航[EB/OL].[2021-08-04].https://mp.weixin.qq.com/s/GwVnvhITx3PHDcXWvZREUQ.

5 北斗系统的星基增强系统（BDSBAS）性能如何？

民用航空典型飞行阶段分为航路（En-route）、终端区（Terminal）、进近（Approach）、场面滑行（Surface）和起飞（Departure），其中进近又细化分为非精密进近（NPA）、一类垂直引导进近（APV-Ⅰ）、二类垂直引导进近（APV-Ⅱ）、一类精密进近（CAT-Ⅰ）、失误进近（Missed approach）、二类精密进近（CAT-Ⅱ）、三类精密进近（CAT-Ⅲ），民用航空飞行阶段分类如图1所示。为民航提供导航服务的系统包括定向机/无方向信标（DF/NDB）、仪表着陆系统（ILS）、甚高频全向信标（VOR）、测距器（DME）以及全球卫星导航系统（GNSS）。

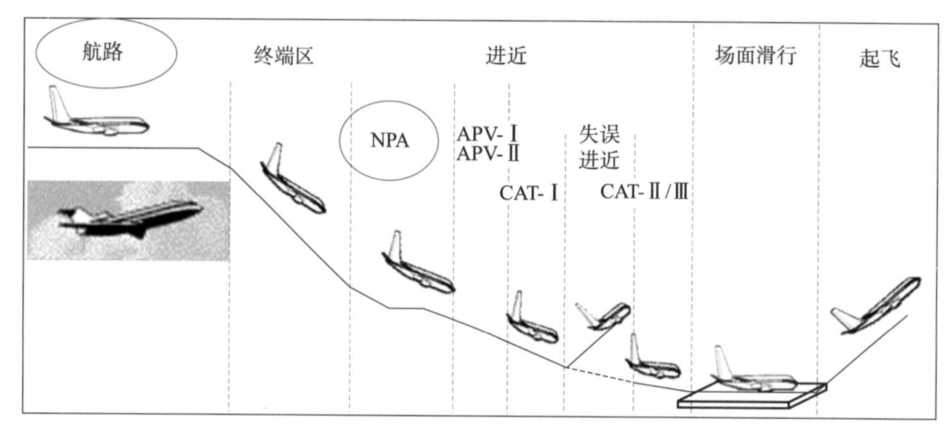

图1　民用航空典型飞行阶段分类

SBAS是一种广域增强系统，通过地球静止轨道（GEO）卫星播发差分改正数、完好性信息和测距信号来增强GNSS的性能。

SBAS不需要在机场建设地面技术支持系统，可以为民航提供从航路（En-route）到终端区域导航（RNAV）阶段的导航服务。SBAS引导民航飞机可以在机场间沿着最有效的路径飞行，由此提高了机场的效率和容量。

ICAO对GNSS信号性能要求如表1所示[1-3]，飞行的不同阶段对卫星导航的性能指标要求是不同的，性能指标同卫星导航系统一样，也是用定位精度、完好性、连续性和可用性来衡量的。定位精度、完好性、告警时间、连续性和可用性指标仅依靠GNSS自身是不能满足要求的，需要借助增强系统来实现，不同的飞行阶段，民航对卫星导航的性能指标要求是不同的。

表 1　ICAO 对 GNSS 信号性能要求

典型操作	水平精度（95%）	垂直精度（95%）	完好性	告警时间	连续性	可用性
航路	3.7 km	N/A	$(1-1\times10^{-7})$/h	5 min	$(1-1\times10^{-4})$/h~$(1-1\times10^{-8})$/h	0.99~0.99999
航路 - 终端	0.74 km	N/A	$(1-1\times10^{-7})$/h	15 s	$(1-1\times10^{-4})$/h~$(1-1\times10^{-8})$/h	0.99~0.99999
非精密进近	220 m	N/A	$(1-1\times10^{-7})$/h	10 s	$(1-1\times10^{-4})$/h~$(1-1\times10^{-8})$/h	0.99~0.99999
APV-Ⅰ	16 m	20 m	$(1-2\times10^{-7})$/进近	10 s	$(1-8\times10^{-8})$/15 s	0.99~0.99999
APV-Ⅱ	16 m	8 m	$(1-2\times10^{-7})$/进近	6 s	$(1-8\times10^{-8})$/15 s	0.99~0.99999
Cat-Ⅰ	16 m	6.0~4.0m	$(1-2\times10^{-7})$/进近	6 s	$(1-8\times10^{-6})$/15 s	0.99~0.99999

注：只有定位精度（95%）在预期典型操作最低的高度门限（HAT）所需要的数值范围内，GNSS 才是可用的；完好性要求包括可以评估的告警门限（AL）。

SBAS 由广域差分技术、广域差分完好性监测技术共同实现对 GNSS 定位、导航和授时服务性能指标的星基增强。SBAS 由卫星系统、地面系统和用户系统三部分组成，系统组成如图 2 所示，空间段一般由地球静止轨道（GEO）卫星组成，播发与导航信号类似的增强信号；地面任务段生成导航增强数据，由监测站网络、数据处理中心、GEO 卫星控制中心、系统通信网络组成，其中 GEO 卫星控制中心根据数据处理中心计算得到导航增强数据并生成增强信号，通信网络建立 SBAS 地面段各个环节的通信链路；地面任务段同时对 SBAS 的正常运行和维护提供技术支持，负责系统配置管控、系统性能评估、系统维护、系统研发和系统救援等工作；用户段包括能够同时接收 SBAS/GNSS 信号的终端[4]。

用户需要同时接收 GNSS 和 SBAS 的信号，获取广域差分改正数、电离层延迟模型及其改正数以及完好性等相关计算数据，完成距离测量、定位解算、完好性分析等一系列计算分析工作，并将计算的预警结果显示在用户端，用来提醒用户可靠地判断是否信任系统该状态下的输出，以及是否可进行下一步操作或转用其他系统。

用户段不受 SBAS 服务提供商的控制，完全由 SBAS 应用市场驱动。SBAS 服务提供商一般提供开放服务、生命安全服务以及商业服务三种类型的业务，可以满足不同用户群体的应用需求。对于生命安全服务，SBAS 机载终端需要满足 ICAO 民用航空 SBAS 相关标准，机载设备需要完全满足 RTCA MOPS DO-

229标准，接收机天线设计需要完全满足RTCA MOPS 228和301标准、美国联邦航空管理局（FAA）技术标准规范（TSO）（C190，C145b，C146b），此外，还应满足飞行管理系统（FMS）等航空综合电子设备要求。

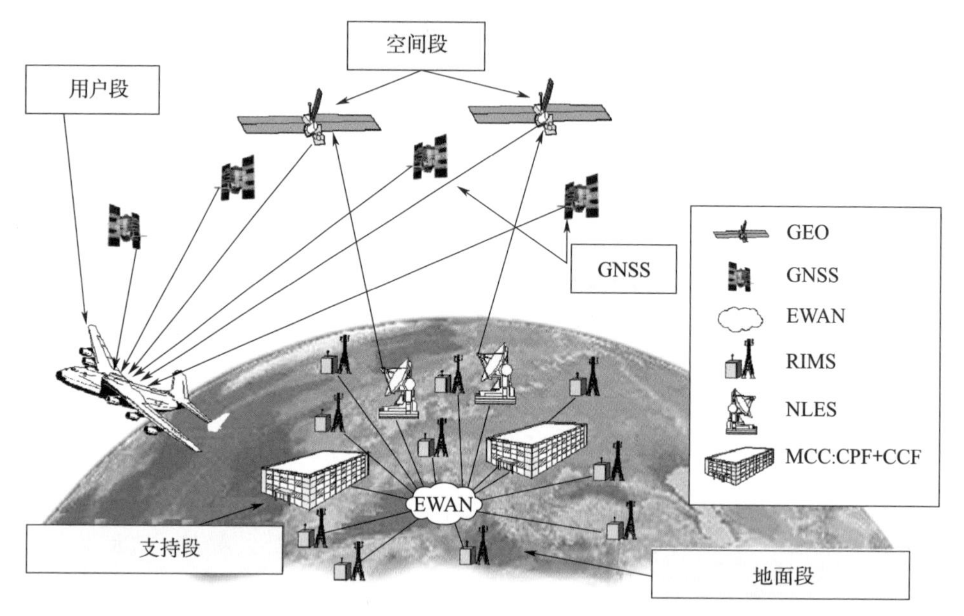

图2　星基增强系统（SBAS）组成

2019年12月，中国卫星导航系统管理办公室在北斗卫星导航系统应用服务体系（1.0版）中明确，利用北斗三号的三颗GEO卫星播发BDSBAS-B1C、BDSBAS-B2a信号，为中国及周边地区（东经75°~135°，北纬10°~55°）用户提供星基增强（SBAS）服务，2020年SBAS服务将形成能力，SBAS服务性能指标为北斗系统利用GEO卫星，向中国及周边地区用户提供符合国际民航组织标准的单频增强和双频多星座增强免费服务，旨在实现一类垂直引导进近（APV-I）指标和一类精密进近（CAT-I）指标[5]。

2021年5月26日，在第12届中国卫星导航年会上，中国卫星导航系统管理办公室在其报告中指出，目前北斗卫星导航系统通过3颗GEO卫星播发符合国际民航组织（ICAO）标准的BDSBAS-B1C、BDSBAS-B2a星基增强信号，为中国及周边地区用户服务，支持单频及双频多星座两种增强服务模式，北斗星基增强服务性能指标如表2所示[6]，满足国际民航组织对于定位精度、告警时间、完好性风险等的指标要求。目前星基增强系统服务平台已基本建成，正面向民航、海事、铁路等高完好性用户提供试运行服务。

表 2　北斗卫星导航特星基增强服务

项目	性能指标
民用双频定位精度（95%）	水平 1 m，高程 1.5 m
告警时间	民用单频 10 s，双频 6 s
完好性风险	2×10^{-7}/150 s
连续性	（$1-8\times10^{-6}$)/15 s（99.992%）
可用性	99%

北斗卫星导航系统的星基增强系统（BDSBAS）空间段由 3 颗 BDS GEO 卫星组成，三颗 GEO 卫星分别定点于 80° E（PRN144）、110.5° E（PRN143）、140° E（PRN130），BDSBAS-B1C 信号增强 GPS 的单频（SF）增强，BDSBAS-B2a 信号实现 BDS 和 GPS 的双频多星座（DFMC）增强，BDSBAS-B1C 和 BDSBAS-B2a 信号覆盖区为中国及周边地区[7]。

BDSBAS 地面段由监测站、主控站、地面通信网、注入站组成，用户段由各型 BDSBAS 终端组成[7]，监测站采集卫星导航原始数据、卫星导航测量信息、本地气象信息以及台站设备状态信息，发送给主控站。主控站收集各个监测站的观测数据和星间测量数据，实现对卫星跟踪、监测；计算广播卫星轨道、钟差信息，生成全球基本完好性信息；利用高精度轨道和电离层穿透点信息，计算频度更高广域修正差分与完好性信息。注入站将卫星导航电文、差分信息和完好性信息注入给北斗系统的 GEO 卫星。

BDSBAS 运行过程如图 3 所示[8]，北斗卫星导航系统的 GEO 卫星接收地面站注入信息，并按照国际民航组织（ICAO）标准规定的格式播发差分完好性信息。用户系统由用户终端以及与其他卫星导航系统兼容的终端组成，接收卫星播发的导航电文、差分信息和完好性信息，进行伪距修正，利用完好性信息计算完好性保护级，以判断当前的导航服务是否满足用户的需求。

BDSBAS 通过服务区布设的监测站收集相应的观测数据，以固定频度将观测数据发送到主控站中。主控站处理功能有：1）数据接收和预处理；2）轨道确定和时钟数据提取；3）电离层延迟差分信息解算；4）卫星差分信息解算；5）完好性信息计算。然后主控站将差分信息（星历改正数、米级时钟改正数、厘米级时钟改正数和格网电离层延迟改正数）和完好性信息［用户差分距离误差（UDRE）和格网电离层垂直误差（GIVE）］发送到地面注入站中。BDSBAS 性能指标如表 3 所示[7]。

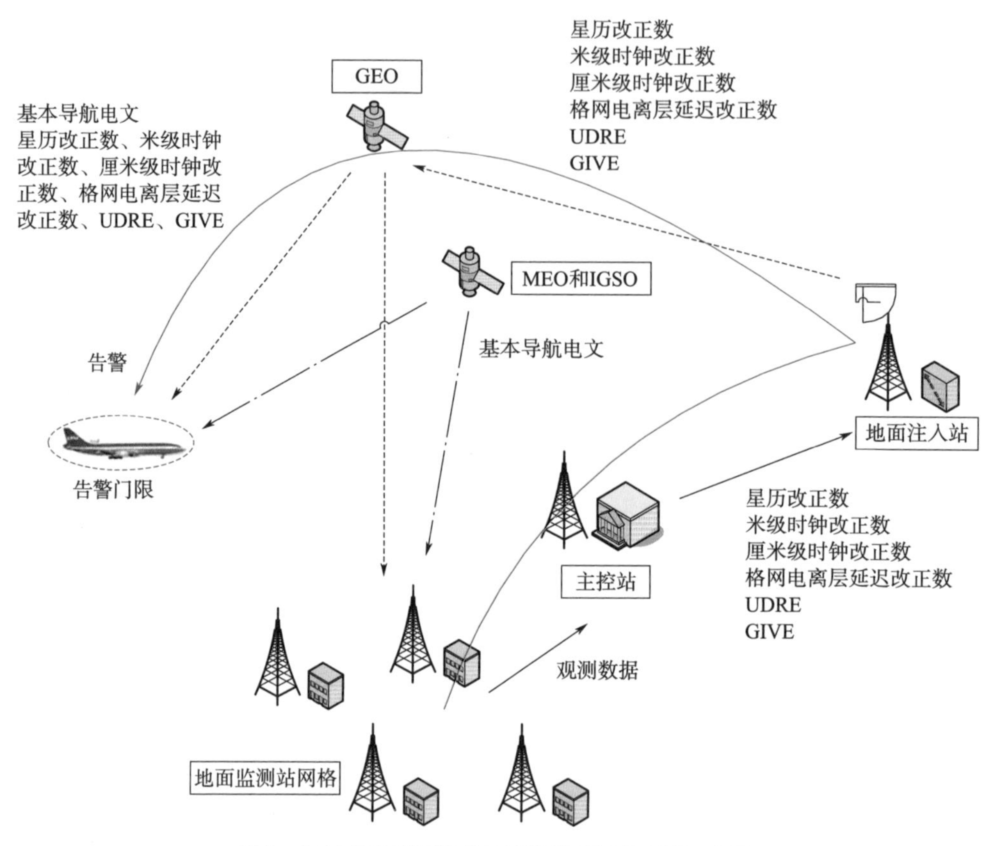

图3　北斗卫星导航系统的星基增强系统运行过程示意图

表3　BDSBAS 性能指标

性能指标		单频服务	双频服务
服务区域		中国及周边区域	中国及周边区域
增强系统及信号频点		BDS B1C/B2a & GPS L1	BDS B1C& GPS L1/L5 Galileo E5a/E1 GLONASS L1/L3
精度（95%）		水平：2 m 水平：1.5 m	高程：3 m 高程：2 m
完好性	告警时间	10 s	6 s
	完好性风险	2×10^{-7}/150 s	2×10^{-7}/150 s
	告警门限	HAL：40 m HAL：40 m	VAL：50 m VAL：10 m
连续性		$(1-8\times10^{-6})$/15 s	$(1-8\times10^{-6})$/15 s
可用性		优于 99%	优于 99.9%

自2016年起，北斗星基增强系统的代表持续参加了27次NSP DS2会议，提交了BDSBAS文件，确立了BDS核心星座的地位，将BDSBAS服务供应商标识、北斗时、北斗增强模式等48项内容纳入ICAO DFMC SBAS SARPs标准，完成了DFMC SBAS SARPs中空间信号射频特性、电文内容、电文使用方法、多径误差模型、空间信号畸变模型等88项内容的验证工作。2020年11月，中方与DS2工作组成员国共同完成了DFMC SBAS SARPs的制定，提交ICAO航空导航委员会（ANC）进行审批。

除了服务于国际民航，BDSBAS服务还可以拓展应用到其他高安全行业，主要包括海事（港口导航、内河导航）、铁路（列车运行控制、通信授时、轨道缺陷定位、铁路资源管理）、公路（导航和路线选择、自动车辆识别、地质监测、交通事故监测、车辆紧急救援）以及为电力、电信和金融行业提供高精度授时服务。

参考文献

[1] RTCA，Minimum Operational Performance Standards for Global Positioning System/Wide Area Augmentation Systems Airborne Equipment，Radio Technical Commission for Aeronautics（RTCA）Inc.，Washington DC（USA），2006. Special Committee No. 159，Document RTCA DO-229D.

[2] ICAO International Standards and Recommended Practices，Aeronautical Telecommunications（Annex 10 to the Convention on International Civil Aviation），Volume 1，Radio Navigation Aids，Seventh Edition，July 2018.

[3] ESA，SBAS Systems，European Space Agency Navipedia，2011 website:（Edited by GMV），http://www.navipedia.net/index.php/SBAS_Systems.（Accessed 20 March 2016）.

[4] SBAS_Fundamentals[EB/OL].（2019-08-06）. https://gssc.esa.int/navipedia/index.php/SBAS_Fundamentals.

[5] 中国卫星导航系统管理办公室．北斗卫星导航系统应用服务体系（1.0版）[S]．北京，2019.

[6] 中国卫星导航系统管理办公室．北斗卫星导航系统建设与发展．第十二届中国卫星导航年会．南昌．2021年5月26日．

[7] 卫星导航国际期刊．专家报告．丁群—北斗星基增强系统技术发展[EB/OL].[2021-07-06]. https://mp.weixin.qq.com/s/OUTPUqdxROEalxbzEufYSg.

[8] 刘天雄．卫星导航增强系统原理与应用[M]．北京：国防工业出版社，2021.

6 什么是卫星导航系统的地基增强系统（GBAS）?

地基增强系统（GBAS）的目标是在机场为民航提供精密进场、离场程序和终端区的安全导航服务。目前，ICAO导航系统专家组（NSP）已经制定CAT-Ⅱ/Ⅲ精密进近导航服务要求，需要航空工业部门进一步推广验证[1]。文献［2］指出，在ICAO有关GBAS的标准及推荐措施（SARPs）中，ICAO只定义了单频（L1）单系统（GPS）CAT-I精密进近导航服务的指标要求。

GBAS通常是对GNSS的局域增强，根据电离层延迟和对流层延迟误差、星历误差、多路径效应、地面接收机误差在时间和空间上具有的相关性特征，利用位置确定的基准参考站接收导航信号伪距观测量，采用区域差分系统（LADGNSS）技术，实时计算误差的差分改正数，用户观测量和地面基准站观测量之间做差可以削弱甚至消除这些具有相关性的误差，提高伪距测量精度，进而提高用户的定位精度。同时通过完好性监视算法，给出系统的完好性信息，利用地面甚高频（VHF）无线电通信链路向用户播发差分改正数和完好性信息，进而实现增强GNSS定位精度、完好性以及可用性指标，超越了SBAS的性能指标。GBAS服务范围一般为30～50 km[3]。GBAS主要功能包括：

- 提供局域伪距差分改正数据；
- 提供GBAS相关数据；
- 提供最后进近段（FAS）数据以支持精密进近服务；
- 提供预测的测距源（GNSS信号）可用性数据；
- 提供测距源（GNSS信号）完好性监测数据。

GBAS信号接口要求详见文献［3］中RTCA/D0-246D地基增强系统信号接口控制文件。GBAS服务区域十分有限，美国联邦航空管理局（FAA）曾经将GBAS称为局域增强系统（LAAS）[4]。目前，GBAS定义的GAST-C类导航服务已在美国多个机场得到应用，Honeywell SLS-4000系统在2009年9月获得FAA设计认证。FAA目前在制定Type-D类GBAS进近服务（GAST-D），对应CAT-Ⅲ服务，以便机场可以只采用GBAS来支持民航飞机精密进近全过程导航服务[5]。

GBAS可以加强飞行员对飞机位置的态势感知能力，飞机位置信息可以帮助飞行员识别正确的路线，同时监测飞机是否沿着规定的路线前进。在所有可视条件下，均可以改善导航员的态势感知能力，特别是在复杂机场环境下实施精密进近尤为重要。目前，在GBAS、广播式自动相关监视系统（ADS-B）以及座舱显示技术支持下，飞行员可以在低可视条件下实施着陆操作。

地基增强系统（GBAS）由卫星星座、地面站和机载接收机三个部分组成，如图1所示[5]。卫星星座就是GNSS星座的所有导航卫星。地面站配置多个高精度卫星导航监测接收机，接收机天线位置安装在位置精确测绘的坐标点上，还配置1套全向甚高频（VHF）无线电发射机和1套信息处理计算机。机载设备接收GBAS广播的差分改正数并计算飞机位置，评估GBAS的完好性等级，检测并减缓机载GBAS相关设备故障。

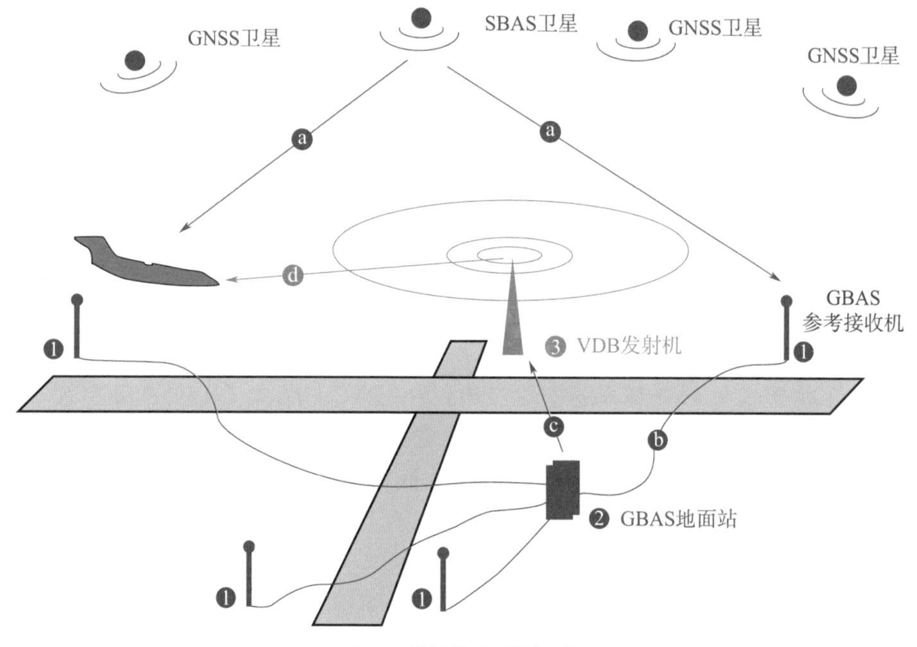

图1　地基增强系统组成

GBAS可以为服务区内提供飞机进近服务所需的进近数据、差分改正数以及完好性信息。GBAS可以为用户提供飞机进近和定位两种类型的服务。GBAS进近服务和定位服务的区别是GBAS电文是否给出星历误差定位边界（ephemeris error position bound）参数，定位服务必须播发星历误差定位边界参数，进近服务则不做要求。如果GBAS电文没有给出星历误差定位边界参数，那么GBAS负责确保导航信号中星历数据的完好性。在进近服务区内最后进近段（FAS），GBAS飞机进近服务为用户提供偏航引导（deviation guidance）。在定位服务区内，GBAS定位服务为区域导航（RNAV）操作提供水平定位信息。GBAS两种类型服务的性能指标不同，系统完好性要求也不同[6]。

GBAS进近服务类型（GAST）分为GAST A、GAST B、GAST C以及GAST D四种类型，其中GAST A、GAST B、GAST C分别支持一类垂直引导进近（APV-I）、二类垂直引导进近（APV-Ⅱ）以及CAT-I精密进近。在能见度较低条件下，GAST D可以支持较低飞机着陆（landing）和起飞（take-off）以及CAT-Ⅲ精密进近服务。GBAS可以同时支持多种类型的服务。

相关链接

美国局域增强系统（LAAS）

在GPS差分（DGPS）体系结构下，美国联邦航空管理局（FAA）发展了广域增强系统（WAAS）和局域增强系统（LAAS）两类GPS的增强系统，以提高GPS的定位精度和完好性为目标。LAAS现称地基增强系统（GBAS），利用局域差分定位技术，主要支持民航的精密进近服务。LAAS提供参考接收机和机载接收机共同误差的差分改正数和系统完好性信息，利用甚高频无线电广播这些数据，覆盖距离为30海里，能够支持民航所有类型的进近、着陆、场面滑行直至精密进近的导航服务[7]。1993年，RTCA成立了159专门委员会（SC.159），为LAAS制定最低航空系统性能标准（MASPS），重点制定了CAT-I的性能指标，强调最低的成本。大量飞行试验证明LAAS能够满足CAT-I精密进近的性能要求。

当民航飞机正处于进场着陆时，若其接收机所观测到的卫星数目较少或者卫星星座构型差，会导致垂直精度因子（Vertical Dilution of Precision，VDOP）较大，会导致较大的定位误差，从而不能满足飞机精密进场与着陆的精密导航可用性需求。因此，地基增强系统在机场地面的已知坐标点上安装个类似GPS卫星的测距信号发射源，称为机场伪卫星（Airport Pseudolites，APL），目的是改善GPS星座的空间几何布局，为用户接收机提供额外测距信号。机场伪卫星是一个独立的测距源，它广播的信息包括：APL标识、APL发射天线相位中心位置坐标、同步时钟和伪卫星的健康状况。伪卫星发射信号是伪随机序列。由于伪卫星放置于机场附近的位置，使用户的几何星座发生很大的变化，尤其是垂直方向上，使得VDOP变得非常小。同时，地基增强系统的地面系统部分计算出伪距的差分误差修正数据，通过甚高频 VHF 数据链路发送给飞机用户，从而有效地增强局域差分 GPS（DGPS）的可用性。

LAAS 是为满足民用航空用户精密进近需求设计的增强系统。由空间段、地面段和用户段三部分组成，如图 1 所示[8]。空间段指 GPS 导航卫星及 WAAS 的通信卫星，地面段为安装在机场场地的 GPS 信号监测接收机、完好性监测设备以及播发增强信号的发射机相关设备，用户段指机载接收机以及能够使用导航增强参数指导飞机着陆导航的系统。地面段是 LAAS 的核心，LAAS 地面站设备（LGF）利用 2～4 个安装在机场位置坐标已知的高性能 GPS 监测接收机，观测所有可见卫星，并将这些观测数据发送给处理单元，处理单元将码相位测量的伪距数据进行载波相位平滑，同时使用差分技术获得每颗可用卫星的误差修正值，最后利用甚高频（Very High Frequence，VHF）数据链路广播这些修正数据，那么用户接收机可以通过误差校正获得更高的定位精度。此外，LGF 自身还具有各种完好性监测功能，用于保证卫星的空间信号和参考接收机都能工作正常。

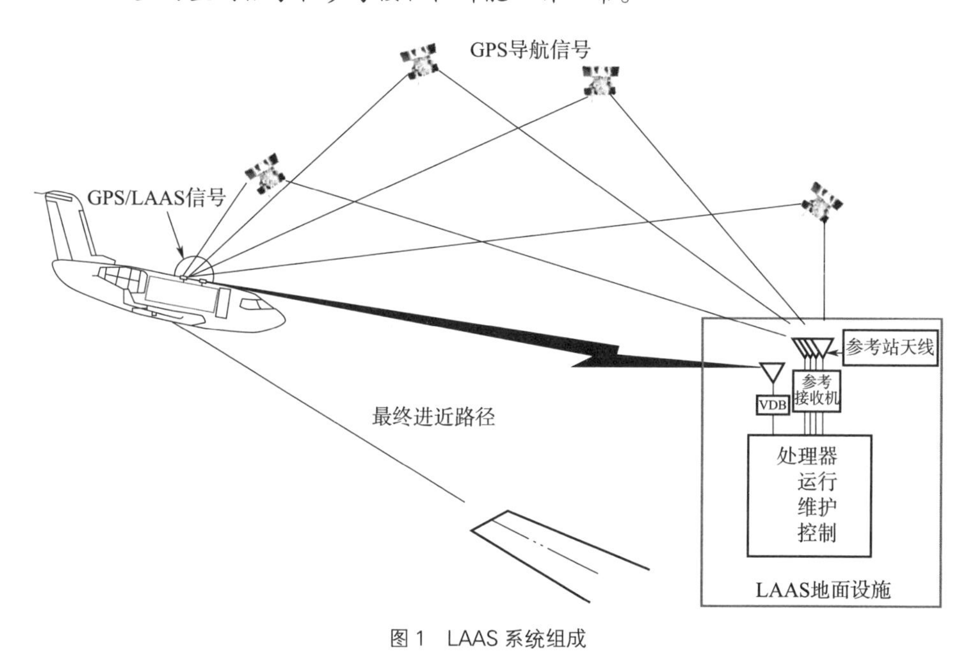

图 1　LAAS 系统组成

LAAS 地面站设备主要是为用户接收机处理和广播数据信息，并确保所有广播数据的完好性，主要功能为接收 GPS 信号，负责在地面获得伪距和载波相位观测量，对来自 GPS 卫星和机场伪卫星的导航电文进行解码。GPS 接收机应有 0.1 m 的伪距精度（载波平滑后），并且需要多径抑制天线减小多径误差。载波平滑和差分修正计算，负责差分修正值的计算。系统完好性监测主要是确保伪距和载波相位差分修正不包含危险误导信息，它是 LAAS 最重要的功能。

LAAS 地面站 VHF 数据广播是将导航增强数据按格式和协议编排和编码，包括信息和误差控制，通过广播发送给机场附近用户。RTCA SC-159 制定了 VHF 数据广播的报文结构，频率为 108～117.95 MHz，带宽 25 kHz，采用 TDMA 模式，传播速率为每秒 2 帧，每帧包含 8 个时间段。调制方法为 31.5 kbit/s 的八相移相键控。

数据处理中心是地基增强系统中最为核心的部分，它主要处理接收机的原始数据，对接收机数据和差分数据进行完好性监测。Stanford University 开发出仿真 LAAS 地面系统的数据处理中心的平台——完好性监测平台（Integrity Monitor Testbed，IMT），LAAS 完好性监测平台系统架构如图 2 所示[2]。

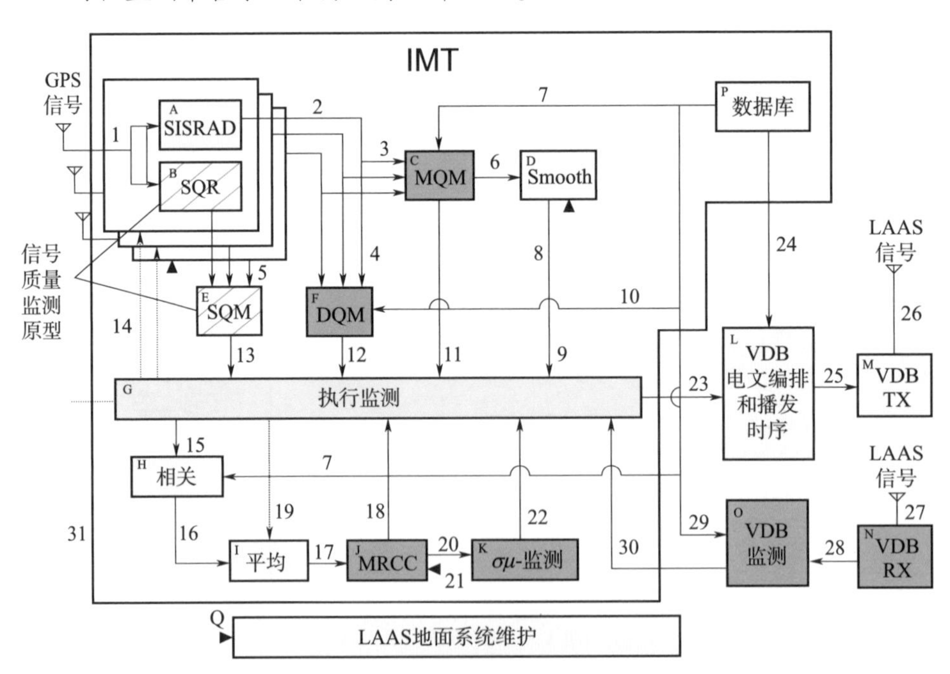

图 2　LAAS 完好性监测平台系统架构

IMT 接收 LAAS 中各个参考接收机所传输的观测数据，经过平滑去噪处理，首先进行信号质量监测（SQM），监测导航信号是否存在异常；然后对解调后的卫星导航电文数据进行数据质量监测（DQM），监测导航电文数据中的星历和钟差修正量是否正常；接下来进行测量质量监测（MQM），监测伪距和载波相位测量值是否存在突变；执行监测（EXM）处理上述几种监测中所产生的报警标识，去除存在故障或较大误差的测量值；在多参考接收机一致性检测（MRCC）中计算值来排除存在较大异常修正误差的接收机通道；均值—标准差监测用来确保伪距修正误差分布特性没有较大的偏移；MFRT 监测伪距修正值与修正率处于可信的范围内。同时，在整个过程中，执行监测（EXM）处理监测过程中的一系列报警，进行综合决策，排除所有的异常数据后将正常的误差修正值送到 VHF 数据中心广播给用户。总之，数据处理中心站负责计算卫星的误差修正值，以及确保伪距和载波差分修正值不存在危险的导航误导信息（Hazardously Misleading Information，HMI）。

参考文献

[1] ROBERTO SABATINI，TERRY MOORE，SUBRAMANIAN RAMASAMY. Global navigation satellite systems performance analysis and augmentation strategies in aviation [J]. Progress in Aerospace Science. 95(2017) 45-98.

[2] The next generation integrity monitor testbed (IMT) for ground system development and validation testing [EB/OL]. (2019-10-27) .https://web.stanford.edu/group/scpnt/gpslab/pubs/papers/Normark_IONGPS_2001.pdf.

[3] RTCA，GNSS-based Precision Approach Local Area Augmentation System (LAAS) Signal-in-space Interface Control Document (ICD)，Radio Technical Commission for Aeronautics (RTCA) Inc.，Washington DC (USA)，2008. Special Committee No. 159，Document RTCA DO-246D.

[4] Navigation programs-ground based augmentation system (GBAS) [EB/OL]. (2019-08-16). http://www.faa.gov/about/office_org/headquatrers_offices/ato/service units/techops/navservice/gnss/laas .

[5] Avionics Standards Digital Standards for R&S® SMBV Operating Manual. Rohde & Schwarz GmbH & Co. KG.，2017.

[6] 刘天雄. 卫星导航增强系统原理与应用 [M]. 北京：国防工业出版社，2021.

[7] RTCA，Minimum Aviation System Performance Standards (MASPS) for the Local Area Augmentation System (LAAS)，Radio Technical Commission for Aeronautics (RTCA) Inc.，Washington DC (USA)，2004. Special Committee No. 159. Document RTCA DO-245A.

[8] MICHAEL F DIBENEDETTO. Review of Local Area Augmentation System (LAAS) Flight Inspection Requirements，Methodologies，and Procedures for Precision Approach，Terminal Area Path，and Airport Surface Guidance Operations，Contract DTFAAC-03-A-15689 Task Order 0002 – Final Project Report，FAA Aeronautical Center Aviation System Standards Oklahoma City，OK 73125.

7 什么是卫星导航系统的机载增强系统（ABAS）?

除了 SBAS 和 GBAS，还可以利用机载综合电子系统提供的其他信息来增强 GNSS 的性能，包括惯性导航系统（INS）、甚高频全向信标（VOR）、距离测量设备（DME）、战术区域导航系统（TACANs）、气压高度计、雷达、视距传感器以及外部时钟给出的信息。这些系统的工作原理与 GNSS 不同，因此，不会受到同样误差源或者同样干扰信号的影响。对于机载综合电子系统，完好性指标要求直接与机载系统提供的导航信息置信度有关，包括当导航系统不能用于所期望的飞行操作时，导航系统给驾驶员提供及时、有效告警的能力。特别是机载导航电子系统必须在给定的时间周期内，系统出现任何功能失效或者定位结果超出告警级时，给出告警信息。国际民航组织（ICAO）定义这类 GNSS 增强系统为机载增强系统（ABAS）[1]。

ABAS 合成了一个或者多个 GNSS 信息，且使用无故障 GNSS 接收机和无故障机载综合电子系统，因此，ABAS 的性能指标可以满足 ICAO 给出的对 GNSS 信号的完好性、连续性以及可用性性能要求。ABAS 信息处理方案包括利用多个伪距观测量等冗余信息来监测位置解算的完好性、利用替代观测量信息来辅助位置解算的连续性和辅助位置解算的可用性、通过估计残余误差来辅助位置解算的精度四个方面[2]。

ABAS 监测方案一般包括故障检测和故障排除两个功能。故障检测的目标是检测位置解算过程中存在的定位故障，通过适当的故障排除策略确定并排除故障源，从而使 GNSS 继续提供导航服务而不必中断。一般有接收机自主完好性监测（RAIM）和飞机自主完好性监测（AAIM）方法，RAIM 只用 GNSS 信息实现完好性监测，一般利用 GNSS 冗余观测量完成导航信号的完好性监测；AAIM 利用其他机载传感器信息实现完好性监测，包括气压高度计、外部时钟以及惯性导航系统（INS），GNSS 解算位置过程中，非 GNSS 信息可以通过两种方式集成到 GNSS 信息中，一是在 GNSS 解算算法内集成，例如建立气压高度计数据模型作为 GNSS 高程观测的辅助数据；二是在 GNSS 解算算法外集成，例如比较气压高度计数据和 GNSS 高程解算结果的一致性，当结果不一致时，ABAS 给出告警标志。多传感器融合技术可以有效提高 GNSS 的性能。

根据 ICAO 的定义，机载增强系统（ABAS）需要利用接收机自主完好性监测（RAIM）、飞行器自主完好性监测（AAIM）或者 GNSS 与其他传感器融合技术来提升GNSS系统或者机载导航系统的工作性能，包括定位精度、完好性、连续性以及可用性[3]。其中RAIM利用GNSS冗余信息来进行导航数据完好性监测，AAIM是利用其他机载传感器测量得到的信息来辅助GNSS导航数据完好性监测技术，GNSS与其他传感器融合技术则是利用其他传感器提升机载导航系统的性能。

参考文献

[1] ICAO International Standards and Recommended Practices，Aeronautical Telecommunications（Annex 10 to the Convention on International Civil Aviation），Volume 1，Radio Navigation Aids，Seventh Edition，July 2018.

[2] 刘天雄. 卫星导航增强系统原理与应用［M］. 北京：国防工业出版社，2021.

[3] International Civil Aviation Organisation（ICAO）document number 9849-AN/457. Global Navigation Satellite System（GNSS）Manual. First Edition . 2005.

8 什么是低轨卫星导航系统?

低地球轨道（LEO）卫星轨道高度一般为400~1 500 km，而GPS、北斗等GNSS系统使用的是中高轨道，不同轨道高度卫星距离与覆盖示意如图1所示。LEO卫星轨道具有信号衰减小、单星覆盖面积小、观测几何变化快、精密定轨与预报难度大等特点。

1）轨道低，信号衰减小，接收信号强度高，有利于遮蔽环境下及室内的定位。由于LEO卫星比MEO卫星轨道低，因此信号空衰小。按照LEO卫星轨道高度1 100 km，MEO卫星轨道高度21 528 km计算，在同样使用单波束天线的情况下，卫星发射功率相同，到达地面的功率天线增强20 dB。

2）轨道低，单星覆盖面积小。经计算，覆盖1颗MEO卫星的可见范围需要7颗LEO卫星，要实现相同覆盖的效果需要更多数量的卫星。

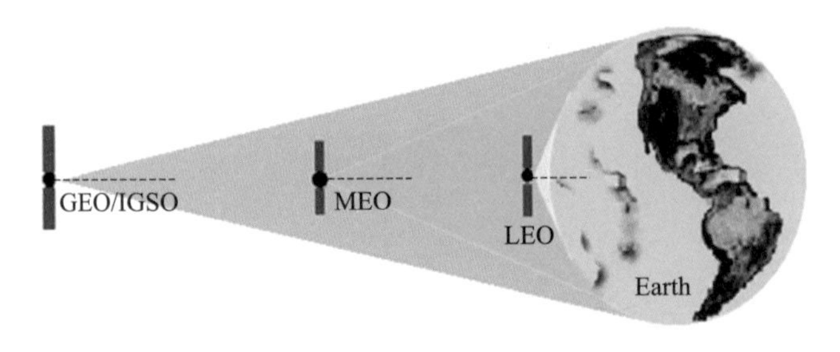

图1 不同轨道高度卫星距离与覆盖示意图

3）观测几何变化快，有利于快速收敛。如图2所示，LEO运行31s相当于GPS运行20 min的几何图形变化程度。相同时段，LEO划过的轨迹更长，几何图形变化快，PPP定位过程中收敛时间将大大缩短。

4）摄动力复杂，精密定轨与预报难度大。LEO卫星在运行过程中受地球重力场、海潮、固体潮、太阳光压、大气阻力等多种力的影响，动力学定轨模型更为复杂。

低轨星座相对于中高轨星座而言，具有更低的传输时延、更好的全球覆盖性（包括南北两极），可以更好地克服南山效应，用户终端可以更小，通信速率有可能更高。近年来，国内外许多公司推出了卫星数目从几十颗到数百颗甚至数千颗的大型低轨移动通信卫星星座计划，典型星座有美国的铱星

（Iridium）和全球星（Globalstar），以及美国的OneWcb[1]、SpaceX[2, 3]、Boeing[4]公司和中国航天科技集团[5]、中国航天科工集团的商用低轨通信星座[6]，为用户提供全球范围内、无缝稳定的宽带互联网通信服务。典型全球组网星座比较如表1所示[7]。

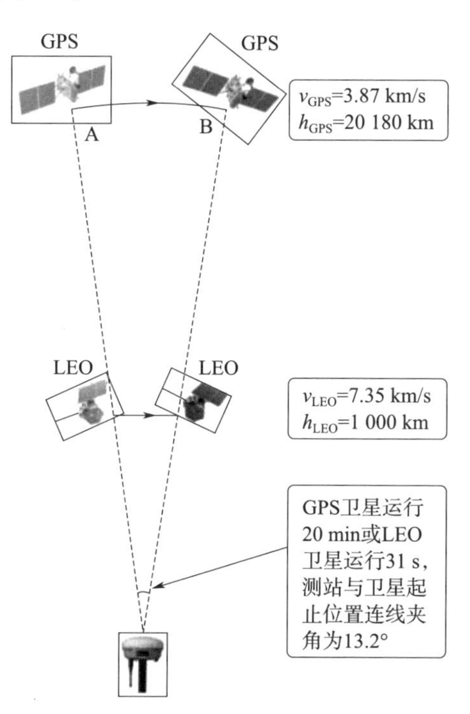

图2　LEO与MEO卫星观测几何对比

表1　典型全球组网星座比较

系统	轨道类型	卫星数量	轨道高度 /km	轨道倾角 /(°)	运行年份	应用
Transit	LEO	5~10	1 100	90	1964	导航
Parus/Tsikada	LEO	10	990	83	1976	导航
GPS	MEO	31	20 200	55	1995	导航
GLONASS	MEO	24	19 100	64	2011	导航
Galileo	MEO	24	23 200	56	2020**	导航
BeiDou	MEO IGSO	35	21 500 35 786	55	2020**	导航
Globalstar	LEO	48	1 400	52	2000	音频
Iridium	LEO	66	780	87	1998	音频
lridium NEXT	LEO	66	780	87	2018	广播

续表

系统	轨道类型	卫星数量	轨道高度 /km	轨道倾角 /(°)	运行年份	应用
Teledesic	LEO	288	1 400	98	2002 年取消	广播
OneWeb	LEO	648	1 200	88	2019*	广播
Boeing	LEO	2 956	1 200	45,55,88	—	广播
SpaceX	LEO	4 025	1 100	—	2020	广播
Samsung	LEO	4 600	<1 500	—	—	广播

注：* 这个时间表示预定的初始运行能力。
** 这个时间表示期望的星座组网完成时间。

低轨移动通信卫星既可播发卫星导航系统的差分改正数据和完好性信息，起到导航增强的作用，也可像地面移动通信网络那样，为卫星导航用户终端提供初始的位置、时间和频谱辅助，提高导航终端的复杂环境适应性，起到辅助导航的作用。由于这些潜在的发展能力，基于低轨卫星星座的导航增强备受瞩目[8]。

基于 LEO 卫星构建全球组网运行的卫星导航系统简称低轨全球卫星导航系统（LEO GNSS），文献［9］指出商业宽带巨型 LEO 星座可以配置独立的导航载荷，基于通导融合理念，LEO 通信卫星播发猝发类型（burst-type）导航测距信号，用户在一个时间历元接收多个猝发测距信号，通过比较信号接收时延和解调信号给出的星历和钟差，利用标准非线性伪距定位（standard non-linear pseudorange positioning）或者扩展卡尔曼滤波器技术，实现用户位置和时间估计。

相关链接

铱星移动卫星通信公司的授时与定位（STL）服务

铱星移动卫星星座由 66 颗 LEO 卫星组成，卫星分布在 6 个极地圆轨道面上，每个轨道面有 11 颗，轨道高度 485 英里，倾角 86.4° ，轨道周期 100 min，顺行轨道面夹角 31.6° ，逆行轨道面夹角 22° ，顺行轨道面间相邻主星相位差 16.4° [10]。每颗铱星向地面播发 48 个点波束信号，可以形成 48 个相同的蜂窝小区，每个小区直径为 600 km，每颗卫星的覆盖区直径约 4 700 km，铱星星座对全球形成无缝蜂窝覆盖，如图 1 所示[11-12]，铱星星座设计能够保证全球任何地点在任何时间至少有一颗卫星覆盖。

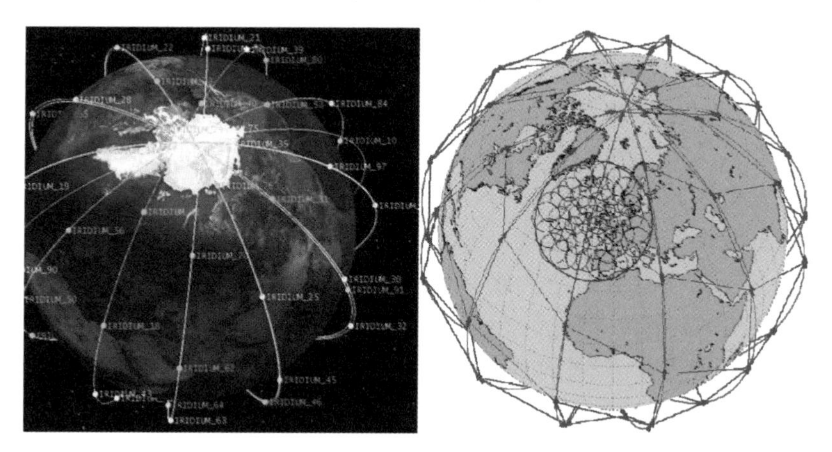

图 1　铱星移动通信系统 66 颗卫星组成的星座及点波束信号配置

铱星移动卫星系统由空间段、控制段、用户段、关口站段四部分组成，如图 2 所示[12]，控制段负责铱星系统的运行和管控，控制中心有两个接口，一个接到关口站，一个接到卫星。关口站控制用户接入并提供与地面通信网的互连，关口站分为供用户接入铱星网络专用的地球终端和负责呼叫处理和与地面系统互连的交换设备两大子系统。

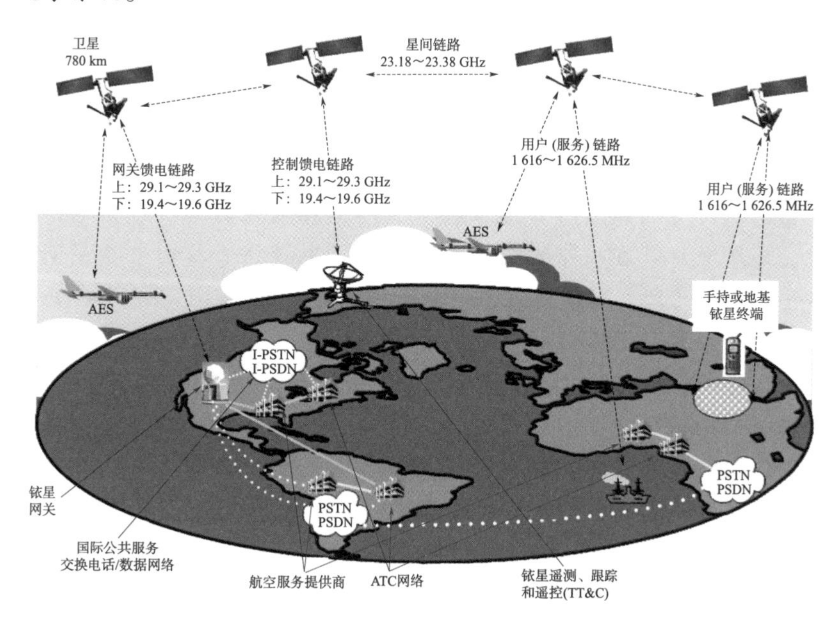

图 2　铱星移动通信系统组成

用户终端设备包括铱星电话设备（ISU）和消息接收终端（MTD），用户终端与卫星之间的通信采用全双工 FDMA-TDMA 方式，传送 2 400 bit 短报文数据和 4 800 bit/s 语音数字信号，采用卷积编码和交织技术对数字信号加以保护。通过使用卫星手持电话机，可在地球上的任何地方拨出和接收电话。铱系统星座网提供手机到关口站的接入信令链路、关口站到关口站的网路信令链路、关口站到系统控制段的管理链路。每个卫星天线可提供 960 条话音信道，每个卫星最多能有两个天线指向一个关口站，因此，每个卫星最多能提供 1 920 条话音信道[13]。

卫星与用户之间的链路采用 L 频段（1616 ~ 1626.5 MHz），在 10.5 MHz 频带内按 FDMA 方式划分为 12 个频带，采用 TDMA 数据结构，每帧支持 4 个 50 kbit/s 用户连接，信号采用符号速率为 25 ksymbol/s 的 QPSK 调制方式，信号帧长度为 90 ms，发射和接收以 TDMA 方式分别在小区之间和收发之间进行，信号多址方式为 FDMA/TDMA/SDMA/TDD。卫星与地面站的馈电链路采用 Ka 频段，上行链路频段为 29.1 ~ 29.3 GHz，下行链路频段为 19.4 ~ 19.6 GHz，Ka 频段关口站可支持每颗卫星与多个关口站之间同时通信。星座中卫星与卫星之间利用星间链路实现互连互通，每颗卫星有 4 条星间链路与周边 4 颗卫星实现星间通信，一条为前向链路，一条为反向链路，实现同一轨道平面内的前后两颗卫星的通信连接；另外两条为交叉链路，实现相邻轨道面的两颗卫星的通信。星间链路通信采用 Ka 频段（23.18 ~ 23.38 GHz），通信速率为 8 Mbit/s。

当地面上的用户使用卫星手机打电话时，该区域上空的卫星会先确认使用者的账号和位置，接着自动选择最近的路径传送电话信号。如果用户是在一个人烟稀少的地区，电话将直接由卫星星间链路转达到目的地；如果是在一个地面移动电话系统（GSM 或 CDMA 移动通信系统）的邻近区域，则控制系统会使用地面移动通信系统的网络传送电话信号。GSM 和 CDMA 地面移动通信系统只适于在人口密集的区域使用，对于覆盖地球大部分、人烟稀少的地区则根本无法使用。也就是说，铱星计划的市场目标定位是需要在全球任何一个区域范围内都能够进行电话通信的移动客户。

2019 年 1 月，新一代铱星移动通信系统（Iridium NEXT）完成了卫星升级换代，新一代铱星空间段由 66 颗工作卫星和 9 颗备份卫星组成[14]。新一代铱星业务主要性能为语音支持 4.8 kbit/s、数传速率 9.6 kbit/s~1 Mbit/s、车载业务最高 10 Mbit/s。新一代铱星移动通信系统对通信信号进行了升级，由 Satelles 公司取得唯一授权发射卫星授时与定位（STL）脉冲信号，STL 信号既可以提供独立的导航、定位和授时服务，也能增强 GPS 信号[15]。

铱星 STL 业务利用铱星系统 L 频段 1 616~1 626.5 MHz 中的 1 626~1 626.5 MHz 频带播发扩频码加密 STL 脉冲（burst）信号，内容包括卫星位置、速度、时间等信息，经加密后播发给授权用户。STL 信号带宽 50 kHz，扩频信号帧长度为 90 ms，信号短脉冲数据（SBD）速率平均为 1.4 s 一次，速率为每秒 25 000 个符号，信号采用正交相移键控（QPSK）调制导航数据和测距码信号。STL 信号在 GNSS 信号 L1 频点的上边带，STL 信号频谱范围及与 GPS L1 信号功率谱比较如图 3 所示[16]，因此，传统 GNSS 接收机射频前端及接收机半球天线无需改动就能够接收 STL 信号。

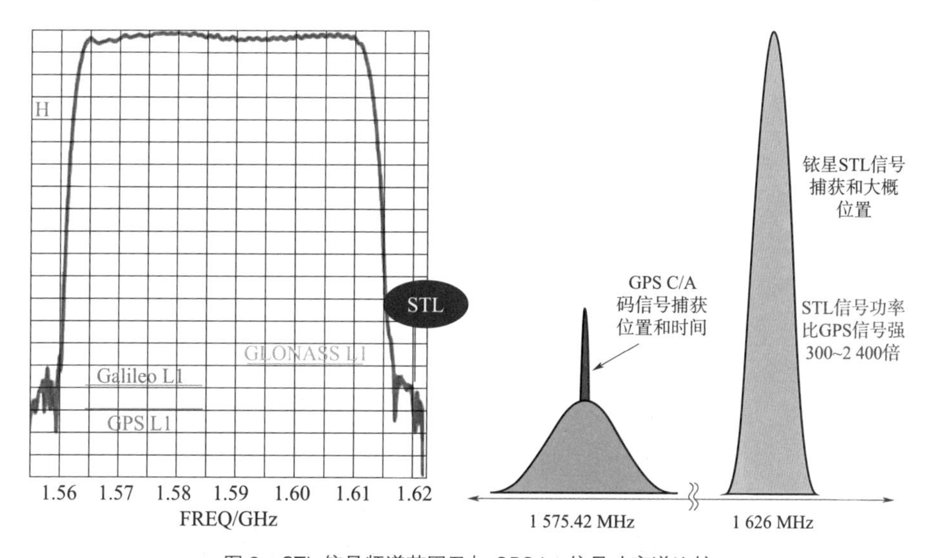

图 3　STL 信号频谱范围及与 GPS L1 信号功率谱比较

STL 信号同样采用扩频码序列，通过滑动相关实现测距。由于其信号全部采用加密的形式，因而具有较强的抗欺骗干扰能力。铱星定位信号强度远高于 GNSS 系统（30~40 dB，GPS 点波束增强只有 20 dB），实测结果表明铱星 STL 服务信号的功率也位于 35~55 dBHz 之间，与 GPS 信号在开阔地的载噪比相当。在信号深衰落的情况，STL 服务的守时精度优于 1 ms，如图 4 所示。

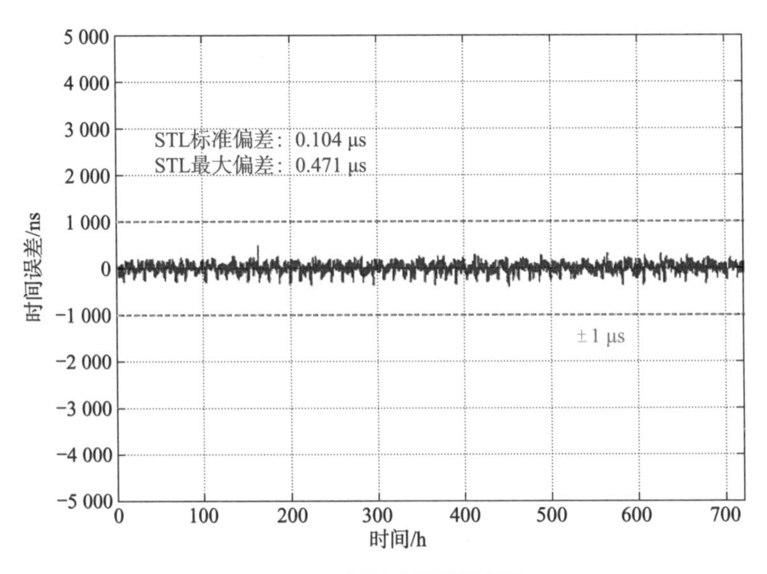

图 4　STL 实地测试场景和结果

铱星运行速度 7.5 km/s，多普勒频移为 ±40 kHz，铱星卫星过境时间相对较短，用户可以看到一颗铱星的时间约为 10 min。铱星高速运动，轨道位置几何变化快，信号多普勒频率变化大，用户在短时间间隔内可以获得多次多普勒测量值，因此，可用多普勒测量技术实现用户定位，构建独立的 PNT 体系。在铱星两个点波束信号覆盖重叠区域，根据铱星 STL 信号波束连续变化原则就可以实现定位，如图 5 所示[16]。

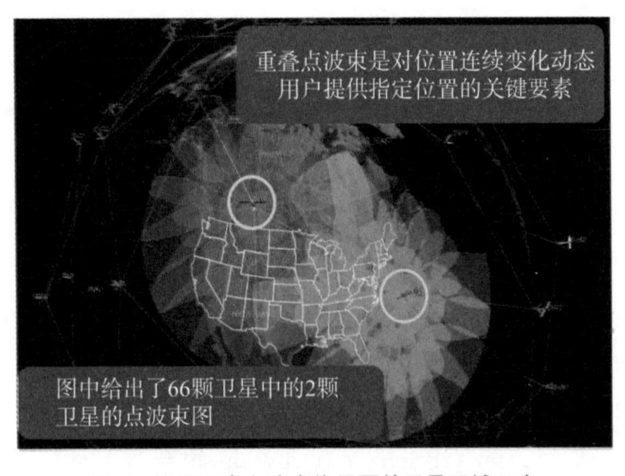

图 5　铱星两个点波束信号覆盖重叠区域示意

利用多普勒测量和伪距测量相结合，在收敛时间小于10 min的情况下，水平定位精度达到35 m，如果收敛时间足够长，水平定位精度可达20 m。垂直定位精度与水平定位精度相当。从实际测量结果来看，精度并不比其他室内定位手段高，所以在有其他无线基础设施覆盖的场所，如Wifi、5G覆盖，低轨增强系统的优势并不明显，相对而言，在无无线基础设施覆盖的场所，如森林、山区等地区更有优势。STL目前已经推出多款商业化的产品，包括单机、板块和基于USB接口的外设。

STL信号可独立于GPS和其他GNSS信号为用户提供位置和时间信息，信号落地功率比GPS信号高30 dB，因此具有较强抗干扰能力，并可以实现在室内接收；信号被加密，因此具有固有的防欺骗能力，对民用用户开放，用户可以订购接收STL信号。STL信号与传统GNSS信号的对比如表1所示[16]，虽然精度不高，但其落地功率比GPS高约30 dB，增强了可用性。

表1　STL信号与传统GNSS信号的对比

	GNSS	STL
授时精度（UTC）	~20 ns	~200 ns
定位精度	~3 m	30~50 m
首次定位时间	~100 s	几秒（500 km）~10分钟收敛
反欺骗	GPS：仅军事用户 Galileo：未来PRS业务	是的，信号加密
抗干扰	微弱信号容易被干扰	是：信号功率增强30~40 dB
覆盖范围	在两极，全球精度降级 GLONASS系统在高纬度地区精度更好	在两极 全球覆盖能力加强

每颗铱星向地面播发48个点波束信号，可以用于对用户的位置初始定位，STL信号可以实现20～50 m定位精度。STL信号的时间与协调世界时（UTC）的时间同步误差在±500 ns之内，典型数值是100～200 ns。美军实测结果表明在开阔地区铱星信号引导下，车辆动态条件下的定位，首次定位时间由30 min缩短至2 min，定位精度达到亚米量级。

美国利用铱星移动通信系统来增强GPS性能，启示我们利用LEO低轨卫星星座播发导航差分和完好性增强信号，一是可以提高卫星导航系统的环境适应性，包括提高抗干扰能力（提高落地信号电平和提升抗干扰能力）、抗欺骗能力（播发专用信号，提升抗欺骗能力），例如，铱星播发功率相对比较大的STL导航增强信号，落地信号电平和抗干扰能力较 GPS 信号提升 30dB，可以使得 GPS 接收机在干扰环境中具有更高的抗干扰能力；二是 LEO 低轨卫星相对于导航用户终端的几何构型变化快，用户观测数据几何变化明显，卫星信号多普勒频偏较大，可以大幅缩短 GNSS 高精度载波相位测量整周模糊度收敛时间、缩短 RTK 定位的初始化时间。文献［17］研究表明，低轨卫星数量充足的情况下，长基线 RTK 模糊度首次固定时间平均由 12 min 缩短至 2 min，固定成功率由 76%提升至 96%。可以预见，利用全球覆盖的低轨卫星系统播发 GNSS 差分改正数及完好性信息，可以增强 GNSS 的完好性，提高武器装备的作战效能，加强民用导航市场的竞争力。

参考文献

［1］ DESELDINGPB. Virgin，Qualcomm investin OneWeb satellite internet venture［EB/OL］.（2015-01-15）.http：// spacenews. com/virgin-qualcomm-invest-in-global-satellite-internet G plan/.

［2］ DESELDINGPB. SpaceX to build 4000 broadband satellites in Seattle［EB/OL］.（2015-01-15）. http：// spacenews. com/spacex-opening-seattle-plant-to-build-4000-broadband-satellites/.

［3］ NYIRADY A. SpaceX receives FCC approval to launch 7518 Starlink satellites［EB/OL］.（2018-11-16）. http：// www. satellitetoday. com/broadband/2018/11/16/spacex-receives-fcc-approval-to-deploy-7518-satellites/.

［4］ DESELDINGPB. Boeing proposes big satellite constellations in V- and C- bands［EB/OL］.（2016-06-23）. http：// spacenews. com/boeing proposes big satellite constellations in v- and c-bands/.

［5］ 蒙艳松，边朗，王瑛，等. 基于“鸿雁”星座的全球导航增强系统［J］. 国际太空，2018（10）：20-27.

［6］ CNAGA.CASIC plans to launch 156 small satellites for the Hongyun Program［EB/OL］.（2018-03-03）. http：// en.chinabeidou.gov.cn/c/393.html.

［7］ Navigation from LEO current capability and future promise［EB/OL］.（2019-12-07）.https：//www.gpsworld.com/navigation-from-leo-current-capability-and-future-promise/.

［8］ 刘天雄. 卫星导航增强系统原理与应用［M］. 北京：国防工业出版社，2021.

［9］ PETER A IANNUCCI，TODD E HUMPHREYS. Economical fused LEO GNSS［C］// Proceeding of 2020 IEEE/ION . New York：IEEE，2020

［10］ JOERGER M，GRATTON L，PERVAN B，et al. Analysis of iridium augmented GPS for floating carrier phase positioning［J］. Navigation，2010，57（2）：137-160.

［11］ DAVID WHELAN. iGPS：integrated Nav & Com augmentation of GPS. Boeing Defense Space & Security［EB/OL］.（2019-05-11）. http：//citeseerx.ist.psu.edu/viewdoc/download?doi=10.1.1.457.657&rep=rep1&type=pdf.2019，4.

［12］ Manual for ICAO Aeronautical Mobile Satellite（ROUTE）Service Part 2—Iridium Draft v4.0［EB/

OL] . (2019-12-27) . https: //www.icao.int/safety/acp/Inactive%20working%20groups%20library/ACP-WG-M-Iridium-8/IRD-SWG08-IP05%20-%20AMS (R) S%20Manual%20Part%20II%20v4.0.pdf.

[13] 铱 星 [EB/OL] . (2019-12-07) . https: //baike.baidu.com/item/ 铱 星 /2943932?fr=aladdin&ivk_sa=1022817p.

[14] GEBHARDTC. Iridium boss reflects as final NEXT satellite constellation launches [EB/OL] . (2019-01-11) . https: // www. kc4mcq. us/?p = 15784.

[15] http: // www.satellesinc.com/wp content/uploads/2016/06/Satelles White Paper Final.pdf.

[16] STL—Satellite Time and Location [EB/OL] . (2019-12-07) . https:// www.unoosa.org/documents/pdf/icg/IDM6/idm6_2017_04.pdf.

[17] LI X X, LÜ H B, MA F J, et al. GNSS RTK positioning augmented with large LEO constellation [J] . RemoteSensing, 2019, 11 (3): 228.

9 什么是卫星导航系统的低轨增强系统?

按不同服务性能，卫星导航系统的增强技术可包括信号强度增强、精度增强、完好性增强、连续性和可用性增强和面向GNSS系统的辅助增强。按增强效用产生的载体可以分为信息增强和信号增强。信息增强是通过修正卫星导航定位系统的误差来提高导航定位的精度和可靠性。信息增强并不提供观测量，只提供消除GNSS系统误差的改正数，提高导航定位性能。信息增强通常需要的是传输通道，能够把增强信息发送给用户。信号增强是指通常需要信号发射机，来为用户提供测量信息，信号增强系统提供观测量，可以与GNSS系统联合定位或者独立定位，提高导航定位的精度和可用性。鉴于信息一般调制在射频信号中，信息增强、信号增强可以同时使用和产生效果。

低轨通信星座相对于高轨通信星座而言，具有更低的传输时延、更好的全球覆盖性（包括南北两极），可以更好地克服南山效应，终端有可能更小，速率有可能更高。近年来，国内外学者提出通过低轨卫星星座，利用低轨卫星播发导航信号来增强GNSS的低轨导航增强的构想[2]。低轨移动通信卫星既可播发卫星导航系统的差分改正数据，起到导航增强的作用，也可像地面移动通信网络那样，为卫星导航用户终端提供初始的位置、时间和频谱辅助，提高导航终端的复杂环境适应性，起到辅助导航的作用。由于这些潜在的发展能力，基于低轨卫星星座的导航增强及导航通信一体化发展备受瞩目。

可以预见，未来5~10年内将有数百颗小卫星在轨运行，为提高应用效益，综合化卫星系统是小卫星的一个重要发展趋势，尤其是商业化运营的卫星系统。因此，如能利用低轨通信星座，并利用已有的信道资源，播发导航信号及导航增强信息，并与GNSS系统融合，将极大地改善目前GNSS系统自身的“脆弱性”。低轨移动通信卫星可以与地面移动通信网络相结合，在5G通信下行信号基本体制LTE-OFDM的基础上，天地一体、导航通信一体，是今后基于移动通信网络导航增强与辅助服务的一个技术发展方向。

LEO导航增强系统的内涵为LEO卫星配置高精度原子钟和激光星间链路载荷，利用双向激光链路实现MEO导航卫星和LEO导航增强卫星之间以及MEO导航卫星之间的距离测量、无时间误差的激光链路时间传递和数据传输，借助光频梳技术以及无线电链路，LEO卫星星座可以和地面运控系统保持时间同步，并成为卫星导航系统的时间频率中心。通过LEO和MEO卫星联合定轨等手段，系统提高当前全球卫星导航系统的服务精度和完好性。典型方案是Kepler低轨星座对二代Galileo系统的导航增强服务。此外，还可以独立设计低成本的LEO卫星星座，卫星时频载荷不再配置高精度高成本的星载原子钟，利用GNSS播发的高精度授时信号驯服LEO卫星配置的高稳晶振，获得LEO卫星的时频基准，同时利用GNSS接收机获取LEO卫星的位置。利用LEO卫星监测当前全球卫星导航系统的MEO信号，播发MEO导航信号差分改正数和完好性信息，从而实现提升MEO导航信号精度、MEO导航信号全球完好性监测的目的。此外，LEO卫星还可以进一步播发测距信号和含有星历等信息的导航电文的两路简化信号，独立提供高精度导航服务。独立设计低成本的LEO卫星星座，不管是监测MEO信号，还是播发LEO导航信号，其成本和商业模式均值得探索[3]。

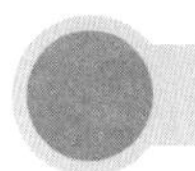

相关链接

基于LEO通信星座的导航系统和低轨增强系统的内涵差异

基于LEO通信星座的导航系统的内涵为在不影响通信任务的前提下，统筹设计LEO通信卫星的通信信号和导航信号，导航信号包含测距码和星历、钟差等信息的导航电文，用户接收多颗LEO卫星播发的导航信号，利用接收机对多个脉冲导航信号瞬时多普勒圆锥曲面相交点，就可以确定接收机的位置，可以作为当前以MEO卫星为测距源的全球卫星导航系统的备份系统。

典型方案是美国基于新一代铱星移动卫星通信系统播发STL信号，在不改变铱星通信载荷时频单元划分和信号物理层设计的基础上，占用后0.5 MHz带宽（1 626～1 626.5 MHz）资源，单工信道播发STL脉冲信号（每1.4 s播发一次），为用户提供独立的授时和定位服务。由于铱星卫星通信信号、STL脉冲导航信号以及GPS信号均采用L频段且频点相近，因此，用户可以用一台接收机（共用射频前端，数字基带处理软件不同）同时接受铱星通信信号、STL导航信号以及GPS信号，十分便捷地实现通导一体化服务。

按照低轨导航系统定位、功能和性能，低轨导航系统可以分为导航增强系统、应急备份系统和独立导航系统三种类型。低轨导航系统的特征如表1所示。导航增强系统不能单独提供服务，时频基准建立于基本导航系统之上，与基本导航系统共同提供服务，增强导航性能，提高服务指标。应急备份系统在应急情况下具备独立提供导航服务的能力，功能和性能指标低于 GNSS，但可以保证用户服务的不间断；应急备份系统平时具备与基本导航系统共同提供服务的能力；独立导航系统具备单独提供的能力，功能、性能指标与目前 GNSS 系统相当。

表 1　低轨导航系统的特征

	覆盖	卫星数量	卫星载荷	体制	效能
导航增强系统	单、双重	60～150	双频 GNSS 接收机，信号、信息播发载荷，高稳晶振	信息＋信号增强	增强导航信号落地功率；加速定位收敛速度；提升定位精度、完好性等指标
补充备份系统	双重及以上	150～200	双频 GNSS 接收机，双频信号播发载荷，高稳晶振	多普勒等其他定位	补充备份系统平时具备与基本导航系统共同提供服务的能力，在 GNSS 系统不可用时，播发双频信号利用其他体制提供导航服务
独立导航系统	四重及以上	400+	双频 GNSS 接收机、至少双频信号播发载荷，独立原子钟	载波测量、伪距测量	独立导航系统维持独立的时空基准，功能、性能指标可达到或者超过目前 GNSS 系统水平，可独立提供服务。同时，二者兼容互操作，可共同为用户提供更优服务

德国 DLR 和 GFZ 利用由 4～6 颗 LEO 卫星组成 Kepler 低轨星座，配置高精度光钟和激光星间链路等载荷，构建下一代 Galileo 系统的天基时间基准，提升 Galileo 系统的卫星广播星历和广播钟差的精度，缩短卫星广播电文的更新周期，由此提升 Galileo 系统的服务精度。此外，通过在 LEO 卫星配置高精度导航监测接收机，可以实现对全球卫星导航系统 MEO 导航卫星导航信号的天基监测，预测 MEO 卫星的广播星历和钟差精度，给出导航信号的质量和完好性状态，实现 LEO 卫星增强全球卫星导航系统的性能。文献［3］指出 NTS-3 卫星采用地球静止轨道设计方案，并计划利用 4 颗地球静止轨道的 NTS-3 卫星实现对 GPS 全球导航增强。美国和欧洲的高轨和低轨导航增强方案均是利用几颗卫星就能实现各自系统的导航性能增强，值得我们学习借鉴。

参考文献

[1] 孙晨华，肖永伟，赵伟松，周坡．天地一体化信息网络低轨移动及宽带通信星座发展设想[J]．电信科学，2017，33（12）:43-52.

[2] REIDTG，NEISHA M，WALTER TF，et al. Leveraging commercial broadband LEO constellations for navigating[C]// Proceedings of the 29th International Technical Meeting of the Satellite Division of the Institute of Navigation（ION GNSS+ 2016）. Portland，Oregon：ION，2016：2300-2314.

[3] 刘天雄，周鸿伟，聂欣，卢鋆，刘成．全球卫星导航系统发展方向研究[J]．航天器工程，2021，30（2）：96-107.

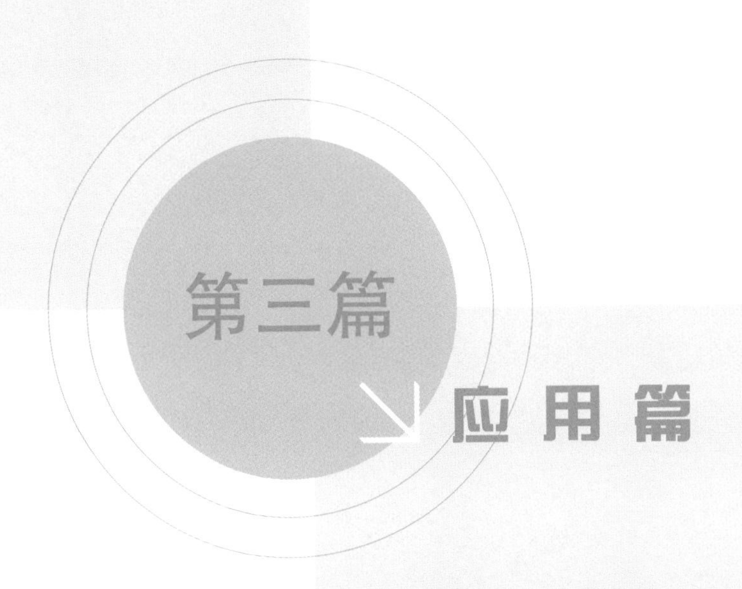

第三篇

应用篇

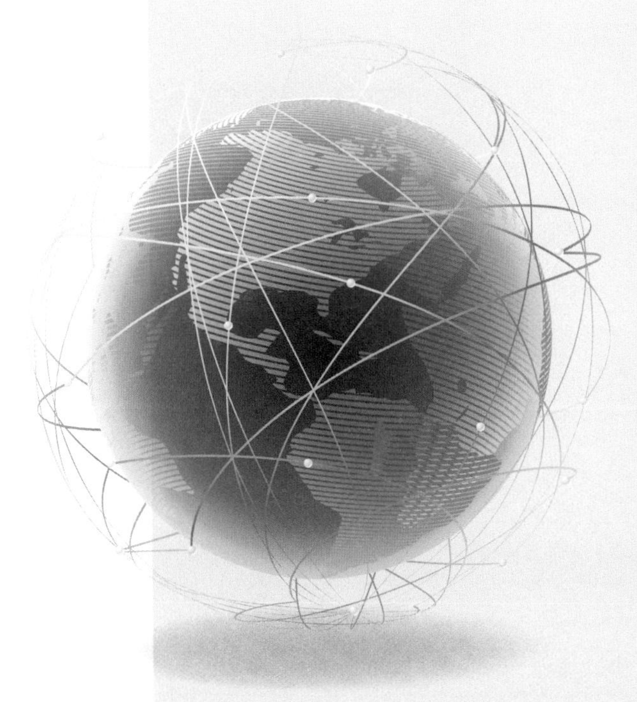

第十一章 北斗系统服务类型

1 北斗系统提供哪些服务？

北斗卫星导航系统为用户提供导航和通信两大类共七种服务，包括面向全球范围，提供定位、导航和授时（RNSS）、全球短报文通信（GSMC）和国际搜救（SAR）三种服务；面向中国及周边地区，提供区域短报文通信（RSMC）、精密单点定位（PPP）、星基增强服务（SBAS）和地基增强服务（GAS）四种服务[1, 2]，系统服务规划如表 1 所示。

表 1　北斗卫星导航系统服务规划

服务类型		信号 / 频段	播发手段
全球范围	定位导航授时（RNSS）	B1I、B3I	3GEO+3IGSO+24MEO
		B1C、B2a、B2b	3IGSO+24MEO
	全球短报文通信（GSMC）	上行：L 下行：GSMC-B2b	上行：14MEO 下行：3IGSO+24MEO
	国际搜救（SAR）	上行：UHF 下行：SAR-B2b	上行：6MEO 下行：3IGSO+24MEO

续表

服务类型		信号 / 频段	播发手段
中国及周边地区	星基增强（SBAS）	BDSBAS-B1C、BDSBAS-B2a	3GEO
	地基增强（GBAS）	2G、3G、4G、5G	移动通信网络 互联网络
	精密单点定位（PPP）	PPP-B2b	3GEO
	区域短报文通信（RSMC）	上行：L 下行：S	3GEO

注：中国及周边地区即东经 75°~135°，北纬 10°~55°。

相关链接

北斗卫星导航系统七大服务

（1）定位、导航和授时服务

定位、导航和授时服务（RNSS）是北斗卫星导航系统所提供的最为基础的，也最为广泛的一类服务，利用 RNSS，用户可以通过北斗终端接收四颗以上数量的北斗导航卫星播发的 L 频段导航信号和电文信息，确定自己的位置、速度和时间[3]。

北斗卫星导航系统播发的 RNSS 服务公开信号共有 5 个，分别为 B1C、B2a、B2b 、B1I 和 B3I 信号，全世界用户可以通过北斗官方网站 http://www.beidou.gov.cn 免费下载“北斗卫星导航系统空间信号接口控制文件（ICD）”，获取北斗民用导航信号的结构、特性以及导航电文格式，用户还可以在北斗官方网站实时了解和查询北斗卫星导航系统的动态信息。

北斗卫星导航系统 RNSS 在全球范围实测定位精度水平方向优于 2.5 m，垂直方向优于 5.0 m，测速精度优于 0.2 m/s，授时精度优于 20 ns，对亚太地区精度提升约 30%，可用性提升约 5%[4]。

（2）全球短报文通信服务

北斗卫星导航系统是一个融合了通信与导航功能的系统。短报文通信是我国北斗系统自北斗一号就开始提供的一种特色服务。北斗三号卫星导航系统利用 14 颗 MEO 卫星，借助星间链路技术可以为全球用户提供全球短报文通信（GSMC）服务，如图 1 所示。GSMC 服务覆盖远洋、航空、南北极以及地表以上 1 000 km 内的空间区域，服务容量高于 30 万次 / 小时，用户单次报文最大长度为 40 汉字（560 bit）[3]。

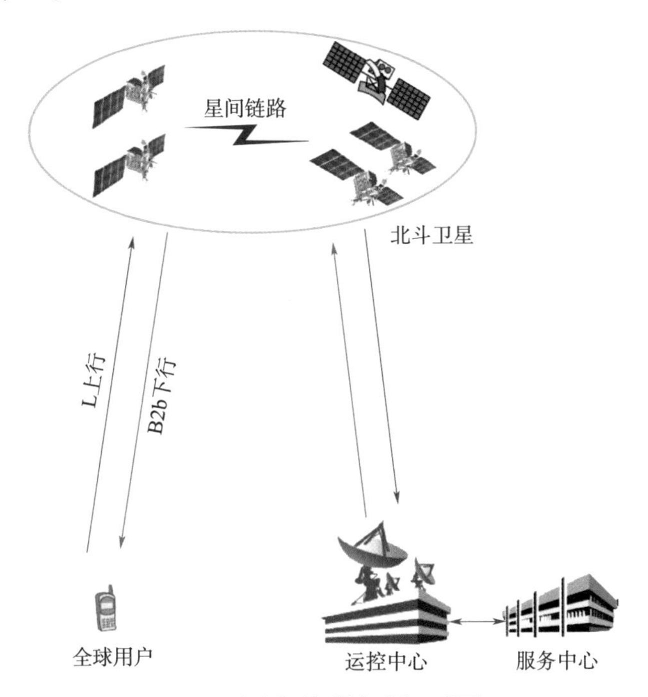

图 1　北斗全球短报文系统示意图

（3）国际搜救服务

COSPAS-SARSAT 系统由地面部分、空间部分和用户三部分组成，如图 2 所示[5]，地面部分由任务控制中心（Mission Control Center，MCC）、本地用户终端站（Local User Terminal，LUT）、救援协调中心（Rescue Coordination Center，RCC）组成。空间部分由配置搜索救援载荷（Search and Rescue，SAR）的 GEO（Geostationary）卫星、LEO（Low Earth Orbit）卫星以及 MEO（Medium Earth Orbit）卫星组成。

COSPAS-SARSAT 系统用户配置的示位标包括船载紧急无线电示位标（Emergency Position Indicating Radio Beacon，EPIRB）、航空机载紧急定位发射机（Emergency Location Terminal，ELT）和个人遇险定位信标（Personal Locator Beacon，PLB）三种类型，如图 3 所示。

图 2　COSPAS-SARSAT 系统组成

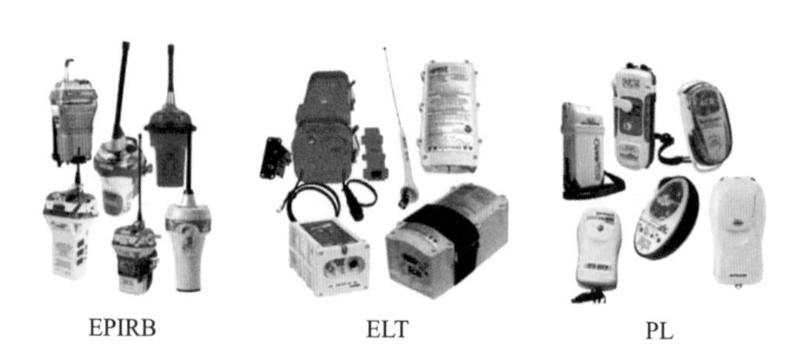

图 3　COSPAS-SARSAT 系统用户示位标

COSPAS-SARSAT 的用户示位标发出频率为 121.5 MHz 和 406 MHz 的遇求救信号，配置 SAR 载荷的 LEO 和 GEO 卫星接收求救信号，同时完成多普勒频移测量，再用 1544.5 MHz 频点将求救信号和相关信息播发给本地用户接收终端站（LUT），LUT 一方面接收卫星转发的示位标发出的遇险求救信号，同时完成对信标信号的检测及信标信息提取，利用卫星与信标机间的相对运动所产生的多普勒频移计算出信标位置，再将结果和反向链路请求信息发送给任务控制中心（MCC）。MCC 将救援信息发送给当地救援协调中心（RCC），当地

RCC组织对遇险人员的搜救工作，同时实时修正所跟踪卫星的轨道参数。任务控制中心的主要功能是搜集、整理和存储从本地用户终端发来的数据，以最快的速度把报警和定位数据分发到距离最近、最为适合救援的搜救协调中心，由当地救援组织实施搜救任务，使遇险者能得到及时有效的救助，从而实现全球全方位、全天候的卫星搜救服务。

2017年10月，我国北斗在加拿大蒙特利尔举行的第31届COSPAS-SARSAT委员会会议上正式加入COSPAS-SARSAT全球卫星搜救系统，按COSPAS-SARSAT标准，在北斗全球覆盖的MEO卫星上搭载搜索救援载荷，搜索救援载荷接收并发送搜索与救援信号，提供符合COSPAS-SARSAT标准的搜索与救援服务，简称SAR/BDS。

SAR/BDS业务的信标体制、检测概率、定位精度、定位概率与SAR/Galileo的指标基本一致，用户发出406 MHz信标遇险信号，信号带宽有50 kHz和90 kHz两种模式，卫星播发1 544～1 545 MHz下行信号，信号功率为−148 dBW～−159 dBW。北斗卫星导航系统同时利用B2b链路为用户提供返向链路信息回信服务。

地面段LUT与各大卫星导航系统的MEOSAR载荷兼容，能够接收L/S频段下行信号，将信标信号及信标信息转发给MCC。MCC完成数据的接收和处理，向中国海事搜救中心发送告警消息，并根据数据共享计划向西北太平洋数据节点发送相关消息[6]。北斗系统与其他中轨卫星搜救系统共同组成全球中轨卫星搜救系统，为全球用户提供遇险报警服务，并通过返向链路提供遇险报警确认服务[7]。

（4）区域短报文通信服务

北斗卫星导航系统的区域短报文通信服务（RSMC）覆盖中国及周边地区，通过系统星座中的三颗GEO卫星实现短报文信息的收发。用户发射信号为L频段，卫星将用户信号转发给地面站，地面站处理之后再将信息通过卫星播发给期望的用户，用户接收信号为S频段。RSMC信息流如图4所示。用户完成申请注册后，可获取点播、组播、通播等模式的短报文通信服务。北斗此项服务容量为1 000万次/小时，单次报文最大长度约1 000汉字（14 000 bit）[3，8]。

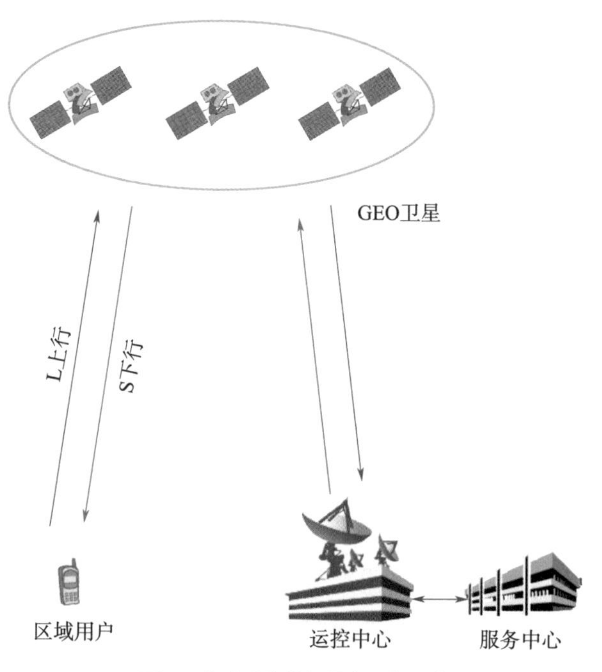

图 4　北斗系统的短报文服务系统

（5）精密单点定位服务

北斗卫星导航系统的精密单点定位（PPP）服务覆盖中国及周边地区，通过接收星座中的三颗 GEO 卫星播发的 PPP-B2b 信号，用户可以获得北斗和 GPS 卫星的高精度的轨道、钟差等信息。

用户终端接收北斗 B1C 信号和 GPS L1C/A 信号双频 RNSS 信号，同时接收北斗 PPP-B2b 信号，利用增强信息实现高精度位置解算。北斗 PPP 服务的定位精度可以达到分米级，在仅利用北斗星座的情况下，定位精度实测水平优于 20 cm，高程优于 35 cm，收敛时间为 15~20 min[9]。

（6）星基增强服务

星基增强系统通过地球静止轨道卫星播发差分参数和系统完好性信息，在卫星信号覆盖范围内的沙漠、海洋、高空等无网络覆盖区域、网络覆盖断续的区域，提供动态高精度定位服务，为用户解决定位盲区的问题。对于民用航空等涉及生命安全服务的用户，需要星基增强系统提供差分改正数和完好性信息，一旦系统发生异常导致服务降级，在定位精度下降超过阈值时，系统需要在规定时间内向用户报警，确保服务安全[10]。

北斗卫星导航系统的星基增强系统（BDSBAS）通过北斗三号的三颗GEO卫星播发符合国际民航组织（ICAO）标准的BDSBAS-B1C和BDSBAS-B2a增强信号，为中国及周边地区用户提供单频（SF）和双频多星座（DFMC）导航增强服务，性能指标为一类垂直引导进近（APV-I）和一类精密进近（CAT-I）[11]。BDSBAS组成如图5所示。

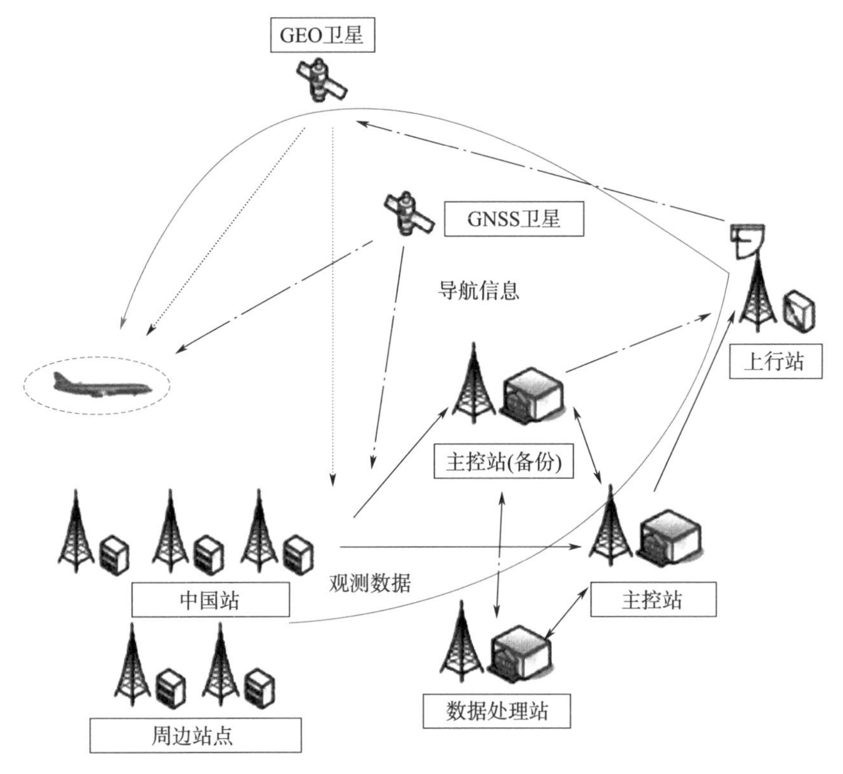

图5　北斗卫星导航系统星基增强系统（BDSBAS）组成

星基增强系统主要应用于民用航空领域，为民航用户提供大范围的高精度、高完好性导航服务，北斗系统星基增强系统具备完整商业服务能力，可为东亚、东南亚等地区用户提供更快速、更精准、更可靠、实时无缝的高精度服务。

（7）地基增强服务

北斗地基增强系统由基准站网络、数据处理系统、数据播发系统、运营服务平台和用户终端五部分组成，如图6所示。基准站网络可对北斗卫星导航信号长期连续接收和分析处理，可消除卫星导航系统自身及卫星信号传输误差。通过移动通信等方式为用户提供各种包含卫星轨道和钟差改正信息等的增强数据产品，即为用户提供地基增强服务（GAS），包括米级、分米级、厘米级和事后毫米级的高精度定位服务[12]。

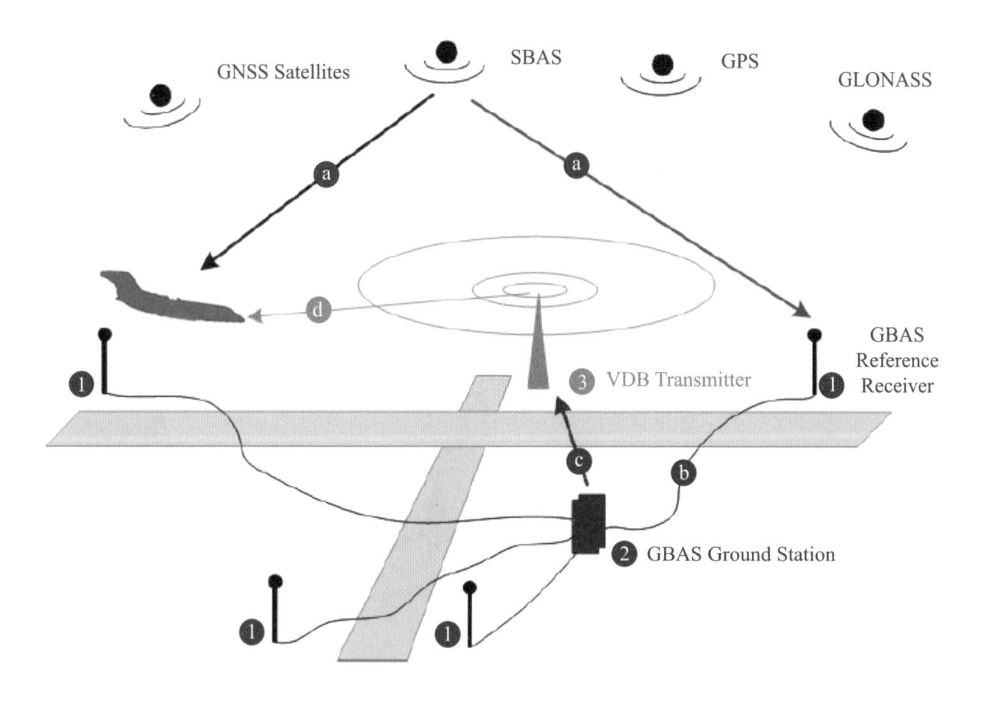

图 6　地基增强系统组成

北斗地基增强系统为高精度应用奠定了技术基础，提供的高精度位置服务更是推动北斗应用进入大众消费、共享经济和民生服务等领域，广泛应用于农业、交通等领域[13]。

随着北斗卫星导航系统的建设，我国卫星导航定位基准站在技术体系、建设规模、服务能力等方面得到了极大的增强。当前我国的基准站可为自然资源、智慧城市、交通运输等生活领域提供高精度的空间位置信息服务，大力推动我国的经济发展。

参考文献

[1]　中国卫星导航系统管理办公室 . 北斗卫星导航系统应用服务体系（1.0 版）[S]. 北京，2019.

[2]　中国卫星导航系统管理办公室 . 北斗卫星导航系统发展报告（4.0 版）[S]. 北京，2019.

[3]　中国卫星导航系统管理办公室 . 北斗卫星导航系统公开服务性能规范（3.0 版）[S]. 北京，2019.

[4] 杨军. 北斗卫星导航系统建设与发展[C]. 第十二届中国卫星导航年会，2021.

[5] Cospas-Sarsat System Overview [EB/OL]. (2021-09-01). https://cospas-sarsat.int/en/system-overview/cospas-sarsat-system.

[6] Search and rescue payload based on BeiDou system: plan & advancement [EB/OL]. [2021-09-01]. http://www.unoosa.org/documents/pdf/icg/2017/wgb/wgb_9.pdf.

[7] 中国卫星导航系统管理办公室. 北斗卫星导航系统空间信号接口控制文件公开服务信号B2b（1.0版）.

[8] 中国卫星导航系统管理办公室. 北斗卫星导航系统区域短报文通信服务空间信号接口控制文件（1.0版）.

[9] 中国卫星导航系统管理办公室. 北斗卫星导航系统空间信号接口控制文件精密单点定位服务信号PPP-B2b（1.0版）.

[10] 郭树人，等. 卫星导航增强系统建设与发展[J]. 全球定位系统，2019，44（2）：1-12.

[11] 中国卫星导航系统管理办公室. 北斗卫星导航系统空间信号接口控制文件星基增强服务信号BDSBAS-B1C（1.0版）.

[12] 中国卫星导航系统管理办公室. 北斗卫星导航系统地基增强服务接口控制文件（1.0版）.

[13] 北斗系统，为何能如此高精度？今日北斗[EB/OL]. [2021-08-16]. https://mp.weixin.qq.com/s/fGKiIzd4Vy2DbXsoI0DW5A.

2 北斗系统定位导航和授时服务是否收费？

北斗卫星导航系统（BDS）面向全球用户提供的定位、导航和授时服务是完全免费的，不会像移动通信或网络运营商一样向大众用户收取费用。

2016年发布的《北斗卫星导航系统》白皮书曾阐述了我国北斗的建设和发展原则，那就是“自主、开放、兼容、渐进”，其中“开放”指的就是免费提供公开的卫星导航服务[1]。用户可以选择北斗卫星导航系统播发的5个公开服务信号（B1C、B2a、B2b和B1I、B3I）中的任何一个获得单频PNT服务，也可以通过双频、三频组合的方式，减小电离层延迟的影响，获得更高的精度。除了5个公开服务信号之外，北斗系统还在B1和B3频点设计了授权信号，面向特许用户提供高精度的定位、导航和授时服务。

相关链接

北斗系统为什么成为国家新基建的基础设施？

我国的新型基础设施建设又称“新基建”，是以新发展理念为引领、以技术创新为驱动、以信息网络为基础，面向高质量发展需要，提供数字经济转型、智能升级、融合创新等服务的基础设施，覆盖5G建设、物联网等领域。北斗卫星导航系统是我国着眼于国家安全和经济社会发展需要，自主建设运行的系统，为全球用户提供全球覆盖、精确稳定的时间和空间基准信息，而这正是5G基站建设、智能电网、高速轨道交通网络等信息化、智能化建设的基本信息要素。

北斗的高精度定位和授时服务可与5G移动通信网、互联网、物联网各节点的设备结合，使网络具有物理的时空属性，提供牢固的智能升级基础。截至2020年9月底，仅中国移动就已开通5G基站35万个，依托5G稠密的地面基站资源配置北斗高精度接收机构成北斗卫星导航基准站，可以融合形成北斗+5G地基增强系统，提供实时的厘米级的位置和纳秒级的时间统一的高精度基准，是面向未来高精度定位和自动驾驶的基础设施[2, 3]。

2019年9月国务院发布《交通强国建设纲要》，明确指出智能联网汽车研发要形成自主可控完的整产业链，而以北斗+5G所代表的泛在可控交通信息基础设施，将融合创新出中国特色的智能交通。

参考文献

[1] 中华人民共和国国务院新闻办公室.《北斗卫星导航系统》白皮书，2016年6月.
[2] 杨长风.中国北斗导航系统综合定位导航授时体系发展构想[J].中国科技产业，2018(6):32-35.
[3] 中国移动发布全球最大的“5G+北斗高精定位”[J].中国测绘，2020(11).

第十二章 定位服务

1 如何利用北斗系统进行大地测量和地籍测量？

大地测量的主要任务是测量和描绘地球并监测其变化，为人类活动提供相关的地球空间信息[1]。对地面点进行定位，需要精确地测量出地面点在空间中的位置，大地测量工作已经从单纯的地面测量跨入空间测量，全球卫星导航系统（GNSS）技术广泛地应用于大地测量之中。GNSS 技术一方面能够对地面目标进行精确定位，在差分系统的支持下，可以实现厘米级的测量精度。另外不需要地面控制点的支持，几乎不受地形地物的限制，只要在没有遮蔽的情况下，就可以使用 GNSS 作为测量工具，克服了传统测量的不便。GNSS 已是目前大地测量中主要的测量手段。现代大地测量的测量范围也已扩展到全球大地测量，从测量静态地球发展到可测量地球动力学效应等。GNSS 技术在建立与维持地球参考框架、建立和改善大地控制网、测定和精化大地水准面等方面已得到了成熟应用。

国务院 2008 年发布实施《土地调查条例》，国家根据国民经济和社会发展需要，每 10 年进行一次全国土地调查。全国土地调查的对象是我国陆地国土，主要内容包括土地利用现状及变化情况，包括地类、位置、面积、分布等状况；土地权属及变化情况，包括土地的所有权和使用权状况；土地条件，包括土地的自然条件、社会经济条件等状况[1]。土地调查的手段之一是开展地籍测量，地籍测量主要是测定每块土地的位置、面积大小，查清其类型、利用状况，记录其价值和权属，据此建立土地档案或信息系统，以便合理使用土地，是地籍管理的前提和土地管理的技术基础[2]。

传统外业测量利用钢尺、测距仪、经纬仪和全站仪等工具进行实地测量，手工记录所测数据。使用全站仪进行地籍测量，工作任务繁重，需要事先选定控制点与测量点。控制点需要在地面建标，而地面标识经常被人为破坏，寻找和恢复标识会虚耗大量的人力物力。除此之外，传统方法在测量时只能绘制草图，测量完毕后，根据测量数据和草图才能绘制实际可用的地籍图，不能实时反映测量数据的质量[3]。

北斗卫星导航系统静态定位精度已经达到厘米级，目前在地籍图根点加密控制测量中，最流行的方法是 RTK 技术测量方法。RTK 是一种基于载波相位观测值的实时动态定位技术，它能够实时地提供测站点在指定坐标系中的三维定位结果，并达到厘米级精度[4]。

（1）地籍测量的位置获取

传统地籍测量技术从控制网的已知点出发，布设合适的导线网，通过全站仪测边、测角，获得各个点的平面坐标，通过构建水准网和合适水准路线从高级控制点传递获得各个点的高程。北斗卫星导航系统通过静态测量和高等级控制点联测，可以直接获得三维坐标。RTK 技术可以直接获得碎部点的三维坐标。北斗卫星导航系统计算得到的坐标是地心地固坐标系下的坐标，需要将地心地固系下的坐标转换至所需的坐标系下，并投影到指定高度的投影面上。北斗卫星导航系统同样可以得到高程信息，但该高程是相对于参考椭球，即大地高，不是实际应用的正高或正常高，若能获得大地水准面差距，就可以进行对应高程系统的转换，将大地高转换为正高与正常高[5, 6]。

（2）北斗卫星导航系统地籍测量方法的优势[2, 3]

与地籍测量中的传统测量方法相比，北斗卫星导航系统定位测量具有以下几个方面的优势。

1）测量误差小。已有实地测量表明，北斗卫星导航系统测量相对误差在 50 km 范围内达 10^{-6}，150 km 范围达 10^{-7}，1 000 km 范围达 10^{-9}。近距离高精度实地测量当中，根据长时间定位的所得数据的解算误差为 1 mm，测量随着测距的增大优势更加明显。

2）工作耗时少。北斗卫星导航系统定位技术成熟，20 km 范围内定位耗时通常不超过 18 min；测量点间距离有所减小时，相对的静态快速定位所耗费时进一步减少。

3）消除了通视限制。测点间能够互相目测是原始观测方法的要求，而北斗卫星导航系统定位方法无测点通视要求，拓展了测点的取定空间，提高了方法的实用性，在定位卫星信号良好时可首选使用。

4）能获取空间坐标。北斗卫星导航系统卫星定位测量法在采集测量点的信息时，能提供待测点的三维空间坐标数据。

5）使用容易。使用北斗卫星导航系统定位测量法人为干预较少。随着技术的不断提高，北斗卫星导航系统设备逐步精巧化，其体积大大减小，使用越来越容易。

6）作业要求低。北斗卫星导航系统用于测距定位工作不受时段的限制。

参考文献

[1] 刘天雄. 卫星导航系统典型应用[M]. 北京：国防工业出版社，2021.
[2] 刘祥. GPS 技术在现代地籍测量中应用研究[D]. 吉林：吉林大学，2012.
[3] 刘文娟. GPS 在地籍测量中应用的研究[D]. 秦皇岛：燕山大学，2014.
[4] 黄晓君. 城镇地籍测量及精度分析[D]. 呼和浩特：内蒙古师范大学，2010.
[5] 潘正风，程效军，成枢，等. 数字测图原理与方法[M]. 武汉：武汉大学出版社，2004.
[6] 李征航，黄劲松. GPS 测量与数据处理[M]. 武汉：武汉大学出版社，2005.

2 北斗系统如何助力珠峰高度测量?

珠穆朗玛峰（简称珠峰）位于中国和尼泊尔边境，是世界最高山峰。我国自1966年以来先后对珠峰高程进行了6次测量，其中1975年和2005年两次开展了大规模测量，测定了珠峰高程并正式发布[1, 2]。2015年4月，尼泊尔发生8.1级地震，珠峰高程再次引起全世界关注[3]。经过协商，2020年5月中国和尼泊尔共同宣布珠峰高程[4]。

2020年5月27日完成峰顶测量，测量数据处理包括卫星导航系统控制网数据处理、峰顶交会数据处理、重力测量数据处理、雪深雷达测量数据处理、珠峰地区重力场及似大地水准面精化、珠峰高程的综合确定。本次峰顶测量步骤如下[5]：

1）首先，开展重力测量，检核并修正卫星导航系统测量高程数据的大地水准；

2）其次，完成卫星导航系统测量、冰雪探测雷达测量，给出高度测量数据；

3）同步开展峰顶交会测量，用于卫星导航系统测量结果的检核；

4）最后，处理上述结果，确定珠峰高程。

利用国产相对重力仪，本次峰顶测量在世界上首次获取了珠峰峰顶重力观测值，有助于提高峰顶高程异常至大地水准面差距的转换计算精度，从而修正卫星导航系统大地水准面，统一高程基准。

卫星导航测量接收机采用上海华测导航技术股份有限公司研制的CHCNAV P5北斗接收机与美国Trimble ALLOY接收机，两部卫星导航接收机同时观测，共用一个信号接收天线，固定于觇标顶端，接收北斗卫星导航系统（BDS）和GPS的导航信号。CHCNAV P5北斗接收机有效数据接收时间长度为40 min 53 s，Trimble ALLOY接收机有效数据时间长度为41 min 39 s，采样间隔均为0.05 s。同时，峰顶卫星导航系统测量点与峰下7个地面卫星导航系统监测站、1个临时卫星导航系统基准站组成峰顶卫星导航系统联测网，进行同步静态高程数据观测，如图1所示，观测时间不少于8 h。

同时，本次峰顶测量利用集成卫星导航系统设备的国产冰雪探测雷达仪器进行峰顶冰雪层厚度探测，采样率为40 Hz，共获取11 326个有效观测值数据。

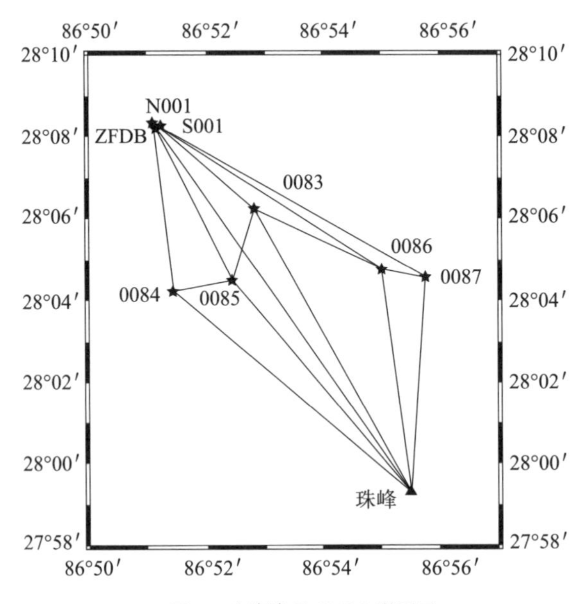

图 1　珠峰峰顶 GNSS 联测网

图 2　测量人员峰顶树立觇标

峰顶成功竖立测量觇标后，如图 2 所示，利用国产的长测程全站仪，分别从大本营、中绒、Ⅲ 7、东绒 2、东绒 3 和西绒 6 个交会点对峰顶觇标进行交会观测，测量水平角、垂直角和距离，最长斜距达 18.3 km（大本营至峰顶）。峰顶交会测量数据主要用于对峰顶卫星导航系统的测量结果进行独立检核。

珠峰高程外业测量包括坐标控制测量、高程控制测量、重力测量及峰顶测量。北斗卫星导航系统在坐标控制测量与峰顶卫星导航系统联测过程中发挥着重要作用，中央电视台作了跟踪报道，如图 3 所示。

（1）坐标控制测量[5]

以 BDS/GPS 基准站作为首级坐标控制，选取西藏、青海和新疆范围内稳定的 105 个国家 GNSS 基准站、2 个临时 GNSS 基准站，共计 107 个作为珠峰地区 GNSS 基准站网。2005 年测量珠峰高程时，主要依赖 GPS，而 2020 年最新的珠峰测量同时使用 BDS、GPS、GLONASS 和 Galileo 卫星导航系统，并以 BDS 为主。

图3　北斗卫星导航系统首次用于珠峰测高

布设由61个点组成的珠峰局部GNSS控制网，每点开展GNSS观测1~2个时段，时段长度为8~14 h，采样间隔为10 s。61个GNSS控制点包含了6个交会观测点和峰顶GNSS联测网中的地面GNSS测站。这61个点同时也是水准点，结合水准测量获取61个点的GNSS水准实测高程异常，可用于珠峰地区重力似大地水准面模型检核。

（2）大地水准面修正

中国1985国家高程基准以黄海多年平均海平面作为高程起算面，尼泊尔法定高程则从孟加拉湾平均海平面起算。为解决高程基准不一致的问题，双方商定：根据国际大地测量协会2015年、2019年在捷克布拉格、加拿大蒙特利尔发布的国际高程参考系统（International Height Reference System，IHRS）定义和实现决议，采用IHRS定义的重力位值和GRS80（Geodetic Reference System 1980）参考椭球[6]，建立珠峰区域重力似大地水准面模型，计算得到珠峰峰顶的大地水准面差距，作为IHRS中珠峰正高（海拔）的起算基准。

珠峰测高一个重要任务是峰顶重力测量。2005年珠峰测量时，根据7 790 m的重力测量结果推算至峰顶的重力值，此次2020年珠峰测高，使用国产Z400相对重力仪，首次获得了珠峰顶部的重力观测值。建立珠峰区域的重力似大地水准面模型使用了EIGEN-6C4地球重力场模型、8232点地面重力、83803点航空重力，通过融合，珠峰区域重力似大地水准面精度提升约40%[5]。

重力数据测量点如图4所示，构建的珠峰区域重力似大地水准面模型如图5所示。采用相同数据、不同方法，互为独立检核计算，所得峰顶大地水准面差距的差异为3.6 cm。计算的重力似大地水准面与GNSS水准进行比较，差值的标准差在0.038~0.078 m以内。

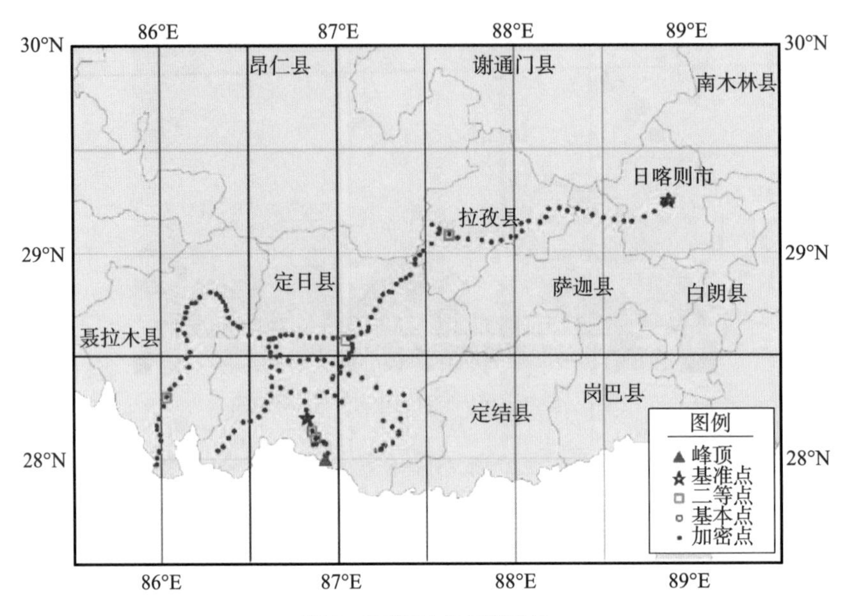

图 4　珠峰重力数据测量点

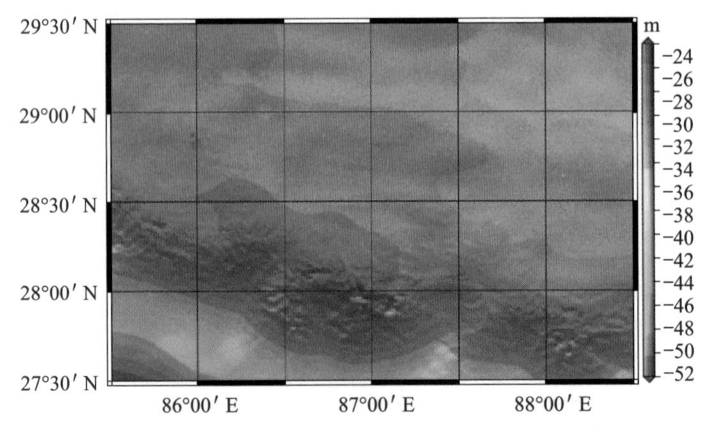

图 5　珠峰区域重力似大地水准面模型（左下蓝色三角形表示珠峰）

（3）峰顶测量与交会检核

从珠峰地区 GNSS 基准站网中选 24 个 GNSS 基准站作为起算点，完成珠峰局部 GNSS 控制网的基线解算与网平差计算。珠峰局部 GNSS 控制网平均精度在平面方向为 0.9 mm，高程方向为 3.5 mm。对峰顶 GNSS 点、7 个地面 GNSS 测站和 1 个临时 GNSS 基准站（大本营）组成峰顶联测网进行解算，在 ITRF 2014 参考框架、平均瞬时历元（2020.404），共获取 4 套峰顶点 GNSS 坐标结果。4 套峰顶点 GNSS 计算结果统计如表 1 所示[5]。

表 1　4 套峰顶点 GNSS 计算结果统计

GNSS 设备	卫星系统	北方向 /mm	东方向 /mm	高程方向 /mm
国产	GPS	9.5	21.6	19.4
	北斗	11.8	29.1	18.1
进口	GPS	8.9	20.1	18.2
	北斗	12.6	28.4	19.2

由表 1 可知，国产设备与进口设备结果精度相当，GPS 测量结果与北斗系统测量结果在高程方向上精度相当，GPS 结果在水平方向上略优于北斗结果。国产与进口设备所测峰顶点 GNSS 坐标的精度在 E 方向（东方向）均大于 2 cm，比 U 方向（垂直方向）精度要差，分析其原因主要是受珠峰地形限制，峰顶联测网地面 GNSS 测站都位于珠峰峰顶西北方向，珠峰南部和东部无地面 GNSS 测站，GNSS 网形结构限制了峰顶 GNSS 坐标水平方向的精度。

国产设备与进口设备数据所得峰顶点 GNSS 坐标的差异统计如表 2 所示[5]，GPS 坐标差异和北斗坐标差异均小于 1 cm，表明了国产 GNSS 设备和进口 GNSS 设备的测量结果是一致的。

表 2　国产设备与进口设备数据所得峰顶点 GNSS 坐标的差异

卫星系统	北方向 /mm	东方向 /mm	高程方向 /mm
GPS	1.5	1.1	1.5
北斗	3.8	9.3	−7.6

融合北斗和 GPS 数据得到最终的峰顶点 GNSS 坐标，平面坐标精度为 ± 13.2 mm，大地高精度为 ± 9.4 mm。

之后，开展交会测量检核。利用从 6 个交会点对峰顶觇标进行交会观测获取的水平角、垂直角和距离以及探空气球气象观测数据，计算大气折光系数，通过边角网平差计算峰顶点的大地纬度和经度，利用三角高程测量方法确定大地高，获取的峰顶点平面位置精度为 ± 0.051 m，大地高精度为 ± 0.042 m。

峰顶 GNSS 测量和交会测量是两种相互独立的观测技术，将 GNSS 联测和交会测量确定的峰顶点坐标进行比较，平面位置差异为 0.042 m，大地高差异为 0.026 m，两种技术所得峰顶点坐标一致，可以认为峰顶 GNSS 测量结果可信。

（4）珠峰高度测量结果

2020 年 12 月 8 日，中国和尼泊尔两国联合对外宣布，基于 IHRS 的珠峰区域重力似大地水准面模型，联合处理珠峰峰顶 GNSS 数据并获取峰顶雪面大地高，最终共同确定基于 IHRS 的珠峰峰顶雪面正高为 8 848.86 m，测量精度为 ±0.06 m。

参考文献

［1］ 陈俊勇，岳建利，郭春喜，等.2005 珠峰高程测定的技术进展［J］. 中国科学D辑（地球科学），2006，36（3）：280-286.

［2］ 党亚民，程传录，陈俊勇，等.2005 珠峰 GPS 测量大地高确定［J］. 测绘科学，2006（02）：128-132.

［3］ 尼泊尔发生8.1级大地震［EB/OL］.（2015-4-26）［2021-9-17］.http：//scitech.people.com.cn/n/2015/ 0426/c1057-26904496.html.

［4］ 尼泊尔和中国共同宣布珠峰新高程［EB/OL］.（2020-12-09）［2021-9-20］.http：//scitech.people.com.cn/n/2015/0426/c1057-26904496.html.

［5］ 党亚民，郭春喜，蒋涛，张庆涛，陈斌，蒋光伟.2020 珠峰测量与高程确定［J］. 测绘学报，2021，50（04）：556-561.

［6］ IAG resolutions adopted by the IAG council at the XXVIth IUGG general assembly［EB/OL］.（2015-06-22）［2021-9-20］. http：//office.iag-aig.org/iag-and-iguu-resolutions.

3 北斗系统如何实现地质灾害预测?

自然变迁和人为破坏是地质灾害的主要原因，主要灾害形态包括滑坡、泥石流、崩塌、地面塌陷、地面沉降和地裂缝等，严重影响地区经济发展和人民生命财产安全。随着我国北斗卫星导航系统的全面建成，其独特的星座构型和创新的导航与通信融合发展理念可提供大量的可视卫星数，实现实时高精度定位，可为提前预测地质灾害的发生，以及有效减少或避免地质灾害导致的人员伤亡和财产损失提供重要的信息支撑[1]。

北斗地质灾害监测主要基于北斗系统的高精度定位服务，在远离地质灾害的非形变区选择一个稳定点，建立参考基站，再在形变监测区根据监测项目的要求，进行形变区布置、建设多个监测站，对地质监测点边坡、滑坡（不稳定斜坡）等结构进行地面沉降、水平位移、形变实时监测；通过无线通信技术或利用北斗系统自身的短报文通信功能将参考基站和观测所得原始数据传输到数据处理中心，对原始数据进行控制网平差、卡尔曼滤波、深度学习等处理，解算出目标点即参考基站和观测站之间水平和高程的位移变化。

利用北斗系统可以实现全年、全天候、全天时不间断的高精度监测和实时监测信息回传，在监测期间，首先根据监测数据结合地质灾害的宏观变形特征定性分析出目前地质所处的变形阶段，对于长时间处于蠕变阶段的地质情况，利用监测数据以及相关的位移预测模型对其未来可能发生的变化进行预测，重点在于研究地质在某个时间段内可能发生的位移，而对于利用监测数据分析得到正处于危险状态的地质情况，则需要增加监测频率[2]。

利用北斗系统得到监测地区地质坐标时间序列产品，利用地质灾害发生的临界条件对灾害发生时间进行预警，重点在于研究地质结构的实时动态形变变化，以地质灾害的短临预警以及发生时间预报为主要工作。

相关链接1

北斗卫星导航系统如何实现大地变形监测?

变形监测就是利用仪器设备和测量方法对变形体发生的变形进行监测，同时对变形体的变形进行数据统计和预测分析等工作。变形监测研究首先要得到及时精确的变形数据信息，并且尽可能地通过这些数据信息来分析研究变形的内在规律、变形机理和外界影响，从而实现对变形体变形的影响进行预测、预报。要对变形监测进行及时准确的预测和预报，就需要高精度、实时的变形监测系统。目前工程项目上常用的变形监测技术有传统大地测量和卫星导航技术两种。基于北斗卫星导航系统的定位技术具有全天候、全时域、定位精度高、测量时间短、测站之间无须通视和可同时测定点位的三维坐标等优点，被广泛应用于变形监测中[3]。一般工作模式为，在离待监测区域不远处的稳定区域安置一台北斗接收机作为基站，在滑坡区域布置多台北斗接收机作为滑坡的位移监测点，在监测期间可以得到任意时刻滑坡监测点到基站之间的距离，从而可计算出滑坡在监测期间产生的位移。

相关研究结果表明，依靠北斗导航系统进行变形监测，在短基线情形下实时监测精度东方向优于 2 mm，北方向优于 2 mm，高程方向优于 3 mm[4]。基于美国 GPS 监测系统，不仅无法做到技术独立自主，而且存在硬件设备成本较高等问题。北斗系统的混合星座设计使得我国大部分区域其卫星可见数大于 GPS。

变形监测是可以根据重复观测结果的差别，分析出被监测对象的变形信息，进而实现灾害的预测和预报。

相关链接 2

北斗卫星导航系统如何预测地震灾害的发生?

我国大陆是全球地震高发区域之一，陆地面积占全球的十四分之一，20 世纪全球三分之一的内陆破坏性地震发生在我国大陆。1949 年以来，我国地震死亡人数占全部自然灾害死亡人数的 52%，居所有自然灾害之首[5]。面对严峻的震情形势，如何有效减轻破坏性地震造成的人员伤亡和经济损失，是我国迫切需要解决的问题。

在地震监测中，北斗卫星导航系统可用于获取高精度的监测站位置信息。地震发生前后必然有应力场的变化，从而带来地表位置的变化。通过监测这种位置变化，研究变化规律，可以为地震的预测、报警提供科学依据。如同给人做心电图，要在手臂、脚踝等处采集数据一样，在全国选取两千多个监测站点并安装北斗导航系统定位设备，构建覆盖中国大陆及近海的高精度、高时空分辨力的地壳构造运动监测网络（简称“陆态网”）[6]。通过获取这些监测站的高精度位置信息并对其坐标变化量进行分析，可实现对地壳应力场变化、地震前兆、地震过程中观测点位瞬时变化、震后地壳运动特征的监测，为地震预测、报警提供数据支持。此外，利用北斗的短报文通信功能，还可将地震监测数据远程传输到监测中心，并向有关部门转发地震相关信息[7]。

2021 年 5 月 22 日 2 时 4 分，青海果洛州玛多县（北纬 34.59°，东经 98.34°）发生 7.4 级地震，震源深度为 17 千米。武汉大学卫星导航定位技术研究中心耿江辉教授课题组（PRIDE）研发的北斗 /GNSS 实时地震监测系统（GSeisRT 软件系统）成功监测到该次地震事件，并于 22 日上午在课题组网站上发布相关结果[8]。PRIDE 团队研制的实时速报系统通过峰值地面位移计算出的实时震级为 7.12 级，与地震台网中心公布的震级仅差 0.28 个震级单位，验证了北斗 /GNSS 在快速分辨大地震（震级 >7 级）和震级快速确定方面的高效性和可靠性，为北斗 /GNSS 地震预警的工程化应用奠定了基础。

参考文献

[1] 张勤，黄观文，杨成生. 地质灾害监测预警中的精密空间对地观测技术[J]. 测绘学报，2017，46（10）：1300-1307.

[2] 姜卫平，王锴华，李昭，等. GNSS 坐标时间序列分析理论与方法及展望[J]. 武汉大学学报（信息科学版），2018，43（12）：2112-2123.

[3] 张庆斌. GNSS 技术在变形监测中的应用[J]. 科技创新与应用，2016（2）：292-292.

[4] 黄观文，黄观武，杜源，等. 一种基于北斗云的低成本滑坡实时监测系统[J]. 工程地质学报，2018（4）：1008-1016.

[5] 赵磊. 城市抗震防灾动态管理信息系统研究[D]. 唐山：河北理工大学，2014.

[6] 陈明，张鹏，武军郦. 我国 CORS 发展与技术应用[J]. 中国测绘，2016（1）：30-34.

[7] 吴清荣，杨泽寒，付建华. 北斗卫星导航系统在地震监测中的应用研究[J]. 河南科技，2015（12）：34-35.

[8] 卫星导航定位技术研究中心. 北斗 GNSS 实时地震监测系统成功监测到青海 7.4 级大地震[EB/OL].（2021-05-25）[2021-07-11] http：//news.whu.edu.cn/info/1015/64452.htm.

4 2020年武汉新冠疫情阻击战中，北斗系统发挥了什么作用？

武汉新冠疫情阻击战中，北斗发挥了重要作用[1,2]，包括北斗无人机防疫巡查、北斗高精度测量、北斗物流精准送达以及北斗医疗。

（1）北斗无人机防疫巡查

基于北斗高精度的各类无人机，通过精准定位在湖北等地开展消毒防疫，成为战“疫”不可缺的重要角色。无人机可以抵达防疫车无法抵达的地方，实现无死角防疫消毒。

（2）北斗高精度技术助力建设

高精度测量工作是工程建设的首要工作，北斗高精度定位和测量技术成为关键。利用北斗高精度定位服务为医院建设进行基础施工建设放线测量，效率高、准确度高，由此节省了大量时间，为医院的迅速建成，贡献了北斗力量，如图1所示。

图1　北斗助力方舱医院施工建设放线测量

（3）北斗物流精准送达

目前，全国各大物流公司都采用了基于北斗系统的定位和导航终端，为人们的日常物品快递提供服务。北斗系统为保障人们日常生活必需品、医疗物资的运输起到了非常重要的作用。疫情期间，各物流利用北斗设备专门区分救灾物资，由专人、专车为疫区人民提供服务，保证了救灾物资的送达效率。

（4）北斗医疗守护健康

北斗医疗终端设备，利用数字信息化的管理手段，有效地对患者的情况、位置信息进行管理，并对检查、住院等行为提供跟踪及保障，大大减少了人力成本。通过北斗终端，结合大数据，实现人员位置信息的分析处理，让防疫更精准。

参考文献

［1］ 环球网．大国重器服务人民 中国北斗全面战“疫”［EB/OL］．（2021-02-23）［2021-07-11］．https：//baijiahao.baidu.com/s?id=1659308904379654062&wfr=spider&for=pc.

［2］ 中国北斗卫星导航系统．新闻联播|北斗全面助力抗击新冠肺炎疫情［EB/OL］．（2021-02-27）［2021-07-11］．https：//mp.weixin.qq.com/s/M62clixGsATWeo0t3rz1Sw.

5 北斗系统在路桥施工中有什么作用？

北斗卫星导航系统可在路桥施工中发挥重要作用。在公路勘测方面，相较于传统测量方法，北斗卫星导航系统定位精度高，不受环境和距离长短的限制，适合地形条件复杂、互不通视的地区；对于山区公路建设，通过RTK技术可完成高精度的高程测量；实时获得测量点的空间三维坐标，适合线路、桥梁、隧道等工程的勘测，并可直接进行实地实时放样、中桩测量和点位测量，如图1所示。在公路变形监测方面，可通过构建网络RTK来进行误差修正，使得测量不受基准站和移动站之间的距离限制，通过在测量区域范围内建立多个均匀分布的连续观测基准站，对观测数据进行融合，可用于公路的变形监测。在公路施工放样中，基于RTK技术，能够实现公路施工过程的点、直线、曲线放样等操作，通过三维坐标定位直接完成施工放样，提高了施工效率。

图1　北斗道路施工测量应用

桥梁作为公共交通的重要载体，对区域交通通畅运行、社会经济发展至关重要。特别是随着大跨度桥、高架桥的出现，对桥梁稳定性、刚度和强度的要求愈加提高，加强桥梁建设期和运营期的健康监测愈发重要。以北斗高精度定位技术为基础，系统综合利用多元化传感器技术、桥梁结构分析技术、互联网等技术，具有选点灵活、精度高、无人值守、全天候获取实时数据的优点，如图2所示，可实时监测桥梁的健康状况，为桥梁状态评价、性能预测和养护决策提供依据，提高桥梁养护的智能化、数字化水平，同时能够辅助桥梁养护部门科学制定养护计划，加强病危桥梁看护，及时采取应对措施，避免安全事故。目前北斗桥梁健康在线智能监测系统已在山西忻保高速东川河二号大桥、昆明广福立交桥、北川筲箕湾大桥和沪通大桥等20余座桥梁中投入使用[1]。

图2　北斗桥梁健康在线智能监测应用

北斗桥梁健康在线智能监测系统可服务于高速桥梁、市政桥梁、公路桥梁、铁路桥梁等各种桥梁和应用场景，为桥梁施工、管理、养护部门提供了桥梁的全生命周期不间断监测手段。该系统可向桥梁建设期的施工单位提供现场数据采集，向桥梁使用期的主管和业主单位提供日常监测、辅助养护规划，向桥梁老化期的主管和业主单位提供预警、辅助决策信息。同时，可促进公路“建管养服”并重和养护管理可持续发展，推动构建更畅通、更安全、更智慧、更绿色的公路交通网络，助力实现“预防为主，安全第一”的智慧交通。

相关链接

形变监测工程应用实例

（1）北斗水电站大坝形变监测系统[1]

北斗水电站大坝形变监测系统利用北斗多频高精度载波相位差分处理技术，如图1所示，可以不间断提供水电站边坡毫米级精度监测数据，实现动态监测数据的自动获取、分析、解算与存储；在极大程度减轻外业强度的同时，能够迅速采集高精度三维点位监测数据，及时监测发现大坝的安全隐患情况。

图 1　北斗水电站形变监测应用

（2）高层建筑形变监测[1]

2015 年，基于北斗卫星导航系统的高精度接收机应用于科威特国家银行总部 300 m 高摩天大楼建设，如图 2 所示。利用北斗高精度接收机实现地面控制点监测，通过接收北斗信号，极大增加了遮挡环境下的可视卫星数据，保证了施工过程中垂直方向毫米级测量误差要求，这也是北斗卫星导航技术在海外首次应用于高层建筑监测。

图 2　北斗高精度接收机应用于科威特国家银行总部大楼施工

参考文献

[1]　中国卫星导航系统管理办公室．北斗卫星导航系统应用案例，2018.

6 北斗系统如何为老人儿童提供安全保障服务？

近年来我国老龄化比例逐渐上升，对子女照管的压力日渐加大，作为社会中坚力量的中年人工作压力和生活压力与日俱增，有时他们面对父母子女的监护需求会显得力不从心。而日益复杂的城市道路、各种频发的行车安全事故和其他问题给老人儿童的安全带来越来越多的不稳定因素。因此，加强老人儿童实时的定位跟踪监控以便提高他们的出行安全就显得尤为重要。

卫星定位技术具有精度高、实时、可视等特点，特别是随着小型化、低功耗芯片和接收终端的普及应用，使得卫星导航接收终端具有便携、长时续航、易于其他应用终端集成等优点。例如，北斗小型化接收终端，如图 1 所示；集成北斗定位功能的手表，如图 2 所示。

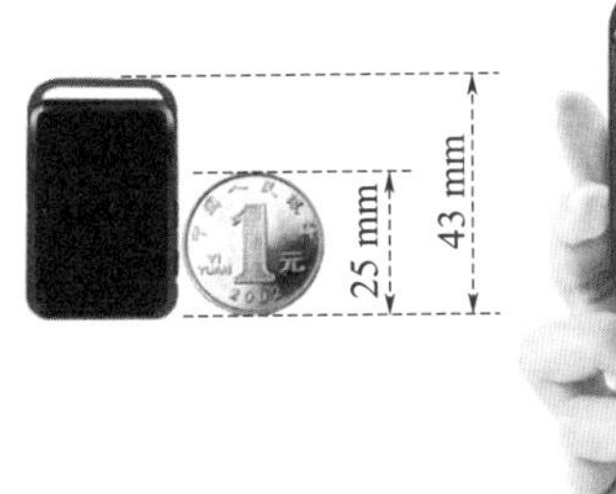

图 1　北斗小型化接收终端

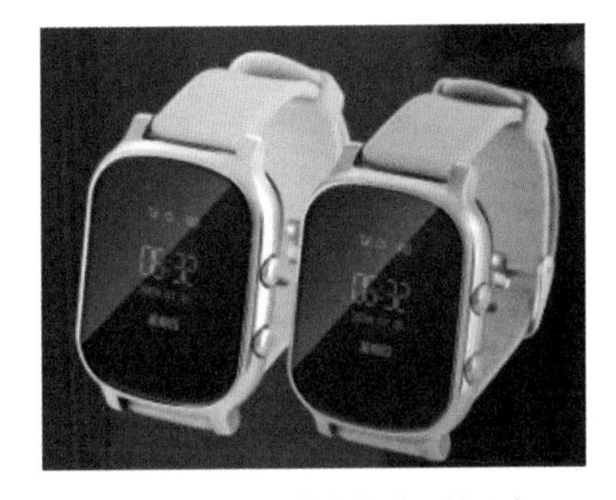

图 2　集成北斗定位功能的手表

基于北斗定位服务的老人 / 儿童实时的定位跟踪监护终端具有使用方便、多功能集成的特点。例如，监护终端利用北斗系统的卫星导航定位功能，可以实时确定老人和儿童的位置，并且通过终端集成的互联网或移动通信功能可以将位置信息发送给监管服务中心，儿女或家长通过安装在手机终端上的 App 软件即可实时了解父母或儿女的位置信息及其他状态信息，如图 3 所示。基于北斗导航定位的儿童监护服务，如图 4 所示。基于北斗定位服务的老人 / 儿童实时的定位跟踪监护终端给需要照看家里老人 / 儿童的用户减少了很多的麻烦，带来了极大的便利，也给老人、儿童提供了良好的安全保障服务。

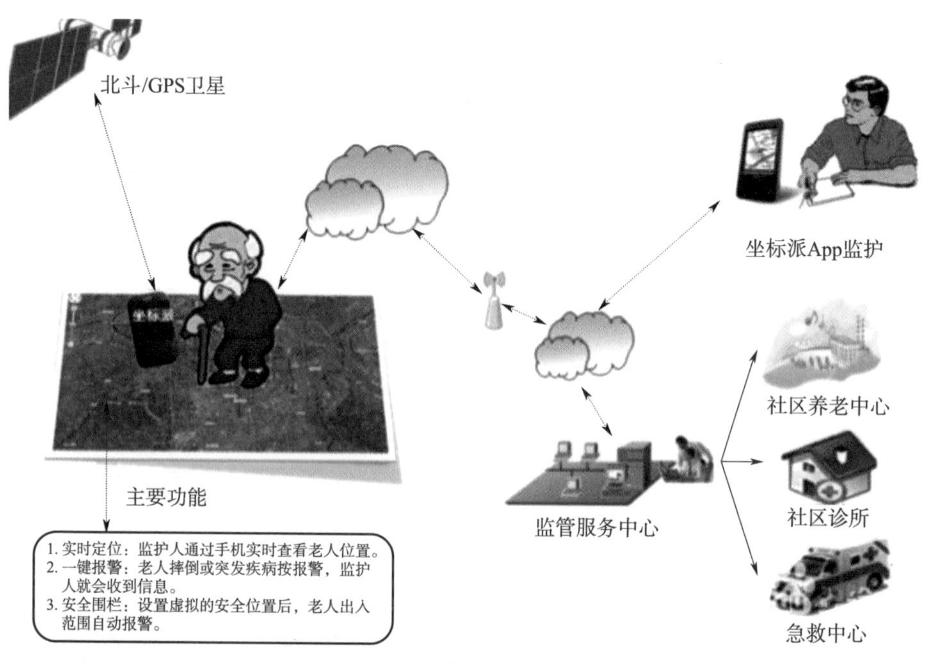

图 3　基于北斗导航定位的老人监护服务

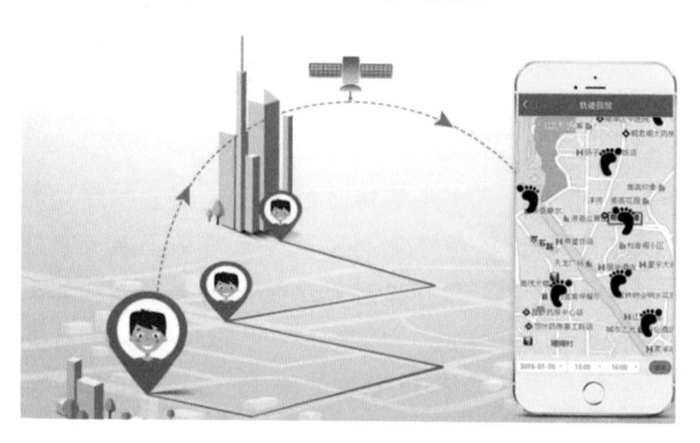

图 4　基于北斗导航定位的儿童监护服务

 北斗系统如何促进精准农业发展?

中国是农业大国，北斗卫星导航技术结合遥感、地理信息等技术，使得传统农业向精准农业发展，可以显著降低生产成本，提升劳动生产率，提高劳动收益。精准农业中的卫星导航技术主要包括农业机械控制、精准施肥和灌溉、农田资源的普查和规划等。

(1)农业机械控制

卫星导航技术在农业机械控制中的应用主要包括变量施肥播种机、联合收割机、无人驾驶拖拉机等。

①变量施肥播种机

精细农业变量控制的出发点是把大田块细化为小田块，按小田块收集田间状态信息，根据其差异性做出作业决策，即依据当前土壤养分状况和作物生长状况等田间状态信息编制出田间施肥或播种变量作业处方信息。作业处方信息包括田间不同区域应有的施肥量或播种量、定位信息、步进电机步进值等农事变量作业信息，并有针对性地加以实施。但不同的农田，农田信息分布空间差异较大，导致单位网格作业面积的大小定义差距较大，这样就必须根据网格大小采用不同精度的北斗导航或差分数据。

②联合收割机

在联合收割机上安装北斗卫星导航接收机和地理信息系统软件，在农作物收获的时候，利用北斗卫星导航技术和产量传感器，获得农田作业区内不同区域、不同地块的农作物产量分布，把这些数据经过处理后可以制作产量分布图。之后，再将影响农作物生产的相关因素数据输进计算机模拟软件，通过产量数据对比的方式，确定农作物产量分布不均匀的原因，并且制定相应有效的措施。由此，设计出农业机械的智能控制软件。在农田作业过程中，根据按需投入的原则，推进分布式投入，并综合分析某个农田、具体田块的总产量有没有提高或者减产，然后制定新的针对性更强的田间投入方式。相应地利用农作物的产量分布图，可以控制联合收割机的行驶速度、割幅，从而控制收割速度、脱粒喂入量，达到最佳的收割效果和最大的收割效率。

③无人驾驶拖拉机

在北斗卫星导航系统及其田地面增强系统的导航下工作，无人驾驶拖拉机可实现24 h内连续精确作业，大幅度地提高机组工作效率。

（2）精准病虫防治和灌溉

卫星导航技术在精准病虫防治和灌溉中的应用主要包括精准喷药、精准灌溉等。

① 精准喷药

精准喷药是运用卫星导航技术监测病虫草害的新手段，根据北斗定位数据和高清视频图像，可以监测大田作物病虫草害分布情况，通过逐次拍摄确认害虫的迁飞路线、种群数量和危害程度，以及病虫草害发展方向及流行趋势。如要对大面积农田集中进行喷药，则可选择装有北斗差分功能接收机的飞机，在北斗卫星导航系统及其地面差分系统支持下，装备农药的无人机可以在已设计的航线和高度飞行并喷洒药物，无人机加满药物再次返回作业区时，系统还能让飞机到达上次药物喷洒停止时的准确地点，以确保既无重复喷洒又无遗漏区域。

② 精准灌溉

土壤墒情是指作物耕层土壤中含水量多寡的情况。墒情可以反映作物在各个生长期土壤水分的供给状况，并直接关系到作物的生长与收获。根据墒情实施精确灌溉，精确灌溉既能满足作物生长过程中对灌水时间、灌水量、灌水位置、灌水成分的精确要求，如图 1 所示，又能按照田间的每个操作单元的具体条件，精细准确地调整农业用水管理措施，最大限度地提高水的利用效率。在田间运用集成北斗定位功能的土地参数采样器采集植物生长的环境参数，如土壤湿度、地温等，通过中心控制基站，利用专家系统进行植物长势分析，可以调控植物生长环境，精确调控节水灌溉系统。

图 1　基于北斗导航定位的精准喷药

（3）农田资源的普查和规划

在精准农业中，综合应用卫星导航技术、地理信息系统技术和遥感技术，可以实现农田土壤墒情等信息的数字化、可视化管理。技术人员利用北斗终端可以获得农田的地理位置信息，能够快速、高效、准确地量算出作业面积等参数。卫星导航接收机获得的农田定位信息通过地理信息系统软件转化成相应的图形，同农田的土壤墒情等信息融合，形成反映该信息的专题图和处方图，如肥力分布图、病虫害分布图等，用于农作物科学施肥、病虫害防治和估产等。

基于北斗系统可以开发农机作业监管平台，集成北斗定位、物联网、信息融合等技术，通过整合多源农机实时作业状态信息和生产大数据，可提供农机物联网、安全监管、信息化管理综合解决方案，实现农机管理数字化、可视化、智能化、精准化，并可通过手机 App 应用完成实时监管，如图 2 所示。基于北斗的农机全程机械化云服务平台，针对省、市、县、合作社多层级用户，围绕耕—种—管—收等作业核心环节，以农机为核心开展农机全程作业智能监测与调度，集农机的定位跟踪、作业监管、远程调度、运维管理、大数据分析、补贴结算、信息发布、合作社管理等功能于一体，服务于全国大农机、大农业的发展[1]。

图 2　北斗农机作业监管服务应用

相关链接

基于北斗系统的土壤墒情定位和报告

研究分析墒情在作物根系层的分布、变化规律，开展墒情预报，对防旱、排水除涝、调节土壤湿度、合理利用水资源、保证农业高产稳产具有十分重要的意义。

土壤水分传感器可测量土壤水分的体积百分比，广泛应用于农业、林业、地质等方面土壤温度测量及研究。增加了北斗卫星导航功能的土壤水分温度检测仪在测试土壤含水率的同时，可以测定测点的精确定位信息（经度、纬度），如图1所示，可随时显示采样点的位置信息，并可将位置和水分、组数等信息存储到主机内，也可通过计算机导出[2]，因而能够反映土壤水分的空间差异，不仅有利于实施节水灌溉，同时精确的供水也有利于提高作物的产量和品质，实现了含水率和三维位置信息的自动采样处理。通过卫星导航定位系统掌握土壤的水分（墒情）的分布状况，为差异化的节水灌溉提供科学的依据，同时精确的供水也有利于提高作物的产量和品质。

图1　具有卫星导航定位功能的土壤水分温度检测仪

参考文献

［1］中国卫星导航系统管理办公室．北斗卫星导航系统应用案例，2018.
［2］邹文博，张波，洪学宝，等．利用北斗 GEO 卫星反射信号反演土壤湿度［J］．测绘学报，2016，45（2）：199-204.

8 卫星导航技术在野化放归大熊猫时是如何发挥作用的?

2005年8月8日，戴着北斗卫星定位项圈的大熊猫盛林一号走出笼子，被放归到都江堰龙溪虹口国家自然保护区。盛林一号是世界上第一只佩戴卫星定位项圈的野生大熊猫，它的放归标志着我国大熊猫研究工作从注重人工圈养到注重野外放归实验的开始。

放归后，为了让已受过惊吓的盛林一号尽快建立自己的领地，同时避免人为的干扰导致获得的数据资料失去价值，工作人员每天都通过北斗系统对大熊猫的行踪进行跟踪，但并没有接近这只野生大熊猫。通过对盛林一号跟踪获得的数据，有助于科学家进一步了解和掌握大熊猫野外生活习性和活动规律，对加快我国实施人工圈养大熊猫野化放归的目标提供良好的借鉴和经验积累。

2005年10月，科考队在分析卫星定位项圈发回的数据的基础上，首次深入盛林一号的活动区域，在不影响它的正常活动下，对它的活动范围及活动规律进行深入的考察，从而获得野生大熊猫活动规律及范围等重要的基础数据。根据卫星定位项圈一年多来发回的跟踪数据和科考队的实地考察结果，大熊猫盛林一号在野外生活得很好，已经融入大熊猫种群。

2006年4月28日，在四川卧龙自然保护区出生的圈养大熊猫祥祥，经过了近3年的野化训练，佩戴着北斗卫星定位项圈从圈养场走了出去，如图1所示。这是一次史无前例的实验，世界上第一只经野化训练的圈养大熊猫祥祥进入了完全野化放归研究阶段，独自面对自然界的挑战。

大熊猫祥祥的放归地点位于卧龙自然保护区的核心区域，距大熊猫保护研究中心十多千米。研究人员通过祥祥佩戴的卫星导航定位项圈，并结合无线电信号跟踪监测祥祥活动状况，定期较近距离直接观察祥祥的行为和健康状况，对它栖息地选择、采食规律及种内种间交流等进行了进一步的放归研究。大半年过去了，祥祥的监测信号一直正常。

2006年12月13日，跟踪器显示大熊猫祥祥出现了突然性的长距离移动。经过不懈努力，终于在12月22日发现了正在竹林中取食的祥祥，通过近距离观察，发现祥祥背部、后肢掌部等多处受伤。23日，救护小组和科研人员设法对受伤的祥祥进行治疗和护理。经过近一个星期的治疗，祥祥主要伤情恢复，精神、食欲也基本恢复正常。12月30日，大熊猫祥祥被再次放到“五一棚”白岩区域，它继续过着自食其力的独立生活。

图 1　佩戴卫星定位项圈的野化放归大熊猫

2007 年 1 月 7 日，祥祥佩戴的卫星定位项圈信号很微弱，不久信号消失，科研人员推测卫星定位项圈出现了问题。经过一个多月的搜寻，2 月 19 日下午，搜寻人员终于在茫茫大雪覆盖下的“转经沟”雪地上发现了祥祥的尸体，卫星定位项圈已损坏。研究人员从祥祥的解剖结果推测，祥祥在第二次返回野外生活后，又与野生大熊猫发生过打斗，在慌忙逃逸过程中曾经从高处摔落，祥祥终因严重内外伤痛、惊恐、衰弱导致休克、死亡。

对于盛林一号和祥祥这两只大熊猫野化放归“一生一死”的结果，大熊猫研究专家分析认为，大熊猫在野外的生活习性是“天马行空”，独来独往，大熊猫不是群居性动物。盛林一号熟悉野外生存规律，它很懂“规矩”，能够很快融入放归地大熊猫种群，生活乐逍遥；然而，圈养大熊猫祥祥因为“不懂事”，侵犯了别的大熊猫领地，最终没能生存下来。

“只有回归野外，大熊猫才能摆脱濒危境地。”大熊猫野化放归之路不会因挫折而终止。在祥祥意外死亡 5 年之后，淘淘成为第二只野化放归的圈养大熊猫。研究人员汲取了大熊猫盛林一号和祥祥野化放归的经验及教训，对淘淘采取了半野外产仔和一出生就开始野化训练的新方法。

2012 年 10 月 11 日，大熊猫淘淘从四川卧龙启程，前往放归地雅安石棉县栗子坪自然保护区。放归之前，中国保护大熊猫研究中心给淘淘体内植入了芯片，并戴上了卫星定位项圈，这意味着淘淘拥有了全世界唯一的身份证。给淘淘佩戴的项圈重 500 g，而当时淘淘的体重是 40 kg，项圈相当于体重的 80 分之一，这是目前大熊猫戴过的最小的卫星定位项圈。

在淘淘野化放归后不久，研究工作组根据卫星定位项圈发回的数据进行不定期的实地跟踪监测。到 2013 年 5 月，大熊猫淘淘已回归大自然 7 个月，中国保护大熊猫研究中心向媒体公布，淘淘已能适应野外生存，可以和野生大熊猫正常接触交流。

未来，将有越来越多的圈养大熊猫沿着淘淘的足迹前进，回归自然家园。中国保护大熊猫的目标不仅是要让圈养大熊猫放归自然，存活下来，而且还能够建立自己稳定的领地，逐渐融入野生大熊猫的核心社会，并最终繁育后代，实现大熊猫个体放归、种群放归、繁殖野生种群的目标。卫星导航技术在野化放归大熊猫的过程中发挥了重要作用。

9 智慧城市中北斗系统如何发挥作用？

智慧城市是指利用各种信息技术，将城市的系统和服务打通、集成，以提升资源运用的效率，优化城市管理和服务，改善市民生活质量。北斗系统已经在全国多个城市与行业进行应用，有效推动了智慧城市基础设施的优化和完善。下面给出几种北斗系统在智慧城市建设中的典型应用[1]。

（1）北斗实时公交综合信息发布

公交优先已经成为城市交通的发展战略，但现实公交系统整体服务水平仍然较低，还存在整体承载率不足、吸引力不足等问题，公交系统提供的服务与人们的出行需求仍存在一定差距。围绕公交优先发展战略，按照建设智慧城市、公交都市的目标，将北斗卫星导航高精度应用融合到地面公交领域，建设北斗智能车载终端系统，可支持公交实时信息发布系统、电子站牌终端系统和智慧评价服务系统。将北斗卫星定位导航技术与5G无线通信技术、地理信息系统技术、大数据分析、云计算、自动控制等先进技术相结合，针对公交车辆的运行特点，打造基于北斗的综合公交信息发布系统。综合公交信息发布系统支持万级电子站牌终端接入和实时状态监控、支持各主流智能手机平台大规模并发访问，实现特大城市公交电子站牌基础设施广泛接入，使公交实时预报准确率达到95%，极大地方便了市民公交出行。

（2）北斗公务车管理应用

为贯彻落实中央关于公务用车改革的重要指示，根据中共中央办公厅、国务院办公厅印发《关于全面推进公务用车制度改革的指导意见》和《中央和国家机关公务用车制度改革方案》等文件要求，公车改造采用北斗定位监控、身份识别、数据分析等技术，按照“保障公务、公私分明、运行公开”的思路，建设了公务车辆信息化管理监督系统。该系统实现了国家机关公务用车身份标识、牌照防伪、车辆管理、区域限行、应急调度等功能，满足公务用车管理需求，有效杜绝公务用车管理漏洞，为国家机关公务用车管理提供了高效、安全、可靠的信息化手段。公务车辆信息化管理监督系统利用北斗定位技术，实现车辆的实时定位，并通过4G网络将车辆信息发送到车辆信息管理平台，实现了车辆的实时监控。

（3）北斗120急救指挥调度应用

基于北斗卫星导航系统的120急救指挥调度平台，实现了对车辆和急救人员的统一调度管理，以就急就近为原则合理分配急救资源。平台运用北斗导航技术和互联网通信技术，实现了实时位置定位、急救车辆行驶轨迹监控、急救资源调度、视频监控等功能。该平台还为重点特殊人员提供了个人急救终端，可实时主动收集佩戴者的位置、脉搏、血压等数据，变被动急救为主动急救，一旦出现意外，患者只需按下紧急呼救键，无需语音报送位置信息，方便年老体弱和语音不便的老人。同时，监控中心也可根据病人数据的变化状况，主动为佩戴者提供医疗服务。

（4）北斗燃气行业应用

城镇燃气是基础性能源，管网规模不断扩大。我国燃气管网总长度达到近百万千米，安全问题面临巨大挑战，据统计，有50%以上的燃气管网事故因为缺少精准位置信息而受到第三方破坏，亟须加强精确位置信息管控。在北斗精准位置服务的基础上，将地理信息系统、互联网、物联网、大数据等技术与燃气管网业务相融合，利用北斗精准时空数据，在管网建设及运行过程中实现施工管理、智能巡检、防腐检测、泄漏检测、应急开挖等精准管控，如图1所示，达到及时发现管网设备和管理流程中的安全隐患，预防管网安全事故发生的目的。

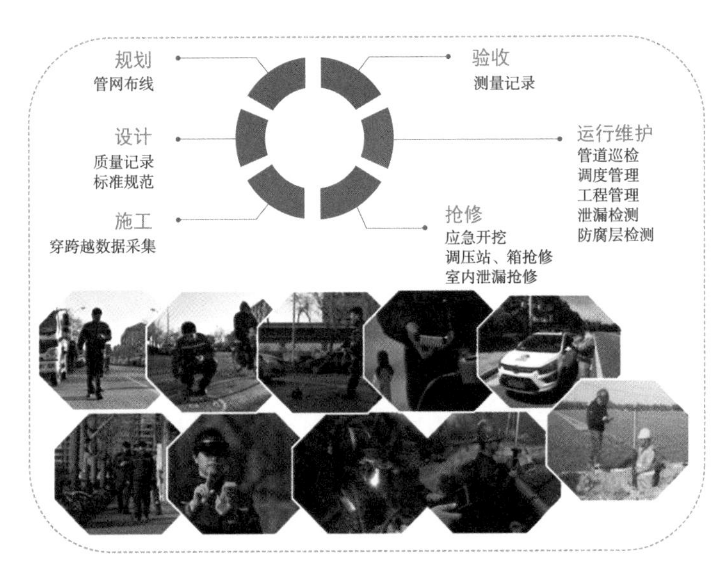

图1　北斗全面应用于燃气行业各业务环节

参考文献

[1]　中国卫星导航系统管理办公室.北斗卫星导航系统应用案例，2018.

10 北斗系统在物流运输管理中如何发挥作用?

为改变传统物流运输管理低效的面貌，北斗卫星导航系统已成为物流企业和科研单位争相研发应用的“香饽饽”，尤其是地理信息企业，纷纷研发北斗物流管理平台，突破管理服务“瓶颈”，全面渗透到快递、冷链、电商、高货值商品、煤炭、危运、海关货运等各个物流领域中[1]。

例如，北斗邮政物流应用以对邮政网路运输车辆的监控调度管理为切入点，以北斗定位导航授时服务为基础，综合利用新一代信息通信技术，通过安装北斗智能车载终端实现对邮政车辆、人员及货物的全程监管，实现位置与信息的完美结合，解决邮政车辆、揽投人员和邮件信息化、规范化管理的难题。主要实现三个方面的功能：一是对邮政网路运输车辆实现了全程位置跟踪、在途监管和车辆调度；二是实现了邮路、站点的信息化、精细化管理，准确掌握邮路出班、到达时间，邮路到站预报、线路偏离报警等相关信息；三是实现了网路运行质量分析统计和辅助决策，如车辆的报警、准班准点率、卸车延滞时长、车辆行程明细、车辆里程利用率、车辆使用成本等相关统计分析。通过全面推广北斗系统在邮政系统的应用，实现从邮政车辆到几十万揽投人员的定位调度管理，最终达到北斗与无线射频技术（RFID）结合实现邮件全程可跟踪控制、可视化管理，在中国现代物流领域带动北斗系统快速应用推广。

再如，京东集团以北斗系统应用技术为核心，利用无线通信技术、现代物流配送规划等技术，研发基于北斗的电子商务云物流信息系统，实现对物流过程、交易产品、运载车辆的全面管理，确保交易安全，降低物流成本，提高物流配送效率，实现 100 min 内顾客订单的送达，提升行业整体服务运营水平，带动物流行业的升级转型。提升了物流配送管理能力，极大地节约了人力、物力、财力成本，实现了基于北斗的物流智能位置服务功能。

参考文献

[1] 李旻晶，李巧钰．北斗卫星导航在农产品物流中的应用研究［J］．价格月刊，2017（12）：51-55.

第十三章 导航服务

1　什么是动态交通导航?

交通导航是地理信息系统在交通领域的一项具体应用[1]。根据系统的使用方式，可以分为静态交通导航和动态交通导航。静态交通导航是基于地理信息系统，利用已有数据结合多媒体工具提供导航信息的一种导航方式。在现代交通网络中，城市道路的通行状况瞬息万变，对于最短路径、最佳路径等问题的解决虽然已经有很多的方法，但在实际应用过程中仍不完备。静态导航的效果依赖于电子地图的数据量和详细程度，同时没有融入路况等因素，导致在使用过程中效果不好。

动态交通导航是在交通导航系统中引入的新概念，基于卫星导航系统和地理信息系统的实时数据，以时间为出发点，运用道路通行状况对时间点的响应，在导航软件中引用实时路况信息后，卫星导航系统提供车辆当前的位置，地理信息系统则提供某一区域范围内的电子地图及有关地理信息，如图 1 所示。驾驶员可以将所要去的地点输入导航设备，导航设备就会在地图上给出行车路线，随时显示当前位置，在驾驶过程中系统将自动提示所规划的路线是否“拥堵”，并以话音和文字形式通知驾驶员行驶方向，驾驶员只需要按照提示信息操作即可。动态交通导航将汽车、司机、道路及相关服务部门相互联系起来，使汽车在道路上的运行实现智能化，为出行的人们提供更多的便利。全球车辆导航由静态导航向动态导航过渡已成为必然趋势。

图 1　动态交通导航事件显示

路况信息的“实时、动态”发布是动态导航区别于静态导航的最根本之处。所谓“实时”，就是即时采集、处理、发布，采集的时间间隔在 30 s~2 min 之间；发布时间间隔在 5~10 min 之间，从而使交通管理人员和交通参与者及时掌握和了解即时交通状况。所谓“动态”，就是一方面交通信息采集、处理、发布随交通状况不断变化，同时还要不断地和历史数据去比对、分析，以使交通管理人员和交通参与者掌握和了解交通状况变化趋势是否异常等。

参考文献

[1] 百度百科词条 . 交通导航系统 [EB/OL]. [2021-08-26].https://baike.baidu.com/item/%E4%BA%A4%E9%80%9A%E5%AF%BC%E8%88%AA%E7%B3%BB%E7%BB%9F/21512517?fr=aladdin.

2 北斗系统如何在车辆导航中应用？

利用北斗卫星导航系统导航时，车辆需要配置具备接收北斗卫星信号功能的车载导航设备。北斗卫星导航信号、信号接收、信号处理和电子地图是实现车辆导航的四大要素。

车载导航设备首先通过内置的北斗接收模块接收北斗卫星播发的导航信号，结合储存在车载导航设备内的电子地图，导航引擎软件在电子地图里和数据库匹配并确定汽车的地理位置，这就是平常所说的定位功能。当通过北斗系统确定的坐标信息被映射到电子地图上时，驾车人就可以看到自己目前的位置及方向，如图 1 所示，这个环节叫做成图，也是车载导航系统中最重要的一环。成图之后，车载导航引擎软件会根据当前车辆位置和驾驶人员输入的目的地址，来计算安排规划行车线路。

图 1　车辆导航与车载导航设备

车辆行驶过程中，车载导航设备通过接收北斗信号实现对汽车位置的实时更新。在定位的基础上，引入路况拥堵等信息，导航引擎软件实时更新最佳行车路线，给出前方路况以及最近的加油站、饭店、旅馆等信息。假如导航信号中断，或者经过隧道、桥梁或高层建筑物遮挡区域时，车载导航系统会无法正常工作。如果汽车车载导航系统配置惯性导航装置，则还可以在一定时间内连

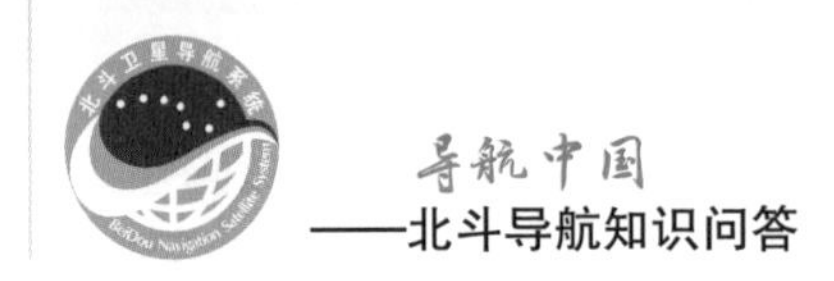

续地提供对汽车的导航服务。

车载导航系统的地图数据库来源于多种渠道，其中最主要的来源是政府地图主管部门提供的街区数据库。对一个好的车载导航系统来说，地图的数量、准确程度以及数据的及时性都很重要。不管北斗卫星导航系统提供的位置坐标有多么准确，如果车载导航系统没有完备、准确的电子地图，或是提供的地图有错误，车载导航系统就可以说是毫无价值。

相关链接

电子地图[1]

电子地图即数字地图，是利用计算机技术以数字方式存储和查阅的地图。电子地图种类很多，如地形图、栅格地形图、遥感影像图、高程模型图、各种专题图等，如图1所示。早期电子地图使用位图式储存，地图比例不能放大或缩小。现代电子地图软件一般使用矢量式图像储存，地图比例可放大、缩小或旋转，一般利用地理信息系统规定的格式来储存和传送地图数据。

图1　电子地图显示形式

电子地图可以非常方便地对普通地图的内容进行任意形式的要素组合、拼接，形成新的地图。可以对地图进行任意比例尺、任意范围的绘图输出。国家测绘地理信息局现有中国范围的 1∶400 万、1∶100 万、1∶25 万电子地图，今后还要生产 1∶5 万电子地图，这些是国家基础地理信息系统的重要组成部分，是其他各部门专业信息管理、分析的载体。各省、市测绘及城市规划部门生产了大量的大比例尺电子地图，如 1∶5 000，1∶2 000，1∶1 000 等，可用于城市规划建设、交通、旅游、汽车导航等许多部门。所有这些数字地图将各部门日常工作由原来一大堆纸质地图翻来翻去，变成为计算机前作业，不仅科学、准确、直观，而且大大提高了效率。

电子地图技术发展非常迅速，可以实现对地图数据的快速存取显示，以及图上的长度、角度、面积等的自动化测量。利用虚拟现实技术将地图立体化、动态化，令用户有身临其境之感。同时可以利用数据传输技术将电子地图传输到其他地方。

参考文献

[1] 百度百科词条 . 电子地图 [EB/OL] . [2021-08-26] . https：//baike.baidu.com/item/ 电子地图 .

3 北斗系统如何支持农机导航?

北斗卫星导航系统应用于农业机械产业意义重大，可以降低生产成本，提升农产品产量和质量，减轻劳动强度，精细化田间精度，提高作业效率，为农产品的耕种管收提供科学的方案。北斗卫星导航系统在农业的应用非常广泛，主要集中在农机自动驾驶以及农机作业监管这两方面，涵盖了农作物耕、种、管、收等各个环节。

通过北斗双天线定向定位和差分技术，在农机的行驶过程中，可以实时地提供农机的位置信息和方向信息，分析这些信息从而实现车辆自动驾驶，如图1所示。通过基于北斗卫星导航系统物联网技术、大数据技术、云计算等技术，可以实现对农作物生长周期实时监控，并根据实时数据开展浇水、施肥等相应的作业。此外，还能根据土壤图像，分析土壤的墒情，为农作物耕种提供科学的方案，包括农作物的选取，土壤的施肥、旋耕、起陇等环节，以及种子所需的水分和肥料的具体数量。借助北斗卫星导航系统提供的位置信息，还能结合气象监测系统，为农作物的耕—种—管—收各个环节提供最优的时间参考。

图1　利用北斗导航系统的农机工作场景

我国农业机械自动驾驶技术研究起步比较晚，但近十年来取得了重大进展，技术成果不断涌现，技术产品不断创新。《关于加快发展农业生产性服务业的指导意见》等文件的颁发促进北斗逐渐进入农业应用。新疆和黑龙江是目前应用较好的地区，很多大型农机都装有自动导航设备，把农机作业时间从每天 8 h 延长到 24 h，改变了日出而作、日落而息的生产模式，提高了农机作业效率。

2001 年，华南农业大学罗锡文院士团队为了研究农田智能移动作业平台及导航控制技术，将计算机技术、传感器技术、卫星导航技术和数据通信技术集成，研制成功了无人驾驶插秧机。

北斗卫星导航系统农机自动驾驶系统由固定参考站、车载系统两大部分组成。参考站建立在农田附近，车载系统是集导航卫星信号接收、定位、控制于一体的综合性系统，由卫星天线、北斗高精度定位终端、行车控制器、液压阀、角度传感器等部分组成[2]。农机自动驾驶系统的组成如图 2 所示。

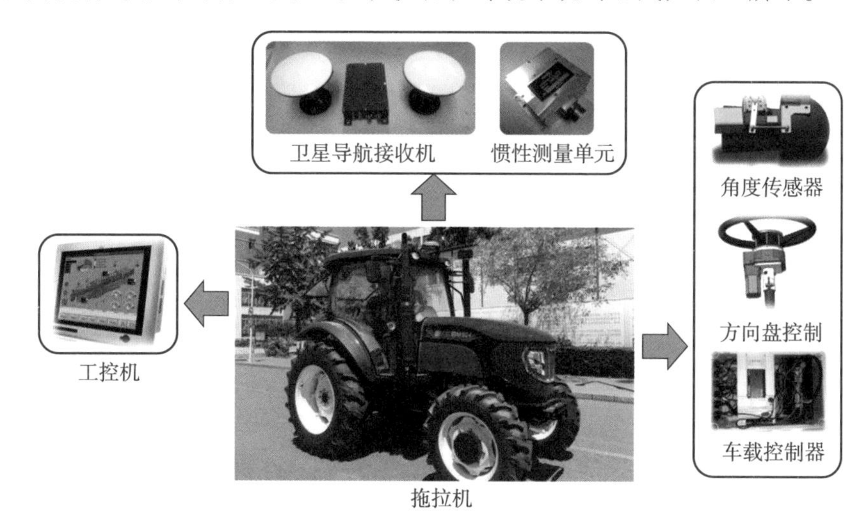

图 2　农机自动驾驶系统的组成

车载导航终端安装在车内，北斗信号接收天线固定在车顶，通常将电台或者 4G 网络天线固定在车外，接收来自参考站的差分信号，将高精度定位信息传送给行车控制器（ECU），ECU 结合角度传感器、陀螺仪感知行驶过程中的摆动与方向，经过数据处理，将控制信号传输给液压控制器，并通过 WIFI 或者有线网络在平板电脑上显示相关图形化信息，液压控制器接收到控制信号，控制阀门开关，达到控制方向目的，作业拖拉机根据位置传感器设计好的行走路线，通过控制拖拉机的转向机构（转向阀或者方向盘），进行农业耕作，可用于翻地、耙地、旋耕、起垄、播种、喷药、收割等作业，达到作业精准的目的。

相关链接

农机对导航精度的需求

精准农业应用卫星定位技术具有不同于其他行业的特点，精准农业不仅对定位精度要求高，而且不同农作物种类、不同作业方式、不同农业机械对卫星导航系统的定位精度要求也不同，例如，大型平移式喷灌机要求定位精度一般为 ±20 cm、无人插秧机为 10 cm、精确喷药为 10 cm、播种机为 8 cm、构筑种床为 5 cm、联合收割机为亚米级、施除草剂为 1 m[3, 4]。针对精准农业应用的卫星导航产品普遍集中在 2～5 m 定位精度[5]，这是由于接收机设计可在适度增加成本的基础上基于多种改进算法达到更优的定位性能，且 5 m 的定位精度可显著提升人工作业效率，如人工操作机械收割或航空喷洒等应用，对于中小型农田作业具有良好的成本和效率优势。

对于特大型农田，需要最大程度地降低人力投入和提升作业效率与质量，以提升作物产出，精细至 2～20 cm 的播种与收割需要自动化农机完成，在这种条件下对于特大型农田采用差分定位系统的成本投入相对于产出仍具有良好的适应性。一般卫星导航系统的定位精度在 10 m 左右，显然不满足精准农业对定位精度的要求，因此，需要将差分定位技术应用到精准农业中，由此可以有效减小卫星钟差、星历误差、电离层和对流层延迟等误差，使定位精度提高到厘米级甚至毫米级。

卫星导航系统差分技术可提供实时动态厘米级的定位精度，能很好地解决农机在农田的定位和导航精度的问题，基于北斗卫星导航系统的差分技术的农机自动驾驶系统由搭载在车身的若干传感器和车载卫星天线以及地面基准站构成[6]。农机自动驾驶技术集北斗卫星导航系统、大扭矩电机精确控制、农业机械转向控制技术于一体，可应用于各种大中型拖拉机以及各种收割机、插秧机上，涵盖了几乎所有的农机设备。农田作业对农业机械作业精度的要求使得农田作业对定位精度提出了一定的要求，不同的农机作业对定位精度的要求不同。

目前，基于北斗卫星导航系统的农机自动驾驶系统已广泛在新疆、内蒙古、黑龙江、广西、河北、山东、陕西、湖北、安徽等省市实现规模应用，农业机械种类涵盖30~350马力段拖拉机、多种插秧机以及多种收割机和打药机等。

图1　基于北斗卫星导航系统的自动驾驶农机在新疆棉田自动化采棉应用

参考文献

[1] 2020中国卫星导航行业研究报告[EB/OL].[2021-08-26]. https：//www.qxwz.com/zixun/100171304.

[2] 赵霞，高菊玲，张志鹏.基于北斗导航的农机自动驾驶技术研究进展[J].江苏农机化，2020(6)：17-19.

[3] 王素珍，吴崇友.3S技术在精准农业中的应用研究[J].中国农机化，2010(6)：79-82.

[4] 张小超，王一鸣，汪友祥，赵化平.GPS技术在大型喷灌机变量控制中的应用[J].农业机械学报，2004，36(6)：102-105.

[5] JAMES F MCLELLAN，LES FRIESEN.Who needs a 20cm precision farming system[J]. Position Location and Navigation Symposium，1996：426-432.

[6] 庄皓玥，原彬，等.基于北斗卫星导航系统的差分定位技术分析[J].现代导航，2018(3)：172-176.

4 北斗系统如何监控铁路运营?

我国经济飞速发展，流动人口数量的增加等因素对我国铁路运输提出了更高的要求。智能交通系统中，最为关键的技术是车辆定位、导航、授时技术，车辆只有实现准确定位和授时，才能被调动[1]。北斗卫星导航系统主要应用于铁路系统以下几个方面。

（1）列车监控与调度管理

利用精度较高的卫星导航定位信息，通过实时动态差分法（RTK）或精密单点定位法（PPP）计算得到列车的三维位置数据、运行速度以及运动方向，并通过信息网络将所得数据及时回馈给控制中心，控制中心实时给出铁路交通信息并对交通进行控制，合理安排发车、收车计划，实现列车自动运行。从而保证列车行驶安全和提高线路运输效率。

据交通部网站消息，到2020年，在行业关键领域应用国产北斗终端，实现卫星导航服务自主可控，重点运输车辆北斗兼容终端应用率不低于80%，铁路列车调度北斗授时应用率达到100%。

（2）铁路沿线灾害监测

铁路沿线地质灾害监测主要由三部分内容组成，即灾情监测、分析预报以及综合信息服务。利用卫星导航传感器以及数据采集终端进行数据（发生灾害区域的变形信息以及诱发因素信息）采集，随后通过特征提取、数据融合等方式进行灾情分析，最后在地理信息系统平台的辅助下，对所有数据进行整合，以地图形式展开，便于进行分析和探讨。铁路北斗监测设备安装位置如图1所示。

（3）铁路应急指挥调度

在事故发生现场，救援人员在应急指挥平台的帮助下，获取现场位置信息和险情信息，同时利用预案、决策等一系列功能为救援人员提供信息服务，帮助解决灾情现场出现的一系列问题。基于北斗系统的铁路指挥调度系统如图2所示。

图 1 铁路北斗监测设备安装位置

图 2 基于北斗系统的铁路指挥调度系统

（4）铁路基础设施建设监控

在进行铁道基础设施建设时，如钢轨、路基等铁路基础设施建设，需要在监测位点配备北斗卫星导航系统的信号接收终端，如图 3 所示，以便于在合适的位点进行位置监测，同时在安全监测模型的辅助下，所得的空间三维数据结合数学建模理论，便能实现监测基础设施的目标。

图 3　基于北斗系统的铁路基础设施监控

相关链接

京张高铁如何利用北斗系统提高运行安全和工作效率?

2019 年 12 月 30 日，世界首条智能高速铁路及 2022 年冬奥会重点配套项目——京张高铁开通运营，如图 1 所示。京张高铁作为我国首条智能化高铁，首次采用北斗卫星导航系统，实现了有人值守的无人驾驶[2]。

图 1　我国第一条采用北斗定位技术的高铁——京张高铁

作为我国第一条首次采用北斗卫星导航系统、设计时速为 350 km/h 的智能化自动驾驶高速铁路，多项新技术的运用使京张高铁自 2016 年正式动工以来，一直受到外界广泛关注，成为备受各国追捧的新时代“智慧”铁路。

基于北斗卫星导航系统和地理信息系统技术，京张高铁部署了一张“定位”大网，能够为建设、运营、调度、维护、应急全流程提供智能化服务。线路配备了实时“体检”系统，可以将全线每一个桥梁、车站，每一处钢轨的位置和运行状态信息回传到控制中心。零件是否老化，路基是否沉降，照明是否损坏，都能一目了然。此外，高铁周界入侵报警系统、地震预警系统、自然灾害监测系统等环节组成了动车组的智能调度指挥系统。

京张高铁不仅缩短了时空距离，更体现了技术创新。中国国家铁路集团有限公司高铁列车控制系统项目总师莫志松接受采访时说：“京张高铁到点自动开车、区间自动运行、到站自动停车、停车自动开门……复兴号以时速 350 km/h 驾驶一次从制动到停车，最后停准的误差在 10 cm 之内，节电约 15%”。

参考文献

[1] 程华. 北斗卫星导航系统在铁路同步网中的应用研究[J]. 铁道通信信号，2019(7)：31-35.
[2] 白竟楠. 智慧的铁路用“北斗”世界首条智能高铁开路[J]. 科学大观园，2020(2)：20-21.

5 如何利用北斗系统确认船舶方向、位置、航速和时间？

随着海洋经济的高速发展，海上航行的船舶越来越多，利用先进技术手段实现船舶定位和导航管理已经成为船舶导航发展的趋势。电子海图显示与信息系统集信息显示、导航管理等功能于一身，已经发展成为重要的航海工具，如图 1 所示。通过北斗卫星导航系统，电子海图不仅可以显示海上静态环境信息，还可以将船舶实时位置、航行速度、航行方向等动态信息显示在屏幕上。船舶驾驶员可以根据海图上的信息做出正确的判断，保障航行安全，提高航行的效率。

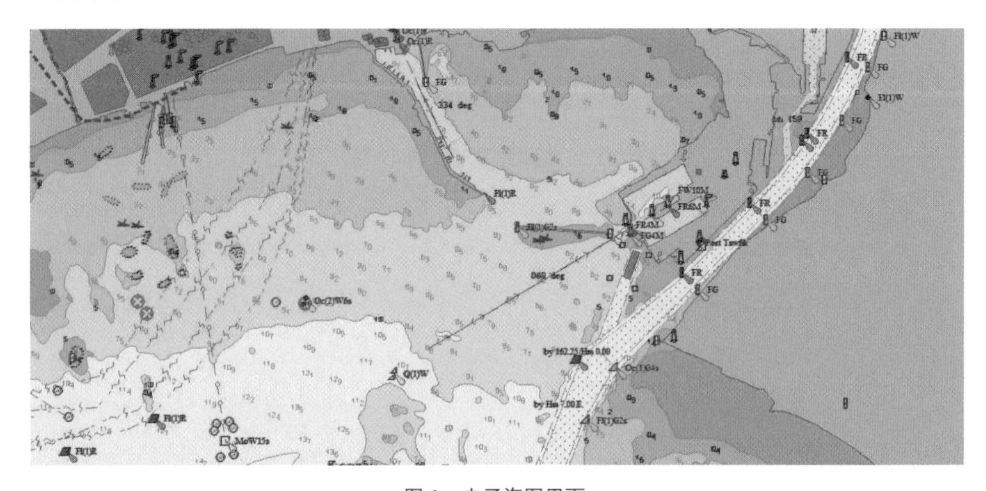

图 1　电子海图界面

基于北斗卫星导航系统的船舶定位应用系统主要由两部分组成，分别是船载装置和北斗电子海图信息控制系统[1]。船载装置的作用主要一是通过内置北斗模块接收北斗信号并获取船舶的位置数据，二是向岸基地面控制中心发送船舶位置信息，借助北斗卫星导航系统中的特有的短报文通信功能，可以方便地实现船舶同控制中心之间的信息交互。

船载装置采用模块化设计方式，主要有五个部分组成，分别是系统中央数据运行模块、北斗定位模块、北斗天线模块、位置信息数据采集以及电源模块。工作原理是天线接收北斗卫星信号，并将接收的原始数据传输给北斗定位模块中的射频模块，射频模块将原始信号进行低噪放处理，并进一步下变频处理，基带模块完成北斗信号的捕获、跟踪、解调、解扩和译码，观测星地伪距并解算船舶位置。

北斗电子海图信息控制系统也就是基于北斗导航技术的船舶定位应用软件系统，包括控制软件和电子海图信息库两部分。在北斗导航船舶定位系统中，电子海图界面是十分重要的，可以直观显示船舶当前的位置，目前多采用墨卡托投影法和麦卡托投影法制作电子海图，借助电子海图，船长和驾驶员可以随时监控船位和航海线路，同时可以针对船舶在近岸航行还是在远岸航行对该海域的暗礁和浅滩等障碍物进行标注，以避免事故的发生

在船舶定位系统中，船舶操控人员要实时地获得船舶位置、速度、时间等信息，在船舶定位系统中嵌入管控系统软件，控制船载装置的天线连续实时接收北斗卫星导航信号，给出船舶上空北斗卫星的数目、轨道位置及卫星的方位角，并在系统的卫星图像上实时显示运行变化情况，对船舶数据采集模块采集的数据如航海速度、方向等信息进行汇集并进行综合计算，然后根据北斗电子海图信息库图形进行叠加，将船舶当前的位置及航速、方向等显示在电子海图上，为船舶的控制人提供数据参考。

在航海保障方面，基于北斗卫星导航系统水域环境采集的多功能航标实现了对沿海的潮汐观测、水文气象资料采集，以支撑海上作业和航海活动。建设覆盖沿海重点水域的高精度北斗连续运行服务参考站系统（BD-CORS），不仅提高了定位精度，还可以应用于港口航道测绘和导助航设施建设。船舶自动识别系统组成如图 2 所示，通过将北斗卫星导航与船舶自动识别系统（AIS）相结合，船载北斗终端能够将船舶的 AIS 信息通过北斗短报文通信的方式传输至

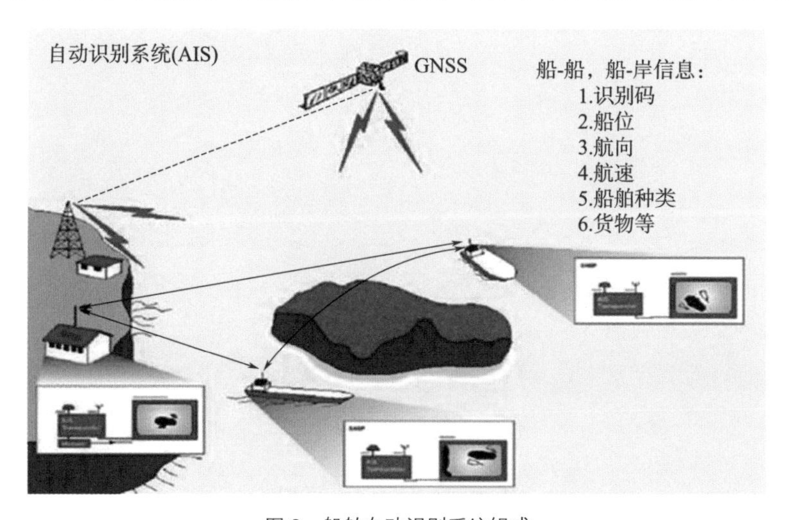

图 2　船舶自动识别系统组成

岸基系统，扩展了原有的 AIS 岸基系统，丰富了海事监管和航海保障的手段，延伸了北斗海上应用的范围[2]。

参考文献

[1] 吴佐政 . 浅谈北斗导航技术在船舶定位中的应用 [J]. 珠江水运，2021 (1)：90-91.

[2] 周玲 . 北斗卫星导航系统的船舶监控应用及展望 [J]. 中国水运，2014，14 (07)：82-83.

6 如何利用北斗系统实现民航飞机导航服务?

自从1905年，莱特兄弟发明飞机之后，为飞机导航就是一个必须要解决的问题。在无线电导航技术发明和应用之前，对飞机的导航全凭借导航员目测，非常不安全。20世纪30年代，无方向信标（NDB）技术的出现标志着无线电导航的开始。20世纪40年代，随着甚高频全向信标（VOR）和测距器（DME）技术的推出，首次可以测距和测角，实现了对民航飞机进行准确的位置测量。20世纪90年代，精密仪表着陆系统（Instrument Landing System，ILS）得到广泛应用，同时，GPS为飞机导航成为十分便捷的手段。2000年以后，GPS、惯导技术为民航导航成为民航飞机的标配。

人们对民航飞机的主要期待首先是安全，其次是准点。在民航飞行过程中，最危险的、对飞行员技术要求最高的莫过于飞机起飞和降落阶段。飞行员控制飞机着陆，除了目测外，还要依靠导航着陆系统，对飞机航向和下降高度进行引导以调整飞行姿态，使飞机对准跑道，并逐步下降直至降落。

仪表着陆系统（ILS）是各国民航主要使用的着陆系统。作为传统无线电导航设备，ILS利用无线电信号为飞机提供航向和下滑信息。ILS设备只能提供一条固定下滑角度、对准跑道中心线的直线航道来进行着陆引导，不仅对飞行员的技术、经验要求高，还容易因地形反射及障碍物遮挡而导致信号受到干扰，甚至大型飞机也有可能成为干扰信号的障碍物。使用仪表着陆系统需要大面积的保护区，对场地平整度要求极高，有些机场限于客观条件甚至无法安装。另外，如果机场ILS设备发生故障，又没有备份手段，则会造成航班延误，给旅客出行带来极大不便。

从20世纪90年代开始，卫星导航系统逐渐作为导航手段辅助民航飞机的实施精密进近与着陆操作，国际民航组织（ICAO）对卫星导航系统的定位精度、连续性和完好性提出了严苛的要求。仅靠卫星导航系统自身很难满足民用航空从航路飞行到精密进近各个阶段对导航的要求，因此，出现了各种增强系统，主要包括星基增强系统（SBAS）和地基增强系统（GBAS），目的是减小误差、提高系统完好性。典型的SBAS是美国的广域增强系统（WAAS），典型的GBAS是美国的局域增强系统（LAAS），LASS和WAAS系统服务范围如图1所示。

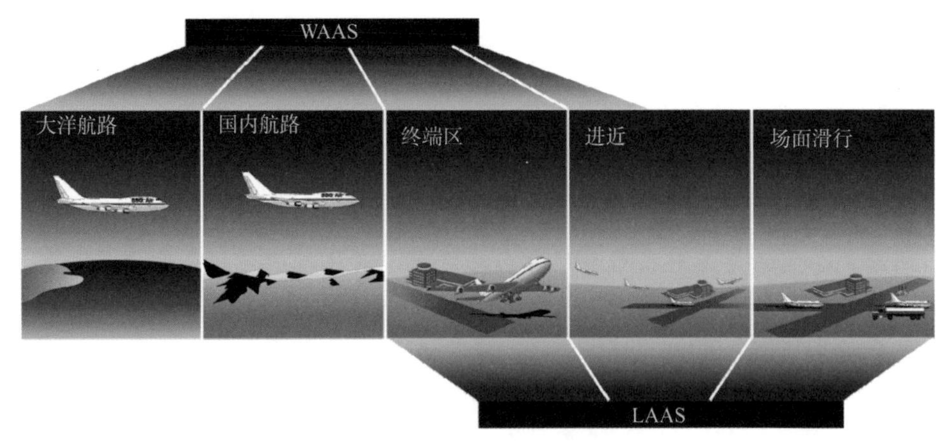

图 1　LASS 和 WAAS 系统服务范围

地基增强系统（GBAS）的原理是机场地面参考站监测卫星导航系统的信号，处理之后生成差分改正数和系统完好性信息，然后通过甚高频广播设备播发给飞机，飞机利用 GBAS 信息完成精密进近和起飞等操作。基于 GBAS 实施的航空器进近着陆运行方式被称为 GLS（GBAS Landing System）运行。与传统的仪表着陆系统相比，卫星导航 GBAS 着陆系统支持多种角度和路径的进近程序，飞机可以绕飞、避开障碍物和敏感地区，从而极大地提高飞行安全性。特别是在飞机下降过程中，GBAS 支持着陆连续进近，可帮助飞机平稳安全着陆。

我国正在积极建设和推广基于北斗卫星导航系统的 GBAS。北斗地基增强系统（BDGBAS）利用高精度的局域差分技术和完好性增强技术，在地面建立参考站并通过网络或电台向外实时发送改正数和系统完好性信息，用户接收到改正数后直接对观测值进行改正，最终能达到厘米级的定位精度，同时根据系统完好性信息，实施进近和起飞等操作。

2019 年 11 月 26 日，中国民航局印发《中国民航北斗卫星导航系统应用实施路线图》，目标是到 2035 年年底前构建以北斗卫星导航系统（BDS）为核心的、与 GPS 等其他卫星导航系统兼容互操作的双频多星座 GNSS 技术应用体系，逐步实现北斗卫星导航系统民航行业应用“全覆盖、可替代”，为运输、通用航空及无人驾驶航空器飞行提供精确完好、安全可靠的导航服务，为空中交通提供全空域监视服务，全面提升民航安全水平、空域容量、运行效率和服务能力，为新时代民航强国发展提供强大技术支撑；进一步推动北斗全球民航应用。

空间中的卫星如何利用北斗系统确定轨道位置?

星载GNSS技术是20世纪90年代迅速发展起来的一种新的低地球轨道（Low Earth Orbit，LEO）卫星精密定轨技术，利用GNSS卫星精密轨道和钟差和LEO GNSS观测数据对低轨卫星进行精密轨道解算。具有成本低、设备轻、全天候、高精度、连续观测的优点，目前已经成为低轨卫星的主要测定轨手段。如果已知低轨卫星精密轨道，则低轨卫星星载接收机可作为高动态的天基监测站参与GNSS卫星精密定轨。

试验结果表明，采用星载GNSS观测数据，利用动力学法、几何定轨法或简化动力学法，结合适当数据处理技术，可实现低轨卫星厘米级精密定轨。星载GNSS技术测定低轨卫星轨道方法分为“两步法”和“一步法”。“两步法”的第一步基于地面监测站解算GNSS导航卫星轨道和钟差，第二步利用解算的GNSS卫星精密轨道钟差，基于低轨卫星星载GNSS观测数据测定LEO卫星轨道。“一步法”基于地面监测站和天基低轨卫星的GNSS观测数据，统一解算GNSS卫星轨道、低轨卫星轨道和地球自转参数等。“一步法”联合定轨提出的最初目的是提高星载GNSS技术测定低轨卫星轨道精度；但是相对于“两步法”，“一步法”联合定轨对LEO卫星定轨精度改进不明显，在径向和切向分量精度略有提升。

对高轨卫星来说，若能在高轨空间使用GNSS定轨，有利于缓解地面测控压力、实现自主管理和提高定轨精度。GNSS星座和高轨航天器空间可见性如图1所示。

在定轨技术方面，高轨GNSS接收机除了采用传统最小二乘法的几何定位外，还使用GNSS观测量与轨道动力学融合滤波的定轨解算方法，进一步提高位置和速度测量精度。在高轨GNSS定轨方法中，通常采用扩展卡尔曼滤波器法，完成轨道动力学模型的线性化处理，实时获得卫星运动状态的最优估计，高轨航天器GNSS定轨算法流程如图2所示。其中，将接收机位置、速度、钟差、钟速以及其他模型参数作为待估计状态量，将导航星伪距信息作为观测量，使用几何定位结果完成滤波器初始化。

在高轨GNSS精密定轨精度可达到米级，GNSS高轨航天器中自主导航、精密定轨和相对导航等技术已取得了一定的研究成果。

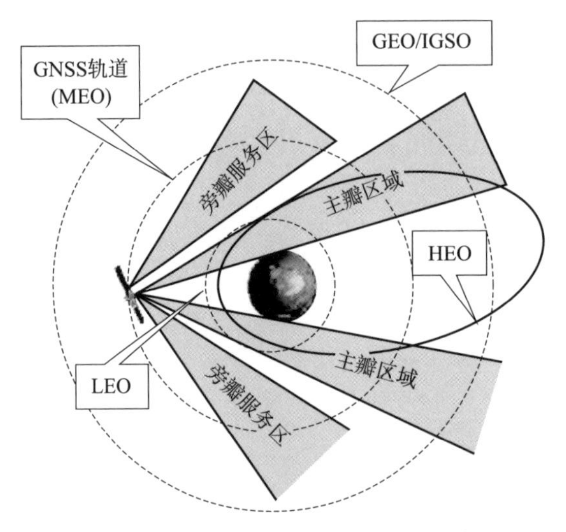

图 1　GNSS 星座和高轨航天器空间可见性

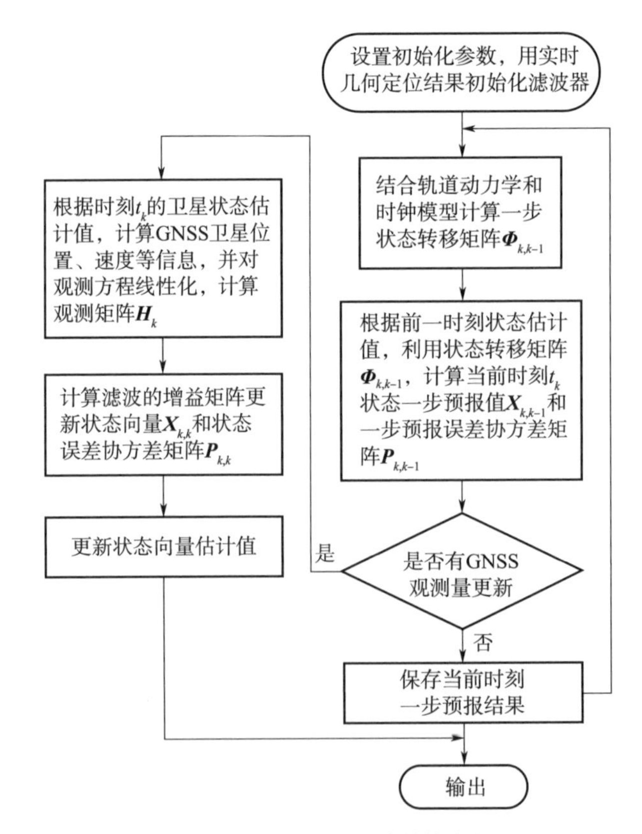

图 2　高轨航天器 GNSS 定轨算法流程

8 北斗系统如何为无人机提供服务？

随着我国无人机行业的持续向好发展，以大疆为代表的消费类无人机需求急剧增长。无人机在立体安防、通航产业、电力巡线、应急救援、交通执法等领域的应用逐渐丰富成熟，低空无人机应用成为人工智能产业的新亮点。

无人机飞行控制系统中最为重要的两个环节是无人机飞行的控制和无人机飞行的管理。基于北斗卫星导航系统的无人机智能巡检系统组成如图 1 所示。飞行控制主要是能够使无人机按照预定的状态进行飞行，按照预先设定的航线和速度来飞行，保证无人机的飞行精度。飞行管理主要是能够使无人机处理相关的数据信息，在飞行过程中一旦遇到一些突发情况能够迅速地进行处理，飞行管理主要保证无人机飞行的数据采集与处理。

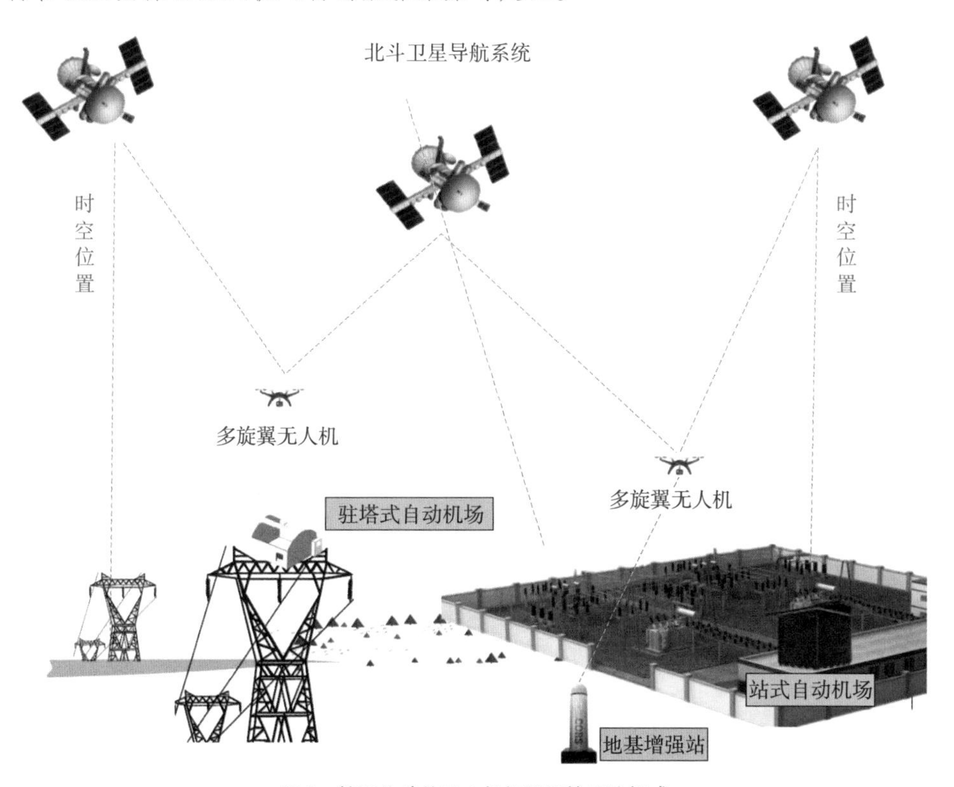

图 1　基于北斗的无人机智能巡检系统组成

北斗卫星导航系统应用在无人机飞行控制系统之中对于提升这两个方面都有重要的意义，北斗卫星导航系统在无人机飞行控制系统中实际主要应用在以下几个方面。

1）精确导航：北斗卫星导航系统应用在无人机飞行控制系统中最为重要的一个方面就是为无人机飞行提供准确的位置和时间信息，这样能够极大地提升无人机飞行的精度，达到精确导航的目的。北斗卫星导航系统能够保证无人机按照预先设计规划的航线来进行飞行，使无人机能够在规定的时间飞行到规定的地点，并且北斗卫星导航系统还可以精确地规划航线。北斗卫星导航系统能够在无人机飞行过程中发挥其最为基础的导航特性，控制无人机飞行的速度和方向，使其完成飞行任务。

2）信息处理：北斗卫星导航系统应用在无人机飞行控制系统中可以有效地提升无人机的信息处理效率和质量，这样能够让地面操作人员实时地与无人机进行信息交流，提升无人机监测的准确性。北斗卫星导航系统应用在无人机飞行控制系统之中能够使无人机按照地面指令来进行空中监测，并且使所监测的信息能够实时地传输到地面控制中心，这样极大地提升了地面控制中心信息数据处理的速度和效率。

北斗卫星导航系统的一个特色服务是短报文通信服务，无人机能够利用这一特点在复杂的环境之中进行有效的环境监测，在信号不好的地段仍然能够有效地实现双向通信，保证信息数据处理的时效性。例如，无人机利用北斗卫星导航系统可以参与抢险救灾，可以把发生事故的地段坐标信息、周围环境信息传输到后方，这样对于提升抢险救灾的效率有着重要的意义。

3）突发情况处理：无人机能够极大地提升人们对于环境的监测能力。在无人机飞行过程之中不可避免地会遇见一些突发情况，北斗卫星导航系统应用在无人机飞行控制系统之中能够极大地提升无人机对于突发情况的处理能力，这样既能够保证无人机飞行的安全，还能够极大地提升无人机对于环境监测的质量。一旦无人机遇见突发情况需要进行紧急迫降时，可以利用北斗卫星导航系统发送特定的指令来让其迫降，并且发送位置坐标，这对于后期无人机的回收和维修有着重要的意义。

4）飞行监管：无人机飞行控制系统中应用北斗卫星导航系统的定位和通信功能，能够极大地提升对于无人机飞行监管的能力。北斗卫星导航系统应用在无人机飞行控制系统之中可以使地面人员能够对无人机飞行状态实时监控，及时调整无人机的飞行状态，能够及时且精确地调整飞行的航线，保证无人机飞行的安全。飞行监管的另一个重要的意义就是保证我国领空的安全，能够有效地解决无人机乱飞的现象，提升我国领空管理的能力。

第十四章 授时服务

1 北斗系统如何为通信系统提供时间同步服务?

描述一个时间系统涉及时间频率标准、守时系统、授时系统、覆盖范围四个方面内容。通俗地说，守时就是把时间精确地测量出来，授时就是把时间传递出去。守时系统用于建立和维持时间频率标准，并用于确定时刻。授时是指将标准时间传递给用户，以实现时间统一的技术手段，包括时间传递能力。授时出现问题将会导致一系列的服务出错，并带来深刻的影响。

数字通信技术是现代信息产业的支撑，包括电子商务、多媒体通信、5G通信等通信业务涉及的安全、认证及计费等业务，都需要一个“时间基准”。精确的“时间戳”标志对于现代通信网络十分重要，因此，在通信网络中引入时间同步网是完全必要的[1]。

我国电信时间同步网建设，大致可分为两个时期，其一是20世纪90年代启动的用SDH（Synchronous Digital Hierarchy）时钟同步网，取代此前的PHS（Personal Handy Phone System）时钟准同步网，解决了我国电信网时间频率履行国际电联（ITU）规则和标准、与世界各国电信网保持时频率同步问题，重点在原子钟/GNSS授时服务支撑下保障时钟频率高精度同步，而对时间同步的精度则不苛求，主要针对的是光缆、电缆、固定微波线路和站点。其二是新世纪蓬勃发展的以3G为代表的移动通信业务，不但要求网内时钟频率高精度同步，而且要求时钟钟面时刻相对偏差（对应于数字通信编码信号的相位相对偏离）保持在一定的误差范围（3 μs或500 ns）之内，才能保证整个通信网络正常运行工作；并且，通信网络单位时间内可容纳的通信信息量（不被堵塞）及其可靠性，很大程度上依靠整网的时频同步精度和可靠性。时间同步网对数据网元的授时过程如图1所示。

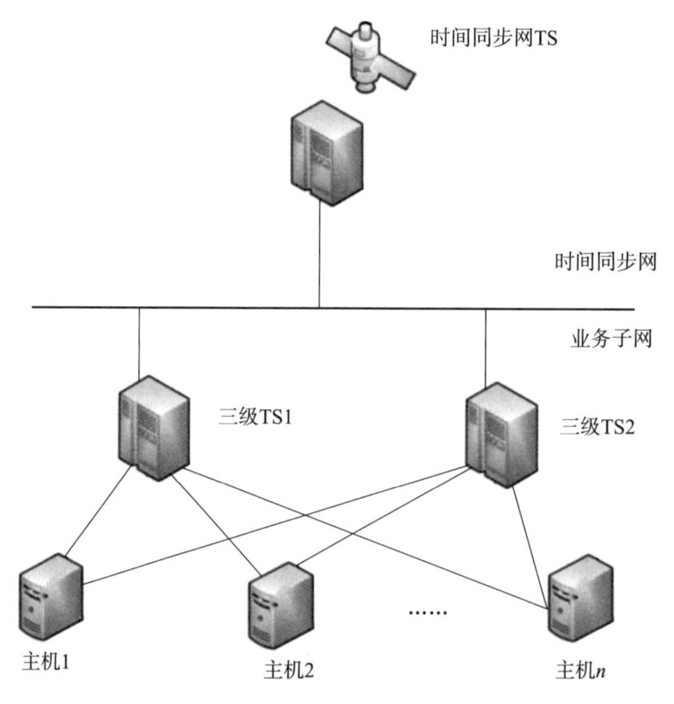

图1　时间同步网对数据网元的授时

北斗卫星导航系统提供的授时服务的时间同步精度是20 ~ 100 ns，可以满足移动通信的时间同步精度要求。当前基站系统授时有两种部署方案：一种在移动网络站点部署北斗接收终端为移动基站系统授时，不依赖移动通信的传输网络，独立性较强；另一种是基于传输网络的IEEE 1588v2授时方式，不必在每个站点都部署北斗接收系统[2]。

在移动网络站点机房部署北斗接收终端为移动基站授时，需要北斗接收天线通过馈线连接至基站。如果采用室内基站方式，尤其是基带系统在室内，则室外的北斗接收天线与基站之间需要较长的馈线，需要考虑信号在线缆上传输的损耗等因素。在移动网络站点部署北斗接收机示意图如图 2 所示。

其中 Node B 是 3G 基站，eNodeB 是 4G LTE 基站，二者可通过功分器共享北斗信号。另外一种部署北斗终端的方案是基于传输网络的 IEEE 1588v2 技术。IEEE 1588v2 通过 IP 报文传送时钟信息，其基本应用是采用服务器和客户端主从同步方式，实现原理为：主时钟周期性发布点到点时间同步协议及时间信息，从时钟端口接收主时钟端口发来的时间戳信息，系统据此计算出主从线路时间延迟及主从时间差，并利用该时间差调整本地时间，使从设备时间保持与主设备时间一致的频率与相位。

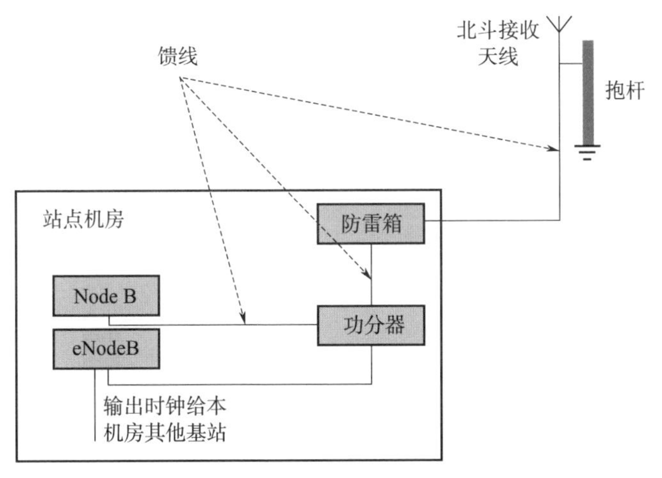

图 2　在移动网络站点部署北斗接收机示意图

以 4G LTE 系统为例，eNodeB 需要内置 IEEE 1588v2 客户端芯片，并支持 IEEE 1588v2 协议，服务器和客户端之间采用 IP 承载 IEEE 1588v2 报文，客户端通过检测与服务器之间报文的时间戳来确定频率和相位同步信息。IEEE 1588v2 分为单播和多播两种实现方式，在采用多播方式部署时，需要服务器和客户端 eNodeB 之间的传输网络支持并转发多播报文，因此，对传输网络要求很高。通常一台 IEEE 1588v2 服务器根据其性能能够为数百甚至数千台 eNodeB 提供授时服务。

基于 IEEE 1588v2 授时方案，IP 传输网络是最常用的应用场景。在核心网或者传输网机房中采用北斗时钟信号作为参考时钟源，参考时钟源提供给核心网或者传输网络机房的 IEEE 1588v2 服务器。然后 IEEE 1588v2 服务器将参考时钟源信息通过 IP 网络中的 IEEE 1588v2 报文分发给网络中的客户端 eNodeB，eNodeB 通过解析 IEEE 1588v2 报文，跟踪、锁定该参考时钟。

在实际的移动网络中，移动站点机房可以有多种时钟源，如 eNodeB 既可以直接接收北斗时钟信号，也可以采用 IEEE 1588v2 时钟同步。这种情况下，eNodeB 可以设置时钟优先级，如北斗时钟信号为主时钟源、IEEE 1588v2 为备用时钟源，这样当北斗时钟信号丢失或者异常时，eNodeB 可以硬切换到 IEEE 1588v2 作为时钟同步方式，为了避免主备切换失步影响移动网络性能，通常采用热备份方案，即 eNodeB 同时接收主、备时钟源时钟，备用时钟处于等待状态。IEEE 1588v2 同步时钟部署示例如图 3 所示。

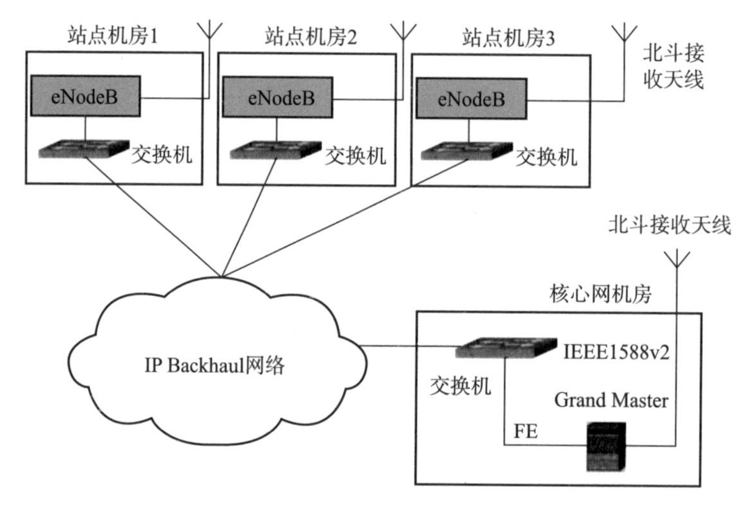

图 3　IEEE 1588v2 同步时钟部署示例

参考文献

［1］ 刘忠华，张道农，蔡亮．北斗时间同步系统增强电信支撑网性能［C］．北京：第二届中国卫星导航与位置服务年会暨展览会，2013：53-38.
［2］ 江华．北斗在移动通信中的应用技术研究［J］．移动通信，2016，40（4）：64-67.

 北斗系统如何为电力系统提供时间同步服务?

目前，我国电网已建成以超高压输电、大机组和自动化为主要特征的现代化大型电力网络系统，系统运行实行分层控制，电网运行发生事故后要及时处理，电力系统正常运行需要统一的时间基准。另外，为保证电网安全稳定地运行，以计算机技术和通信技术为基础的自动化系统已广泛应用到电力系统，如电厂机组自动控制系统、雷电定位系统、调度自动化系统、故障录波器、微机继电保护装置等，这些装置及系统的正常运行都离不开统一的时间基准。电力系统自动化设备对时方式主要有四种，分别是脉冲对时、IRIG-B 码对时、串口时间报文对时、网络对时，对于不同的业务装置及系统可以选择不同的对时方式，如表 1 所示[1]。

表 1　电力业务对时间同步的需求

业务装置（系统）名称	时间同步准确度	推荐使用的时间同步信号
线路行波故障测距装置	≤ 1 μs	IRIG-B 或 1PPS+ 串口报文对时
同步相量测量装置	≤ 1 μs	IRIG-B 或 1PPS+ 串口报文对时
雷电定位系统	≤ 1 μs	IRIG-B 或 1PPS+ 串口报文对时
电气测控单元、远方终端、保护测控一体化装置	≤ 1 ms	IRIG-B 或 1PPS/PPM+ 串口报文对时
事件顺序记录装置	≤ 1 ms	IRIG-B 或 1PPS/PPM+ 串口报文对时
故障录波器	≤ 1 ms	IRIG-B 或 1PPS/PPM+ 串口报文对时
微机保护装置	≤ 1 ms	IRIG-B 或 1PPS/PPM+ 串口报文对时
火电厂机组控制系统	≤ 1 ms	网络对时或串口报文对时
配电网自动化系统	≤ 10 ms	串口报文对时
各级调度自动化系统	≤ 10 ms	网络对时或串口报文对时
电能量计费系统	≤ 0.5 s	网络对时或串口报文对时
负荷监控系统	≤ 0.5 s	网络对时或串口报文对时
各类挂钟	≤ 0.5 s	网络对时或串口报文对时
自动记录仪表	≤ 0.5 s	网络对时或串口报文对时
各级 MIS 系统	≤ 0.5 s	网络对时或串口报文对时

时间同步网传递绝对时间信号，为电力系统提供统一时间基准。电力系统时间同步网由设在各级电网的调度机构、变电站、发电厂等的时间同步系

统组成。在满足技术要求的条件下，网内的时间同步系统可接收上一级时间同步系统发出的有线时间基准信号，也能对下一级时间同步系统提供有线时间基准信号，从而实现全网范围内有关设备的时间同步。无线信号时钟源为北斗卫星导航系统的授时服务信号；在满足技术要求的前提下，网内不同时间同步系统之间的有线时间基准信号宜采用现有通信网络传递，以完成时间信息交换。

时间同步总体方案包括省级调度中心、市级调度中心和电网终端三部分，高精度的授时主要基于其中的电力系统时间同步服务器、时间同步实时监测系统以及北斗/GPS卫星授时系统。北斗/GPS高精度授时方案如图1所示，可大幅提高电力系统广域同步采样的可靠性[2]。

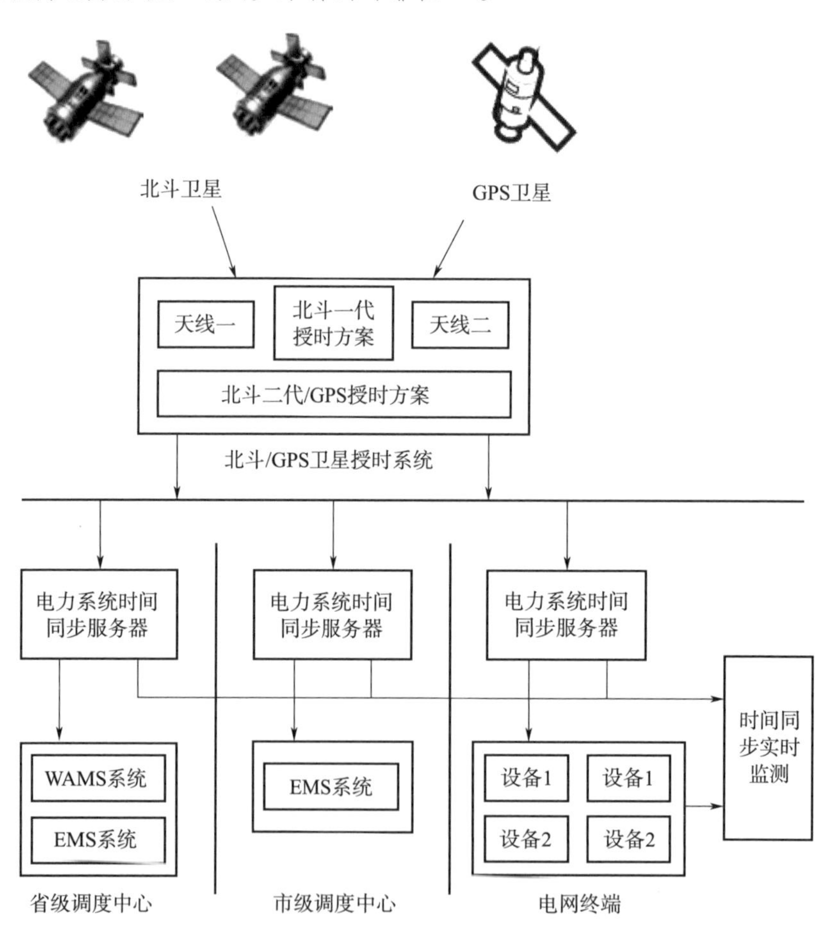

图1　北斗/GPS高精度授时方案

被授时用户根据北斗卫星的广播信号不断地核准其时钟钟差，由此可以得到很高的时钟精度：根据广播或同步电文的时序特征，通过计数器，可以得到高精度的同步秒脉冲 1PPS 信号，用于同／异地多通道数据采集与控制的同步操作。北斗卫星导航系统为用户提供 2 种授时方式：单向和双向授时。单向授时的精度为 100 ns，双向授时的精度为 20 ns。在单向授时模式下，用户机不需要与地面中心站交互信息，只需接收北斗广播电文信号，自主获得本地时间与北斗标准时间的钟差，实现时间同步；双向授时模式下，用户机与地面中心站交互信息，向中心站发射授时申请信号，由中心站来计算用户机的时差，再通过出站信号经卫星转发给用户，用户按此时间调整本地时钟，与标准时间信号对齐。因此，北斗授时终端是通过北斗接收机获得北斗卫星信号的标准时间，作为时钟的一个输入源，然后通过高效的时间源控制算法以及多时间源的智能切换技术，输出高精度、高可靠的时间基准信息。采用高精度时钟驯服算法对本地守时脉冲进行驯服，从而实现高精度的守时功能[3]。

目前我国已建设了一套覆盖全国的通信同步网，采用高精度、高可靠性和稳定性同步时钟，为整个同步网通信设备提供时间和频率同步信号。通信同步网从组网方式看一般采用分布式多基准时钟的分区主从同步方式。通信同步网架构如图 2 所示，在全国设立若干个主基准时钟（PRC），每个 PRC 为若干个省提供时钟基准，各省建立一套受控的区域基准时钟（LPR）。并以 LPR 为时钟源，组成全省的主从同步网。目前国家电网公司通信同步网大致分为三级：一级节点采用基准时钟，二、三级节点分别采用二、三级节点时钟。不同级别的同步节点时钟分别设在不同等级的交换中心或传输局站所在的通信机房中。目前国家电网公司骨干时钟同步网的平均相对频偏均小于 1×10^{-12}。

1）一级节点时钟包括全国基准时钟（PRC）和区域基准时钟（LPR）。全国基准时钟要为全网提供时间基准信号，一般由自主运行的铯原子钟组或北斗卫星导航系统与铯原子钟组组成，长期频率稳定度应优于 10^{-11}/ 天；区域基准时钟是各省的同步基准源，一般由卫星定位系统和铷原子钟组组成，它既同步于上级 PRC，又能接收卫星定位系统的同步信号。

2）二级节点时钟（SSU-T），一般作为同步网中的汇接点，接收各地市的 LPR 同步基准源，由铷原子钟组成，频率稳定度应优于 1.6×10^{-8}/ 天。SSU-T 的设置数量及分布应满足本地 SDH 传送层对安全可靠性的要求，分布位置应选择在省内与本地传送层的交汇节点处；对于未设有 PRC 和 LPR 的省中心一级交换中心，也可在通信楼内设置二级节点时钟。

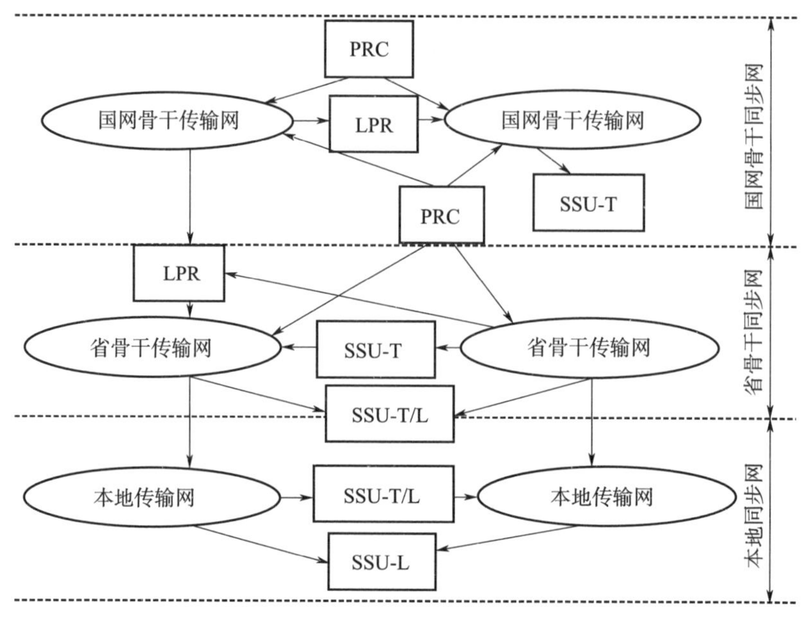

图 2　通信同步网架构

3）三级节点时钟（SSU-L），作为 SDH 传输网中的网元时钟，由高稳晶体钟组成，其频率稳定度应优于 4.6×10^{-6}/ 天。SSU-L 应综合考虑通信楼内业务节点发展、局房条件等因素，合理地设置其分布地点及数量。一般将其设置在本地网端局以及传送层汇聚节点处所在的 500 kV 通信站内。

对于厂站而言，可以在厂站中部署电力授时终端，实现从上级电力时钟源中接收时间信号，并为本站的自动化装置提供时间同步基准。对于建设了 BITS 设备的大型变电站或发电厂，由 BITS 设备从省中心站的通信同步网 PRC / LPR 中获取时间信号，作为整个厂站的时间基准源，为站内的电力授时终端提供时间同步信号，从而对站内自动化装置对时。另外，大型变电站或发电厂中由于需要同步的自动化设备较多，可以设立一个电力授时终端为主机，多个电力授时终端为从机，形成站内时间的主从同步，从机从主机接收时间基准，并为各自下属的自动化装置对时。

以省为单位建设的电网时间同步网综合建设方案如图 3 所示，工作原理如下：省中心站从区域级电力时钟源的两套基准时钟源接收时间源，以接收北斗卫星信号传递的时间信号为主时钟源，地面铷原子钟为备用时间源，在卫星信号失步的情况下，选择铷钟为基准钟。从 PRC / LPR 出来的频率信号经过频率同步链路传递至站级 BITS，用于实现变电站内的频率同步；

从 PRC / LPR 中输出的时间同步码信号，利用专门的时码调制解调器，调制为标准 2 Mb 信号，再通过电力通信网 SDH 中的 E1 通道作专线传输，从而实现站间时间的高精度传递。经专线传输过来的 2Mb 信号到达变电站的调制解调器，重新被解调成时间同步码信号，作为电力授时终端的有线时间信号输入源。电力授时终端经时间信号处理和补偿，输出自动化装置所需的 B 码、串口报文或脉冲等时间信号，为变电站内的自动化装置提供时间同步基准，从而实现全网同步。当光纤传输链路出现故障或其他原因丢失有线时间信号输入源时，电力授时终端自动切换至无线时间信号接收模式，接收北斗卫星信号传递的时间信号，保证时间同步信号的连续与准确。如此，便可以实现北斗、光纤通信网两者时间互为备份，为全网提供可靠的时间同步基准。

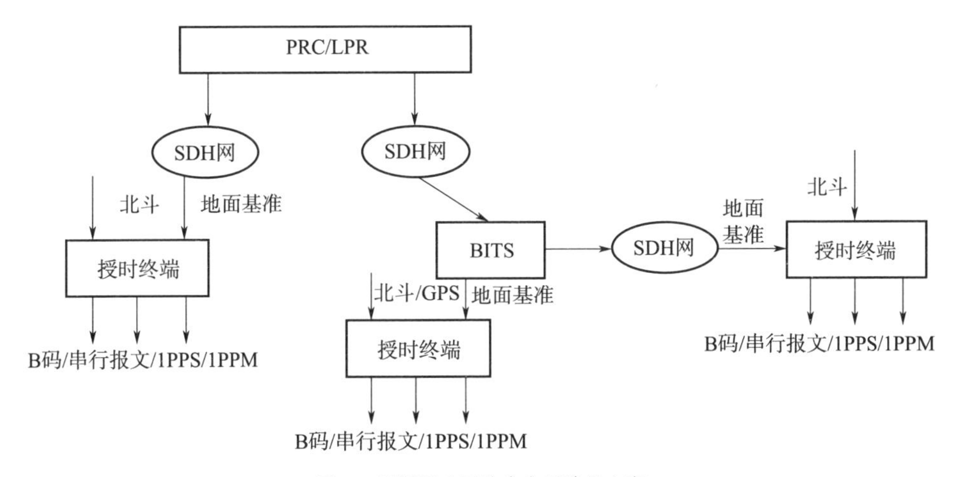

图 3　时间同步网综合应用建设方案

对于不同的授时终端端口可以通过如下授时方式进行授时：

1）电力载波电源线方式：基于载波电源线的分布式同步量测系统的结构方案，由载波电源传输线连接北斗卫星信号和现场的信息测量单元，北斗卫星信号通过载波电源传输线传递给各监控终端，从而提供高精度的同步时钟信号。授时方案中可将北斗卫星信号、守时钟、本地钟等时钟信号经过载波调制耦合进载波电源传输线，线路终端经过载波解调出时钟信息[4]。

2）以太网方式：基于 IEEE 1588 标准协议的实现分布式网络的精确时钟同步原理，通过采用以太网和异步传输模式相结合的方式，构建了一套全光纤高实时性的实时传输通道。

3）GPRS 方式：GPRS 是一种基于全球移动通信系统（GSM）的无线分组交换技术，理论上可以提供 9.05 ~ 171.2 kbit / s 传输速率的无线 IP 连接口已满足授时需求。

电力系统同步授时方案基本结构如图 4 所示。GPRS 网络接入速度快，可提供与现有有线数据网的无缝连接，数据量越小，接入速度越快，以 128 Byte 为例，平均延时为 0.5 s。目前在电力系统配电自动化远程抄表系统中已有应用。通过 GPRS 无线授时，GPRS 发送端采用 GMSK 或增强型的 8PSK 调制技术将时钟信号调制成无线信号，被授时装置通过 GPRS 解调器解调出时钟信号，达到授时目的。这种方式较之以太网和电源载波线方式，实际速率较低，比较适合对时间精度要求不高的被授时装置。

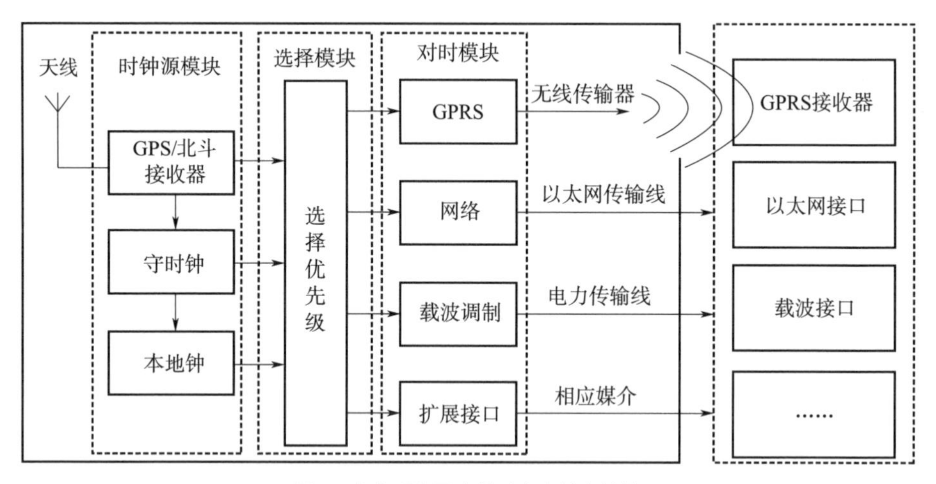

图 4　电力系统同步授时方案基本结构

如图 4 所示，授时方案主体结构由时钟源模块、选择模块、对时模块等组成，时钟源模块通过天线接收到北斗卫星和其他导航系统卫星信号，把这两种信号再进行一定的比较和核验，将北斗卫星信号作为同步主时钟源，得到的时钟信号传递给守时钟及本地钟，后两者可作为卫星时钟信号的备用，确保在卫星信号不可用后，同样可以作为授时源输出较高精度的同步信号。多个授时精度的授时源互为备用，选择模块分出时钟信号的精确优先级，分配给不同的对时模块以供授时。除此之外，被授时装置可以设置两种或更多种接收方式端口，可提高授时稳健度，例如 PMU 装置对授时精度要求较高，可以设置以太网接口和载波电源接口，只要其中一种方式有效，就可以进行时间同步。授时终端工作原理如图 5 所示。

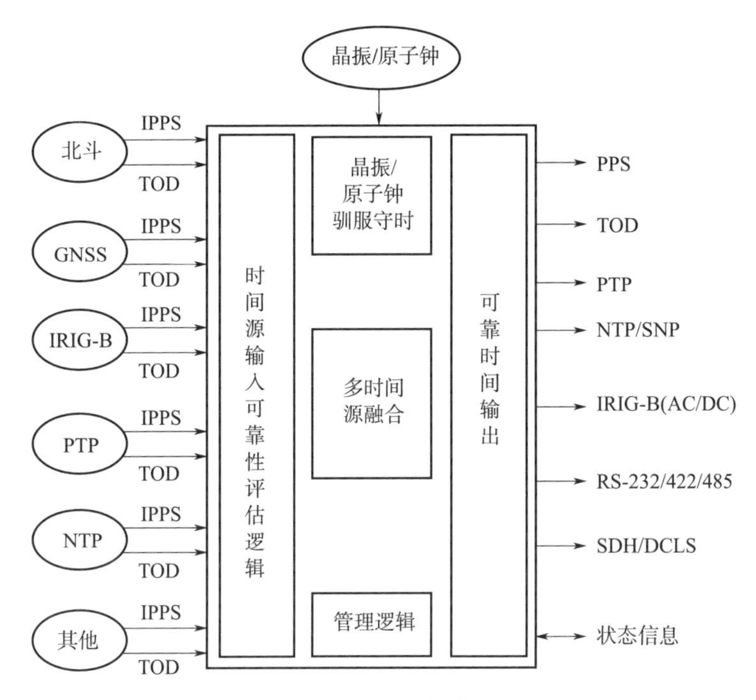

图 5　授时终端工作原理

参考文献

[1] 潘小山. 基于北斗卫星的电力授时终端设计与实现[D]. 北京：华北电力大学, 2013.

[2] 赵东艳，原义栋，石磊，等. 用于智能电网建设的北斗/GPS 高精度授时方案关键技术[J]. 电网技术, 2013(09)：2621-2625.

[3] 李永乐，江道灼，禹化然. 一种基于多授时源多授时方式的电力系统同步授时方案[J]. 电力系统保护与控制, 2011, 39(21)：76-80.

[4] 汪洋，赵宏波，刘春梅，等. 北斗卫星同步系统在电力系统中的应用[J]. 电力系统通信, 2011(1)：54-57.

3 北斗系统如何为金融网络提供时间同步服务?

随着金融网络信息化程度的不断提高，金融信息系统各个环节不再独自处理各自业务而是协同工作，银行后台服务器及网络设备的数量也与日俱增。服务器都有自己的本地时钟，但是这些时钟每天会产生数秒的走时误差。随着运行时间延长，时间偏差会越来越大，导致服务器之间的时间各不相同，这种偏差在单机中影响不太大，但在网络环境下的应用中便会引发严重的问题。从业务影响角度讲，因为时间的不统一，就无法推断出业务具体发生时间。因此对金融网络而言，时间的精准和时间的同步是保障业务正常运行的前提。要确保金融网络系统生态稳定、稳定运行，规避信息流动过程中时间不一致导致的技术漏洞及可能造成的商业纠纷，就要确保时间标尺的高度准确和统一[1, 2]。

金融网络时间同步技术采用基于网络的时间同步协议，根据不同的精度要求，分为网络时间同步协议（Network Time Protocol，NTP）和精密时间同步协议（Precision Time Protocol，PTP）两类[3, 4]。基于 NTP 协议或 PTP 协议，依靠北斗卫星导航系统的授时服务获取标准时间，结合信息设备数量和分布现状，合理设计时间同步网络架构，通过时间同步系统将全辖设备的系统时间与标准时间进行校准和同步[5]。

NTP 是目前国际互联网通用的时间服务协议。NTP 协议采用 Client/Server 架构，使用层次式时间分布模型，灵活性高，适应性强，网络开销小，并可容忍一定程度上的网络故障。设备通过网络相连，它们都有自己独立的系统时钟，需要通过 NTP 实现各自系统时钟的自动同步。

构成金融网络的设备不仅规模体量巨大，而且地域分布广泛。因此，时钟同步系统建设需要从管理角度和技术角度综合考虑，以“三层架构；高可用冗余、兼顾灾备；向上兼容；逻辑分区、区内自治”为设计原则，适应现有格局，满足系统灵活性、鲁棒性和可扩展性的要求。

“三层架构”是指将时钟同步系统逻辑分层为时钟源层、代理服务器层、终端层三个层次。时钟源层由专用的时钟设备构成，是整个时钟同步系统的心脏。时钟源层从北斗卫星导航系统授时服务获取标准时频信号，为整个网络系统时间提供依据。代理服务器层从时钟源层获取标准时间，为终端层提供授时服务，一方面避免海量终端直接连接时钟源，另一方面便于分区管理。代理服务器层可按“父子关系”分为一级代理、二级代理等多级代理。终端层由需要时钟同步的各平台系统及各类设备构成，通过代理服务器与时钟源进行时间校准，达到时钟同步的目的。三层架构设计与 NTP 协议分层管理的类树形基本网络结构相吻合，可较好地利用 NTP 协议，达到设计上的高度容错和可扩展性要求。

“高可用冗余、兼顾灾备”是指时钟同步系统设计需考虑信息系统生态整体高可用及灾备策略，确保时钟源层、代理服务器层不低于整体的高可用和灾备等级，达到在任何极端情况下标准时钟均可正常工作、提供服务的目的。

“向上兼容”主要解决原有若干时钟同步子网合并的问题。时钟同步系统设计需考察原有基础及其架构，坚持此原则可以最小程度地影响原有生产环境，达到风险最小化的目的。

“逻辑分区、区内自治”主要通过代理服务器层的设计实现，可按运维主体、技术特点划分。各逻辑分区内终端层设备可由其运维主体按其技术特点、系统规模等因素进一步规划，进行区内自治。此项设计原则是时钟同步系统设计的灵活性和可扩展性的最终体现。

下面以某大型商业银行为例，介绍时钟同步系统的设计方案。银行信息系统设备主要包括主机平台、Unix 平台、Windows 平台、Linux 平台、网络设备等，所有设备均支持 NTP 协议，或自身具备时钟同步子网并提供 NTP 标准时间接口，符合搭建服务于整个信息系统的时钟同步系统的条件。按照三层架构设计的基本原则，以数据中心为主体制定整体设计方案。

时钟同步系统的时钟源层和一级代理层部署在数据中心。数据中心设备整体的高可用及灾备策略主要基于“两地三中心”实现同城和异地的灾备需求，数据中心生产网按网段划分为 1 号网和 2 号网。结合以上特点，该行时钟同步系统的时钟源层设计由 6 台专用的国产 NTP 时钟服务设备构成，生产中心、同城灾备中心、异地灾备中心各放置两台，构成两个时钟源池，分别为 1 号网、2 号网服务；每个时钟源池中包含 3 台分置三地的 NTP 时钟服务器，互为热备。一级代理服务层分为两部分，一部分为数据中心各平台服务，由各平台按规划原则设置的多台服务器构成，另一部分为国内分行、海外分行及海外数据中心服务，提供统一接口。代理服务器部署高可用及灾备要求不低于各平台设备最高的高可用及灾备等级。数据中心时钟同步架构如图 1 所示。银行数据中心原有环境与时钟同步系统相关的基础条件有两个：一是具备时钟同步系统雏形，时钟同步子网主要为 Unix 平台设备服务，时钟源设备简单，但同步网络设计基本符合要求；二是主机平台集群内部存在封闭时钟同步体系。根据向上兼容的原则，对应采取的策略一是接入旧有时钟源的代理服务器，进行平移，接入对应的新建时钟源；二是原有独立时钟同步子网使用原时钟源服务器作代理服务器接入新建时钟源，保持子网内部配置不变。

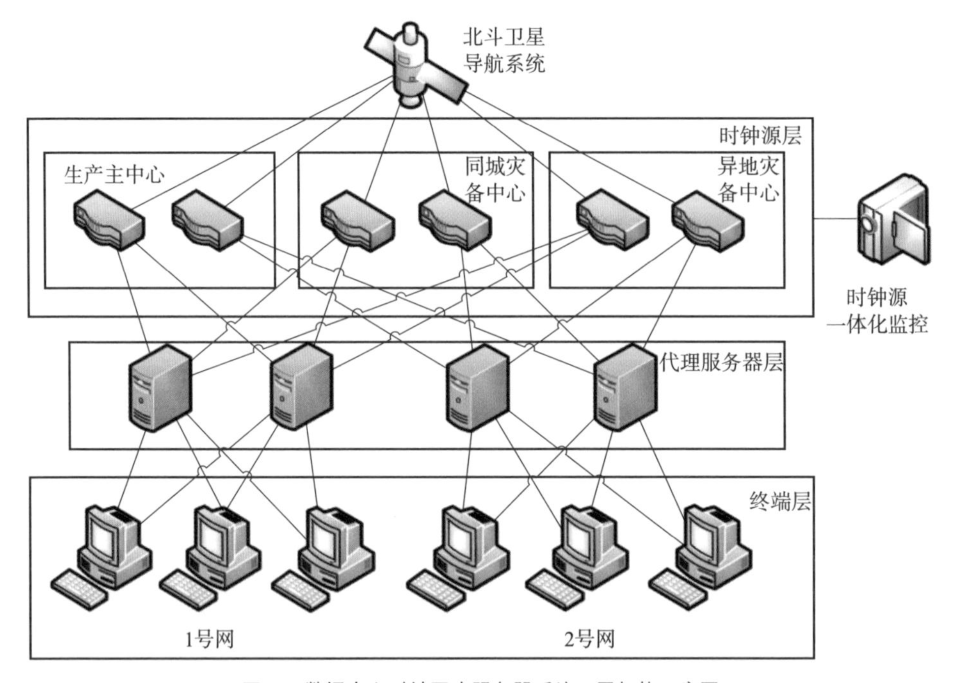

图1　数据中心时钟同步服务器系统三层架构示意图

国内分行、海外分行及海外数据中心设置为各自所辖设备服务的代理服务器，称为“分行一级代理服务器”（以下简称“分行一级代理”），分行一级代理接入总行数据中心为各区域分别提供的总行一级代理服务器。分行一级代理在分行时钟同步体系中充当“时钟源”的角色。各分行可根据分行科技体系的具体情况，进一步按平台或运维主体、设备物理位置等因素自行合理划分，设计分行二级（乃至三级）代理服务器（分行代理服务器不能超过6层），为各自所辖终端服务。分行时钟同步服务子网设计示意图如图2所示。

分行各级代理服务器设计基本要求与总行数据中心各平台代理服务器要求一致，需满足基本设计原则：确保至少两台代理服务器冗余备份；兼顾分行灾备策略，达到若灾备系统启用，授时系统保持其可用性的效果；综合考虑现有生产体系，以保证生产安全为底线，实施方案向上兼容，使变更动作最小化，风险最小化；各级代理合理划分，达到逻辑分区自治的目的。

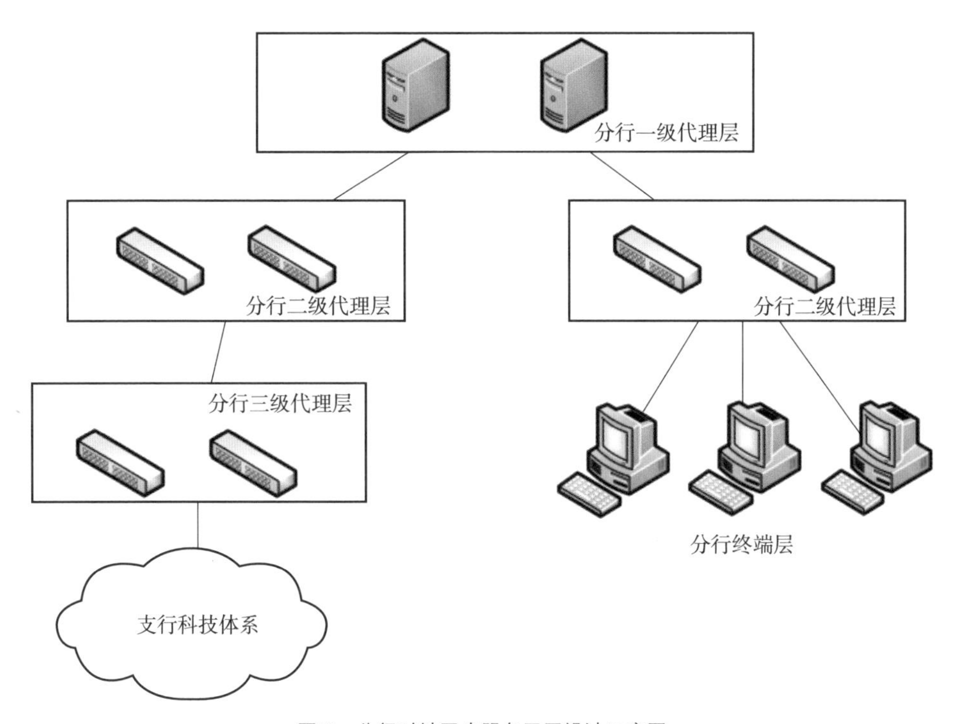

图 2　分行时钟同步服务子网设计示意图

世界各国十分重视金融网络的时间同步问题，股票交易大厅电子显示牌的涨跌信息必须要与股票交易计算机终端显示出的信息完全同步。例如，金融证券交易通常每秒要成交 1000 笔业务，证券交易网络需要精确的时间同步系统。为了确认交易发生时间及提供下单审计跟踪，目前高准确度和可跟踪网络时间的行业法规日益规范和严格。2018 年 1 月，欧洲证券和市场管理局（European Securities and Markets Authority，ESMA）出台金融工具市场指令（Markets in Financial Instruments Directive，MiFID Ⅱ），要求证券交易系统时间与协调世界时（UTC）的时间同步最大偏差在 100 μs 之内，时间分辨率为 1 μs。同样，美国证券交易委员会（SEC）也明确了金融交易系统的时间同步要求，详见 SEC Rule 613 相关规定。对于手动下单，SEC 要求股票交易日期和时标的准确度是 1 s 或优，并可追溯到美国国家标准和技术研究院（National Institute of Standards and Technology，NIST）维持的世界协调时（UTC）[6，7]。目前，我国的金融网络授时能力已得到长足发展，取得了从无到有、从有到精的突破性进步，北斗卫星导航系统能够为金融网络提供稳定且符合精度要求的授时服务。在复杂的国际形势下，国内金融网络的稳定运行对于国家经济的稳定运行至关重要。

参考文献

[1] 银行时钟子系统设备与系统详解 . 北京创想京典科技发展有限公司，2018.

[2] 张城 . 基于 IEEE 1588 协议的网络同步时钟技术研究［D］. 浙江：浙江大学，2013.

[3] DAVID L MILLS. Computer network time synchronization：the network time protocol［M］. Taylor & Francis，12 December 2010.

[4] 黄沛芳 . 基于 NTP 的高精度时钟同步系统实现［J］. 电子技术应用，2009（7）：122-127.

[5] 高国奇 . 商业银行基于 NTP 的国产化时钟同步系统建设研究［J］. 中国金融电脑，2017（11）：39-43.

[6] Annex Regulatory Technical Standard（RTS 25）on MiFID II SEC Rule 613.

[7] https：//www.internetsociety.org/blog/2017/09/time-synchronization-security-trust/.

4 授时战的内涵是什么?

授时是指将标准时间传递给用户，以实现时间统一的技术手段。授时系统是确定和播发精确时刻的工作系统。每当整点钟时，中央人民广播电台都会整点报时，中央电视台每天新闻联播开始时也会整点报时，人们可以很方便地以此校对自己的钟表的快慢。

天文测时所依赖的是地球自转周期，而地球自转周期的不均匀性使得天文方法所得到的时间（世界时）精度只能达到 1E-9，无法满足现代科技的需求。时间是测量精度最高的物理量，测量准确度高于 1E-15。通过提高时间频率信号的精度，可以提高其他物理量和物理常数的测量精度，可以“更细致地观察物质世界”。一种更为精确和稳定的时间标准应运而生，这就是原子频率标准。目前世界各国都采用原子钟来产生和保持标准时间，然后，通过各种方法和媒介将时间信号送达用户，这些方法包括短波授时台、长波授时台、低频授时台、电话网、互联网及卫星等，称为“授时系统”。卫星授时是目前被广泛采用的高精度授时方法，具有信号覆盖范围大、传送精度高、传播衰减小等优点。例如，北斗卫星导航系统提供单向授时精度 50 ns、双向授时精度 10 ns 服务。

根据应用领域不同，授时服务可分为军用和民用用户两种。

民用授时主要包括电力系统（运行调度、故障定位、电力通信网络）、通信系统（移动通信基站、个人用户位置服务）、公路交通（道路导航、救援、车辆管理）、航海（航海导航、港口疏浚、航道搜救、航道测量）、测绘、防震救灾（地震观测、地震调查、地震救助、勘测、应急指挥）、公安（户籍管理、交通管理、警卫目标保障、缉毒禁毒、反恐维稳、巡逻布控、安全警卫、指挥调度）、林业（森林防火、森林调查）、广播电视、气象、信息业、激光测距、科研等，这些应用对时间精度的需求范围从秒量级，到毫秒量级，甚至到纳秒量级；军用授时则主要用于信息化作战装备、主战武器平台、大型信息系统等方面，对时间精度的需求范围从毫秒量级到纳秒量级。随着信息时代的发展，时间信息几乎是所有行动的基础，针对越来越复杂的环境，如干扰和欺骗，对授时服务的抗干扰性、抗摧毁性也提出了更高的要求[1]。

对于典型的卫星导航系统授时服务的干扰，主要包括空间段、地面控制段和用户段三个环节。空间段的干扰，主要包括物理摧毁卫星授时系统，或通信信道干扰卫星授时系统正常的授时通信；地面控制段是指卫星导航系统的地面控制部分，包括卫星主控站、注入站、检测站等，对其进行物理摧毁或者干扰，可以终止地面控制系统对卫星的控制，使得卫星授时系统无法正常运行；对用户区域实施局部压制（瞄准式干扰、阻塞式干扰和相关干扰等）或者欺骗（产生式和转发式等）电子干扰，达到对用户端干扰的目的，使得被干扰用户无法正常使用卫星授时系统，或收到较大的授时误差。在物理摧毁和干扰的过程中，相关元器件还可能发生故障甚至损坏，从而无法在较长一段时间恢复正常的时间同步功能。

随着全球信息化程度的提高，需要精确授时的领域越来越多，如电力、通信、交通、银行、地震监测、气象预报等，授时体系对于国家经济社会、国家安全至关重要。如电力时统采用卫星授时的方法实现时间同步，电力系统网络具有成千上万个节点，电网的运行自动化系统、故障录波器、微机继电保护、时间顺序记录装置、运行报表统计、电网运行设备的操作以及电网发生事故时间等，都要求电网有一个统一的时间标准，需要标准时钟提供统一的标准时间信息，一旦授时系统被攻击，则会造成整个国家电力系统瘫痪，无法正常运行。

相关链接

授时战对军事的影响

在现代化战场上，时间信息几乎是所有作战行动的基础[2]。精确的时间同步，是各类武器装备、平台、各级作战指挥系统实现兼容、信息融合的基础。在整个指挥作战回路中，要形成陆、海、空、天、电跨域、实时、可靠的态势信息，实现各级指挥所之间的数据信息交换，实现计算机数据通信网与武器系统平台之间的互联、互通、互操作，均需要各类武器装备、侦察监视平台、数据链、指挥网络之间实现精确的时间同步。唯有精确授时，才能够使“发现即摧毁”的快速协同作战成为可能。因而，在作战中，一旦敌方授时系统被干扰，将会造成整个作战回路的时间不统一，指挥部无法对部队实现准确的指挥、控制，作战人员对武器系统也无法做到时间上的精确控制，武器系统则无法实现有效、准确、可靠的打击。因此，攻击敌方的授时系统可快速扰乱敌方的指挥作战秩序，为实现其他攻击提供优势，达到事半功倍的效果。

参考文献

［1］ 葛悦涛，薛连莉，李婕敏．美国空军授时战概念分析［J］．飞航导弹，2018（5）：11-14.

［2］ 刘天雄．卫星导航系统典型应用［M］．北京：国防工业出版社，2021.

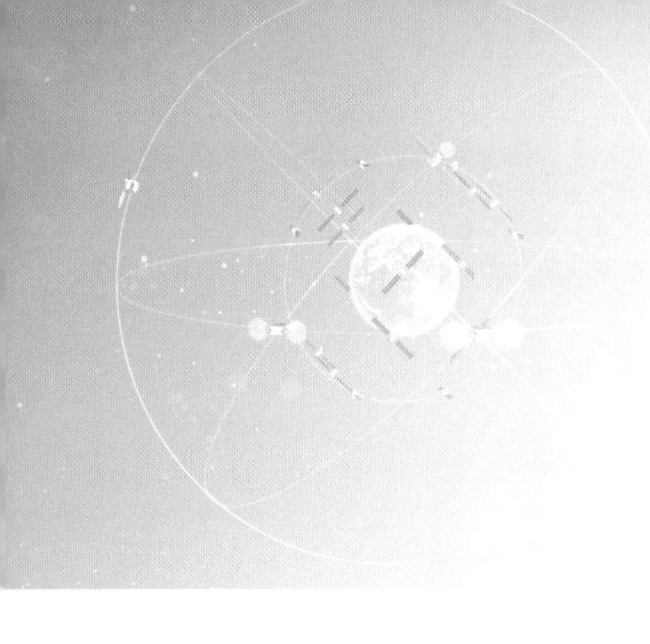

第十五章 短报文通信与数据传输服务

1 北斗系统的短报文通信服务是什么？

北斗系统的特点之一是同时具备定位与通信功能，能够实现北斗用户间的双向短报文通信。

短报文通信工作流程如图 1 所示。首先，发送方终端将短报文数据加密后，采用直接扩频序列调制，用 L 波段频率发送到卫星，通过卫星转换为 C 波段信号传送至地面中心站；地面中心站处理接收到的入站信号，并将其发送到地面网管中心；地面网管中心接收到通信申请信号后，经解密和再加密后发送至地面中心站；地面中心站将其编排到持续广播的出站电文中，经卫星转换为 S 波段广播给接收方的用户终端；用户机接收出站信号，解调解密出站电文，完成一次点对点通信[1]。

北斗短报文通信的优点如下：

1）快速响应能力，点对点通信时延为 1 ~ 5 s;

2）通信抗干扰强，通信采用 CDMA 技术，码间干扰小，同时采用 S/L 波段卫星传输，可穿透平流层和对流层，可保证极端天气条件下的通信；

3）安全性强，北斗卫星导航系统是我国拥有自主知识产权的卫星导航系统，能保证通信的安全性和保密性。

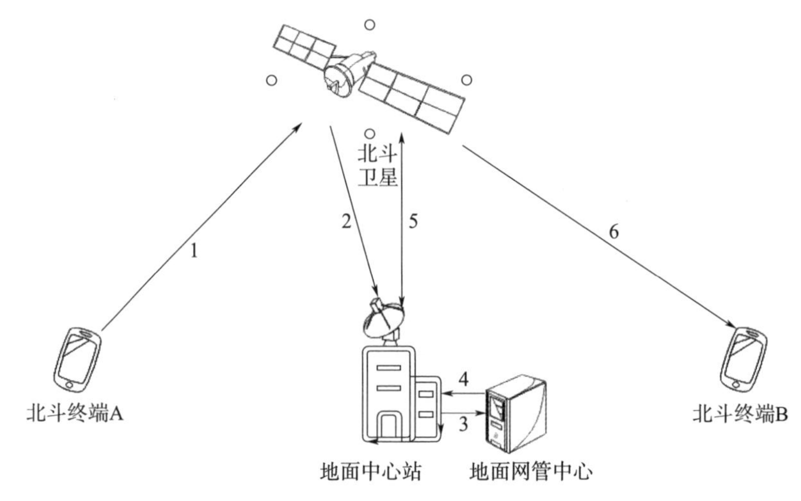

图1　北斗短报文系统工作原理

参考文献

[1] 雷思磊，贺文宝，等. 基于北斗短报文的卫星通信车快速组网方案设计[J]. 全球定位系统，2018，43（4）:53-58.

2 发生紧急事件时，如何利用北斗系统传递信息？

北斗卫星导航系统短报文双向通信技术，可为救援抢险提供定位与通信一体的救援手段。北斗一号系统已在汶川地震救援中发挥重要作用，在当时灾区常规通信大面积中断的情况下，救灾部队通过北斗短报文及时发回震中受灾信息。

北斗短报文应急通信系统利用支持北斗短报文通信的便携式终端，实现移动互联网中断情况下智能终端无阻塞接入应急通信链路，解决震后灾害现场通信受限难题，系统组成如图1所示。系统设备主要由北斗导航卫星，后方应急指挥中心的北斗指挥终端、服务器、指挥计算机、地震灾害现场的北斗手持终端、北斗车载终端等组成[1]。

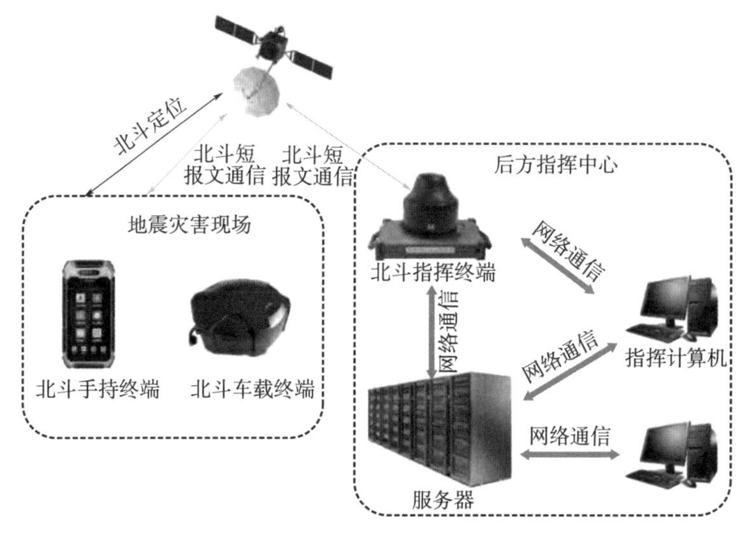

图1　北斗短报文应急通信系统

系统数据工作原理为：灾害现场北斗车载终端和北斗手持终端通过北斗通信链路将灾情信息上报到北斗指挥终端，北斗指挥终端具备接收所有下属用户的短报文信息的能力。指挥计算机通过USB口/串口读取北斗指挥型短报文终端接收到的短报文消息。接收到的各类灾情信息存储于服务器的数据库中，各个指挥计算机可以通过网络随时随地远程访问。

相关链接

海域上没有移动通信信号怎么办?

近年来，海上出现的重大事故越来越多，遇险人员多与地面失去联系。不管是越洋飞行的国际航班还是海上航行的大型轮船，只要它们与地面失去了联系，就会陷入巨大的危险中。对此海上航行要与地面的通信保持联络，为遇到危险随时提供救援准备条件，减少重大事故的发生。

由于海上没有地面移动通信基站，通信只能依靠短波电台和卫星通信。在北斗导航系统提供短报文通信功能以前，海上卫星通信主要依靠国外的卫星通信设备，例如，海事卫星、铱星等。但是海事卫星资费昂贵，为国内中小渔船的使用推广带来困难。北斗导航卫星短报文业务的出现，既满足了船舶通信的需求，同时也实现了卫星通信技术的自主。2020 年 7 月 31 日，习近平总书记宣布北斗三号卫星导航系统正式开通，实现了短报文业务的全球覆盖，彻底解决了我国船舶走出国门的通信保障问题。

从“十三五”到“十四五”，北斗短报文技术以及基于北斗短报文为核心的卫星物联网应用在海事领域拓展了多个有着北斗特色的应用场景，为海事行业注入新的生机和活力。2019 年，中国科学院新一代远洋综合科考船“科学号”完成西太平洋综合考察返航青岛母港。这次科考的重大突破是首次实现了深海潜标大容量数据的北斗卫星实时传输。这项自主研发的技术成果克服了深海潜标载荷容积小、供电少和数据量大等困难，提高了深海数据实时传输的安全性、自主性和可靠性。北斗短报文的深海潜标如图 1 所示。

图 1　科考船基于北斗短报文的深海潜标

2019 年，北海航海保障中心为构建 E 航海综合服务保障体系，开展了北方海区北斗海上通信服务系统建设，利用北斗卫星导航系统开放的民用资源，使用先进的信息化技术，建设兼顾公约船和非公约船服务需求的北斗海上通信服务系统。

随着我国北斗三号卫星导航系统的推广应用，北斗独有的短报文通信业务也将逐步在国际海域船舶上得到大量的应用。

参考文献

[1] 陈晓琳，李盛乐，等．基于北斗卫星通信的地震应急指挥系统研究［J］．地震工程学报，2020，42（6）：1462-1472.

第十六章 北斗系统应用公众关注热点

1 在日常生活中，北斗系统与我们有什么关系？

北斗卫星导航系统已潜移默化地融入了老百姓的生活中，并在许多方面都已经开始发挥重要的作用，改变了人们的生产和生活方式，其中最直接的影响当然就是我们的交通出行，平日上下班躲避拥堵或者假期出游时都会用手机“卫星导航 App”或车载“卫星导航系统”来导航。目前大部分手机或者车载的导航终端设备已经配置或者兼容北斗卫星导航系统的导航型基带芯片以及导航型射频芯片。北斗卫星导航系统已在不知不觉中为我们的日常生活提供着服务，利用手机“卫星导航 App”，使得人们出行过程中不仅可十分方便地找到目的地，同时还可以规划最优的路线。此外，在等公交车的时候或者用叫车软件呼叫出租车时，我们可以通过手机 App 查看要等的车还有多远、预计几分钟可以到达，这些位置信息也是通过公共汽车和出租车搭载的各种卫星导航终端计算和处理获得的。

共享单车是城市交通“最后一千米”的优质解决方案，然而共享单车乱停乱放的问题却影响了我们美丽的城市风景。单车加装北斗终端，可以采用“电子围栏”技术，提前规划运行范围并规范停车区域。单车上的导航终端可感知自身位置，当超出允许骑行的范围或者在规定的停放区域以外落锁时会发出警报，那么共享单车的乱停放不会再是一个难题。

图1　加装北斗终端的共享单车实现有序停放

网购已经是我们生活中采购吃穿用度的重要途径，事实上当前许多物流公司用到了基于北斗卫星导航系统的电子商务云物流信息系统，实现对物流过程、交易产品、运载车辆的全面管理，既确保我们的网购交易安全，又让大家享受到低成本、高效率的配送服务[1]。

北斗卫星导航系统还在不断走向百姓的日常生活，成为人们更贴心、更便利、更可靠的伙伴。

相关链接

车载导航和车辆监控

开车出发前用手机或者车载导航仪规划一下路线，在路途中享受语音和地图画面导航，这已经是我们当前习以为常的出行方式了。早在20世纪90年代，车载导航或者车载GPS进入大家的视野，它从高档豪华车专用品，扩大应用于大客车、出租车、载货汽车和我们家用的经济型小客车，极大地改变了人们的出行方式。

现在，通过车载导航和通信技术，使行驶中的汽车不再是道路上的孤立物体，万物得以互联。据统计，每年中国道路运输客运量达百亿人次，公路货物周转量达万亿吨。针对道路事故频发、道路拥堵等问题，北斗系统提供的导航定位服务可以为交通运输管理部门提供准确的车辆位置信息，结合网络传输等技术，将有效提升道路运输的监管水平，提高治理拥堵、降低事故、应急救援的能力，保障人民生命财产安全。

据统计，截至2020年年底，国内超700万辆道路营运车辆、超3万辆邮政快递干线车辆、1 400艘公务船舶已应用北斗卫星导航系统提供的定位导航和授时服务，综合交通管理效率和运输安全水平全面提升，重特大事故发生起数下降93%，死亡率下降86%。交通部使用北斗系统建立了全国交通监管系统，全国道路货运车辆公共监管与服务平台主页如图1所示，对危险品运输车、旅游客车或长途客车实时监控，当前规模已达到480多万辆，事故率同期减少50%[2]。

图1　全国道路货运车辆公共监管与服务平台主页

参考文献

[1] 中国卫星导航定位协会.《2021中国卫星导航与位置服务产业发展》白皮书，2021年5月.

[2] 中国卫星导航系统管理办公室.北斗卫星导航系统应用案例，2018年12月.

 北斗系统可以应用于军事对抗吗?

卫星导航系统源于军事需求，例如，1973 年 5 月 1 日，美国国防部批准海陆空三军联合研制 GPS，美国国防系统采办和评审委员会（Defense Systems Acquisition Review Council，DSARC）批准发展 GPS 全球定位系统的目标有两点，一是将 5 枚炸弹投入同一目标上；二是接收机成本小于 10 000 美元。可以看出，半个世纪前美军研发 GPS 的主要目的就是用于武器精确打击，以军事应用为主导，同时兼顾民用。

对于精确打击而言，对目标准确及时的获取是作战思想能够实施的前提。在执行目标获取任务时通过对各种卫星系统的协调使用，能够全天时、全天候、全方位实现对任意目标的捕捉。如何对敌方目标实施精确打击是实施精确作战的核心问题，海湾战争中，由 GPS 引领的 B-52 轰炸机在万米高空实施作战任务时，可以将炸弹打击的圆概率误差（CEP）缩小至 10 m 左右。伊拉克战争中，JDAM 等 GPS 制导武器达到了 80% 的使用率，大幅度提升了打击效果，减少了己方的人员伤亡，也降低了作战装备的损失率。

卫星导航制导精确打击武器的出现，改变了现代战争的作战方式，卫星导航的授时服务保证了对目标打击的协调一致性和有序性。在未来的战争中，新一代精确制导武器将会朝着提高其射程、制导精度、隐身性能和超声速等方向发展，新一代精确对地打击武器将会使未来战争的方式发生革命性的变化。

卫星导航系统已成为主导信息化战争的高技术系统之一，能够极大地提高军队的指挥控制、多军兵种协同作战和快速反应能力，大幅度提高武器装备的打击精度和效能。卫星导航系统在战争中的作用并不亚于杀伤性武器，它是导弹、飞机、军舰作战效能的倍增器。

3 北斗系统“第一”知多少?

北斗卫星导航系统实现多个“第一”:

1）世界第一个同时提供RNSS无源定位和RDSS有源定位服务的卫星导航系统星座；

2）世界第一个由中圆地球轨道（MEO）和地球同步轨道（GEO、IGSO）混合组成的卫星导航星座；

3）世界第一个同时提供定位和搜索救援服务的卫星导航系统；

4）世界第一个提供导航和通信融合服务的卫星导航系统；

5）我国第一个空间组网运行的大型空间信息系统；

6）我国第一个面向全世界公众用户服务的系统。

相关链接

北斗卫星导航系统的应用超出人们的想象力

卫星导航系统本质上还是无线电导航系统，能够为地球表面和近地空间的广大用户提供全天时、全天候、高精度的PNT服务，简单说定位对应位置信息服务、导航对应路径信息服务、授时则对应时间信息服务。卫星导航系统可以作为时间和空间基准，是国家信息产业的基础设施，对社会经济和国家安全至关重要。一般用户几乎可以在任意时间和任意地点获得10 m左右的定位精度、几十纳秒的时间精度。卫星导航系统改变了人们的生产和生活方式，也改变了军队的作战模式[1]。

从衣、食、住、行到水、电、气、热，从农林渔业到救灾减灾……北斗卫星导航系统渗透到社会经济发展的方方面面。

智能化港口建设，被视为提升港口核心竞争力的重要手段。此前，交通运输部等九部门发布《关于建设世界一流港口的指导意见》，提出要建设基于北斗卫星导航系统等的信息基础设施，推动港区内部集卡和特殊场景集疏运通道集卡自动驾驶示范。在武汉花山港，一排排桥吊、船吊、轨道吊依次排开，一辆辆约15 m长、最大载重75 t的“平板车”自主行驶，停车、装箱、驶离、停车、卸箱等一系列操作完全自主完成。这是利用北斗定位的5G智能无人集装箱转运卡车。相比于传统集装箱无人集卡依靠地上的“磁钉”定位移动，北斗导航系统可以提供更高精度的时空信息，通过5G网络传输数据，使车能够感知200 m以内的各类物体，停车定位精度控制在5 cm内。这还不是北斗的“极限”。高精度服务是北斗的一大特色，传统导航系统的服务精度都是米级甚至10 m级，更高精度的服务很少开放给民用市场。而北斗“全国一张网”，借助超过2 000个地基增强站，北斗系统具备为用户提供分米级、厘米级甚至是毫米级定位精度的能力。

当农业遇见北斗，播种更省力，出苗更省心，劳动生产效率大幅提升。在内蒙古自治区巴彦淖尔市乌拉特前旗大佘太镇的农田里，无人驾驶播种机正在从“稀罕物”变得日益“寻常”。基于北斗定位功能，播种机沿预设路线自行作业。有了这种精准科学的方法，每千米播种偏差不超过2 cm，每亩地出苗率能提高10%。据统计，基于北斗系统的农机自动驾驶系统已有超过2万台套，节约50%的用工成本；基于北斗系统的农机作业监管平台和物联网平台为10万余台套农机设备提供服务，极大提高了作业管理效率。

当灾害预警遇见北斗，人身更安全，财产有保障。2020年入汛后，湖南省常德市石门县连续遭遇强降雨，7月6日下午，石门县南北镇潘坪村雷家山发生大型山体滑坡，塌方山体达到300万立方米。多亏了“北斗卫星高精度地灾监测预警系统”及时发出预警，位于滑坡危险区的村民及时转移，无一伤亡。通过对山体、水库、河流的形变、位移等进行24小时实时监测，北斗对可能发生的滑坡、沉降、裂缝、水库遇险、河流水位暴涨等险情进行预警，守护生命、减小损失。

特殊战场上，北斗同样快速响应、尽锐出战。2020年年初，一场抗击新冠肺炎疫情的阻击战在神州大地打响，火神山、雷神山医院平地而起，为复杂地形地貌实现高精度定位、精确标绘的正是北斗；面向全国的“千寻位置”网上无人机平台，可以实现无人机精准喷洒等防疫作业，为其提供高精度数据的也是北斗；物资运输车辆实时监管调控，智能机器人将各地送达的医疗物资快速送往医院隔离区，背后的支持系统还是北斗……

北斗系统与新一代5G移动通信、区块链、物联网、人工智能等新技术碰撞融合，构建以北斗时空信息为主要内容的新兴产业生态

链，推动生产、生活方式变革和商业模式不断创新，将创造出巨大的经济效益和社会效益。

卫星导航系统已在金融网络、通信系统、电力系统、交通运输、救灾减灾、搜索救援、地理测绘、水文监测、气象预报、海洋渔业、精准农业、武器制导、精确打击等领域得到广泛深入的应用。GPS 能干的事情，我们的北斗系统也能干，而且还有自己的特色服务。

未来，北斗系统拥有无限可能。正如首任北斗卫星导航系统总设计师孙家栋院士曾说的那样，“北斗的应用只受我们想象力的限制”。

参考文献

［1］ 刘天雄 . 卫星导航系统典型应用［M］. 北京：国防工业出版社，2018.

4 北斗系统在全世界任何地点都能提供服务吗？

2020年7月31日，习近平总书记宣布北斗三号全球卫星导航系统开通，标志着北斗系统正式提供覆盖全世界的服务。中国卫星导航系统管理办公室发布的北斗卫星导航系统公开服务性能规范（3.0版）明确指出，北斗三号系统提供面向全球范围，提供定位导航授时（RNSS）、全球短报文通信（GSMC）和国际搜救（SAR）服务；在中国及周边地区，提供星基增强（SBAS）、地基增强（GAS）、精密单点定位（PPP）和区域短报文通信（RSMC）服务。北斗卫星导航系统发展报告4.0版指出，北斗系统免费提供卫星导航公开服务，鼓励开展全方位、多层次、高水平的国际交流与合作[1]。

北斗卫星导航系统公开服务性能规范（3.0版）指出，北斗系统可以向全球范围地球表面及其向空中扩展1 000 km高度的近地区域的用户提供RNSS服务。RNSS公开服务的5个空间信号分别为[2]：

1）B1C信号：中心频率为1 575.42 MHz，带宽为32.736 MHz，包含数据分量B1C_data和导频分量B1C_pilot。数据分量采用二进制偏移载波（BOC（1，1））调制；导频分量采用正交复用二进制偏移载波（QMBOC（6，1，4/33））调制，极化方式为右旋圆极化（RHCP）；

2）B2a信号：中心频率为1176.45 MHz，带宽为20.46 MHz，含数据分量B2a_data和导频分量B2a_pilot，数据分量和导频分量均采用二进制相移键控（BPSK（10））调制，极化方式为RHCP；

3）B2b信号：该信号利用I支路提供RNSS服务，中心频率为1 207.14 MHz，带宽为20.46 MHz，采用BPSK（10）调制，极化方式为RHCP；

4）B1I信号：中心频率为1 561.098 MHz，带宽为4.092 MHz，采用BPSK调制，极化方式为RHCP；

5）B3I信号：中心频率为1 268.52 MHz；带宽为20.46 MHz，采用BPSK调制，极化方式为RHCP。

相关链接

在南极、北极也能收到北斗卫星导航系统的信号吗？

南、北极地地区丰富的自然资源以及重要的战略地位，引起了各国广泛关注。北斗系统的全球星座可以实现对南、北两极地区的完全覆盖，能够独立地为两极地区各类应用提供定位、导航和授时服务。

北斗卫星导航系统先后在南极长城站、中山站以及北极黄河站建立了基准站，现在在南极和北极也可以应用北斗卫星导航系统获取相关数据，为我国实现自主卫星导航系统应用和极区北斗测绘基准体系建立提供数据和技术支持，极大地提高我国极区科考测绘保障的自主性，还可提高北斗卫星导航系统的全球定轨精度[1-3]。

参考文献

[1] 杨元喜，等．北斗在极区导航定位性能分析[J]．武汉大学学报(信息科学版)，2016，41(1):15-20.

[2] 王泽民，等．北斗系统在南极中山站地区的基本定位性能评估[J]．武汉大学学报(信息科学版)，2017，42(8)：1027-1034.

[3] 吴文会，等．南极长城站北斗基准站建设、运行及稳定性分析[J]．测绘与空间地理信息，2019(5).

5 怎样知道自己的手机是否支持北斗系统导航?

打开智能手机应用市场（App Store），搜索“北斗导航”四个字，可以搜索到各种名称中带有“北斗导航”的手机导航App软件，然而需要说明的是，这些软件均非与北斗系统有关系的导航软件，而是一些与我们经常用于导航的高德地图、百度地图、腾讯地图等别无二致的导航软件。事实上，智能手机的导航软件使用哪一种卫星导航系统为用户提供定位、导航和授时服务，取决于手机的硬件芯片（射频信号接收芯片和基带处理芯片），而并非软件或App自身。

2021年5月18日，中国卫星导航定位协会发布《2021中国卫星导航与位置服务产业发展》白皮书，白皮书指出包括智能手机器件供应商在内的国际主流芯片厂商产品广泛支持北斗，国内华为、VIVO、OPPO、小米等品牌大部分款型均支持北斗功能。在中国新入网的智能手机中，已经有70%以上的手机提供了北斗服务[1]。

北斗和GPS、Galileo、GLONASS等全球卫星导航系统以及QZSS、IRNSS等区域卫星导航系统具备兼容互操作特性，即北斗与其他卫星导航系统的民用导航信号具有相同的频点、类似的调制、相似的带宽[2, 3]，站在手机生产厂商和用户角度，只需要能接收导航电文并按照接口协议在信息层面对坐标系统、时间系统进行修正即可完成多模卫星导航定位功能[4]。

北斗卫星导航系统是一个开放的系统，只要用户终端或智能手机配置接收北斗信号的射频接收芯片和处理北斗信号的基带芯片，就可以享受北斗系统提供的免费PNT服务。目前我国主流品牌手机中均采用了兼容北斗和GPS的双模芯片，可以同时支持北斗和GPS，用户不用设置就可以获取北斗和GPS的协同服务。

目前民用市场上主流的手机芯片厂商均支持北斗卫星导航系统，如苹果（2020年下半年及后续发布的型号[5]）、高通（2016年下半年及后续发布的型号[6]）、联发科（2013年年初及后续发布的型号[7]）、三星（2013年年底及后续发布的型号[8]）、华为（2015年年初及后续发布的型号[9]）等。截至2020年年底，具有北斗定位功能的终端产品社会总保有量超过10亿台[1]。

怎样知道自己用的手机是否支持北斗呢？有两种方式。第一种是前往手机官网查询本机型的技术参数，在“导航定位”一栏会明确标明是否支持北斗导

航。第二种是通过下载相关手机App来检测，比如“Cellular-Z”、“北斗伴”、“GPS Test”“AndroiTS GPS Test”等智能手机的App，在手机开启位置服务的状态下进行测试，检测自己的手机是否支持北斗卫星导航系统，检测过程中需要在室外无遮挡位置运行软件查看定位信息。

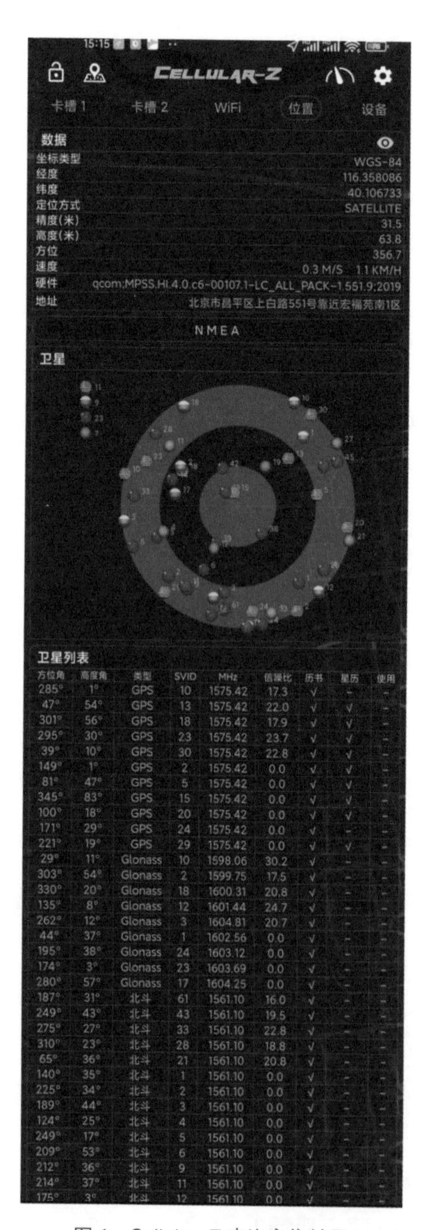

图1 Cellular-Z查询定位结果

Cellular-Z是一款手机信号质量及信息、信道查看App软件，用户查询定位服务系统的结果如图1所示，主要功能：一是显示当前用户位置信息、导航卫星图、NMEA日志；二是测试用户轨迹，详见http：//www.cellularz.fun/。

“北斗伴”是一款方便的查看并记录导航卫星状态的工具，用户查询定位服务系统的结果如图2所示。软件功能包括：可查看手机定位模块提供的定位模式、经纬度、高度、速度、速度方向、HDOP、卫星数、卫星分布、卫星信号强度等信息；直观显示当前卫星信号接收状态，支持北斗、GPS、GLONASS、Galileo等多个卫星导航系统；可显示NMEA原始导航数据；可在地图上显示当前位置；可绘制定位点轨迹图；以罗盘的方式直观显示运动方向及设备方向；具有保存并回放定位结果的功能。详见https：//app.mi.com/details?id=com.beidouin.iBeidou。

GPS Test是一款显示当前接收到的导航卫星数量，导航信号强度、方位，导航坐标，以及UTC时间等信息的手机App软件，用户查询定位服务系统的结果如图3所示，详见https：//en.softonic.com/download/GPS-test/android/post-download。

AndroiTS GPS Test是一款导航信息查看服务软件，用户可以实时了解位置情况，掌握位置的详情坐标，用户查询定位服务系统的结果如图 4 所示。在应用中，用户还可以看到北斗等导航卫星的状态、信号强度等信息，详见 https：//www.anxz.com/down/85522.html。

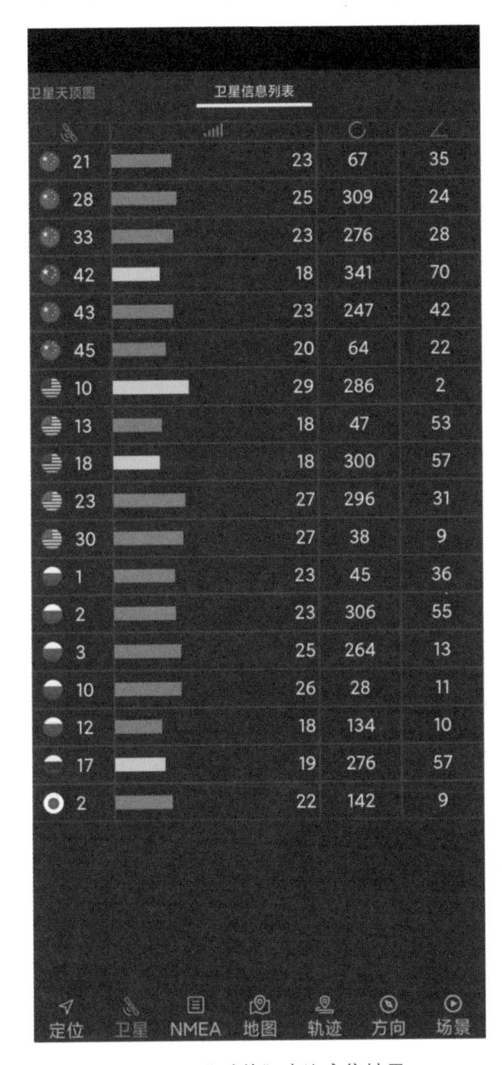

图 2 “北斗伴”查询定位结果

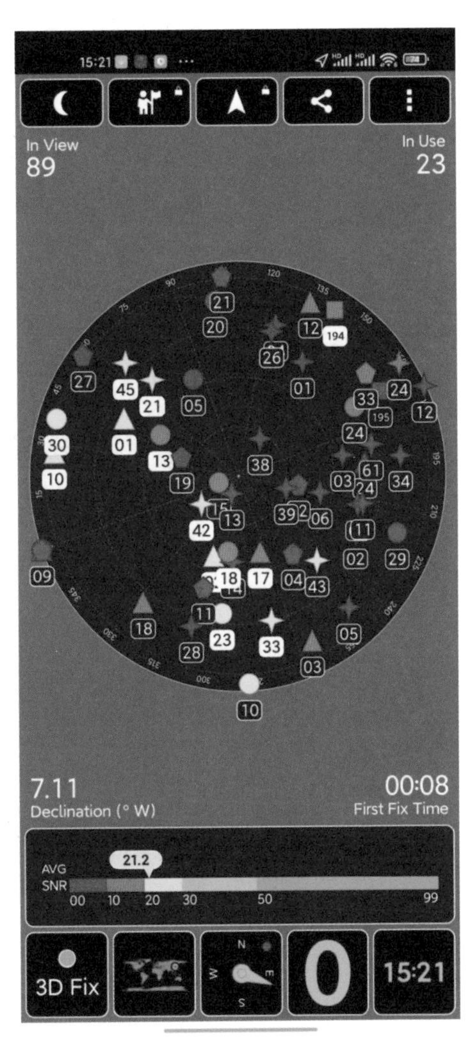

图 3 GPS Test 查询定位结果

图 4　AndroiTS GPS Test 查询定位结果

参考文献

[1] 中国卫星导航定位协会.《2021 中国卫星导航与位置服务产业发展》白皮书，2021 年 5 月.

[2] YAO Z, LU M, FENG Z M. Quadrature multiplexed BOC modulation for interoperable GNSS signals [J]. Electronics Letters, 2010, 46 (17): 1234-1236.

[3] YAO Z, LU M. ACED multiplexing and its application on BeiDou B2 band [C]. CSNC 2013.

[4] 杨元喜，陆明泉，韩春好. GNSS 互操作若干问题 [J]. 测绘学报，2016 (3): 253-259.

[5] Apple lists BeiDou navigation network in iPhone 12 [EB/OL]. (2020-10-14) [2021-8-29]. https://www.globaltimes.cn/content/1203462.shtml.

[6] Qualcomm announces broad support for Galileo across snapdragon processor and modem portfolios [EB/OL] . (2016-6-21) [2021-8-29] . https：//www.qualcomm.com/news/releases/2016/06/21/qualcomm-announces-broad-support-galileo-across-snapdragon-processor.

[7] MediaTek announces multi-GNSS receiver SoC solutions supporting BeiDou [EB/OL] . (2013-1-28) [2021-8-29] . https：//www.gpsworld.com/mediatek-announces-multi-gnss-receiver-soc-solutions-supporting-beidou/.

[8] Qualcomm collaborates with samsung to be first to employ China's BeiDou satellite network to enhance location-based mobile data and services for smartphones. (2013-11-21) [2021-8-29] . https：//www.qualcomm.com/news/releases/2013/11/21/ qualcomm-collaborates-samsung-be-first-employ-chinas-beidou-satellite.

[9] Huawei introduces Kirin930 octa-core 64-bit CPU. (2015-3-30) [2021-8-29] . https：//liliputing.com/2015/03/huawei-introduces-kirin930-octa-core-64-bit-cpu.html.

第四篇

发展篇

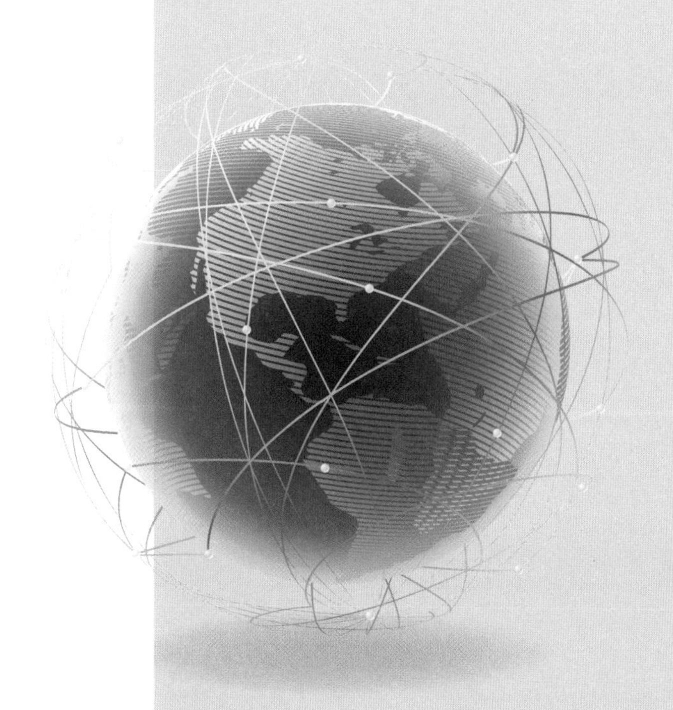

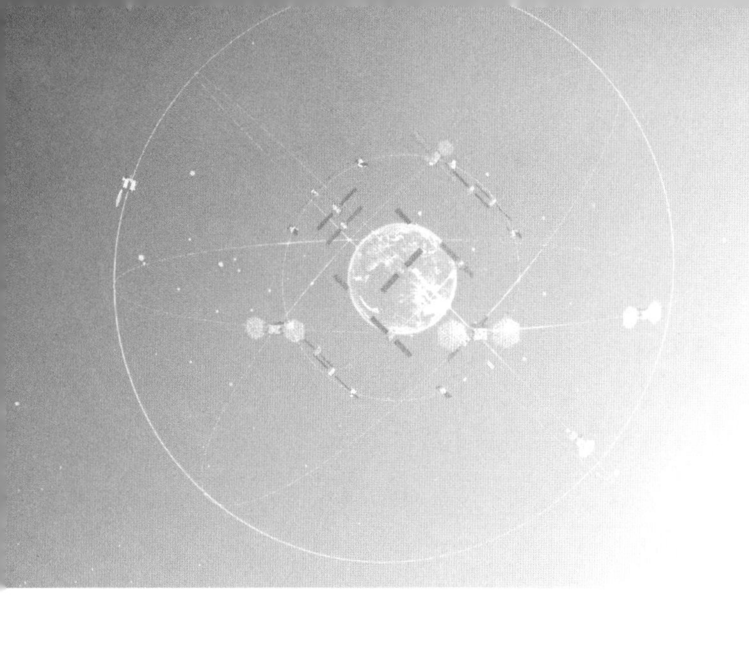

第十七章 组合导航

1 什么是组合导航系统？

随着科学技术的发展，导航技术日益丰富，这些导航技术各自有自己的优势，但也存在不足。如广泛使用的卫星导航技术虽然具有精度高、可以全天候工作、覆盖区域广、近实时输出位置解等特点，但也存在复杂地形条件下（如楼群、山区、森林、室内和地下）的信号可用性差、易受恶意或无意干扰影响等弱点。为了满足特定场景用户的导航需求，人们提出了组合导航的概念：即将多种不同的导航技术组合在一起，各种技术性能互补，取长补短，以获得比单独使用任一导航系统时更高的导航性能。

组合导航系统以计算机为中心，将多个导航传感器的信息加以综合和最优化数学处理，然后综合输出导航结果。通常采用的组合导航有：多种卫星导航系统之间的组合；卫星导航与惯性导航的组合；卫星导航与其他各类无线电导航的组合；卫星导航、惯性导航与地理信息系统的组合等。把几种不同的系统组合在一起，就能利用多种信息源，互相补充，构成一种有冗余度和导航准确度更高的多功能系统。如多种卫星导航系统组合可以丰富卫星信号源、增加观测信息、弥补单一卫星信号体制的人为干扰，从而提高导航系统的精确性和安全性。

典型组合导航系统的基本构成包括惯性测量单元、多卫星系统接收机、磁力计、气压计等多个导航传感器以及导航计算机。导航计算机负责数据采集、信号处理、捷联惯导解算和组合滤波等，如图 1 所示。

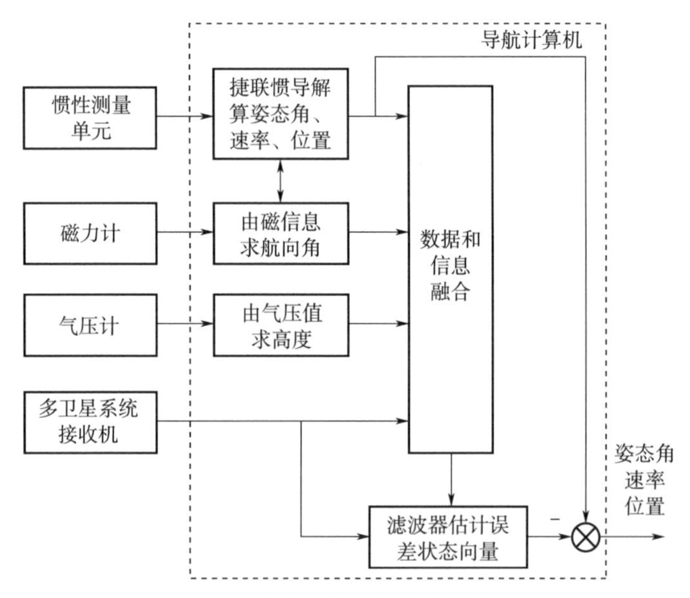

图 1　组合导航系统的基本构成

从本质上看，组合导航系统是多传感器多源导航信息的集成优化融合系统，它的关键技术是信息的融合和处理[1]。

组合导航系统的数据处理一般采用 Kalman 滤波技术，以自适应 Kalman 滤波、集中 Kalman 滤波和联邦 Kalman 滤波等为代表，综合考虑精度、可靠性及算法稳健性的新一代导航算法得以发展和应用，离散化 Kalman 滤波理论得以快速发展。

尽管高可靠性组合导航算法研究已取得较大进展，但是，这些研究大多针对线性系统。而且许多算法还存在理论上或性能上的不严密性，如集中滤波虽然在理论上可以给出导航参数的全局最优解，但计算负担重和容错性差。而基于信息分配原理设计的联邦滤波算法，设计灵活、计算量小和容错性能好，但联邦滤波算法忽略了各单一卫星导航系统滤波输出量之间的相关性，其容错性很难保证。随着人工智能技术的发展，又出现了采用神经网络、模糊理论等非线性技术处理组合导航数据的方法，但这些方法至今还处于研发阶段。

随着系统复杂性的增加，导航系统的可靠性问题变得越来越重要。为了保证系统的稳定运行，实现导航系统的高可靠性，如何自动地对故障信息进行有效的检测、定位和隔离已经成为迫切需要解决的问题。故障检测方法是容错技术中最为重要的一个步骤，是故障隔离和系统重构的前提和依据。但由于系统模型存在的诸多不确定性因素，致使很多基于模型的故障检测算法不能很好地将故障信息与模型误差有效地分离，一定程度上降低了故障检测算法的有效性。采用自适应估计原理，在多星座、多传感器性能互补的基础上，能有效地抑制系统存在的噪声统计特性的未知性、模型信息的不准确性以及异常信息存在的不可避免性对导航系统的影响，可提高导航的精确性和可靠性。因此，自适应组合导航算法的研究是当前的热点。

参考文献

[1] 秦永元，张洪钺，王叔华. 卡尔曼滤波与组合导航原理[M]. 西安：西北工业大学出版社，2012.

2 北斗系统与惯导系统如何组合?

惯性导航系统（Inertial Navigation System，INS）的基本原理是以牛顿力学定律为基础，通过测量载体在惯性参考系上的加速度和方向，并将加速度对时间进行积分，就能得到载体的速度、方向、位置等信息。惯性导航系统能够提供不依赖外部的自主定位导航手段，具备全域覆盖，不易受干扰的特点，可以作为备份手段弥补卫星导航系统易受干扰以及在复杂环境下的覆盖空白。已知载体在某一时刻的初始位置，根据运动方向和运动速度可以推算出载体在当前时刻相对于起始位置的坐标差，进而计算出载体当前的位置，然后再从当前时刻的位置出发推算出载体在下一时刻的位置。惯性导航系统基于相对位置推算，其中速度乘以时间就等于该方向上的运动距离，其基本原理如图 1 所示[1]。

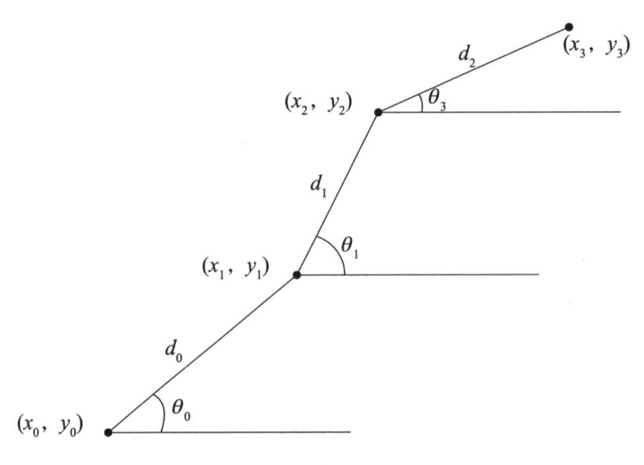

图 1　惯性导航系统基本原理

惯性导航系统的测量部件为惯性测量单元（IMU），测量物体三轴姿态角（或角速率）以及加速度，一个 IMU 一般包含三个单轴的加速度计和三个单轴的陀螺。

北斗卫星导航系统可以作为惯性导航系统精确的外部标校手段，消除惯性导航系统积累误差，提升惯性导航系统的长时间定位精度的稳定性。以大家熟悉的车载导航为例，北斗卫星导航系统 +INS 构成的车载导航终端在高架遮挡、山间隧道、城市峡谷、地下停车场等弱（无）卫星信号覆盖场景中，仍能通过惯性导航提供连续可靠的高精度定位结果。当卫星导航信号有效时选用卫星导航模式，当卫星导航信号受到遮挡短时不可用时采用惯性导航模式，从而实现在无北斗卫星导航信号或信号弱时，单独使用惯性导航系统定位也能保持较高的精度。

相关链接

北斗卫星导航系统和INS的三种组合模式

根据组合深度的不同，北斗卫星导航系统（BDS）和INS的组合模式主要有三种：松组合模式、紧组合模式和深组合模式，如图1所示。其中松组合模式和紧组合模式的主要特点均是基于北斗卫星导航信息对INS进行辅助导航，而深组合模式主要是利用INS信息对BDS接收机进行辅助的组合模式[2]。

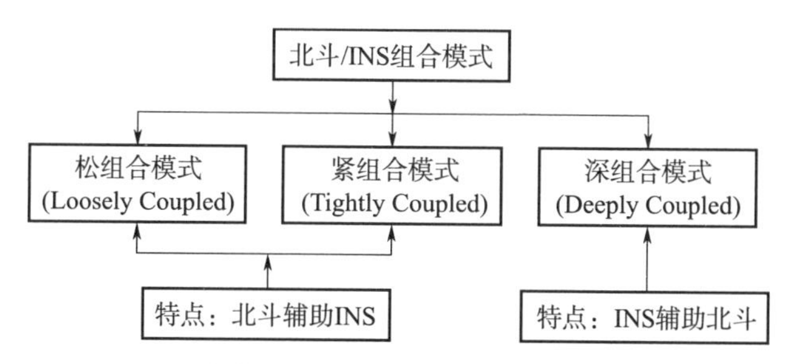

图1　北斗卫星导航系统和INS的三种组合模式

松组合（Loosely Coupled）模式，又称级联Kalman滤波组合模式。它以BDS和INS输出的位置和速度信息的差值作为观测量，以INS线性化后的误差方程作为系统方程，通过Kalman滤波算法对INS的位置、速度、姿态以及传感器的误差进行最优估计，并根据估计结果对INS进行输出或者反馈校正，其算法流程如图2所示。

该组合模式的优点是：系统结构简单，BDS接收机、INS硬件不需任何改变即可实现；两个级联滤波器同时处理状态参数，实现了风险分担，且参数维数小于其他两种组合模式，矩阵求逆计算相对简单，计算速度快；此外，也可以使INS具有动基座对准能力。缺点是：BDS接收机通常是通过自己的Kalman滤波输出其位置和速度，这种组合导致滤波器的串联，使组合导航观测噪声时间相关，不满足Kalman滤波观测噪声为白噪声的基本要求，因而可能产生较大误差，严重时可能使滤波器不稳定，且滤波解属于次优估计。

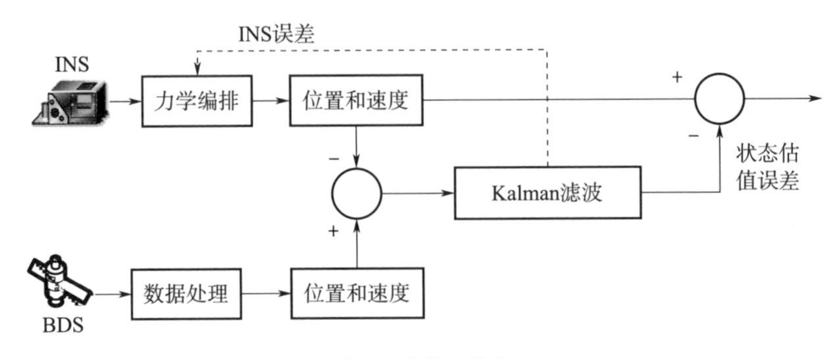

图 2　松组合模式

紧组合（Tightly Coupled）模式，根据 BDS 接收机收到的星历信息和 INS 输出的位置、速度信息，计算相应于 INS 位置的伪距和伪距速率，并将其与北斗接收机测量得到的伪距和伪距速率相比较，它们的差值作为组合系统的观测量。通过 Kalman 滤波对 INS 的误差和 BDS 接收机的误差进行最优估计，然后对 INS 进行输出或者反馈校正，如图 3 所示。当然也可以采用载波相位和载波相位变化率进行组合进一步提高导航解的精度，但这种组合方式对系统的硬件和软件提出了更高的要求，且必须首先解决整周模糊度及周跳的问题。

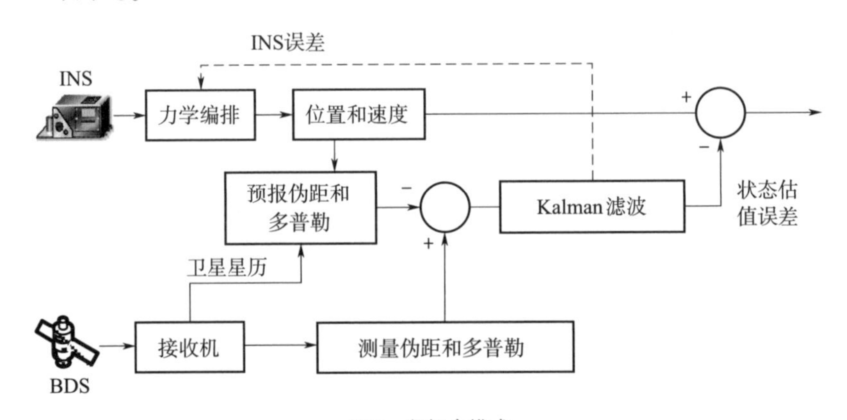

图 3　紧组合模式

紧组合模式的主要优点是：采用集中滤波数据处理的形式代替两级滤波，其组合精度高于松组合模式；可以对 BDS 接收机的测距误差进行建模；在可见卫星个数少于 4 颗时也可以使用。缺点是：硬件实现困难，状态参数维数大，计算速度慢。

深组合（Deeply Coupled）模式分为两种，其中最主要的是利用 INS 信息对 BDS 接收机进行辅助的组合方式。主要思想是既利用 Kalman 滤波技术对 INS 的误差进行最优估计，同时使用校正后 INS 的速度信息对接收机的载波环、码环进行辅助，减小环路的等效带宽，增加 BDS 接收机在高动态或者强干扰环境下的跟踪能力，如图 4 所示。其次是以北斗为基础的深组合模式，其特点是以 BDS 接收机为核心，直接使用 INS 和 BDS 接收机的原始测量信息来更新接收机内部的 Kalman 滤波器，滤波器输出导航定位信息的同时，作为码环和载波环的一部分进行环路更新。

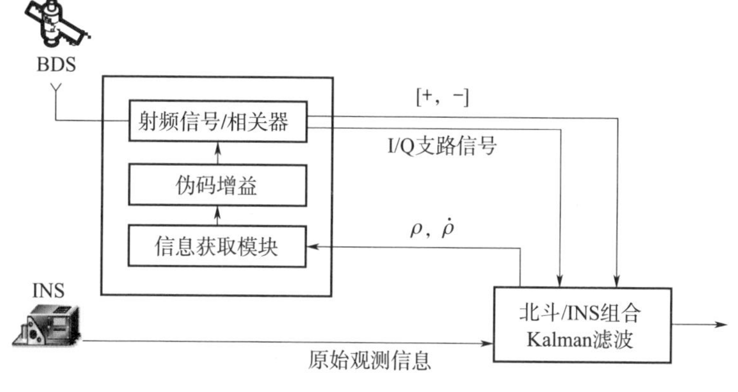

图 4　深组合模式

深组合模式是三种模式中导航解精度最高，硬件实现最难的组合模式，并且该模式可以实现 BDS 接收机高动态环境下或干扰环境下信号失锁后的重捕。

从 BDS/INS 组合导航数据处理的角度来看：紧组合模式和深组合模式的数据处理理论同单独的北斗数据处理理论类同，都属于观测信息冗余情况下的导航解算范畴，可以基于成熟的北斗导航定位数据处理理论进行导航解算。而松组合模式不同于其他两种模式，主要原因是该组合模式观测信息个数远小于状态参数个数，其数据处理方法有别于紧组合模式和深组合模式。

参考文献

[1]　谢钢 . GPS 原理与接收机设计 [M]. 北京：电子工业出版社，2009.
[2]　高为广 . 自适应融合导航理论与方法及其在 GPS 和 INS 中的应用 [D]. 中国人民解放军信息工程大学，2005.

3 北斗系统与视觉导航系统如何组合？

视觉导航是一种通过对视觉传感器获取的图像和视频信息得到平台相对于周围环境或特定目标的位置、姿态、速度的新型导航手段。视觉导航系统硬件可包括CCD摄像机、图像采集卡、PC和控制执行机构等；软件主要包括图像处理系统和判断决策系统。视频摄像头是视觉导航的核心传感器，相比其他传感器，视频摄像头有着被动式（非激发）、低功耗、轻便并且廉价的特点，非常容易在各种平台上部署。

视觉导航按照是否需要导航地图（即数字景象基准数据库）可分为地图型导航和无地图导航。地图型导航需要使用预先存储包含精确地理信息的导航地图，利用一帧实拍图像与导航地图匹配即可实现绝对定位。当导航地图采用景象图或地形图时，地图导航可分为景象匹配导航和地形匹配导航。景象匹配导航原理是：事先获取目标区域的地物景象作为基准图像，并标注真实地理信息，存于机载计算机中作为基准图数据库。当到达目标区域时，图像传感器实时获取当地景象作为实测图像送到计算机中与基准图像进行匹配。地形匹配导航原理与此类似。无地图导航即为基于序列图像的运动估计，通过对环境的感知获取特征，并利用相邻两帧间的特征变化关系实现帧间的相对运动估计，通过多帧累积计算实现导航。

视觉导航不依赖于卫星导航信号，有着应用场景广泛、配置灵活性高的优势，并易于和其他传感器相互融合，获得更高的精度和鲁棒性。视觉导航是目前新兴的一种导航技术，它可以对传统的导航方法，如卫星导航、惯性导航、天文导航等作有益的补充。北斗卫星导航系统和视觉导航系统融合方案如图1所示，并可以在卫星信号缺失的情况下进行自主定位导航。

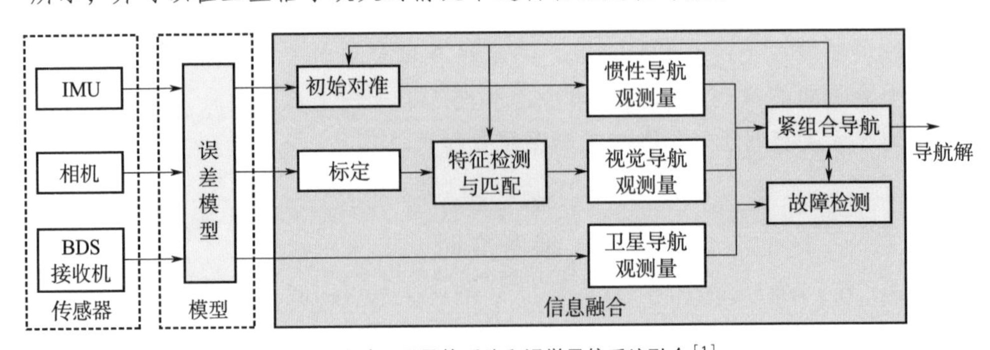

图1 北斗卫星导航系统和视觉导航系统融合[1]

参考文献

[1] 董明. 卫星/惯性/视觉组合导航信息融合关键技术研究[D]. 中国人民解放军信息工程大学, 2014.

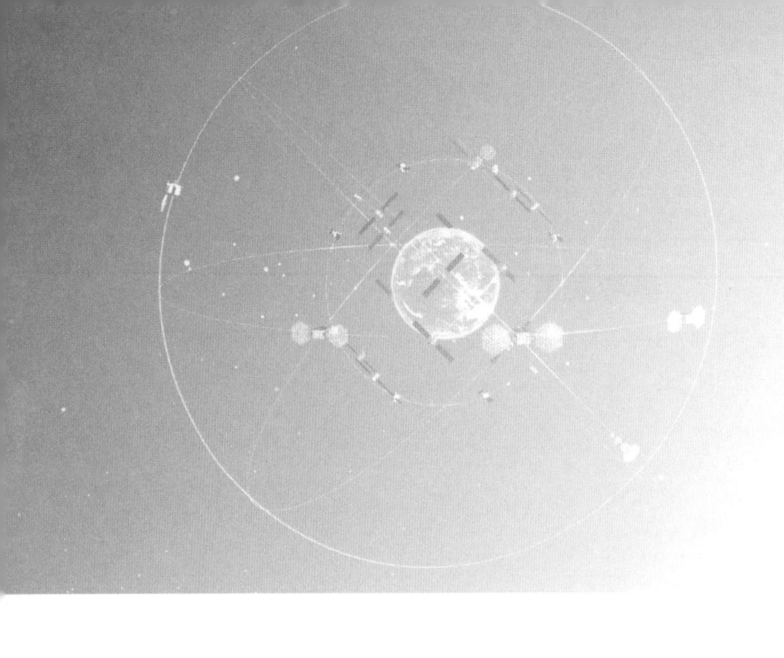

第十八章 低轨导航与低轨导航增强系统

1 低轨导航系统的工作原理是什么？

1957 年，苏联发射了第一颗人造地球卫星，美国科学家监测该卫星轨道时，发现地面站接收的无线电信号的多普勒频移曲线与卫星的轨道之间的对应关系，产生了把无线电导航信号源从地面搬到卫星上去的灵感。1958 年 12 月，美国正式开始研制海军导航卫星系统（子午仪系统），如图 1 所示。1964 年 1 月，系统正式投入使用，1967 年 7 月，美国政府宣布该系统为军民共用，1996 年，正式退役。子午仪系统的应用显示出了卫星导航巨大的优越性，苏联 1967—1968 年建立了类似的奇卡达（CICADA）卫星导航系统。子午仪和奇卡达均为低轨卫星导航系统[1]。

子午仪系统采用了无线电导航信号多普勒频移测量体制，子午仪接收机自带高度信息，通过对卫星信号多普勒频移的测量和双频电离层校正及测定轨技术，实现二维位置的确定。

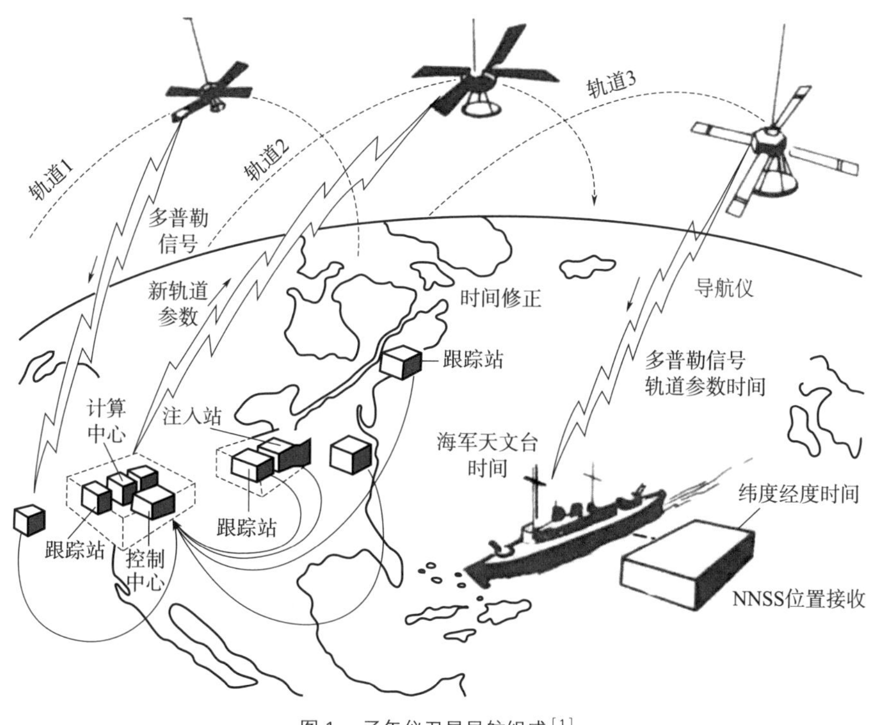

图1　子午仪卫星导航组成[1]

子午仪卫星每次在地面跟踪站测控弧段时，地面跟踪站接收卫星发射的400 MHz和150 MHz的无线电信号，测量卫星运动所形成的多普勒频移，并以时间函数关系进行测量记录，而后将导航信号多普勒频移的数据送至计算中心，算出每颗卫星的轨道，并预测卫星在后续十几个小时中运行轨道的变化规律。计算中心根据预测轨道参数形成轨道信息，当卫星下一次通过地面跟踪站时，通过注入站将该卫星轨道信息发射给对应的卫星。

用户对子午仪卫星进行连续观测，用户在不同时刻依次确定卫星下发的导航信号多普勒频移，根据多普勒积分值，可以求出该时间间隔的起点时刻信号源到用户的距离差，到信号源两点距离差为一定值的点的轨迹，是以这两点为焦点的旋转双曲面，双曲面与地球表面相交的点就是用户所在的位置。

参考文献

[1] “子午仪”卫星导航系统——世界上第一个卫星导航系统[EB/OL].(2021-5-3) http://www.beidou.gov.cn/zy/kpyd/201710/t20171011_4706.html.

2 目前国内外有多少低轨导航系统?

近年来，以 OneWeb、Samsung、SpaceX 等公司为代表，提出动辄数百甚至数万颗卫星的低轨宽带互联网星座，在此背景下，低成本构建低轨导航系统看到了曙光。典型的低轨宽带互联网星座如图 1 所示，目前国外规划的主要的宽带互联网星座如表 1 所示[1]。

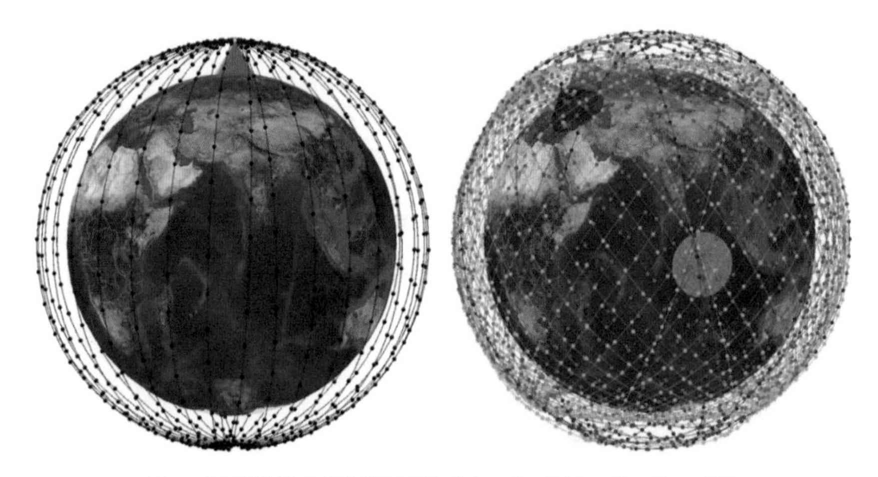

图 1　典型的低轨宽带互联网星座（左：OneWeb　右：SpaceX）

表 1　国外部分已公布的 LEO 星座

公司名称	频率	卫星数	研发起始年
OneWeb	Ku，V	2882	2018
SpaceX	Ku，V	11 925	2018
Boeing	V	147~3 103	于 2022 前
Iridium	Ka，L	66	1998
LeoSat	Ka	84~108	2018
Telesat	Ka，V	117~234	2017
YaLiny	—	140	2017
Samsung	毫米波	4 600	—
Astrome Techgies	毫米波	150	2019
KasKilo	Ka	288	2019

续表

公司名称	频率	卫星数	研发起始年
Sky & Space Global	S，L	200	2017
Astrocast	—	64	2017
Kepler	Ku	140	2017

斯坦福大学开展了将小型化、低成本导航载荷搭载在宽带互联网卫星上建立独立的卫星导航系统研究工作，并评估了要形成与现有GNSS定位精度相当的水平，卫星轨道高度与卫星数的关系[2]，如图2所示。仿真结果表明，按覆盖性能所能达到的GDOP值，利用当前正在发展的低轨宽带互联网星座是可行的，该研究结果为基于低轨宽带互联网星座发展低轨导航系统奠定了基础。

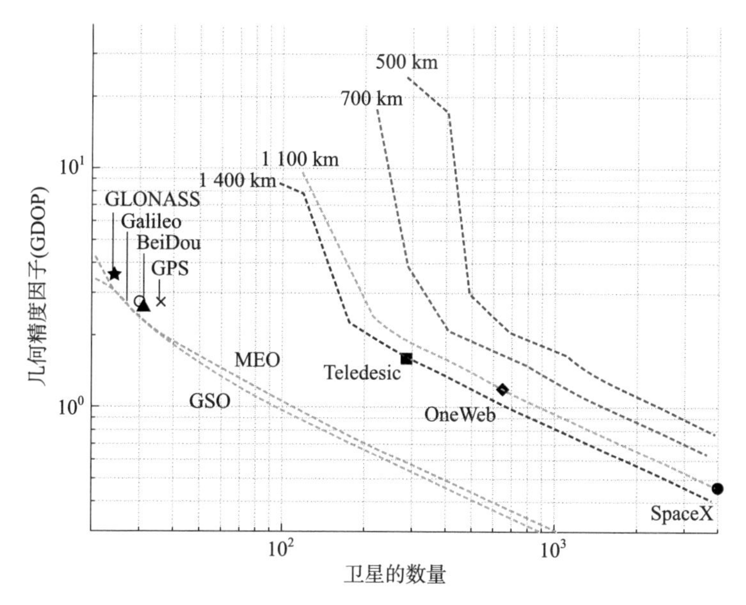

图2　卫星数、轨道高度与GDOP的关系[2]

随着低轨巨型星座的不断发展，我国也在积极发展和布局低轨卫星互联网的建设、技术和相关产业。2021年4月28日，中国卫星网络集团有限公司在雄安新区正式揭牌，成为首家注册落户雄安新区的中央企业。我国卫星互联网有望在全球发挥新一代天基基础设施的决定性作用，为全球宽带产业和工业互联网的推进提供基础性条件。

参考文献

[1] PORTILLO I D，CAMERON B G，CRAWLEY E F . A technical comparison of three low earth orbit satellite constellation systems to provide global broadband [J] . Acta Astronautica，2019，159 (JUN.)：123-135.

[2] REID T G，NEISH A M，WALTER T F，et al. Leveraging commercial broadband LEO constellations for navigating [C] //Proceedings of the 29th International Technical Meeting of the Satellite Division of the Institute of Navigation (ION GNSS+2016) . Portland，Oregon：ION，2016：2300-2314.

3 低轨导航增强系统的工作原理是什么？

低轨导航系统（LEO GNSS），LEO卫星播发猝发类型（burst type）导航测距信号，用户在一个时间历元接收多个猝发测距信号，通过比较信号接收时延和解调信号给出的星历和钟差，利用标准非线性伪距定位（standard non-linear pseudorange positioning）或者扩展Kalman滤波器技术，实现用户位置和时间估计。

低轨卫星星座具有空间几何图形变化快、落地信号功率强、全球覆盖等天然优势，可对中高轨全球导航卫星系统进行增强，提升全球导航卫星系统PNT服务的精度、完好性、可用性和抗干扰等能力，逐步受到世界卫星导航领域的关注。低轨导航增强系统一般包括空间段、地面段和用户段三大部分。系统组成和工作原理如图1所示。

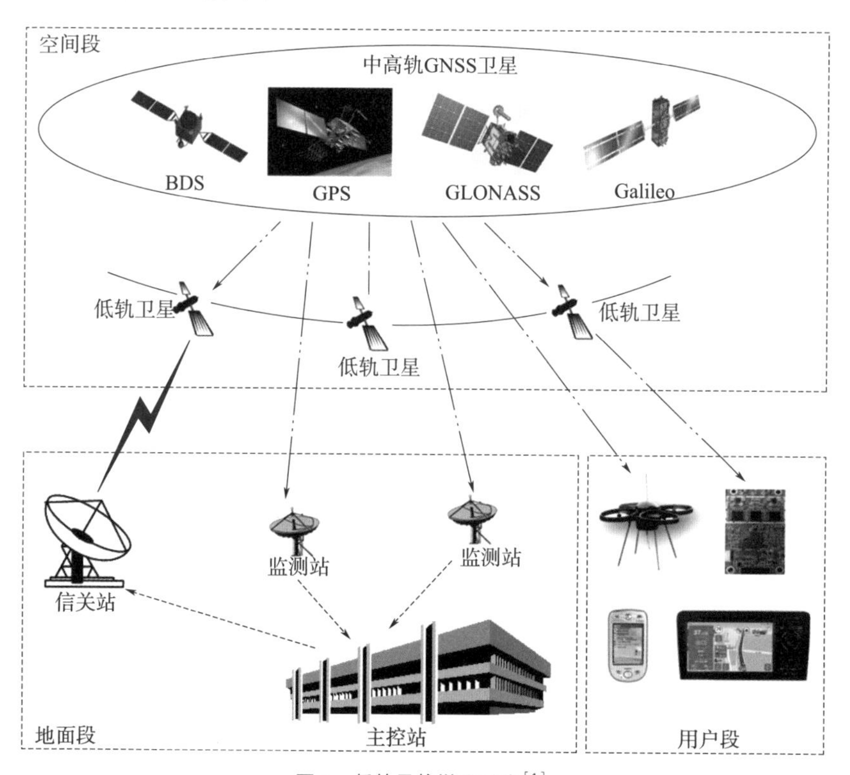

图1　低轨导航增强系统[1]

1）空间段由高、中、低轨混合星座构成。其中高、中轨为GNSS导航卫星，如BDS卫星、GPS卫星、GLONASS卫星、Galileo卫星等，低轨星座提供全球多重覆盖，并发射低轨导航增强信号，实现中高轨全球导航卫星系统信息和信号增强。

2）地面段包括主控站、信关站和监测站。监测站观测低轨和GNSS信号，并将观测结果和测量数据送往主控站。主控站实时完成数据综合和处理，生成低轨注入电文、GNSS精密轨道改正数、钟差改正数等各类增强信息产品。信关站将增强信息产品定时注入，可通过广泛分布的信关站实现增强信息产品的注入，也可通过星间链路实现低轨星座数据分发和运行维护。

3）用户终端接收高、中轨星座播发的导航信号以及低轨星座播发的导航增强信号。利用中高轨导航信号进行距离或速度测量，利用低轨星座播发导航增强信号和信息实现精度增强、完好性增强、精密定位快速收敛等。低轨导航增强信号应与GNSS兼容互操作，可在现有用户终端硬件架构下通过修改软件对其进行处理，获得高性能导航服务，并实现低成本。

相关链接

低轨导航增强系统涉及哪些关键技术？

低轨导航增强系统需要中高轨GNSS作为时空基准，因此高精度低轨时空基准的建立与维持是需要解决的首要问题。低轨卫星主要集中分布在距离地球表面高度数百到数千千米范围内的不同轨道中，轨道摄动复杂，需要分析和评估这些复杂摄动力和时钟特性对低轨卫星高精度定轨和时间同步的影响，解决低轨卫星精密轨道、精密钟差的快速解算及预报问题，以匹配低轨卫星星载钟性能，实现低轨卫星的高精度轨道和钟差描述和传递。

低轨卫星全球覆盖，星座设计的一个难题是如何满足全球无缝均匀的分布，对于常见的极轨星座而言，其覆盖性在两极地区较好，在赤道等低纬度区域较差，无法满足全球均匀分布的要求。通过不同倾角、不同轨道高度的组合能够减少卫星总个数，实现相对均匀的全球覆盖，但一定程度上提升了星座的复杂性和运行维护难度。

此外，对于需要实现高精度快速定位的低轨导航增强系统，定位结果快速收敛是必须解决的。载波相位观测值精度在毫米级，但是载波相位观测值存在整周模糊度问题，如何使整周模糊度参数快速收敛，就成了高精度低轨增强快速定位的关键问题。

低轨星座具有以下三方面优势：

一是卫星造价和发射成本较低。低轨卫星比中高轨卫星的重量轻、轨道更低，可通过一箭多星方式发射，卫星的研发成本和发射成本较低。

二是在相同的EIRP下，低轨卫星落地电平强度更高，可改善遮挡遮蔽条件下定位效果，提升可用性。低轨卫星轨道高度一般为1 000 km以内，相较于20 000 km以上高度的中高轨导航卫星，低轨卫星信号传输路径更短、信号时延和功率损耗更小。如果低轨卫星和中高轨卫星发射相同的信号功率，低轨卫星发射抵达地球表面的信号功率将比中高轨卫星高出30 dB（即1 000倍），更强的落地信号功率，可在复杂地形环境和复杂电磁环境下提升抗干扰和反欺骗能力。

三是低轨卫星运行速度快，可缩短高精度定位收敛时间。低轨卫星绕地球旋转一周的时间远小于中高轨卫星，在相同时间段内走过的轨迹更长，几何构型变化快，如图1所示[1]。低轨卫星的轨道特性，有助于缩短高精度定位的收敛时间，用户体验更佳。

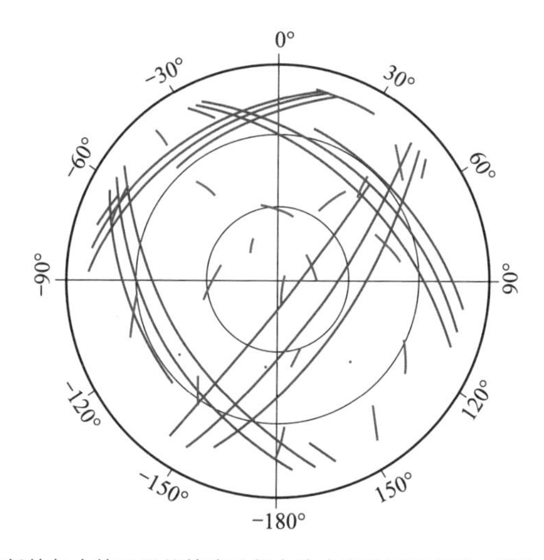

图1　相同时间内低轨与中轨卫星的轨迹（红色为中高轨卫星轨迹，蓝色为低轨卫星轨迹）

低轨星座在导航增强方面也存在以下不足之处。低轨卫星精密定轨与预报难度较大，图2给出了不同高度轨道摄动力的加速度量级。可以看出，低轨卫星所受到的大气阻力、地球非球形引力和广义相对论作用均明显高于中高轨卫星，需要选用更精细的力模型参数和处理策略进行精密定轨才能达到厘米级的定轨精度，预报轨道根数的拟合时长需要20 min甚至更长，拟合参数更多。

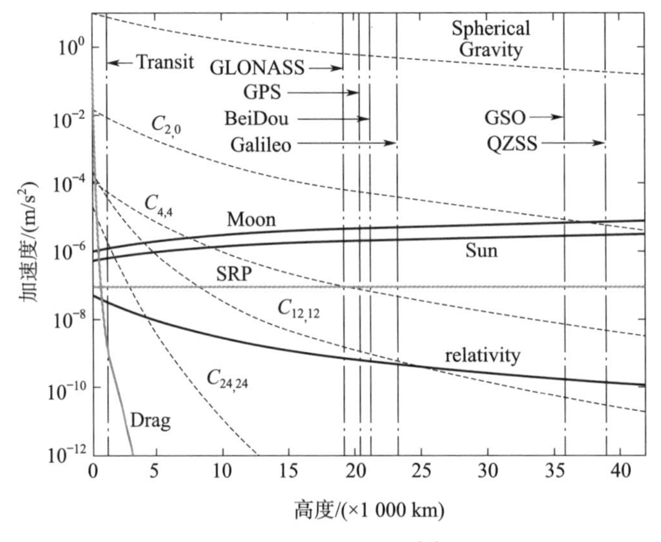

图2　低轨卫星摄动力[2]

另外，由于低轨道的空气阻力大，卫星速度会逐渐降低，轨道高度也会降低，需要频繁启动进行轨道维持，但携带的推进剂却是有限的，因此低轨卫星寿命短。

参考文献

［1］ 高为广，张弓，刘成，等．低轨星座导航增强能力研究与仿真［J］．中国科学：物理学、力学、天文学，2021，51（1）：48-58.

［2］ 张小红，马福建．低轨导航增强GNSS发展综述［J］．测绘学报，2019，48（9）：1073-1087.

4 目前国内外有多少低轨导航增强系统?

数以百计甚至千计的低地球轨道（LEO）卫星群时代即将来临，国际知名企业如美国的OneWeb、SpaceX和Boeing、韩国的Samsung、中国的航天科技集团和航天科工集团等，自2015年起，先后宣布发射和部署各自的商用低轨星座，卫星数量由数十颗至上千颗不等。当前，国外低轨星座蓬勃发展，低轨导航增强和通导融合研究、试验和应用也成为热点。美国下一代铱星（Iridium NEXT）系统除通信业务外，还提供STL（Satellites Time and Location）服务，可实现室内和峡谷地区的定位和授时服务；欧洲专家提出建立开普勒低轨系统，在减少地面运控测量通信设施的同时，可大幅增强Galileo系统完好性和定轨精度；国内多家单位开展了低轨卫星增强的相关理论研究、仿真计算和在轨卫星验证，并提出了相应的星座计划，“鸿雁”、“虹云”、“天地一体化信息网络”等通信星座均考虑了低轨导航增强的需求，“微厘空间”主打低轨高精度增强服务[1]；同时“鸿雁星座试验星”、“珞珈一号”、“微厘空间”、“网通一号”等低轨试验卫星的在轨技术试验，为低轨卫星导航信号增强、精度增强等技术积累了试验数据[2]。

表1　国内主要低轨导航增强系统情况

系统名称	建设方	精度	星座	功能	时间
鸿雁星座	航天科技集团	厘米级	卫星数量：60+324 高度：1 070+980 km	信号增强 信息增强	2018年首发
虹云	航天科工集团	厘米级	卫星数量：156 轨道面：13 高度：1 040 km 倾角：80°	信号增强 信息增强	2018年首发
微厘空间一号	北京未来导航科技有限公司	动态分米级 静态厘米级	卫星数量：120 轨道面：12 高度：975 km 倾角：55°	信号增强 信息增强	2018年首发
珞珈一号	武汉大学	厘米级	卫星数量：4	信号增强 信息增强	2018年首发
网通一号	中电54所	动态分米级 静态厘米级	卫星数量：240 轨道面：12 高度：880 km	信号增强 信息增强	2018年首发双星
潇湘一号	天仪研究院	厘米级	卫星数量：未知 轨道高度：537 km	信号增强	2018年10月首发
精致	航天八院509所	分米级	—	信号增强	2018年4月首发

总体而言，国内外关于低轨导航增强系统建设刚刚起步，许多地方还不够系统和深入，增强的效果多停留在理论仿真分析、试验阶段，大型LEO星座的模型、观测数据、信号和电文的设计、常态化运行等仍需要进一步开展相关工作，全球服务的性能和效果有待进一步验证。

参考文献

[1] 蒙艳松，边朗，王瑛，等. 基于“鸿雁”星座的全球导航增强系统[J]. 国际太空，2018(10): 20-27.

[2] 卢鋆，张弓，申建华，等. 低轨增强星座对卫星导航系统能力提升分析[J]. 卫星应用，2020, 98(2): 49-54.

第十九章
综合 PNT 与微 PNT

1 什么是综合 PNT 体系?

人类获取位置信息和时间信息的手段经历了天文导航、惯性导航、无线电导航和卫星导航四个发展阶段，定位、导航和授时（PNT）技术的发展伴随着人类文明的发展而不断进步。卫星导航解决了在全球地表及近地空间、全天候、全天时的 PNT 服务问题，但存在盲点，例如深海和地下高精度 PNT 问题仍然没有有效解决，高楼大厦、高山峡谷、森林大树等环境中，导航信号被遮挡，用户无法获得定位结果；卫星导航信号不仅功率微弱，而且易被干扰，甚至被欺骗，在复杂电磁环境中，卫星导航系统的可用性、完好性和连续性难以得到保证。海湾战争以来，美国军方认识到 GPS 的脆弱性，尤其是在电子环境日益复杂、频谱对抗日益激烈的战场环境中，欲确保战场 PNT 的主导权，确保各类平台、载体使用 PNT 的安全，必须降低对 GPS 的依赖[1]。

时间空间信息服务势必朝着陆地、海洋、空间、深空、室内、地下无缝覆盖及多种导航源与导航技术融为一体的方向发展，人类获取位置信息和时间

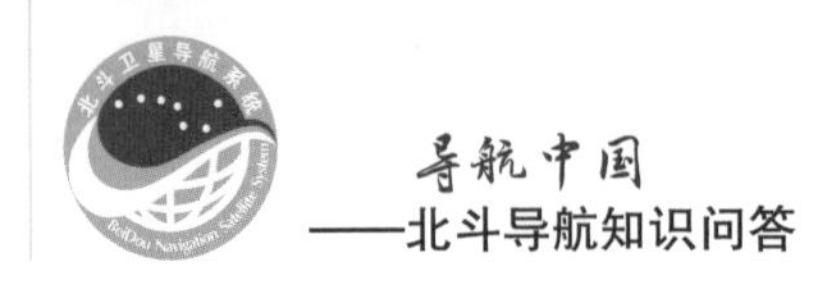

信息的手段逐步迈入构建综合 PNT 体系的新阶段。综合 PNT 体系致力于解决现阶段导航所存在的各种难点问题，为人类感兴趣的时间空间建立 PNT 服务能力。综合 PNT 体系是在国家层面统一组织协调下，服务于国防、经济和社会，承担国家时空基准建立与维持、时空信息播发与获取、定位导航授时服务与应用等任务的国家信息基础设施。

2010 年起，美国交通部和国防部就开启了综合 PNT 架构的谋划与研究，目标是 2015 年前建成美国国家 PNT 体系[2]，美国国家 PNT 体系架构如图 1 所示[3]。

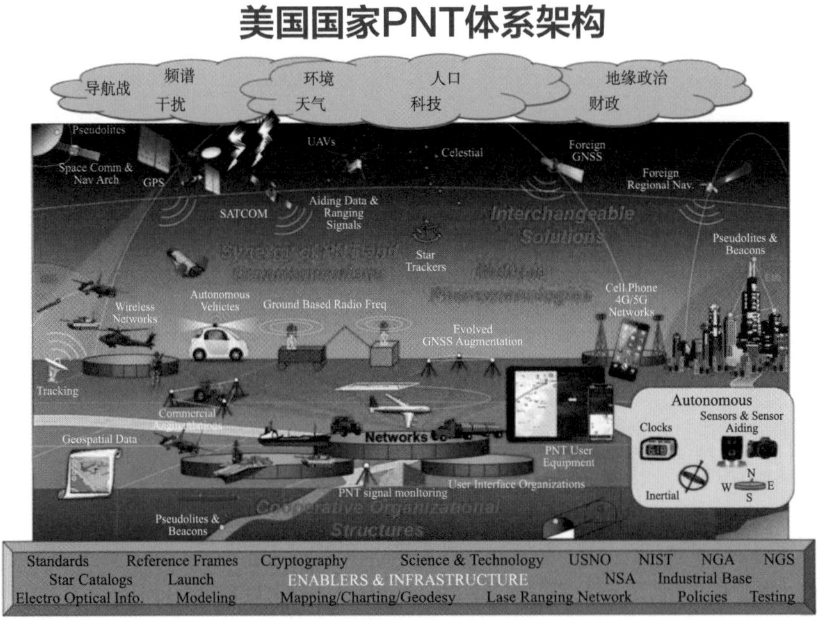

美国国家PNT体系架构

图 1　美国国家 PNT 体系架构

杨元喜院士在文献［4］中指出，综合定位导航授时是后全球卫星导航系统（GNSS）发展的必然趋势。综合 PNT 的基本出发点在于采用多 GNSS 融合服务，以便诊断和排斥单一系统的针对性干扰和欺骗，并采用基于不同物理原理的 PNT 信息融合服务，削弱对 GNSS 的依赖[5]。综合 PNT 体系基于不同原理的多种 PNT 信息源，经过云平台控制、多传感器的高度集成和多源数据融合，生成时空基准统一的，且具有抗干扰、防欺骗、稳健、可用、连续、可靠的 PNT 服务体系，综合 PNT 体系组成如图 2 所示。综合 PNT 体系的核心要素包括：可用性、完好性、连续性、可靠性和稳健性[5]。

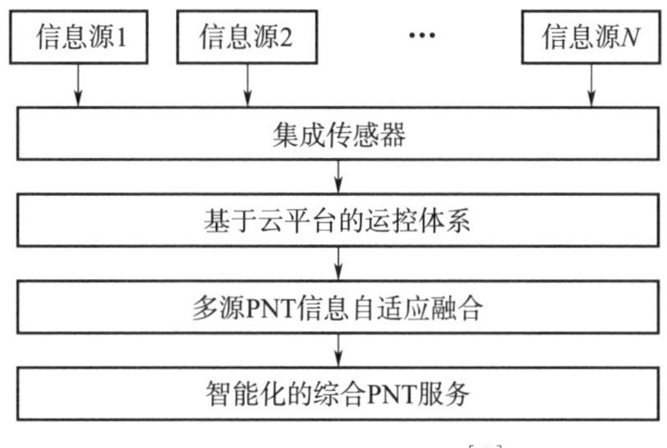

图 2　综合 PNT 体系组成[5]

综合 PNT 体系涉及综合 PNT 服务终端技术、多源信息融合技术两项关键技术。

（1）综合 PNT 服务终端技术

随着 PNT 信息源的增加，未来的综合 PNT 服务终端应实现芯片化集成，才能实现小型化和低功耗；应包含无线电导航、惯性导航和微型原子钟等微型装置，且无系统间偏差，满足互操作等特性。

目前，最易实现的是将芯片级原子钟、微电子机械系统（Micro-Electro-Mechanical Systems，MEMS）的惯性测量单元（Inertial Measurement Unit，IMU）和 GNSS 集成，或将 IMU 和芯片级原子钟嵌入到 GNSS 接收机，这方面研究很充分，并且有相应的产品，而且 INS 与 GNSS 的互补性强，是比较理想而且相对简单的综合 PNT 集成系统[6]。

但是由于惯性导航的误差积累显著，在缺失 GNSS 信号的情况下，这类综合 PNT 的长期稳健服务仍然存在问题。另一种 PNT 终端集成是各类匹配导航传感器、芯片化的原子钟与计算单元及 MEMS IMU 集成。尽管影像、重力值、磁力值所对应的位置信息本身精度不高，但它们没有明显的系统误差累积，而且这几类 PNT 信息一般不受外界无线电干扰，可以用于长距离航行的惯性导航误差纠正。此外，超稳微型原子钟单元可以为各类匹配导航、惯性导航提供同步时间信息。

综合 PNT 未来终端还可能包括脉冲星信息感知传感器、光学雷达传感器等。多源信息感知的敏感性、抗干扰性、稳定性是集成 PNT 传感器的关键。未来综合 PNT 体系发展，首先必须解决小型或微型超稳时钟研制难题，为机动载体提供稳定可靠的时间服务；其次是发展超稳定且累积误差小的惯性导航组件（如量子惯性导航器件）等，为长航时载体提供无须外部信息支持的定位、导航与授时服务；必须发展芯片化传感器的深度集成技术，而不是各类传感器的简单捆绑，如此才能满足小型化、便携式、低功耗、长航时PNT服务的需要。

（2）多源信息融合技术

综合PNT不是单一PNT信息的集成，而是多类信息的融合。多类信息由于空间基准不同，必须进行空间基准的归一化；多信息融合必须基于统一的时间基准，尤其是对于高速运动的载体的PNT服务，统一时间基准尤为重要。中国的PNT必须以北斗卫星导航系统（BDS）为核心，因此应该采用中国北斗时间（BDT）作为时标，对其他信息源进行时间归算、时间同步和时间修正等，使用户的综合PNT对应同一时标。

多源PNT信息融合必须统一观测信息的函数模型。实际上基于不同背景、不同原理构建的PNT服务系统或PNT服务组件，其函数模型是不同的。各类观测信息中可能还含有各自对应的重要物理参数、几何参数和时变参数等信息。为了实现综合PNT服务，各类PNT观测信息的函数模型必须表示成相同的位置、速度和时间参数。

函数模型的统一表达是深度PNT信息融合的基础。共同的函数模型还应包括各类PNT传感器或各类PNT信息源的系统偏差参数（或互操作参数），如多个GNSS信息融合的频间偏差，惯导与GNSS组合的惯导累积误差等[7]。

多源PNT信息融合必须有合理优化的模型。不同类型的PNT观测信息具有不同的不确定度以及不同的误差分布。在多类PNT信息融合时，应实时或近实时地确定各类观测信息的方差或权重，可以采用方差分量估计或基于实际偏差量确定的随机模型。

综合PNT信息处理必须采用合理高效的计算方法。多源信息并行计算是实现高效PNT信息融合的重要手段。为了避免重复使用动力学模型信息，可采用动静滤波技术。为了控制各观测异常对PNT参数的影响，可以采用抗差信息融合[8]。为了控制动力学模型异常对综合PNT参数估计影响，可以采用自适应Kalman滤波进行PNT信息融合[9]。多源PNT信息融合框图如图3所示。

多源PNT信息融合必须建立在信息兼容与互操作基础上，如此才能确保PNT结果的可互换性（interchangeable）。融合后的PNT，不仅可用性和连续性得到提升，实际上稳健性和可靠性也会得到显著增强。

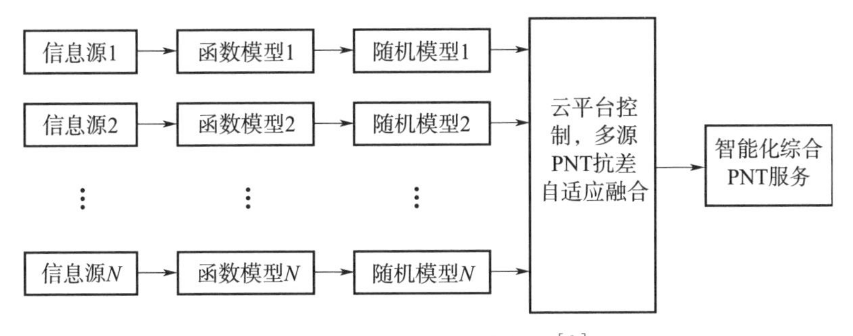

图 3　多源 PNT 信息融合框图[9]

在复杂电磁对抗环境下，一方面要强化北斗卫星导航系统的安全性、可用性和可信性，另一方面要积极谋划备份手段，确保在复杂电磁对抗环境下用户能够持续获取 PNT 信息。例如，美军一方面从空间段、地面控制段、用户段全面实施 GPS 现代化；另一方面同步发展地基无线电导航系统 e-Loran，其特点是信号功率大，战时不易受到干扰，可以弥补 GPS 的短板。与此同时，美国又利用新一代铱星通信系统播发卫星授时与定位（STL）脉冲信号，为用户提供独立的定位和授时服务。铱星指出 STL 服务的定位精度 50 m、授时精度 200 ns，但 STL 信号功率比 GPS 信号高 30 dB，故战时具有较强的抗干扰能力（STL-Satellite Time and Location.[EB/OL].[2019-12-07]. https: // www.unoosa.org/documents/pdf/icg/IDM6/idm6_2017_04.pdf）。

参考文献

[1] 刘天雄 . 卫星导航系统概论 [M] . 北京：中国宇航出版社，2018.

[2] Department of transporation and department of defense of USA national positioning ,navigation and timing architecture implementation plan. April 2010 [R/OL] . (2017-05-05) .http：//ntl.bts.gov/lib/3400/34500/34508/2010_NAtional_PNT_Arch.

[3] PARKINSON B. Assured PNT for Our Future：PTA Actions Necessary to Reduce Vulnerability and Ensure Availability [C] // The 25th Anniversary GNSS History Special Supplement. GPS World Staff，2014.

[4] 杨元喜，李晓燕 . 微 PNT 与综合 PNT [J] . 测绘学报，2017，46（10）：1249-1254.

[5] 杨元喜 . 综合 PNT 体系及其关键技术 [J] . 测绘学报，2016，45（5）：505-510.

[6] MCNEFF J. Changing the game changer—the way ahead for military PNT [J] . Inside GNSS，2010，5（8）：44-45.

[7] YANG Y X，LI J L，XU J Y，et al. Generalised DOPs with consideration of the influence function of signal-in-space errors [J] . The Journal of Navigation，2011，64（S1）：S3-S18.

[8] 杨元喜，高为广．基于多传感器观测信息抗差估计的自适应融合导航［J］．武汉大学学报（信息科学版），2004，29（10）：885-888.
[9] YANG Y，HE H，XU G. Adaptively robust filtering for kinematic geodetic positioning［J］. Journal of Geodesy，2001，75（2-3）：109-116.

2 什么是微 PNT 系统?

综合 PNT 体系的优越性不得不面临实践上的挑战，尤其是随着信息源的增加，用户终端传感器的结构会越来越复杂，体积会越来越大，功耗也会随之增大，显然，这不符合大多数用户的要求。大多数移动用户希望 PNT 服务终端具有便携、可嵌入、低能耗、待机时间长等特点。于是，小型化的 PNT 集成终端成为综合 PNT 的核心问题之一。

2010 年，美国国防高级研究计划局（Defense Advanced Research Projects Agency，DARPA）启动了微 PNT（Micro-PNT）计划，旨在研究和突破高精度微惯性仪表技术、微系统集成技术、芯片级授时技术以及测试与评估技术，研制全自主、芯片级定位、导航与授时系统，其技术体系如图 1 所示[1]。

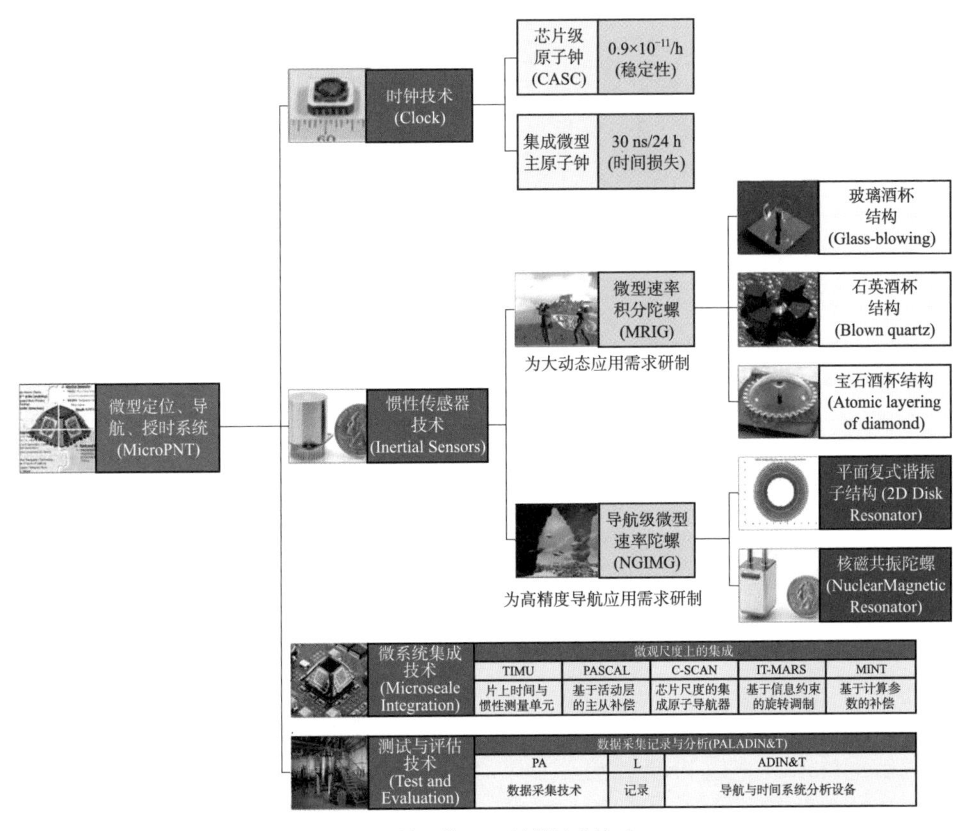

图 1　美国微 PNT 计划技术体系

美国国防高级研究计划局先后启动了9个微PNT研究计划。在时钟方面，启动了芯片级原子钟（chip-scale atomic clock，CSAC）和集成微型主原子钟技术（integrated micro primary atomic clock technology，IMPACT）；在定位方面，启动了导航级集成微陀螺（navigation grade integrated micro gyroscope，NGIMG）、微惯导技术（micro inertial navigation technology，MINT）、信息链微自动旋式平台（information tethered micro automated rotary stages，IT-MARS）、微尺度速率集成陀螺（micro scale rate integrating gyroscopes，MRIG）、芯片化微时钟和微惯导组件（chip-scale timing and inertial measurement unit，TIMU）、主动和自动标校技术（primary and secondary calibration on active layer，PASCAL）、惯导和守时数据采集、记录和分析平台（platform for acquisition，logging，and analysis of devices for inertial navigation & timing，PALADIN & T）等。这些研究计划将形成美军微PNT体系技术框架。2011年《GPS WORLD》刊载文章认为“微技术时代已经到来”[2]。

微PNT计划的研究目标是通过利用微机电系统（MEMS）技术开发独立的芯片级惯性导航和精确制导系统，解决在GPS信号受到干扰或无法使用的情况下的定位、导航与授时问题。

杨元喜院士在文献［3］中指出，综合PNT需要投入大量基础设施，而微PNT侧重高技术传感器的集成应用。为了实现各类传感器PNT输出结果的坐标基准统一和时间尺度一致，微PNT应包含多模GNSS和芯片级惯性导航和芯片级原子钟等定位定时组件，微PNT强调小型化、个性化、组合化服务终端；微PNT除各PNT组件的小型化外，还包括各组件的深度集成，各类数据的自适应融合和各组件的自主标校；当然，微PNT也强调各传感器信息的时空基准的统一。微PNT体系结构如图2所示。

微PNT包括微机电技术；不仅体积“微”；功耗也应“微”；而且必须具备稳健性等性能指标[4]。微PNT组件还要求具有生成可靠PNT信息的能力，于是微PNT涉及顶层设计和机电制造工艺技术。微PNT关键技术要体现在“微小”、“综合”及“融合”，更强调综合PNT服务。GNSS芯片不但可以实现微小化，而且可以提供外部基准，于是芯片化的GNSS组件可以与微时钟、微陀螺和微惯导组件深度集成。信息源的丰富是实现PNT输出信息稳健性的前提。

微PNT同时也需要“精”，需要“稳”，需要“可靠”。因此，精细的微尺度制造技术只是微PNT的核心技术之一，配合精细优化的整体集成技术和智能的数据处理技术，才能构成完整的微PNT技术体系，其中芯片级陀螺仪和芯片级原子钟是其核心中的核心。

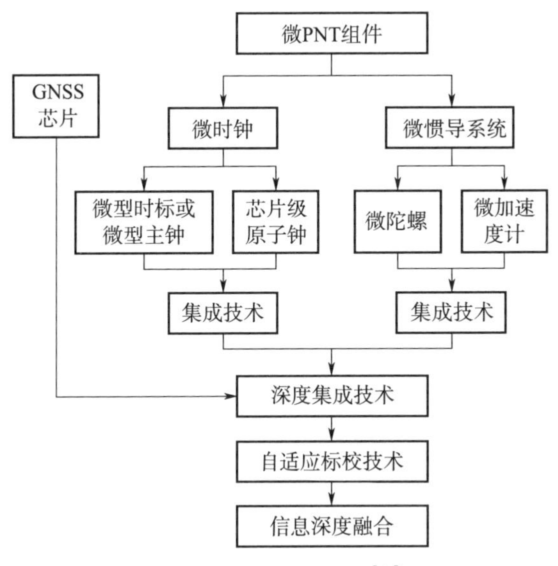

图 2　微 PNT 体系结构[3]

1)“微”要体现优化的设计原理。优化合理的设计，才可能有精细的制造；优化合理的设计，还涉及后续的体系架构；顶层设计的优化是微尺度制造、微尺度集成的基础。

2)“微”还要体现精细的制造技术。微尺度制造首先要解决特殊的材料问题，因为“微”很容易造成“不稳”，因此必须攻克材料和制造工艺方面的问题；材料要满足环境稳定性和适应性，再辅以特殊的制造工艺才能制造出先进可靠的微 PNT 传感器。

3)“微”还必须具备不同原理的微器件的“深度集成”技术。深度集成应该体现在单元共用，如多微型时钟组件与多微型惯性导航组件，就应该设计在同一芯片上，真正实现芯片级 PNT 微组件。PNT 装置只有微型化才能便于与不同载体进行集成或嵌入。

4)“微”就必须要求各计量器件具备自主标校能力，包括主动标校和被动标校能力。在微器件状态下，各组件的系统误差应该能自动探测、自动标校，尤其能自适应地进行系统误差拟合和纠正，确保多传感器集成后的 PNT 组件处于高稳定可靠的工作状态。

5)“微”也要求 PNT 各类微器件的输出信息能自适应进行融合。不同的组件可能具有不同的物理特性，各组件虽有分工，但也互为补充，不同的物理特性可能产生不同的系统误差和有色噪声，因此，顾及各类系统误差补偿和有色噪声补偿的自适应融合算法就显得十分重要。

杨元喜院士在文献［3］中指出，微 PNT 数据自适应融合需要对各类组件的观测数据质量进行实时判断，构造合理的自适应因子，以最佳平衡各类传感器及各类观测量对模型参数的贡献。微 PNT 必须包括 GNSS 芯片，有 GNSS 支持的 PNT 可以确保微型传感器输出信息的时空基准的一致性。微 PNT 还必须具备智能化、全天候、全空域的服务能力。

参考文献

［1］ 江城，张嵘，等 . 美国 Micro-PNT 发展综述［C］. 第六届中国卫星导航学术年会 . 中国卫星导航系统管理办公室学术交流中心，2015.

［2］ SHKL A M. Micro technology comes of age［J］.GPS World，2011，22（9）：43-50

［3］ 杨元喜，李晓燕 . 微 PNT 与综合 PNT［J］. 测绘学报，2017，46（10）：1249-1254.

［4］ 李冀，赵利平 . 美国微定位导航授时技术的发展现状［J］. 国外卫星导航，2013（3）：23-30.

3 什么是弹性导航系统?

卫星导航系统为用户免费提供高精度的定位、导航和授时（PNT）服务，作为国家的时空基准，卫星导航系统与其他产业的关联性和融合性，使卫星导航系统成为现代信息产业、大数据服务和人工智能的技术支撑，与国家安全、国民经济和社会民生密切相关。但是卫星导航信号从生成、播发到接收的过程中会受到许多不利影响，特别是导航信号在物理遮挡（森林、城市、室内、地下、水下）、电磁干扰（无意干扰、敌意干扰）等环境下，卫星导航系统的定位精度、连续性、完好性和可用性存在风险甚至是不可用，对于依赖卫星导航系统作为时空基准的用户，将可能面临灾难性的后果。

提升 PNT 服务在复杂电磁对抗环境下的可用性，降低对地面系统的依赖，提升系统自主导航能力，并寻求卫星导航服务被拒止情况下的备份手段。2014 年 6 月，美国国防高级研究计划局（DARPA）发布了题为“在对抗条件下获得空间、时间和定位信息技术”（STOIC）的招标书，拟开发不依赖于 GPS，可在对抗环境下使用的 PNT 系统，要求导航信号覆盖半径不小于 1 万千米，系统定位精度为 10 m，授时精度为 30 ns[1]。针对 GPS 信号容易受到干扰和欺骗的问题，美国学者指出 PNT 弹性属性包括 3 个因素：导航数据可信（trusted data）、导航信号加密（encrypted signals）和导航信号替代（alternative signals）[2]。美国空军研究实验室（AFRL）研制导航技术卫星 -3（NTS-3）的任务之一是测试新型定位信号体制，验证以战时弹性可用、确保制导航权为目标的导航战能力[3]。

2013 年 8 月，美国空军航天司令部发布了《弹性和分散空间体系》（Resiliency and Disaggregated Space Architectures）白皮书，在全面分析美国正在以及面临的军事航天战略环境的情况下，提出了美国未来军事航天系统发展应采取的“弹性”和“分散”策略。白皮书对“弹性”做出了如下定义：弹性是指系统体系在面临系统故障、环境挑战或对手活动时，能够继续提供所需能力。分散式空间体系结构是增加弹性的一个措施，它提供了一个通过权衡成本、时间、性能和风险以增加灵活性和生存能力的方法[4]。

目前，卫星导航系统的最大软肋是其脆弱性，那么解决脆弱性就应该成为下一代卫星导航系统研发的重中之重。所谓弹性 PNT（resilient PNT，RPNT），是指以综合 PNT 信息为基础，以多源 PNT 传感器优化集成为平台，以函数模型弹性调整和随机模型弹性优化为手段，融合生成适应多种复杂环境的PNT信息，使其具备高可用性、高连续性和高可靠性[5]。2020年2月12日，美国总统签署行政命令来加强美国PNT服务的弹性，该命令旨在通过联邦政府、核心的基础设施运营和管理方负责任地使用PNT服务来增强国家PNT服务的弹性[6]。

弹性PNT首先必须有冗余信息，否则不可能有“弹性”选择。涉及人身安全的PNT服务，必须确保安全可靠。于是，其他手段的“冗余”PNT信息源的利用就显得十分重要。弹性PNT是一种新型的PNT聚合，通过聚合冗余PNT信息源，改进陆、海、空、天动态载体导航定位的可靠性、安全性和稳健性。弹性PNT系统如图1所示。

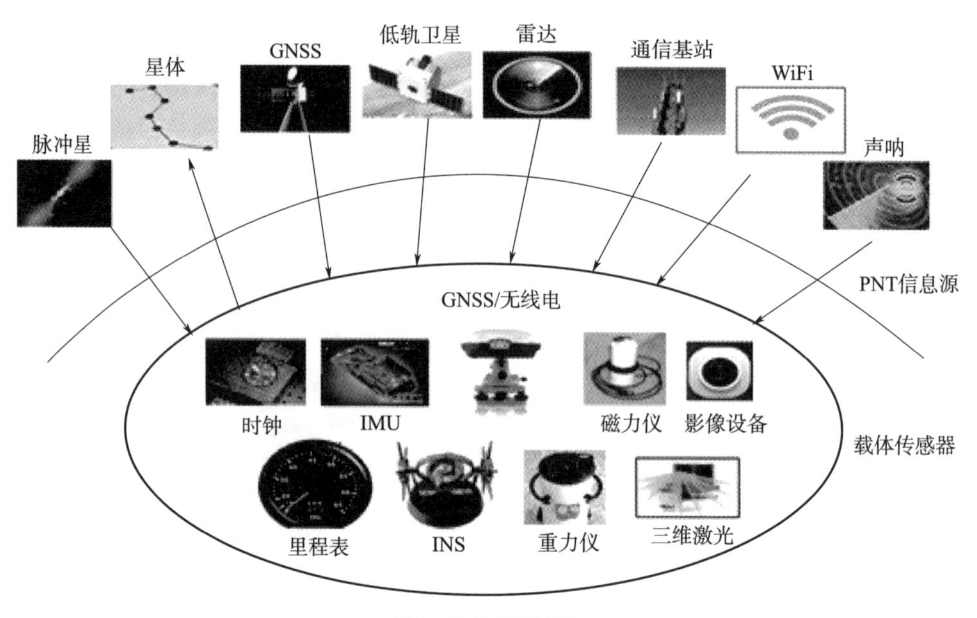

图1　弹性PNT系统

弹性PNT利用一切可利用的PNT信息源，生成连续、可用、可靠、稳健的PNT应用信息，其中“连续”、“稳健”和“可靠”的PNT信息生成是弹性PNT的核心。于是，弹性PNT必须包含硬件的弹性优化集成、函数模型的弹性优化改进、随机模型的弹性实时估计，以及多源PNT信息的弹性融合。

2020年11月23日，在第11届中国卫星导航年会上，美国国务院空间事务办公室指出，为了满足民用和国家安全的PNT服务需求，首先要保证GPS的稳定运行，其次可以考虑利用国外PNT服务来增强和加强GPS的弹性，此外可以开展国际合作来检测、减缓有害干扰以增强GPS的弹性。俄罗斯航天局则计划通过建设导航信号干扰监测和控制系统以及研发弹性导航接收机两个环节提高 GLONASS 系统鲁棒性[7]。欧盟国防工业与空间署定义 G2G 的弹性属性，核心思想是在 Galileo 系统发生多重故障时，系统要保持功能，系统性能适度降级（graceful degradation）[8]。此外，GLONASS 系统下一代卫星 GLONASS-K2 通过 FDMA 和 CDMA 两种体制导航信号，一定程度上也能提高系统的弹性。

在复杂电磁对抗环境下，一方面要强化卫星导航系统的安全性、可用性和可信性，另一方面要积极谋划备份手段，确保在复杂电磁对抗环境下用户能够持续获取 PNT 信息。例如，美军从空间段、控制段、用户段全面实施 GPS 现代化，并同步发展地基无线电导航系统 e-Loran，特点是信号功率大，战时不易受到干扰，可以弥补 GPS 的短板。与此同时，美国又利用新一代铱星通信系统播发卫星授时与定位（STL）脉冲导航信号，为用户提供独立的定位和授时服务。指出 STL 服务的定位精度为 50 m、授时精度为 200 ns，STL 信号功率比 GPS 信号高 30 dB，故战时具有较强的抗干扰能力[9]。

参考文献

[1] 刘天雄. 卫星导航系统概论 [M]. 北京：中国宇航出版社，2018.
[2] CHRIS LOIZOU. Resilient PNT critical to maritime advancement [EB/OL]. [2021-02-27]. https://www.gpsworld.com/resilient-pnt-critical-to-maritime-advancement/amp/?ts=1605193828131&trk=article_share_wechat&from=singlemessage&isappinstalled=0.
[3] GPSWORLD. L3 Harris clears critical design review for experimental satellite navigation program [EB/OL]. [2021-02-27]. https://www.gpsworld.com/l3harris-clears-critical-design-review-for-experimental-satellite-navigation-program/amp/?ts=1599278125570&trk=article_share_wechat&from=timeline&isappinstalled=0.
[4] AIR FORCE SPACE COMMAND. Resiliency and disaggregated space architectures [EB/OL]. (2013-08-30). http://www.afspc.af.mil/shared/media/document/AFD-130821-034.pdf.
[5] 杨元喜. 弹性 PNT 基本框架 [J]. 测绘学报，2018，47(7)：893-898.
[6] OFFICE OF SPACE AFFAIRS, DEPARTMENT OF STATE. Space-based positioning, navigation and timing (PNT) [C] // Proceeding of 11th China Satellite Navigation Conference. Beijing：CSNC，2020.
[7] ROSCOSMOS STATE SPACE CORPORATION. GLONASS & SDCM status evolving capabilities towards smarter solutions [C] // Proceeding of 11th China Satellite Navigation Conference. Chengdu：CSNC 12，2020.
[8] DIRECTORATE-GENERAL DEFENCE, INDUSTRY AND SPACE. European commission Galileo update [C] // Proceeding of 11th China Satellite Navigation Conference. Chengdu：CSNC 12，2020.
[9] 刘天雄，周鸿伟，聂欣，卢鋆，刘成. 全球卫星导航系统发展方向研究 [J]. 航天器工程，2021，30(2)：96-107.

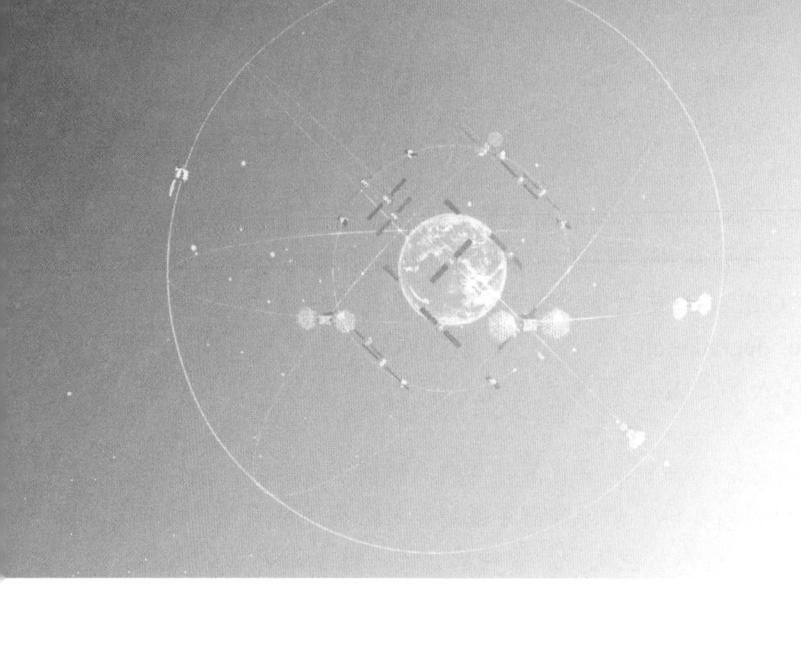

第二十章

卫星导航系统与通信系统融合

1 铱星对 GPS 增强的原理是什么?

iGPS 系统是 GPS 与 Iridium 系统相结合的导航增强系统，目标是在干扰条件下增强 GPS 的导航性能。iGPS 由波音公司 2002 年提出，思路是基于低轨通信卫星实现高性能、低成本的导航增强系统方案，系统架构如图 1 所示[1]。

iGPS 信号（也称为基于 LEO 卫星的导航增强信号）可以被配置为一个复合信号，包括通信信号、军事导航信号、商业导航信号和民用导航信号。这样的实现方式允许 LEO 卫星同时为军事商业用户和民用用户提供服务。借助上述信号，用户可以高精度、高可靠地计算其位置。

iGPS 导航增强信号以铱星为例开展了设计，主要思路是利用原铱星信号的空闲信道播发导航 PRN 码信号，具体信号架构见图 2[1]。iGPS 修改了铱星下行信号体制，利用空闲信道播发 PRN 测距信号，调制了铱星卫星和 GPS 卫星的导航电文，iGPS 接收机测量到每颗可见 GPS 卫星和铱星卫星的距离，并解调导航数据。通过将多个窄带信号等效为宽带信号，提升测距精度。但从近些年公开的文献来看，铱星下一代系统（Iridium-Next）没有采用该信号体制，而是采用了 Satelles 公司设计的卫星时间与位置（STL）信号体制。

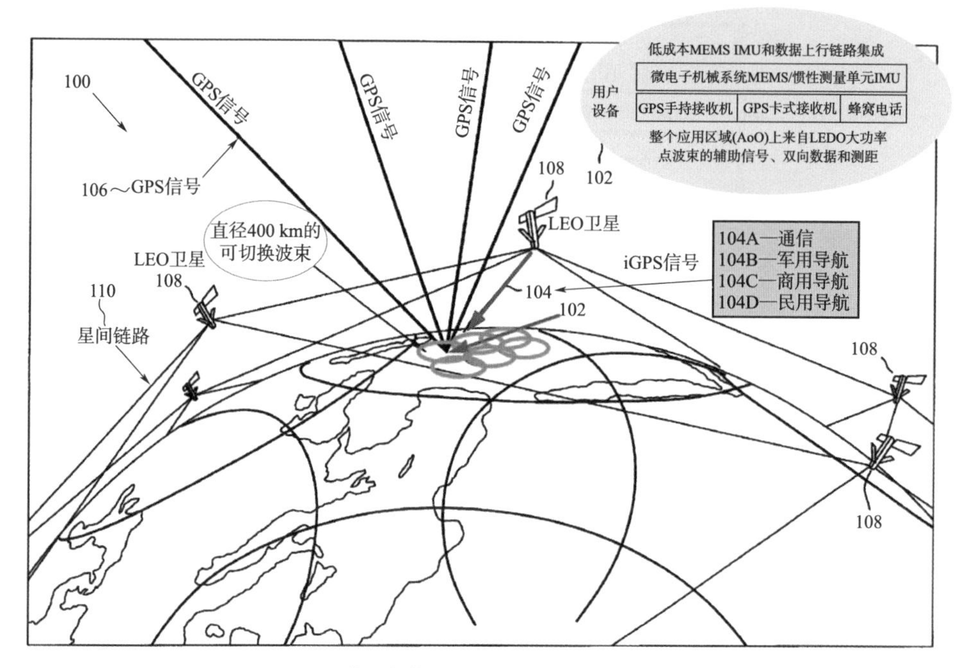

图 1　基于低轨通信卫星的 iGPS 系统架构图

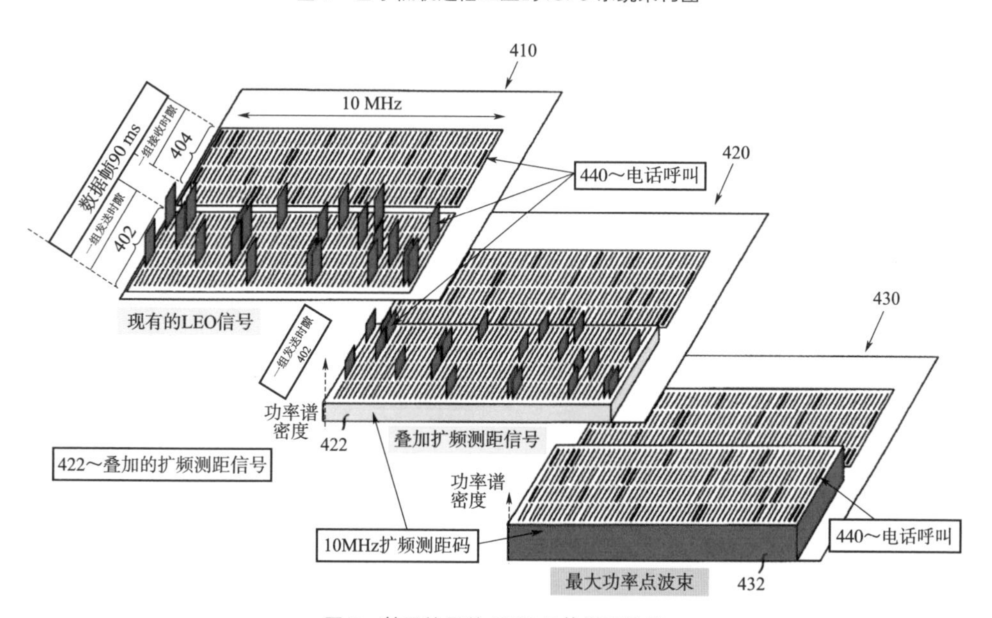

图 2　基于铱星的 iGPS 导航增强信号

参考文献

[1] CE COHEN，WHELAN D A，BRUMLEY R W，et al. Generalized high performance navigation system，US Patent. US 20080059059 A1，Mar. 6，2008.

2 铱星 STL 信号如何提供独立定位和授时服务？

铱星系统主要任务是在全球范围内提供移动话音和数据通信，通过与 Satelles 公司合作，新一代铱星系统通过播发导航通信融合信号，提供卫星时间与位置（Satellites Time and Location，STL）服务。STL 是独立于 GPS 的 PNT 解决方案。

STL 信号是 Satelles 公司对铱星信号的寻呼信道（paging channels）进行了再设计，采用的寻呼信道频率为 1 626.104 MHz，单向时隙 20.32 ms。对于铱星卫星，STL burst 突发信号表现为一个简单的文本消息（text message），实质是编排的一组数据，产生一个扩频 RF 脉冲信号。STL burst 突发信号包括一个 CW、一个 PRN 码序列以及调制数据，进行了高增益编码，使得接收机能够应用很多编码增益恢复弱的信号。STL burst 突发信号结构示意图如图 1 所示[1]。

CW	导频通道 PRN码	数据通道 PRN码

图 1　STL burst 突发信号结构示意图

STL burst 突发信号平均每 1.4 s 播发一次。如果已知粗略的时间，如接收机与一个网络连接的情况，则精确的时间能够通过处理单个脉冲（burst）计算得到。假设接收机能够在 <0.6 s 时间内处理一个 burst，通过接收 STL 通常能够在 2 s 内获得精确的时间和频率信息。从单个 burst 导出的精确时间和频率信息能够用于辅助 GNSS 弱信号捕获。STL 信号落地电平比 GPS 高 30 dB 左右，信号特征如图 2 所示[1]。

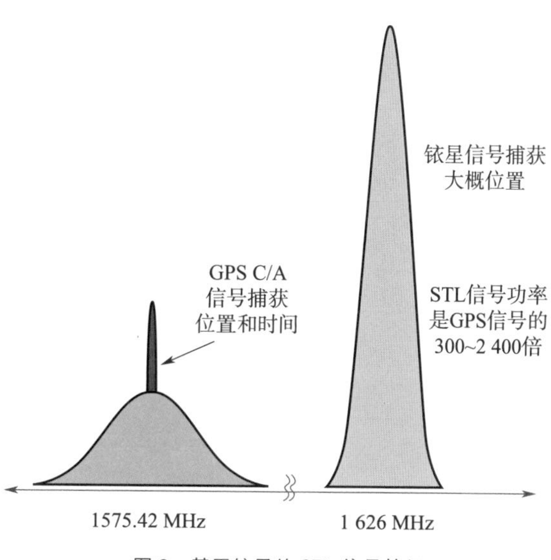

图 2　基于铱星的 STL 信号特征

从 Satelles 公司公开报道的试验数据可知，基于 STL 信号可以实现独立的安全定位、授时服务，发布的 STL 系统配置经 GPS 驯服钟与 TCXO 钟的定位测试结果，如图 3 和图 4 所示[2]。

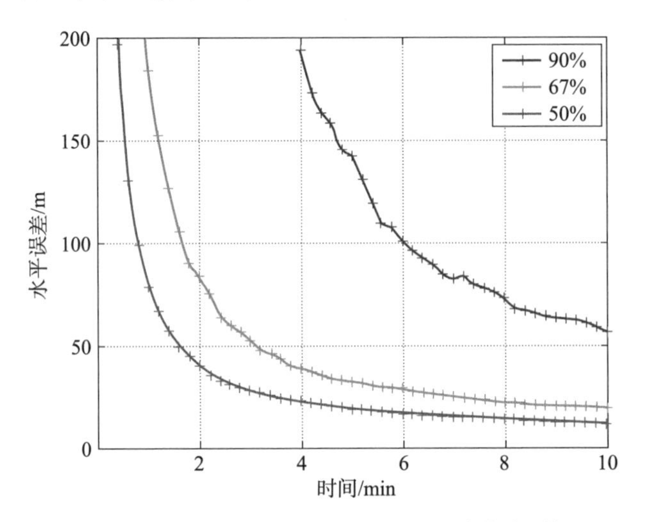

图 3　STL 用户配置经 GPS 驯服钟时的水平定位试验结果

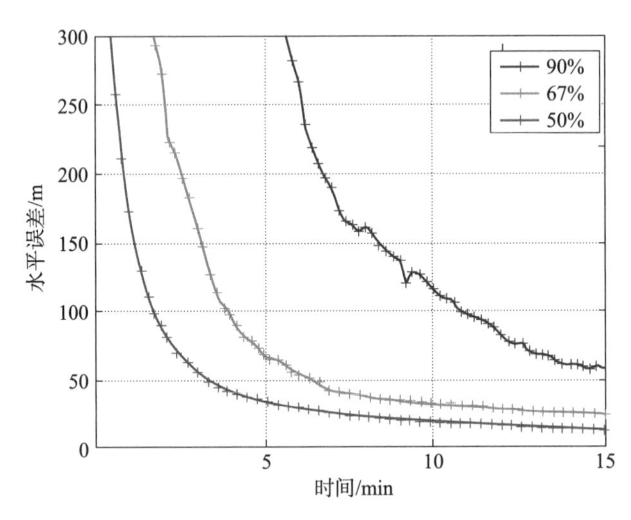

图 4　基于 STL 用户配置 TCXO 晶振时的水平定位试验结果

试验结果表明，STL 系统定位精度受测量和用户机钟差精度限制，当用户端配置由 GPS 驯服的原子钟时，10 min 水平定位精度约 50 m（90%）；配置 TCXO 晶振时，10 min 水平定位精度大于 100 m（90%）。

基于STL信号的低轨独立定位与GPS L1定位性能对比见表1[3, 4]。

表1 STL信号的低轨独立定位与GPS L1定位性能对比

项目	GPS L1信号	STL信号
相对UTC的定时精度	~20ns	~200 ns
定位精度	~3m	30~50 m
首次授时时间	~100s	几秒
首次定位时间	~100s	~10 min
抗欺骗	无	有，加密信号
覆盖性	全球	全球
室内可用性	不可用	可用，强30~40 dB

参考文献

[1] http：//www.decodesystems.com/iridium.html.

[2] GUTT，GREGORY，LAWRENCE，et al，Recent PNT improvements and test results based on low earth orbit satellites [C]. 49th Annual Precise Time and Time Interval Systems and Applications Meeting，Reston，Virginia. 2017（1）：72-79.

[3] DAVID LAWRENCE. Test results from a LEO-satellite-based assured time and location solution [C]. Proceedings of the 2016 International Technical Meeting of The Institute of Navigation，2016（1）：125-129.

[4] JOHN PRATT，PENINA. Axelrad recent pnt improvements and test results based on low earth orbit satellites [C]. Proceedings of the 49th Annual Precise Time and Time Interval Systems and Applications Meeting，2018（1）：72-79.

3 北斗系统如何与通信系统融合?

北斗卫星导航系统具备导航定位和通信数传两大功能，北斗卫星导航系统的通信数传功能解决“我在哪里?”和“你在哪里?”的难题，是北斗的特色服务。北斗一号双星定位系统（BDS-1）采用卫星无线电测定业务（Radio Determination Satellite Service，RDSS）有源定位体制，为我国及周边用户提供定位、导航、授时和每次120个汉字的短报文通信（Short Message Communication，SMC）服务。北斗二号卫星导航系统（BDS-2）采用卫星无线电导航服务（Radio Navigation Satellite Service,RNSS）无源定位体制，为亚太区域用户提供定位、导航和授时服务，同时保留为用户提供每次120个汉字的短报文通信服务。在BDS-1和BDS-2的基础上，北斗三号卫星导航系统（BDS-3）采用RNSS定位体制，为全球用户提供定位、导航和授时服务，并对短报文通信服务进行了大幅拓展与升级，借助BDS-3星间链路技术，为全球用户提供每次50个汉字的短报文通信服务，为亚太用户提供每次1000个汉字的短报文通信服务。此外，优化了RDSS信号体制，大幅提升了卫星与地面系统和用户的出入站通信和数据处理能力，形成了更为实用的特色服务体系。

相关链接1

5G的通信技术对卫星通信和卫星导航有哪些影响?

第五代移动通信技术（5th Generation Mobile Communication Technology，5G）是具有高速率、低时延和大连接特点的新一代宽带移动通信技术，是实现人机物互联的网络基础设施。5G主要工作于2.6 GHz、3.5 GHz、4.9 GHz频段以及30 GHz以上的毫米波频段。与4G网络相比，5G在速率、时延、连接数三个方面实现了巨大跃升，呈现出“超高速率、超低时延、超大连接”三大特点[1]，分别对应国际电信联盟提出的5G三大应用场景：增强移动宽带（eMBB）、低时延高可靠通信（uRLLC）和海量机器通信（mMTC）。

5G通过获取手机和基站之间的信号传输时刻以及手机相对基站的方位进行定位，即5G可支撑飞行时间测距法（TOF）定位和到达角度测距法（AOA）定位，以此完成单基站的三维立体定位。从精度方面来说，5G的“大带宽特性”有效弥补了超宽带（UWB）与蓝牙等现有窄带定位技能之间的1~3 m定位精度的空白。随着5G网络的大规模部署，未来室内定位技术结合边缘计算、大数据等领先技术，将进一步推动室内定位标准的制定和统一，整合定位服务应用端到端的产业链，推动和催化产业链的进一步发展，并为新型产业应用提供支撑，驱动室内定位业务发展，赋能千行百业。

北斗卫星导航系统和5G技术融合是目前的热点，也是后续北斗卫星导航系统发展的重要方向之一。北斗卫星导航系统可为5G基准站提供精准的位置信息和精准的时间信息，而基准站的位置和时间是5G运行服务的基础[1]。5G提供的高速信息通道可播发北斗卫星导航系统导航增强信息，实现高精度定位、快速定位，可以说厘米级的精度、毫秒级时延将会成为5G+北斗导航的标配。

卫星导航在室外应用广泛，但存在室内“最后一千米”瓶颈。据统计，人的活动区域有80%是在室内。北斗+5G可解决导航“最后一千米”问题，形成“卫星主外，5G主内”的局面，为广大用户提供室内外无缝高精度时空信息服务[2]。

5G的大带宽、低时延可为云端实时解算、终端监控、位置信息传递等提供手段。北斗卫星导航系统和5G结合，将充分发挥北斗卫星导航系统融网络、融技术、融服务、融终端、融应用的天然特性，实现北斗卫星导航系统在信息领域深度应用，提供基于“高精度定位、高精准时间、高清晰图像”的能力，将可为智慧城市、智慧制造、智慧农业和智慧家庭等领域提供新的服务。在传统行业，5G+北斗可用于铁路定位、码头装卸、建筑监测、机场调度等领域；在新兴行业，5G+北斗可用于自动驾驶、自动泊车、车路协同、物流货运、无人机农业等领域。

相关链接2

中国移动发布5G+北斗高精度定位十大应用场景[3]

2021年10月15日，中国移动与宁波市政府在浙江宁波联合举办“精准时空，智驾未来”5G+北斗高精度定位行业大会（见图1）。会上，中国移动发布了5G+北斗高精度定位十大应用场景，以及场景化解决方案。

图 1　5G+ 北斗高精度定位行业大会

（1）智能驾驶（见图 2）

当前，智能驾驶在定位和导航能力方面存在诸多挑战，林荫道路、城市峡谷、双边遮挡等复杂场景对算法自适应性提出更高要求。通过 5G+ 北斗高精度定位系统，用户无须自建基准站，仅需一个账号 /SDK 即可获得全国高精度定位服务；车规级 IMU+GNSS 紧耦合组合导航解算算法，保证车辆在隧道、城市峡谷等复杂环境下连续定位；利用 5G 网络高带宽、低时延技术，实现车辆设备定位终端与高精度定位网之间的差分数据交互，保障高精度位置数据安全。

图 2　智能驾驶

（2）智慧港航（见图3）

近年来，我国航运业突飞猛进，但是用工成本持续增长、运行安全仍需改进。5G通信＋北斗卫星导航系统，可为港航场景下的港机、集卡、人员、航标、船舶和船闸等单元提供全方位、全天候的动静态精准定位服务，提升港航基础设施运行效率、安全水平和服务质量。在各类港航生产环节安装高精度定位系统，可以合理管控碰撞风险、偏离风险。租用5G网络，可以实现远端中心与港航作业现场实时联络，保障设备信息传递的及时性和准确性。

图3　智慧港航

（3）智慧物流（见图4）

基于中国移动的5G网络线路、北斗高精度定位系统和时空信息平台，物流作业过程中的巡检机器人、物流车、云自动引导车（AGV）、高清视频摄像头等设备可接入5G专网，实现厘米级精准定位。

2.6 GHz频段的5G基站，可以保证端到端业务时延，针对物流特定业务场景实现多切片承载物流业务，保障专有化监测网络的安全性、私密性、高速性和可靠性。通过大数据分析和云服务，打造多接入、端边云协同、视频联网、边缘人工智能的智能物流平台。

图4　智慧物流

（4）智慧公交（见图5）

公交车上安装智能驾驶控制器、北斗高精度定位等终端，可以获取车辆精准位置信息，制定深度诱导策略，实现车辆节能及进出站、斑马线安全通行等功能。路口部署雷达及摄像头等多融合传感器，实现道路事件的实时融合感知和信息下发。

图5　智慧公交

（5）共享单车（见图6）

目前，大部分共享单车采用普通卫星定位，定位精度和稳定性差，用户找车还车体验差、企业运维调试效率低、部门监管困难大。通过高精度定位服务，可将单车定位精度提高至亚米级，支撑电子围栏、轨迹追踪、安全预警等功能；提供基于时间池的计费方式，实现大批量统一计费，为客户提供便捷体验。

图 6　共享单车

（6）精准导航（见图 7）

北斗高精度定位已经广泛进入大众消费、共享经济和民生领域，其中智能手机定位精度为 10 m 左右，存在跳点和偏移，无法满足车道级地图导航、精准打车等需求。

图 7　精准导航

通过5G和北斗技术，手机可实现亚米级定位，精确展示用户当前车道，提供变道语音引导、危险场景护航提示等服务，提升驾车出行体验。同时提供账号池计算，帮助手机厂商实现到消费端的ToB、ToC服务。

（7）无人机（见图8）

在人工智能领域，北斗能够提供时空信息，对无人设备进行定位。通过高精度定位系统，4G/5G网络，时空信息平台，以及无人机管理平台，为无人机提供精准定位，降低设备碰撞及偏离风险，提升无人机作业效率。

图8　无人机

在5G应用领域，随着“北斗+5G”两大基础设施的相互赋能，促进融技术、融终端、融平台、融数据、融服务发展，北斗系统应用模式将更加丰富。“5G+北斗”可以实现全覆盖的高精度需求，让5G系统可以应用于更多的高精度定位场景，达到室内室外高精度定位的目的。

（8）监测检测（见图9）

基于5G、北斗高精度定位、形变监测等关键技术，打造基础设施监测检测解决方案，实现毫米级静态监测、位移监测、视频监控，提供全天候、自动化、全要素的结构安全监测服务，实现设施关键信息全面感知、数据智能分析、自动安全预警、运维养护决策支持等功能。

图 9　监测检测

（9）测量测绘（见图 10）

传统测绘与高新技术的结合，已经成为测绘行业转型升级新趋势。稳定、高精度定位以及先进的通信技术，可以帮助实现大地测量、工程测量、地籍测量和地图测绘。用户无须自建基站即可获得高精度定位服务，支持跨省作业，节省时间、提高效率。

图 10　测量测绘

（10）精准农业（见图 11）

随着城镇化发展，农业生产规模化、集中化程度越来越高，迫切需要数字化现代农业技术，以及少人、无人的自动化农业机械设备。

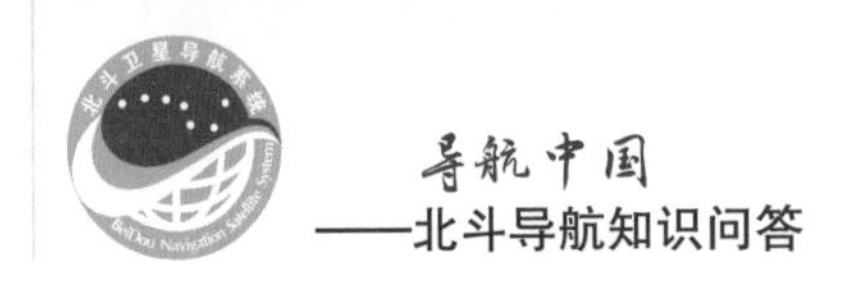

图 11　精准农业

通过 5G+ 北斗技术，现代农机可以加载北斗导航自动驾驶系统，实现自动路径规划、行驶、作业监管、计亩测量等功能；保障农机远程实时监控、作业部署、车辆远程控制等。

自 2020 建成并发布全球最大规模 5G+ 北斗高精度定位系统以来，中国移动联合国家基础地理信息中心完成全国范围内 5G+ 北斗高精度定位基准站坐标解算，获得国家测绘产品质量检验测试中心认证，形成包括静态毫米级、动态厘米级、星网融合、短报文融合等 7 类标准化定位服务，并打造了由 5G 一体化融合云网、北斗标准化定位产品、场景定制化开发组成的精准时空服务体系。

中国移动发布了 5G+ 北斗高精度定位十大应用场景，以及场景化解决方案，将有力地支撑 5G+ 北斗的市场化推广和规模化复制。

参考文献

［1］ 陈豫蓉 . 5G 与北斗高精度定位融合发展趋势分析［J］. 电信工程技术与标准化，2020（4）：1-6.

［2］ 刘经南 .“5G+ 北斗”的意义，路径和愿景［J］. 网信军民融合，2019（11）.

［3］ 今日北斗公众号 . 中国移动发布 5G+ 北斗高精度定位十大应用场景［EB/OL］.［2021-10-17］. https：//mp.weixin.qq.com/s/K0ekxYA8nivyuaCKRFFp3g.

下一代卫星导航系统的特点是什么?

当前，我国北斗（BDS）、美国GPS、俄罗斯格洛纳斯(GLONASS)、欧洲伽利略（Galileo）四大全球卫星导航系统均已开通全球服务，印度导航星座（NavIC）和日本准天顶（QZSS）两大区域卫星导航系统也已开通区域服务，各系统在轨运行服务的导航卫星数量已经超过140颗，世界卫星导航进入一个崭新的多频、多星座全球新时代。为持续提升系统性能和竞争力，各主要卫星导航国家瞄准更高服务精度、更加多样功能、更加可靠服务，正在着手开展新技术的研发和验证、加速谋划系统能力升级换代、加快部署新卫星和新服务、规划下一代系统的建设。总体来看，下一代卫星导航系统呈现以下趋势和特点[1-3]。

（1）高精度和高完好的民用服务逐渐成为系统标配

各系统更加重视通过增加卫星数量、配置更高性能原子钟、扩展监测站数量和范围、优化改进精密定轨和时间同步算法等措施，不断提升空间信号精度和系统定位精度。同时，逐步提供精密定位服务，如伽利略系统将提供全球20 cm高精度服务，GLONASS将提供区域10 cm高精度服务，QZSS已在本土和周边提供10 cm高精度服务，北斗卫星导航系统已向中国及周边地区用户提供PPP服务。在完好性服务方面，各系统加快现有星基增强系统升级换代，由单频单星座向双频多星座发展，并注重星地完好性联合监测，更好保障用户安全可靠应用。

（2）多服务、多功能高度聚合成为竞技新方向

为更好满足多元化用户需求，多功能高度聚合提供特色服务，已成为未来赢得用户新的着力点。GPS将在新一代卫星上搭载搜救载荷和新设计的核爆探测载荷；伽利略系统未来还将逐渐推出安全认证、告警服务、电离层预测等特色服务；GLONASS后续卫星也计划提供搜救服务；日、印系统也将陆续推出新服务、新功能；北斗卫星导航系统也具备短报文通信、国际搜救等特色服务功能。如何实现卫星导航系统的集约高效，实现一星多用、一系统多能成为未来各系统挖潜增效、提升国际竞争力的新方向。

（3）构建弹性体系成为 GNSS 发展新要求

弹性是 PNT 体系的主要特征之一，卫星导航系统作为综合 PNT 体系的基石，更应该具备弹性特征，以实现系统可靠安全。通过高中低轨混合星座、高速星间链路等手段构建弹性体系，提升系统的安全性和服务可用性。如 GEO 可实现本土全时覆盖和操控，IGSO 可提升区域能力和遮挡环境下的服务可用性，MEO 更加注重全球覆盖，LEO 可完成导航增强和备份。美国 GPS 虽已有全球监测和操控能力，但还在积极发展基于星间链路的本土操控和自主运行能力；俄罗斯 GLONASS 也在发展混合星座体系和星间链路；欧洲伽利略系统也在积极研究引入低轨，提升复杂环境下服务的稳健性和系统能力的弹性。

卫星导航系统在不断提高性能基础上，极大地促进了相关技术的发展，同时，新兴技术的研究和发展将推动导航系统产生革命性变化。依据卫星导航系统的发展趋势及构想，以下几方面的技术发展将在一定程度上影响未来卫星导航系统的能力和水平[4]。

（4）空间冷原子钟技术

进入 21 世纪，随着激光冷却和囚禁技术的发展，激光冷却超冷原子喷泉钟成为地面上精度最高的原子钟，并成为国际秒定义的一级频率标准，其准确度可达 10^{-16} 量级。目前投入应用的精度最高的原子钟就是喷泉钟，喷泉钟有如此高的精度主要原因是激光冷却技术的应用，和以前的铯束原子钟相比，冷原子喷泉工作模式让原子和微波相互作用时间延长了两个数量级。然而在地面喷泉钟运行过程中，由于重力作用，原子和微波腔两次作用时间间隔一般在 1 s 左右，鉴频谱线宽度限制在 1 Hz 左右，准确度和稳定度很难进一步提高。在空间微重力的条件下，激光冷却的超冷原子和微波腔相互作用时间可以提高一个数量级，从而原子钟的精度相应地提高。目前空间冷原子钟设计精度达到 10^{-17} 量级，欧洲空间局（ESA）和美国国家航空航天局（NASA）相继开展空间冷原子钟研究，目前比较确定的空间冷原子钟项目为欧洲空间局的 ACES 项目。

除了工作在微波波段的冷原子钟以外，工作在光学波段的冷原子钟（即光钟）也是研究热点，根据理论估计，光钟的短期稳定性比微波钟高几个数量级。

空间冷原子钟技术要重点关注空间环境适应性和导航卫星空间应用的长寿命、高可靠技术。同时，由于空间冷原子钟精度的提高，需要更高精度的授时和校时技术以确保卫星导航系统空间段时频精度，由此，也需要重点关注与空间冷原子钟精度相匹配的星间、星地时频传递技术。

（5）中高轨及深空卫星导航技术

现代社会，高轨卫星在通信、导航、气象、预警等方面正日益发挥着越来越重要的作用。以往的太空发射任务主要依赖地面测控站和远洋测量船的支持才能完成在轨导航，这给有限的地面测控资源带来了任务调度方面的繁重压力。利用卫星导航系统为中高轨航天器提供PNT服务，可以缓解地面测量站和远洋测量船的工作负担，同时使卫星导航的潜在服务能力得到进一步发掘利用。

另一方面，随着当前以及未来飞行任务向外层空间的不断拓展，针对中高轨道乃至深空探测器的导航需求日益突出，这些因素都使得卫星导航在中高轨及深空航天任务中的应用研究极具价值。

全球导航卫星系统空间服务域（Space Service Volume，SSV）议题在ICG平台中最初出现于2010年的ICG-5大会，由美方专家以发布参考文件的方式提出，并在其后2011年ICG-6 B组会议上作了正式报告。在NASA的报告中阐述了其对SSV的定义，并且对GPS的SSV服务性能进行了介绍，同时从空间应用需求的角度出发，倡议GNSS发布各自SSV服务性能参数，完善GNSS空间服务标准，从而增强导航卫星系统中高轨空间服务能力。欧洲与日本迅速于2012年ICG-7 B组会议上响应了美国的倡导，由ESA和JAXA分别介绍了Galileo和QZSS的SSV性能，中方与俄方均自2013年ICG-8开始参与B组该议题的讨论并作了相关会议报告。目前，各家GNSS供应商正在协调出台《SSV手册》的事宜。可以预见，随着SSV服务性能指标体系的完备和中高轨GNSS接收机的发展，全球卫星导航系统将在不远的将来为中高轨及近地空间飞行器提供广泛的导航和授时服务。

随着人类对太空认识的加深，世界各国都加快了深空探测的脚步，所研究的任务范围也越来越广泛，包括地球任务、月球任务、火星任务等太阳系范围任务以及太阳系范围之外更远太空中的航天任务，各国均开展了系统的研究。NASA提出了空间通信和导航体系结构，是由地基单元、月球中继单元、火星中继单元等构成的通信导航网络，可为工作在太阳系的航天器提供通信和导航服务，同时，X射线脉冲星导航、拉格朗日点卫星导航系统等技术已经成为研究的热点。随着人类探索宇宙步伐的迈进，卫星导航系统技术和范畴必将逐步延伸。

中高轨及深空卫星导航技术要重点关注国际互操作，探索宇宙是全人类共同的目标，需要各国GNSS协调沟通，共同支持卫星导航技术覆盖区域的扩展。

（6）高度自主的导航星座长期运行技术

导航星座自主导航是指星座卫星在长时间得不到地面测运控系统支持的情况下，通过星间双向测量、数据交换以及星载处理器滤波处理，不断修正地面站注入的卫星长期预报星历及时钟参数，并自主生成导航电文和维持星座基本构形，满足用户高精度导航定位应用需求的实现过程。

采用自主导航技术能够有效地减少地面测运控站的布设数量，减少地面站至卫星的信息注入次数，降低系统维持费用，实时监测导航信息完好性，增强系统的生存能力。星间测量与通信链路是卫星自主导航的核心技术，建设星间链路实现导航星座高度自主长期运行已经成为未来导航卫星系统的发展趋势之一。

高度自主的导航星座长期运行技术要重点关注脱离地面测运控系统后，惯性空间坐标与地球固连坐标之间高精度转换技术和导航星座对空间电离层参数自主修正技术，以及导航星座自主维持的时间基准与地面UTC时间偏差控制技术。

（7）先进星间链路技术

星间链路为导航星座自主运行、星座测控、星地联合定轨等功能的实现提供了可能，随着多系统多任务融合的发展需要，导航卫星星间链路的作用越来越彰显。激光通信、V频段、量子通信等新技术的发展，给星间链路的实现提供了诸多的技术途径。

目前，激光通信技术已得到突破，具有抗电磁干扰能力、保密性强等特点，采用高速和精确指向的激光星间链路，可以实现大容量的星间信息传输和测距服务，为系统功能的拓展提供了发展空间。

（8）低轨增强技术

低轨星座系统可以提高导航系统的可用性，增加用户卫星观测数量，尤其是在树林、高山及城市等地形复杂区域，能够有效补充GNSS卫星覆盖范围，改善定位几何；低轨卫星相对地面运动速度较快，可辅助用户快速锁定导航信号高精度快速定位，缩短初始化时间；通过星上高速数传设备，提供大范围高精度差分服务，可实现车道级、分米级定位精度；另外，低轨卫星具有信号发射功率高，不易干扰的优势。近年来，低轨移动通信技术蓬勃发展，可以预见，未来几年内将有数百颗卫星发射升空，采用通导融合技术的低轨卫星上集成导航功能并与 GNSS 系统兼容，低轨全球增强与备份系统既播发导航信号，又播发当前中高轨 GNSS 导航增强信息。从任务性质上，与低轨通信卫星融合是最优方案，即用户在与低轨卫星通信的同时完成定位服务，不额外增加系统成本。因此，导航通信一体化信号体制设计是卫星导航与卫星通信融合的技术途径。

参考文献

[1] 卢鋆，张弓，陈谷仓，等.卫星导航系统发展现状及前景展望[J].航天器工程，2020，29(4)：1-10.
[2] 刘天雄，周鸿伟，聂欣，等.全球卫星导航系统发展方向研究[J].航天器工程，2021，30(2)：96-107.
[3] 卢鋆，张弓，宿晨庚.世界卫星导航系统的最新进展和趋势特点分析[J].卫星应用，2021(2)：32-40.
[4] 谢军，王海红，李鹏，等.卫星导航技术[M].北京：北京理工大学出版社，2018.

5 北斗全球组网之后，接下来的规划是什么？

2020 年 6 月 23 日，北斗三号组网部署的最后一颗卫星成功发射，标志着我国自主建设、独立运行的北斗卫星导航系统完成全球组网部署。2020 年 7 月 31 日，习近平主席宣布北斗三号全球卫星导航系统正式开通，北斗进入新的发展阶段。未来进一步发展好北斗、应用好北斗，还需要加强以下几个方面。

一是确保北斗卫星导航系统连续稳定可靠运行，融合人工智能、大数据、云平台等新技术，提高系统运行服务的自动化、智能化水平。

二是推动北斗＋和＋北斗，让北斗提供更加多样、更高质量的服务，让更多的行业、更多的领域应用北斗，加快北斗产业化发展。

三是面向深空、水下、室内等导航需求，将北斗与 5G、脉冲星导航、水声导航等其他手段结合，形成从室内到室外、深海到深空无缝覆盖的综合定位导航授时体系，实现“人类探索的脚步迈到哪里，北斗的时空保障就到哪里”的目标。

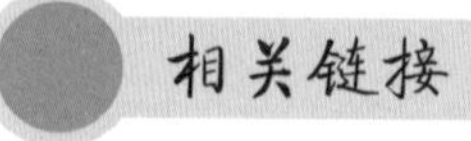

综合时空体系

2035 年前，我国将建设完善更加泛在、更加融合、更加智能的综合时空体系。

当前，我国正在积极推动构建综合 PNT 体系。综合 PNT 体系将以北斗卫星导航系统为核心，覆盖空天地海，显著提升国家时空信息服务能力，满足国民经济和国家安全需求，为全球用户提供更为优质的服务。综合 PNT 体系主要包括 PNT 能力手段建设、PNT 应用以及支撑保障等内容。

PNT 能力手段建设将以卫星导航系统为核心，融合各类补充、增强和备份 PNT 系统，向用户传递与播发各类定位、测姿、测向、授时等信息，为各类 PNT 终端提供基准统一的时空信息服务。

PNT 应用以各类导航定位授时用户终端为基础，覆盖地表、空中、深空、室内以及水下应用领域，满足人类活动空间各类用户对 PNT 信息的应用需求。

支撑保障包括与PNT体系建设相关的法律、标准、技术、学科、人才、国际合作等内容，为体系的统筹、持续、高效发展及应用提供有力的环境保障。

此外，PNT体系将溯源至国家时空基准，包括时间基准和空间基准，主要保证各类PNT技术手段与国家时间空间基准统一。

可以预见的是，在综合PNT体系构建和发展的过程中，时间和空间信息的获取手段和内容必然将不断丰富，基于时间和位置信息与各种信息相互叠加的时空信息服务发展时代正在来临。在技术手段不断丰富的同时，相应的基础设施建设也在同步发展，从深空的脉冲星导航系统到中高轨的下一代北斗卫星导航系统；从地面的北斗与5G移动通信网络的融合，到低轨（LEO）的信号增强系统和水下定位系统等，从深空到地面再到水下，各种定位导航基础设施也不断建设完善，时空信息覆盖范围将从平面泛在发展到立体泛在。同时服务业态也将发生深刻变化，从位置服务向时空服务发展，进而推进到智能服务。其服务的内容、对象、方式也将不断拓展丰富，智能化水平将不断提高。目前的各种服务平台，如地基增强系统平台、星基增强系统平台、短报文服务平台等，将从最初的提供基础性数据和定位、监测、跟踪、信息查询与推送，逐步扩展到综合提供泛在空间的时空信息＋属性信息＋态势感知＋趋势判断＋整体协同，从而真正实现智能化服务。

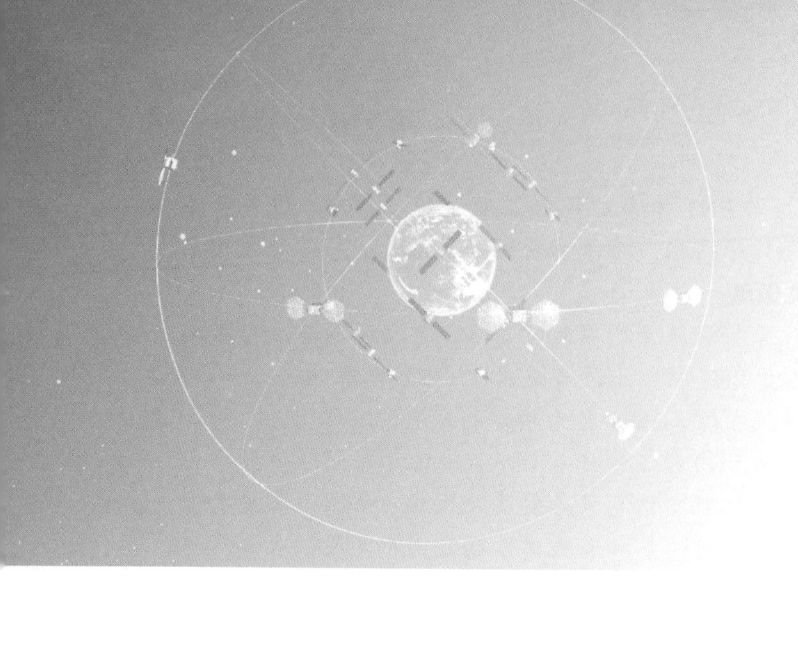

第二十一章 国外全球导航系统最新进展

1 美国 GPS 提升战时抗干扰能力的计划是什么？

由于战时复杂电磁环境下 GPS 信号极易受到干扰，美军将不能获得有保证的定位、导航和授时（PNT）服务。为此，美军开始部署更先进的 GPS Block Ⅲ卫星，强化 GPS 战时抗干扰能力。Block Ⅲ的特点是配置数字化载荷（Digital Payloads）、大功率放大器（High Power Amplifiers）、先进原子钟（Advanced Clocks）以及星间链路（Near Real-Time Commanding/Crosslinks）。2020 年 6 月 30 日，美军发射了第三颗 GPS Block Ⅲ卫星 SV03，较上一代 GPS Block Ⅱ卫星定位精度提高 3 倍，抗干扰能力改善 8 倍[1]。

例如，2018 年 4 月 14 日，UTC 时间凌晨，美军对叙利亚开展军事打击。2018 年 5 月 8 日，根据芬兰国家大地控制网芬兰参考站（FinnRef）的 GPS 监测数据，美军提高了 GPS 军用 L2 P（Y）导航信号的功率，L2 P（Y）信号的信噪比提高了约 4 dB；同时降低了民用 L1C/A 码导航信号的功率，L1C/A 码信号的信噪比降低了约 1 dB，如图 1 所示[2]，由此可以提高军用双频高精度导航接收机的性能和可用性。

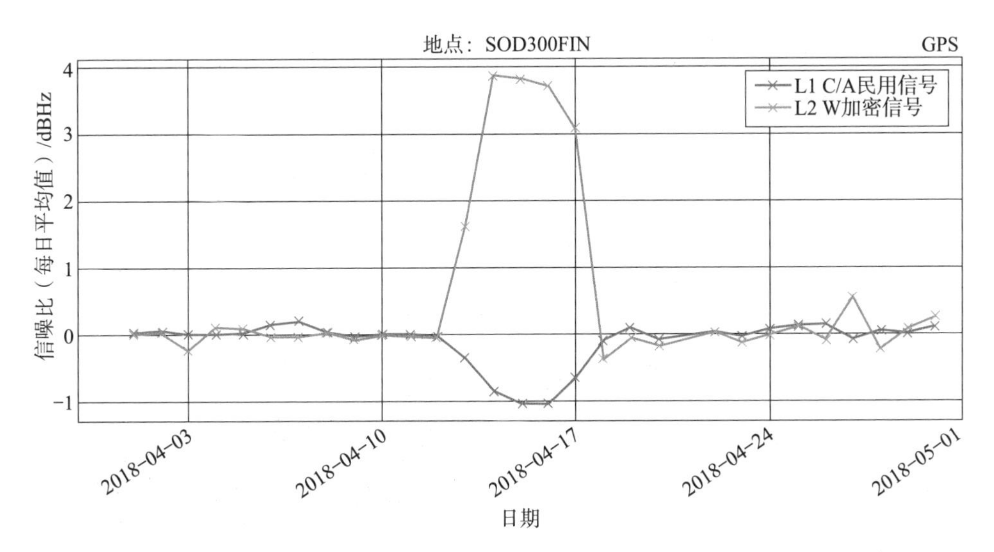

图 1　GPS 信号信噪比均值变化情况（2018 年 4 月 13 日—4 月 17 日，SOD300FIN）

美军对叙利亚开展军事打击期间，叙利亚利用俄制 GPS 干扰机对 GPS 信号实施干扰，而美军提高了 GPS 军用 P（Y）码信号功率，调整了军用和民用信号的分量和功率比例，以提高导航信号的载噪比，改善军用接收机跟踪捕获军用导航信号的能力，由此有效提高了军用接收机的抗干扰能力和可用性[3]。

GPS 曾计划研制 Block Ⅲ C 卫星配置点波束天线，播发大功率军用 M 码信号，信号功率较当前军用 P（Y）信号的功率将提高 20 dB。M 码信号可以实现全球和重点区域工作方式的切换。战时美军还可以调整军用导航信号的功率，称为柔性功率（Flex Power）技术，采用数控点波束天线播发可提高军用 M 码信号功率，降低民用码信号功率，这将大幅度增强系统的抗干扰能力[4]。

目前，美国空军研究实验室（AFRL）制定了先锋计划（Vanguard program），研制导航技术卫星 3 号（NTS-3），NTS-3 卫星在轨展开示意图如图 2 所示，其任务之一是测试新型导航信号体制，验证以战时弹性可用为目标的导航战能力，支撑快速多变的战时任务[5]，为美军提供鲁棒的（robust）、可靠的（reliable）、弹性的（resilient）导航信号。

NTS-3 卫星的敏捷波形平台（agile waveform platform）是一个信号数字生成器，在轨可编程（reprogramed onboard），由此可以实现软件更新（update）、修改（modification）以及切换（switch）。利用大型相控阵 L 频段天线，如图 3 所示，可以播发多个点波束（multiple spot beams）信号。同时保留当前赋球波束导航信号，导航信号播发示意如图 4 所示。

图 2　美国空军研究实验室 NTS-3 卫星在轨展开示意图

图 3　NTS-3 卫星大型相控阵 L 频段天线

2019 年 10 月 3 日，在 NTS-3 卫星初步设计评审前夕，载荷研制单位 L3HARRIS 公司阐述卫星的核心任务是研制在轨可配置载荷（reconfigurable payload）。NTS-3 卫星的任务之二是验证利用地球静止轨道卫星对 GPS 卫星全球导航增强，即利用四颗定点在地球静止轨道的 NTS-3 卫星就可以实现对 GPS 卫星全球导航增强[5]。

图 4　NTS-3 卫星导航信号播发示意图

2020 年 8 月 5 日，NTS-3 卫星通过了关键设计评审。NTS-3 卫星的目标是研发新的导航信号以支撑快速多变的战时任务[6]，提高军用 PNT 服务的弹性。

2020 年 11 月，在第 11 届中国卫星导航年会上，美国国务院空间事务办公室指出美国将从空间段、控制段、用户段全面实施 GPS 现代化，空间段导航卫星的重点是部署 10 颗 GPS Block Ⅲ和 22 颗 Block Ⅲ F 卫星[7]。

Block Ⅲ卫星在提高军用信号精度和信号功率、增加抗干扰功率、提升固有信号完好性、播发第四民用信号 L1C、延长卫星工作寿命、配置性能更优星载原子钟等 6 个方面实现导航卫星的能力升级和效能提升。Block Ⅲ F 卫星从统一 S 频段跟踪遥测和遥控、配置搜索救援载荷、安装激光发射器等 3 个方面进一步提升卫星效能。控制段的主要任务是将运行控制系统（OCS）分阶段升级为新一代的运控系统（OCX），支持空间段 GPS Block Ⅲ和 Block Ⅲ F 卫星的运控。用户段的主要任务是配置接收现代化民用导航信号 L1C（支持多 GNSS 之间的兼容互操作）、L2C（商业服务）、L5（受保护的频带，用于生命安全的服务）。

参考文献

[1] 刘天雄．导航战及其对抗技术（上）[J]．卫星与网络，2014（8）：52-58.

[2] Unusual high power events in GPS signal on 13–17 April [EB/OL].（2018-05-08）.https：//www.maanmittauslaitos.fi/en/topical_issues/unusual-high-power-events-gps-signal-13-17-april.

[3] 刘天雄 . 导航战及其对抗技术（下）[J] . 卫星与网络，2014（10）：56-59.

[4] OFFICE OF SPACE AFFAIRS，DEPARTMENT OF STATE. Space-based positioning，navigation and timing（PNT）[C] // Proceeding of 11th China Satellite Navigation Conference. Chengdu：CSNC，2020.

[5] L3 harris eyes pdr for NTS-3 program in November [EB/OL] .（2019-10-3）.https：//www.proquest.com/docview/2300557776?accountid=41288.

[6] L3 harris completes critical design review on air force NTS-3 program [EB/OL] .（2020-08-05）. https：//www.proquest.com/docview/2432109718?accountid=41288.

[7] GLOBAL POSITIONING SYSTEMS DIRECTORATE. GPS status & modernization progress：service，satellites，control segment，and military GPS user equipment [C] // Proceeding of 2017 ION GNSS. Miami：ION，2017.

2 俄罗斯 GLONASS 现代化进展如何?

1982 年 10 月 12 日，GLONASS 全球卫星导航系统利用 Proton-K 运载火箭发射了第一组三颗 GLONASS 导航试验卫星，1986 年年底完成了系统的在轨试验工作并确定了系统的技术状态基线。1987—1993 年，GLONASS 系统组网发射导航卫星，卫星设计寿命 3 年，直到 1993 年年末，GLONASS 星座只有 12 颗卫星能够正常工作，系统具备提供初步的服务能力，1993 年 9 月 24 日，俄罗斯联邦总统发布政令，宣布 GLONASS 系统具备初始运行能力[1]。1996 年 1 月 18 日，星座标称的 24 颗导航卫星组网运行，标志着 GLONASS 系统具备完全运行能力。

1991 年苏联解体，俄罗斯经济持续萧条，GLONASS 星座得不到正常的维护，星座中可用卫星数量逐渐减少，到了 2001 年，星座中能够工作的导航卫星减少到 7 颗，导致系统性能严重衰退。2001 年 8 月 20 日，俄罗斯联邦总统普京签署 No.587 政令，俄罗斯政府把 GLONASS 系统建设列为俄罗斯航天优先发展的项目。2003 年 12 月，发射了一颗新一代的导航卫星 GLONASS-M，2010 年 GLONASS 系统空间星座 21 颗现代化导航卫星组网运行，实现俄罗斯国土 100%及全球大部分地区的覆盖。根据俄罗斯联邦政府 GLONASS 系统协调委员会数据，GLONASS 系统空间星座卫星数量变化情况如图 1 所示。

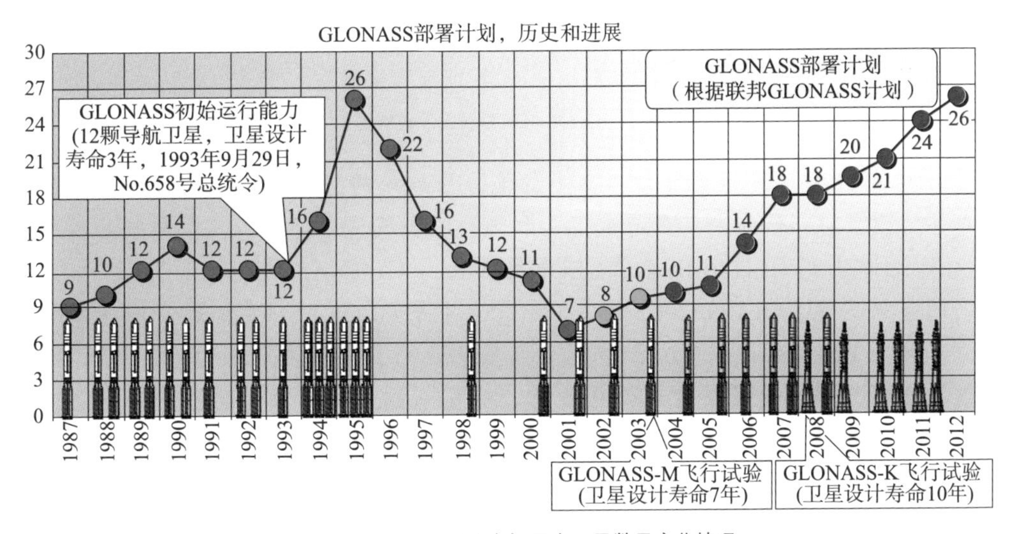

图 1　GLONASS 系统空间星座卫星数量变化情况

2020年11月23日，在第11届中国卫星导航年会上，俄罗斯航天局给出GLONASS系统的发展路线图，如图2所示[2]，GLONASS系统从精度、可用性、稳健性和创新发展四个维度建设下一代的卫星导航系统。提高精度包括为GLONASS-M和GLONASS-K卫星配置星间链路（Inter-Satellite Links）和新一代高精度原子钟、全球部署导航信号监测网络、公布对流层和电离层延迟模型；创新发展包括发射GLONASS-K2系列导航卫星和研发多频接收机两个环节；稳健性包括建设导航信号干扰监测和控制系统以及研发弹性导航接收机两个环节；可用性包括为使用无人机立法和为多个通道用户播发导航信息两个环节。

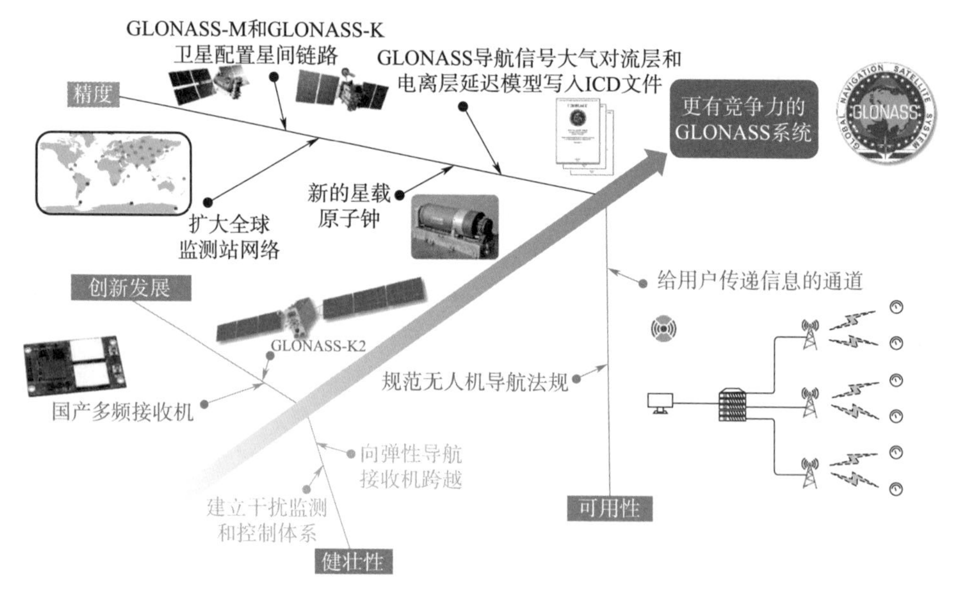

图2　GLONASS系统发展路线图

在第11届中国卫星导航年会上，俄罗斯航天局阐明GLONASS现代化的总体方案，包括研制新一代导航卫星和地面控制段两个环节，其中导航卫星现代化包括研制GLONASS-K、GLONASS-K2、GLONASS-B和LUCH四个系列的导航卫星，GLONASS-K2系列导航卫星是GLONASS系统创新发展的关键，采用Ekspress-1 000 N三轴稳定卫星平台，卫星设计寿命大于10年，星载原子钟频率稳定度优于5×10^{-14}/天，采用一副相控阵天线播发双频（L1、L2）FDMA体制导航信号和三频（L1、L2、L3）CDMA体制导航信号，配置无线电星间链路天线（Radio cross-links）、激光星间链路天线（Optical cross-links）、双向/单向激光测距设备以及国际搜救卫星系统（COSPAS-SARSAT）。

参考文献

[1] GLONASS has initial operational capability [EB/OL] . (2017-07-06) .www.spaceandtech.com/spacedata/constellations/glonass_consum.shtml.

[2] ROSCOSMOS STATE SPACE CORPORATION. GLONASS & SDCM status evolving capabilities towards smarter solutions [C] // Proceeding of 11th China Satellite Navigation Conference. Chengdu: CSNC, 2020.

3 欧洲为什么要建设 Galileo 卫星导航系统，其进展如何？

1989 年，美国发射了第一颗 GPS 卫星，从此打开了“天眼”。1991 年，美军发动海湾战争，还未完全建成的 GPS 向世界展示了全球定位系统的恐怖实力——为攻击部队提供精确定位和授时服务，帮助美军精确掌握自身位置和系统时间、记录敌方位置，快速绘制战场态势图精准打击敌军。海湾战争让世界认识到，卫星导航系统与国家安全息息相关，建设一个自主可控的全球卫星导航系统至关重要。

GPS 军民两用，军事与商业并举，鉴于卫星导航在军事、政治、经济、科技和社会等方面的重要性，为了在巨大的卫星导航市场中打破美国的垄断地位，增加欧洲的就业机会，欧洲建设了独立自主的卫星导航系统。2002 年 3 月，欧盟委员会（European Commission，EC）和欧空局（European Space Agency，ESA）达成建设 Galileo 卫星导航系统的协议，系统总部设在捷克首都布拉格，两个地面运行控制中心分别位于德国慕尼黑的 Oberpfaffenhofen 以及意大利的 Fucino。

2005 年 12 月和 2008 年 4 月，欧空局分别发射了两颗导航试验卫星，主要任务是在轨播发 Galileo 卫星导航信号，确保国际电联（ITU）分配的频率资源的合法性、验证系统体制的正确性；验证星载铷原子钟等关键仪器是否满足设计指标要求；验证地球非理想球体、月球引力、太阳光压等因素对卫星轨道的摄动影响以及轨道修正和轨道外推模型的正确性；验证中圆地球轨道（Medium-Earth Orbit，MEO）空间环境对星载仪器元器件的影响以及抗辐射加固措施的有效性；验证地面运行控制系统是否满足设计指标。

2011 年 10 月，欧空局发射了第一组在轨验证卫星，2012 年 4 月完成了系统测试；2012 年 10 月，欧空局发射了第二组在轨验证卫星，与第一组两颗在轨验证卫星共同组成最简导航星座，轨位从 Galileo 卫星导航系统 Walker 27/3/1 星座中挑选，形成 Galileo 在轨验证（In-Orbit Validation，IOV）最小卫星星座，如图 1 所示[1]。

2012 年 12 月，4 颗在轨验证卫星组网运行，2013 年 3 月，欧空局导航实验室报告通过接收第一组和第二组共 4 颗在轨验证卫星播发的 E1、E5 和 E6 频点导航信号，首次成功实现定位解算，此后欧空局在欧洲范围内开展了在轨测试以评估系统性能。这 4 颗卫星是验证无线电卫星导航业务（RNSS）的定位体制的最低配置，卫星技术状态与全球组网卫星状态一致，如果测试结果满足系统要求，那么4颗飞行试验卫星将用于星座组网。

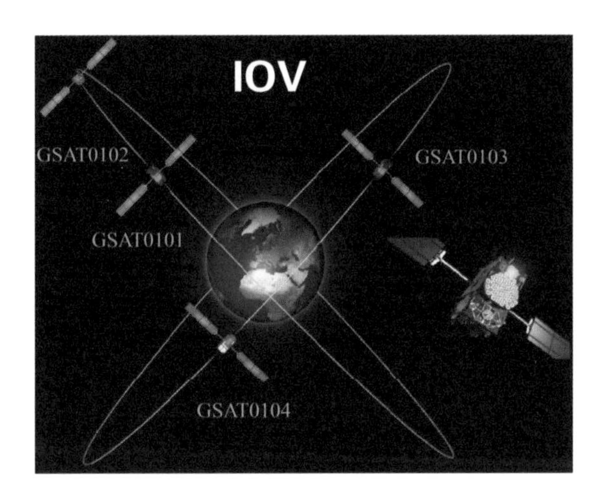

图1　Galileo-IOV PFM、FM2、FM3、FM4在轨验证卫星星座

2014年5月，第四颗在轨验证卫星（FM4）发生短暂供电系统故障，2014年7月，卫星失效。采取改进措施后，欧盟开始了密集发射组网卫星，2014年8月22日、2015年3月27日、2015年9月11日以及2015年12月17日，欧空局四次以一箭双星方式发射了8颗组网卫星（FOC1、FOC2、FOC3、FOC4、FOC5、FOC6、FOC7、FOC8），如图2所示。欧盟从空间段、地面控制段以及用户段三个维度推进Galileo卫星导航系统的建设工作。

图2　Soyuz运载火箭一箭双星方式发射Galileo组网卫星

2020年4月16日，Galileo系统完成空间段导航卫星发射任务并开始组网运行，系统具备全面运行能力（Full Operational Capability，FOC），为不同用户提供五种类型服务，包括开放服务（Open Service，OS）、公共管制服务（Public Regulated Service，PRS）、搜索救援（Search and Rescue，SAR）服务、

商业服务（Commercial Service，CS）以及生命安全（Safety of Life，SoL）服务。2020年11月23日，在第11届中国卫星导航年会上，欧盟国防工业与空间署给出Galileo系统信号URE为0.25 m（95%），全球平均定位精度小于1 m，授时精度小于5 ns，观测时间段是2020年7月[2]。

目前，为了进一步提升Galileo系统的市场竞争力，欧盟正在开展二代Galileo系统（G2G）的系统论证工作，欧盟国防工业与空间署指出，G2G的属性是弹性，G2G服务模式、任务目标已同相关投资方达成共识，G2G服务模式演进包括先进授时服务、空间服务规模、先进接收机自主完好性监测、紧急告警服务、搜索救援（具有返向链路的创新服务）、电离层延迟预测服务、导航信号演进、第二代搜索救援信标机、播发L3导航信号、公开新的INAV接口控制文件（主要用于生命安全服务）并向后兼容。导航信号性能提升体现在终端性能的提高，包括降低功耗、缩短首次定位时间、提高定位精度、服务鉴权认证等。

2019年，德国航空航天中心（DLR）和波茨坦地学中心（GFZ）联合开展“开普勒”（Kepler）系统研发，目的是增强Galileo系统的完好性和精度，并减轻对地面系统的依赖。Kepler系统由4～6颗低地球轨道（LEO）卫星组成低轨星座，卫星配置激光星间链路、高精度光钟等载荷。G2G系统也将配置激光星间链路，利用双向激光链路实现中圆地球轨道（MEO）导航卫星和LEO导航增强卫星之间以及MEO导航卫星之间的距离测量、无时间误差的激光链路时间传递和数据传输业务，如图3所示[3-4]。

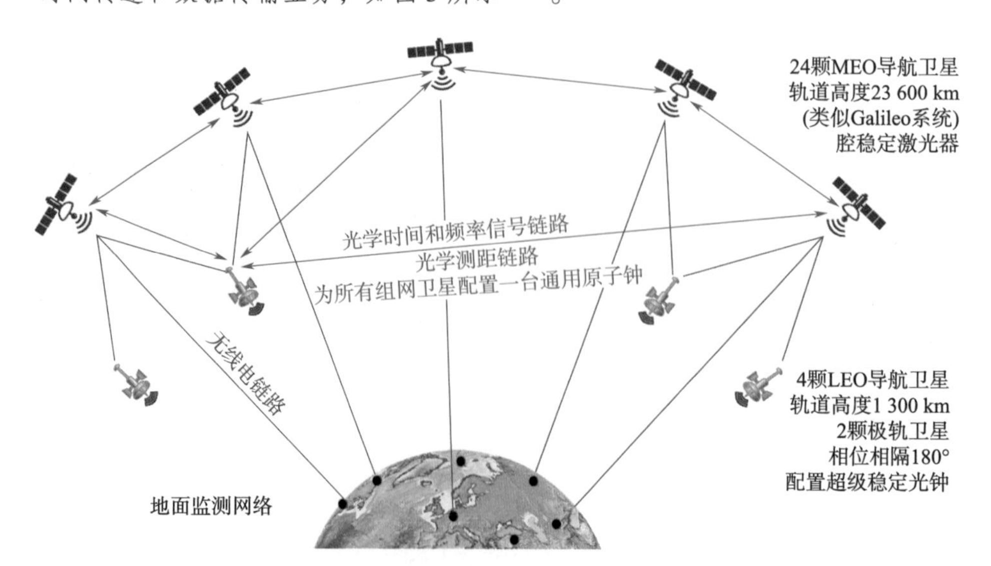

图3　Kepler星座：MEO导航卫星和LEO卫星之间的双向激光星间链路

借助激光星间链路、高精度光钟和光频梳技术以及当前的无线电链路，Kepler 系统可以和地面运控系统建立并保持的系统时间保持时间同步，成为卫星导航系统的时间和频率中心。利用 LEO 卫星精密轨道测定技术，借助 MEO 卫星和 LEO 卫星之间的激光链路，实现 MEO 导航卫星厘米级的轨道精度测定。由此，可以提高 Galileo 系统的定位和授时服务精度。

此外，通过在 LEO 卫星配置高精度导航监测接收机，可以实现对全球卫星导航系统 MEO 导航卫星导航信号的天基监测，预测 MEO 卫星的广播星历和钟差精度、给出导航信号的质量和完好性状态，综合处理形成导航信号精度、导航信号监测精度、导航电文完好性、导航信号完好性以及导航系统完好性信息，通过星间链路传递给 MEO 卫星，再由 MEO 卫星播发给地面用户，实现 LEO 卫星增强全球卫星导航系统的性能。

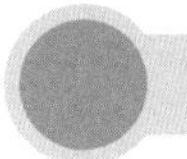

相关链接

可信导航的尝试[5-9]

全球卫星导航系统已成为国家安全和经济的基础设施，在政治、经济、军事等方面具有重要的意义，世界主要军事大国和经济体都在竞相发展独立自主的卫星导航系统。卫星导航系统全面服务于公共安全、救灾减灾、交通运输、智慧城市、农林牧渔等行业，融入电力系统、通信系统、金融网络等国家核心基础设施建设。同时，卫星导航系统已广泛应用指挥控制、协同作战、武器制导、精确打击，成为主导信息化战争的核心技术之一。

然而，卫星导航系统先天的脆弱性（信号落地电平低、穿透能力差）导致其极易受到电磁干扰和电子欺骗威胁，在信号遮挡和多径干扰环境下，严重制约了导航系统的定位、导航和授时（PNT）服务的可用性。

2020 年 11 月 23 日，在第 11 届中国卫星导航年会上，欧盟国防工业与空间署提出从服务认证和鉴权的角度来提升 Galileo 系统 PNT 服务的可信性。Galileo 系统提高可信性的措施是对公开服务导航电文采取鉴权（OSNMA）措施，目前 Galileo 系统已经确定了 OSNMA 的方案，OSNMA 模块完成了鉴定和集成，正在开展系统内部测试工作。OSNMA 是新起草的智能行车记录仪规则的基础，在 OSNMA 接收机和应用环节，编制了接收机研制指南，相关 OSNMA 接收机软件和硬件已上市。

关于PNT服务的可信性，Galileo系统2021年将开展三方面工作，一是巩固当前基础工作成果，确保OSNMA接收机投入使用后的鲁棒性；二是在通过公开测试和验证后，才能开通OSNMA服务；三是公开发布官方导航信号接口控制文件（SIS ICD）和OSNMA接收机研制指南。此外，针对商业服务对安全性的要求，开展提高安全性的措施是商业鉴权服务（CAS），CAS性能和上线时间已确定，服务模式可行性还在进一步细化，相较于OSNMA服务，CAS采取对导航信号加密、播发独特的认证信号E6/L6等措施，为保险和金融交易等特殊行业用户可以提供更加有力的保护。

参考文献

[1] 刘天雄.导航战及其对抗技术（上）[J].卫星与网络，2014（8）：52-58.

[2] DIRECTORATE-GENERAL FOR DEFENCE，INDUSTRY AND SPACE.European commission Galileo update [C] // Proceeding of 11th China Satellite Navigation Conference. Chengdu：CSNC，2020.

[3] G GIORGI. Advanced technologies for satellite navigation and geodesy [J]. Advances in Space Research，2019，64（6）：1256-1273.

[4] MICHALAK G. Precise orbit determination with inter-satellite links and ultra-stable time for a future satellite navigation system [C] // Proceedings of 2018 ION GNSS. Miami：ION，2018：968-1001.

[5] DOMINIC HAYES，JOERG HAHN. 2019 Galileo programme update [C] // Proceeding of 14th ICG，Vienna：ICG，2019.

[6] OFFICE OF SPACE AFFAIRS，DEPARTMENT OF STATE. Space-based positioning，navigation and timing（PNT）[C] // Proceeding of 11th China Satellite Navigation Conference. Chengdu：CSNC，2020.

[7] ROSCOSMOS STATE SPACE CORPORATION. GLONASS & SDCM status evolving capabilities towards smarter solutions [C] // Proceeding of 11th China Satellite Navigation Conference. Beijing：CSNC，2020.

[8] CHRIS LOIZOU. Resilient PNT critical to maritime advancement [EB/OL]. [2021-02-27] .https://www.gpsworld.com/resilient-pnt-critical-to-maritime-advancement/amp/?ts=1605193828131&trk=article_share_wechat&from=singlemessage&isappinstalled=0.

[9] GPSWORLD. L3 Harris clears critical design review for experimental satellite navigation program [EB/OL]. [2021-02-27]. https：//www.gpsworld.com/l3harris-clears-critical-design-review-for-experimental-satellite-navigation-program/amp/?ts=1599278125570&trk=article_share_wechat&from=timeline&isappinstalled=0.